清华
电脑学堂

# TCP/IP
# 实践教程（第2版）

U0313583

◎ 王晓明　李海庆　杨士纪　编著

清华大学出版社
北京

# 内 容 简 介

在当今的互联网络世界中，TCP/IP 协议已经成为计算机通信的标准。本书循序渐进地讲解了在现代网络中管理 TCP/IP 并且指导其运行的所有常见模型、协议、服务和标准。全书主要介绍了 TCP/IP 基础、ISO/OSI 和 TCP/IP 模型、链路层协议模型、网络层和 IP 协议、ICMP 协议、DHCP 协议、传输层的 TCP 和 UDP 协议、域名系统 DNS、IP 组播知识、IPv6 协议、管理 TCP 环境、NetBIOS 和 WINS 知识，最后介绍了网络接口的知识。本书各章都提供了填空题、选择题和问答题，以巩固每章中介绍的重点和难点知识。

本书可以作为普通高校计算机专业和网络通信专业的教程，也可供自学读者使用。

**图书在版编目（CIP）数据**

TCP/IP 实践教程/王晓明，李海庆，杨士纪编著. —2 版 —北京：清华大学出版社，2016
（清华电脑学堂）

ISBN 978-7-302-42743-8

Ⅰ. ①T⋯　Ⅱ. ①王⋯ ②李⋯ ③杨⋯　Ⅲ. ①计算机网络-通信协议-教材　Ⅳ. ①TN915.04

中国版本图书馆 CIP 数据核字（2016）第 019996 号

责任编辑：夏兆彦
封面设计：张　阳
责任校对：胡伟民
责任印制：沈　露

出版发行：清华大学出版社
　　　　　网　　址：http://www.tup.com.cn, http://www.wqbook.com
　　　　　地　　址：北京清华大学学研大厦 A 座　　　邮　　编：100084
　　　　　社 总 机：010-62770175　　　　　　　　邮　　购：010-62786544
　　　　　投稿与读者服务：010-62776969，c-service@tup.tsinghua.edu.cn
　　　　　质量反馈：010-62772015，zhiliang@tup.tsinghua.edu.cn
印 刷 者：北京鑫丰华彩印有限公司
装 订 者：三河市吉祥印务有限公司
经　　销：全国新华书店
开　　本：185mm×260mm　　　印　张：24.25　　　字　　数：605 千字
版　　次：2007 年 6 月第 1 版　2016 年 9 月第 2 版　印　次：2016 年 9 月第 1 次印刷
印　　数：1～3000
定　　价：59.00 元

产品编号：055215-01

### 本书特色

本书是针对初、中级用户量身订做的，全书由浅入深地讲解 TCP/IP 协议簇的原理以及其应用途径。本书采用大量的示意图进行讲解，力求使读者更容易地理解 TCP/IP 的功能、原理、结构及组成。

### 知识点全面

本书紧紧围绕 TCP/IP 协议簇的定义原因、以及在操作系统中的实现及工作方式讲述了 TCP/IP 的知识。另外，还重点介绍了一些操作系统中常见的实例，比如流、播、云。

### 基于理论，注重实践

本书不仅仅介绍 TCP/IP 的结构，而且还介绍一些实用网络拓扑结构的详细知识。包括：以太网、光纤分布式数据接口、综合业务数字网、串行线路接口、X.25、帧中继、异步传输等内容。

全书共分为 12 章，主要内容简介如下：

第 1 章　TCP/IP 概述。综合概述 TCP/IP 知识，包括互联网地址、域名系统、封装和分用的知识，对 TCP/IP 工作模型、TCP/IP 协议层、TCP/IP 应用以及网络互联方面的知识也进行了初步介绍，最后还对 TCP/IP 的标准以及 TCP/IP 的发展历史和趋势做了简单的介绍。

第 2 章　ISO/OSI 和 TCP/IP 模型。本章将详细向读者介绍 ISO/OSI 和 TCP/IP 模型的各个组成部分，以及每一部分的功能及其实现原理。

第 3 章　网络访问层。本章将向读者介绍网络访问层的功能以及它与 OSI 模型的关系，并将向用户介绍网络访问层的典型应用网络——以太网。

第 4 章　网际层。本章将介绍网络层协议包括 ARP（地址解析协议）、IP（网际协议）、ICMP（Internet 消息控制协议）和 IGMP（网际组管理协议）等。

第 5 章　子网划分与 CIDR。本章将向大家讲解子网的功能及其原理，并向大家概述 CIDR 的功能。

第 6 章　传输层。本章介绍了 TCP/IP 传输层的两个协议，即传输控制协议（TCP）和用户数据报协议（UDP），包括它们的特征、功能和用途等。

第 7 章　应用层。本章主要介绍应用层协议和服务的基本原理、文件传输协议（FTP）、远程登录（Telnet）、简单邮件传送协议（SMTP）、超文本传输协议（HTTP）、简单网络管理协议（SNMP）等多种基础的 TCP/IP 服务的功能及工作原理。

第 8 章　常见网络接口简介。本章主要介绍应用 TCP/IP 协议的几种常见的网络结构，包括以太网、光纤分布式数据接口、综合业务数字网、串行线路接口、X.25、帧中继、异步传输等。

第 9 章　TCP/IP 连网。本章将介绍怎么将网络设备或者网段连接到 Internet 上，包括拨号链接、数组用户线路、广域网、无线网、以及常见的网络设备等。

第 10 章　认识流、播与云。本章介绍了目前网络上三个非常流行的应用的功能、原理以及它们的发展方向，包括流媒体、博客、云计算等。

第 11 章　认识 IPv6 协议。本章将向大家介绍为什么要引入 Internet 协议和新的 IPv6 地址空间、IPv6 的数据包格式以及 IPv6 新增特性。

第 12 章　管理 TCP 环境。本章将介绍 TCP/IP 网络相关的安全问题、并提供防止安全漏洞或安全问题发生的相关解决方法。

## 读者对象

本书可作为在校大学生学习互联网组成以及网络结构的参考教材，也适合作为高等院校相关专业的教学参考书，还可以作为非计算机专业学生学习计算机网络应用的参考书。

- ❑　想学习计算机网络技术的人员；
- ❑　网络应用及开发的初级和中级开发人员；
- ❑　学习网络应用及开发的相关人员；
- ❑　各大中专院校的在校学生和相关授课老师。

除了封面署名人员之外，参与本书编写的人员还有李海庆、王咏梅、康显丽、王黎、汤莉、倪宝童、赵俊昌、方宁、郭晓俊、杨宁宁、王健、连彩霞、丁国庆、牛红惠、石磊、王慧、李卫平、张丽莉、王丹花、王超英、王新伟等。本书在编写过程中难免会有疏漏，欢迎读者通过清华大学出版社网站 www.tup.tsinghua.edu.cn 与我们联系，帮助我们改正提高。

编　者

2016 年 8 月

# 目录

IV

VI

# 第 1 章　TCP/IP 概述

现在，越来越多的人依赖于 Internet 提供的应用，例如电子邮件和 Web 访问。此外，商业应用的不断普及，也进一步强调了 Internet 的重要性。传输控制协议/网际协议（Transmission Control Protocol/Internet Protocol，TCP/IP）协议族是 Internet 和全球各地网络互联的引擎。TCP/IP 协议族具有简单性和强大的功能，使它成为当今世界网络协议中的唯一选择。在本章中，综述了 TCP/IP 协议族，并将讨论 Internet 的形成、发展以及未来可能的发展趋势。

**本章要点：**

- ❑ 熟悉 TCP/IP 的起源历史
- ❑ 了解 TCP/IP 的标准制定
- ❑ 了解 TCP/IP 的应用
- ❑ 了解互联网的地址
- ❑ 了解域名系统、封装和分用
- ❑ 熟悉 TCP/IP 工作模型
- ❑ 熟悉 TCP/IP 协议层
- ❑ 了解 TCP/IP 的发展现状
- ❑ 了解 TCP/IP 的发展趋势

## 1.1　认识计算机网络

计算机网络近年来获得了飞速的发展。20 年前，在我国很少有人接触过网络。现在，计算机通信网络以及 Internet 已成为我们社会结构的一个基本组成部分。网络被应用于工商业的各个方面，包括电子银行、电子商务、现代化的企业管理、信息服务业等都以计算机网络系统为基础。从学校远程教育到政府日常办公乃至现在的电子社区，很多方面都离不开网络技术。可以不夸张地说，网络在当今世界无处不在。

1997 年，在美国拉斯维加斯的全球计算机技术博览会上，微软公司总裁比尔盖茨先生发表了著名的演说，他所说的"网络才是计算机"的精辟论点充分体现出信息社会中计算机网络的重要基础地位。计算机网络技术的发展越来越成为当今世界高新技术发展的核心之一。

### 1.1.1　计算机网络的阶段划分

网络的发展也是一个经济上的冲击。数据网络使个人化的远程通信成为可能，并改变了商业通信的模式。一个完整的用于发展网络技术、网络产品和网络服务的新兴工业已经形成，计算机网络的普及性和重要性已经导致在不同岗位上对具有更多网络知识的人才的大量需求。企业需要雇员规划、获取、安装、操作、管理那些构成计算机网络和 Internet 的软硬件系统。另外，计算机编程已不再局限于个人计算机，而要求程序员设计并实现能与其他计算机上的程序通信的应用软件。

随着计算机网络技术的蓬勃发展，计算机网络的发展大致可划分为 4 个阶段。

### 1．诞生阶段

20 世纪 60 年代中期之前的第一代计算机网络是以单个计算机为中心的远程联机系统。典型应用是由一台计算机和全美范围内两千多个终端组成的飞机订票系统。终端是一台计算机的外部设备，包括显示器和键盘，无 CPU 和内存。随着远程终端的增多，在主机前增加了前端机（FEP）。当时，人们把计算机网络定义为"以传输信息为目的而连接起来，实现远程信息处理或进一步达到资源共享的系统"，但这样的通信系统已具备了网络的雏形。

### 2．形成阶段

20 世纪 60 年代中期至 20 世纪 70 年代的第二代计算机网络是以多个主机通过通信线路互联起来，为用户提供服务，兴起于 20 世纪 60 年代后期，典型代表是美国国防部高级研究计划局协助开发的 ARPANET。主机之间不是直接用线路相连，而是由接口报文处理机（IMP）转接后互连的。IMP 和它们之间互连的通信线路一起负责主机间的通信任务，构成了通信子网。通信子网互联的主机负责运行程序，提供资源共享，组成了资源子网。这个时期，网络概念为"以能够相互共享资源为目的互连起来的具有独立功能的计算机之集合体"，形成了计算机网络的基本概念。

### 3．互连互通阶段

20 世纪 70 年代末至 20 世纪 90 年代的第三代计算机网络是具有统一的网络体系结构并遵循国际标准的开放式和标准化的网络。ARPANET 兴起后，计算机网络发展迅猛，各大计算机公司相继推出自己的网络体系结构及实现这些结构的软硬件产品。由于没有统一的标准，不同厂商的产品之间互连很困难，人们迫切需要一种开放性的标准化实用网络环境，这样应运而生了两种国际通用的最重要的体系结构，即 TCP/IP 体系结构和国际标准化组织的 OSI 体系结构。

### 4．高速网络技术阶段

20 世纪 90 年代末至今的第四代计算机网络，由于局域网技术发展成熟，出现光纤及高速网络技术、多媒体网络、智能网络，整个网络就像一个对用户透明的大的计算机系统，发展为以 Internet 为代表的互联网。

## 1.1.2　计算机网络的发展方向

从计算机网络应用来看，网络应用系统将向更深和更宽的方向发展。首先，Internet

信息服务将会得到更大发展。网上信息浏览、信息交换、资源共享等技术将进一步提高速度、容量及信息的安全性。

其次，远程会议、远程教学、远程医疗、远程购物等应用将逐步从实验室走出，不再只是幻想。网络多媒体技术的应用也将成为网络发展的热点话题。

今后计算机技术的发展将表现为高性能化、网络化、大众化、智能化与人性化、功能综合化，计算机网络将呈现出全连接的、开放的、传输多媒体信息的特点。

专家认为未来计算机的发展趋势是：微处理器速度将继续提升，英特尔公司计划在未来几年内制造出每个芯片上有 10 亿个晶体管的中央处理器，个人计算机将具有原来的高性能服务器所具有的处理能力；高性能计算机采用分布式共享存储结构，将拥有 1GHz 以上的时钟频率；每个芯片有 4 个 8 路并行的以及更为复杂的 GISC 接点；计算机将采用更先进的数据存储技术（如光学、永久性半导体、磁性存储等）；外设将走向高性能、网络化和集成化并且更易于携带；输出输入技术将更加智能化、人性化，随着笔输入、语音识别、生物测定、光学识别等技术的不断发展和完善，人与计算机的交流将更加便捷。

专家提出，软件技术的发展将呈现平台网络化、技术对象化、系统构件化、产品领域化、开发过程化、生产规模化、竞争国际化的趋势。高端计算机软件、操作系统微内核与源码技术、软件可靠性和安全性、软件开发和集成工具面向人们个性化需求的应用软件，在相当长时期内仍将是软件领域的主要研究内容。软件技术正以计算机为中心向以多媒体信息服务为对象的方向发展，软件开发与芯片设计相互融合和渗透，将人机充分自然地结合起来；网络软件正在成为研究投资的热点；软件业的市场发展空间将超过硬件业的市场规模。

到 2005 年，全球电子计算机产品的市场规模已经超过 4000 亿美元，软件在 3500 亿美元以上；2010 年分别达到 5100 亿美元与 6000 亿美元左右。2005 年，国内市场对电子计算机产品的需求预测：微机 1800 万台（其中笔记本占 10%）、服务器 20 万套、显示器 2000 万台、打印机 800 万台；软件 2200~2500 亿元，其中系统软件为 110~120 亿元、支撑软件 300~320 亿元、应用软件 380~400 亿元。

专家建议，今后应当鼓励发展高性能服务器、移动式笔记本或掌上电脑、多功能激光、喷墨打印机、扫描仪；嵌入式操作系统软件（基于 Linux 及 UNIX）、网络控制软件、数据库软件、CAD／CAM 软件和其他应用软件等。继续支持发展的产品应有：普通针式打印机、彩色显示器、调制解调器等。对低档次个人计算机应实行限产。

未来的计算机将以超大规模集成电路为基础，向巨型化、微型化、网络化与智能化的方向发展。

### 1．巨形化

巨型化是指计算机的运算速度更高、存储容量更大、功能更强。目前正在研制的巨型计算机其运算速度可达每秒百亿次。

### 2．微型化

微型计算机已进入仪器、仪表、家用电器等小型仪器设备中，同时也作为工业控制过程的心脏，使仪器设备实现"智能化"。随着微电子技术的进一步发展，笔记本型、掌上型等微型计算机必将以更优的性能价格比受到人们的欢迎。

### 3．网络化

随着计算机应用的深入，特别是家用计算机越来越普及，一方面希望众多用户能共享信息资源，另一方面也希望各计算机之间能互相传递信息进行通信。计算机网络是现代通信技术与计算机技术相结合的产物。计算机网络已在现代企业的管理中发挥着越来越重要的作用，如银行系统、商业系统、交通运输系统等。

### 4．智能化

计算机人工智能的研究是建立在现代科学基础之上。智能化是计算机发展的一个重要方向，新一代计算机，将可以模拟人的感觉行为和思维过程的机理，进行"看"、"听"、"说"、"想"、"做"，具有逻辑推理、学习与证明的能力。

## 1.2 网络与协议

网络是计算机或类似计算机的设备之间通过常用传输介质进行通信的集合。这里所指的传输介质是绝缘的金属导线，主要用来在计算机之间携带电信号。随着无线技术的日益发展，现在的无线网络也逐渐普及，此类网络则不需要实质的传输线路。

无论采用什么方式进行连接，计算机之间的通信过程都需要将来自于其中一台计算机的数据，通过介质传输到另外一台计算机上，如图 1-1 所示。

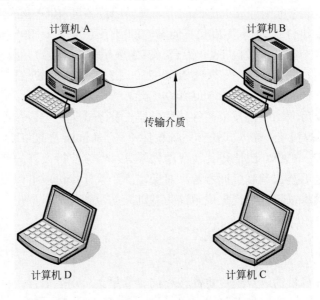

图 1-1　计算机之间的信息传送

在图 1-1 中，计算机 A 必须能够发送信息或请求到计算机 B。计算机 B 首先需要理解计算机 A 发来的信息或者请求，然后再发送信息来响应计算机 A。

当然，计算机之间的通信是需要通过应用程序来执行的，这些应用程序通常用来执行指定的网络任务或者管理通信，只不过人们在使用的时候没有觉察到而已。例如，上网的时候，Internet Explorer（简称 IE）浏览器将使用地址栏中指定的网络地址和位于远方的 Web 服务器进行通信。

那么互连设备进行通信时，仅依靠这些应用程序就可以完全实现吗？其实，不是这样的。要进行通信，两台或者两台以上的计算机必须遵守一定的通信规则，这样整个网络才不至于乱套，这个通信的规则被称为"网络协议"。

网络协议是一套通用规则，用来帮助定义复杂数据传输的过程。数据传输从一台计算机上的应用程序开始，通过计算机网络硬件，经过传输介质到达正确的目的地，然后上传到目的地计算机网络硬件，最后到达负责接收的应用程序，如图 1-2 所示。

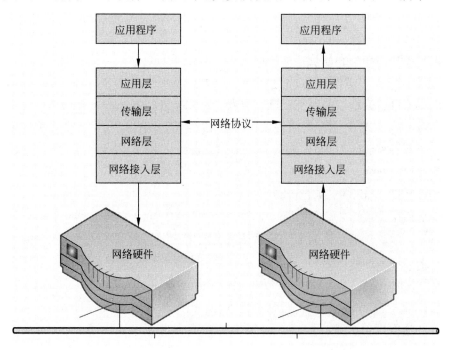

◆ 图1-2  网络协议传输规则

TCP/IP 定义了网络中设备的通信过程，并且定义了数据单元的格式及内容，以便使计算机能够接收并正确理解信息。TCP/IP 及其相关协议构成了一套在 TCP/IP 网络中如何处理、传输和接收数据的完整系统，被称为协议族。

## 1.3 TCP/IP 简介

TCP/IP 是网络中使用的基本的通信协议。虽然从名字上看 TCP/IP 包括两个协议，传输控制协议（TCP）和网际协议(IP)，但 TCP/IP 实际上是一组协议，它包括上百个各种功能的协议，如远程登录、文件传输和电子邮件等，而 TCP 和 IP 是保证数据完整传输的两个基本的重要协议。通常说的 TCP/IP 是指 Internet 协议族，而不单单是 TCP 和 IP。

### 1.3.1　TCP/IP 的起源

　　早期的计算机并非如人们现在生活中见到的个人计算机那样，它们大都是以一个集中的中央运算系统，用一定的线路与终端系统（输入输出设备）连接起来。这样的一个连接系统就是网络的最初出现形式。各个网络都使用自己的一套规则协议，可以说是相互独立的。

　　在 1969 年美苏冷战期间，美国政府机构试图发展出一套机制用来连接各个离散的网络系统，以应付战争危机的需求。这个计划，就是由美国国防部委托 Advanced Research Project Agency 发展的 ARPANET 网络系统，研究当部分计算机网络遭到攻击而瘫痪后，是否能够透过其他未瘫痪的线路来传送数据。

　　ARPANET 的构想和原理，除了研发出一套可靠的数据通信技术外，还同时要兼顾跨平台作业。后来，ARPANET 的实验非常成功，从而奠定了今日的网际网络模式，它包括一组计算机通信细节的网络标准，以及一组用来连接网络和选择网络交通路径的协议，就是后来的 TCP/IP 网际网络协议。时至 1983 年，美国国防部下令用于连接长距离网络的电话都必须适应 TCP/IP，同时 Defense Communication Agency（DCA）将 ARPANET 分成两个独立的网络：一个用于研究用途，依然称为 ARPANET；另一个用于军事通信，则称为 MILNET（Military Network）。

　　ARPA 后来发展出一个便宜版本，以鼓励大学和研究人员来采用它的协议，其时正适逢大部分大学计算机学系的 UNIX 系统需要连接它们的区域网络。由于 UNIX 系统上面研究出来的许多抽象概念与 TCP/IP 的特性有非常高度的吻合，再加上设计上的公开性，而导致其他组织也纷纷使用 TCP/IP。从 1985 年开始，TCP/IP 网络迅速扩展至美国、欧洲好几百个大学、政府机构、研究实验室。它的发展超过了人们的预期，而且每年以超过 15% 的速度成长，到 1994 年，使用 TCP/IP 的计算机已经超过三百万台之多。之后数年，由于 Internet 的爆炸性成长，TCP/IP 已经成为最常用的通信协议了。

　　Internet 和 TCP/IP 的结合最终形成了今天人们所知道的全球 Internet。以下是 TCP/IP 发展史中的一些重点。

　　1986 年，NSF（美国国家科学基金会）开发一种远距离的高速网络，称为 NSFNET，它以 56Kb/s 的速度运行，创造了网络的先河。NSF 同时采取一套规则，称为 AUP（可接收的使用策略），管理 Internet 的建议使用方法，并且设置了用户如何在 Internet 上继续交互作用。

　　1987 年，Internet 上的主机数量突破 10 000 台。

　　1988 年，Internet 上的主机数量突破 100 000 台。NSFNET 主干网络更新为 T1 速度，每秒 1.544Gb。

　　1990 年，McGill 大学发布了 Archie 协议及服务，它以 TCP/IP 为基础，使得 Internet

上的用户能够在任何位置搜索到基于文本的各种文档档案。ARPANET 中止运行，公司、学术机构、政府和通信公司，开始将 Internet 作为一项合作投资项目，对它进行支持。

1991 年，CIX（商用 Internet 交易所），由 Internet 操作员、系统提供商和其他对 Internet 感兴趣的商业操作的联营组成。有人将这称为"现代 Internet"的诞生，因为这是商业在 Internet 上第一次具备合法性。IBM 发布的 WAIS（广域信息服务系统），是一种基于 TCP/IP 的协议和服务。利用它可以跨 Internet 在网络上搜索数兆字节的数据库。明尼苏达州立大学开发了 Gopher，它是一种基于 TCP/IP 的协议，不仅可以在网络上搜索文本文档和其他类型数据，而且可以将所有这些文档链接在一起，形成单独的实际信息世界，称为"Gopher 空间"。

1992 年，ISOC（Internet 协会）特许成立，Internet 上的主机数量突破 1 000 000 台。NSFNET 主干网络更新了 T3 速度，速率 44.735Mb/s。CERN 公开发布 HTTP 和 Web 服务器技术。

1993 年，InterNIC（Internet 国家信息中心）成立，它负责管理域名。这种高性能网络图形浏览器在 NCSA（国家超级计算应用心）首次出现，启动了 Web 的革命。

1994 年，网络收发邮件和购物活动开始增加。

1995 年，Netscape 开发了 Netscape Navigator，并且开始实现 Web 商业化。Internet 上的主机数量突破 5 000 000 台。

1996 年，Microsoft 发布了 Internet Explorer Web 浏览器，虽然当时 Netscape 控制了 Web 浏览器的市场。

今天，几乎没有商业、通信和信息访问不涉及 Internet。E-mail、Web 和网络电子商务成为网络中不可缺少的部分。随着网络的发展，Internet 上也随之出现了新的服务和协议，但是 TCP/IP 却仍然具有非常重要的作用。

## 1.3.2 TCP/IP 标准制定

虽然 ARPA 计划从 1970 年就开始发展交换网络技术，到了 1979 年 ARPA 组织了一个委员会称为 Internet Control and Configuration Board（ICCB），但 TCP/IP 并不属于某一特定厂商和机构。它的标准是由 Internet Architecture Board（IAB）所制定的。IAB 目前从属于 The Internet Society（ISOC），专门在技术上做监控及协调，且负责最终端评估及科技监控。

IAB 组织除了自身的委员会之外，它主要包含两个主要团体：Internet Research Task Force （IRTF）和 Internet Engineering Task Force（IETF）。这两个团体的职能各有不同，IRTF 主要致力于短期和中期的难题；而 IETF 则着重处理单一的特别事件，其下又分出许多不同题目的成员与工作小组，各自从事不同的研究项目，研发出网际网络的标准与规格。

由于 TCP/IP 技术的公开性，它不属于任何厂商或专业协会所有，因此关于它的相关信息，是由一个称为 Internet Network Information Center（INTERNIC）的组织来维护和发表，以及处理许多网络管理细节（如 DNS 等）。TCP/IP 的标准大部分都以 Request For Comment （RFC）技术报告的形式公开。RFC 文件包含所有 TCP/IP 标准，以及其最新版本。虽然 RFC 看起来像是文档的暂定名称，但是 RFC 对 TCP/IP 的影响绝对是完全和压倒性的。虽然 RFC 必须通过多个过程，包括建议、草拟、测试实用程序等，才能成为官方的标准，但是它们提供理解、实现和使用 Internet 上的 TCP/IP 和服务所需的文档。

在 RFC 集合中，RFC 的旧版本经常被更新的版本代替。每一个 RFC 都用号码表示，当两个或者更多 RFC 包含相同的主题时，它们通常共享这个主题。在这种情况下，号码最大的 RFC 被认为是最新版本，所有旧式的号码较小的版本可以说是已过期的。

另一个特殊的 RFC 是"Internet 官方协议标准"。其中，RFC 2026 描述了 RFC 如何创建，要成为官方标准必须经过哪些过程，才能被 IETF 采纳。同时它还描述了如何参与该过程。当过程和协议被开发、定义和检查，并接受 Internet 团体进一步的测试和检查时，潜在的标准 RFC 就逐渐形成。RFC 在进一步修订、测试后，证明其工作和表现与其他 Internet 标准兼容，它就可以作为官方标准 RFC，被 RFC 采纳。然后，它将作为标准 RFC 发布，并赋予编号。

事实上，RFC 在成为标准 RFC 的过程中，要经过许多具体步骤，并且按照该过程指定该号的具体身份。RFC 2026 中有完整的定义。例如，潜在标准 RFC 在成为标准 RFC 之前要经过三个阶段。开始是建议标准，然后上升为草拟标准，如果被正式接纳，就可以成为 Internet 标准，或者 RFC 标准。如果这种 RFC 最终被新的 RFC 代替，这种 RFC 也可以被命名为退离标准，或者历史标准。

BCP（最佳当前行为）是 RFC 的另一个重要目录。BCP 不定义协议或者技术规范，它定义网络设计或者实用程序的哲学，或者特定方法，这些设计和应用程序被认为是真实的，或者享有某种建立或维护 TCP/IP 网络时值得考虑的期望特征。BCP 并非标准，它们体现了极力推荐的设计、实用程序和实施维护。

### 1.3.3 TCP/IP 标准组织

通过前面两节，了解了 TCP/IP 的起源、发展历史以及标准制定的过程，本节将简要介绍 TCP/IP 标准制定过程中涉及的各种组织，并对它们的作用进行介绍。

**1. Internet 协会**

ISOC（Internet 协会）是所有各种 Internet 委员会和任务团体的母公司。它是非盈利性，非政府的、国际的、专业的会员机构。它通过会员会费、公司赞助和几个政府偶尔支持来筹集基金。如果读者想更多地了解关于 ISOC 的信息，可以访问它的网站，网址为 http://www.isoc.org。

**2. IAB**

IAB（Internet 体系结构委员会）即 Internet 活动委员会，它是制定标准的机构和处理以前及未来 Internet 技术、协议和进程的体系结构，以及称为 RFC（请求注解）的文档的编辑监控，RFC 用于描述 Internet 标准等内容。如果读者想获得更多的信息，可以访问它的网站，网址为 http://www.iab.org。

### 3．Internet 工程任务组

Internet 工程任务组（IETF）是通过它下属的多个工作组负责起草、测试、建议和维护官方 Internet 标准的组织。IETF 和 IAB 通过被准确描述为"严格一致"的过程，来创建 Internet 标准。这意味着标准制定过程中的所有参与者必须在标准提出、起草或者赞同之前大致达成一致。有时候这种一致要求的确很严格。如果读者想获得更多的信息，可以访问它的网站，网址为 http://www.ietf.org。

### 4．Internet 研究任务组织

Internet 研究任务组织（IRTF）负责 ISOC 的更多发送查看活动，并且研究和发展太深远或者目前不切实际的、无法立即实现的主题，但是这些主题在某天可能（或者不可能）会在 Internet 上发挥作用。如果读者想获得更多的信息，可以访问它的网站，网址为 http://www.irtf.org。

### 5．Internet 协会论坛

Internet 协会论坛（ISDF）研究如何使 Internet 成为推动社会发展和变革的力量。这个论坛的目的是向所有人介绍 Internet 的有效性和可用性，而不管社会和经济环境。读者可以从 ISOC 网站查阅相关的信息。

### 6．Internet 命名及赋号公司

Internet 命名及赋号公司（ICANN）是一个非盈利性的国际组织，负责互联网协议（IP）地址的空间分配、协议标识符的指派、通用顶级域名以及国家和地区顶级域名系统的管理、以及根服务器系统的管理。访问 ICANN 的主页 http://www.iann.org 可以查阅更多信息。

## 1.4　TCP/IP 的特性

TCP/IP 包括很多重要的特性，例如 TCP/IP 的逻辑编址、路由选择、名称解析等。这些问题是 TCP/IP 的核心。本节将介绍这些特性及其原理。

### 1.4.1　逻辑编址

每台计算机如果要进行通信，网卡（网络适配器）是必需的硬件设备。实际上，网卡有一个唯一的物理地址。当网卡在出厂之前，通常都会为其分配一个物理地址，这个物理地址称为 MAC 地址。当然，这个地址在必要的情况下是可以修改的。

在局域网中，低层的与硬件相关的协议使用网卡的物理地址在网络中传输数据。当

然，上述局域网仅仅是一种简单的类型。在实际应用过程中，局域网的类型有多种，它们传输数据所使用的方法也不尽相同。比如，在基本以太网中，计算机直接在传输介质上发送信息。每台计算机的网卡监听局域网络中的每个传输，以确定是否是发送到它的物理地址的信息。

当然，在大型网络中，每个网卡并没有能力监听所有的信息。当传输介质随着计算机越来越普及时，物理地址模式已经不能再满足网络信息传输的需求。此时，就需要一种新的地址来替代物理地址，这样逻辑编址就出现了。

TCP/IP 通过逻辑编址提供了这样的子网化能力。逻辑地址是一个通过网络软件来配置的地址，即 IP 地址。它的长度为 32 位（IPv4，最新版本 IPv6 长度为 128 位）。Internet 地址并不是采用平面形式的地址空间，像 1、2、3 等。该地址具有一定的结构，如图 1-3 所示为 5 类不同的地址格式。

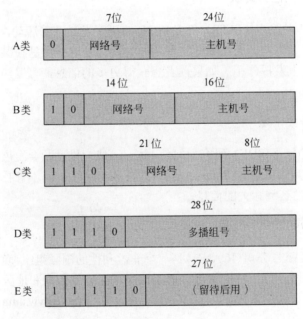

图 1-3 5 类互联网地址

这些 32 位的地址通常写成 4 个十进制的数，其中每个整数对应一个字节。这种表示方法称为"点分十进制表示法（Dotted Decimal Notation）"。

区分各类地址的最简单方法是看它的第一个十进制整数。表 1-1 列出了各类地址的起止范围，其中第一个十进制整数用加黑字体表示。

表 1-1　各类 IP 地址

| 类型 | 范围 |
| --- | --- |
| A | 0.0.0.0~127.255.255.255 |
| B | 128.0.0.0~191.255.255.255 |
| C | 192.0.0.0~223.255.255.255 |
| D | 224.0.0.0~239.255.255.255 |
| E | 240.0.0.0~247.255.255.255 |

需要再次指出的是，多接口主机具有多个 IP 地址，其中每个接口都对应一个 IP 地址。

由于互联网上的每个接口必须有唯一的 IP 地址，因此必须要有一个管理机构为接入互联网的网络分配 IP 地址。这个管理机构就是互联网络信息中心（Internet Network Information Center，InterNIC）。InterNIC 只分配网络号，主机号的分配由系统管理员来负责。

Internet 注册服务（IP 地址和 DNS 域名）过去由 NIC 来负责，其网络地址是 nic.ddn.mil。1993 年 4 月 1 日，InterNIC 成立。现在，NIC 只负责处理国防数据网的注册请求，所有其他的 Internet 用户注册请求均由 InterNIC 负责处理，其网址是 rs.internic.net。

InterNIC 由三部分组成：注册服务（rs.internic.net），目录和数据库服务（ds.internic.net），以及信息服务（is.internic.net）。有三类 IP 地址：单播地址（目的端为单个主机）、广播地址（目的端为给定网络上的所有主机）以及多播地址（目的端为同一组内的所有主机）。具体内容将在本书其他章节中详细介绍。

### 1.4.2 路由选择

路由器是一种特殊的设备，能够读取逻辑地址信息，并将数据通过网络直接传送到它的目的地。这个目的地可能是一台计算机，也可能是一个大型的计算机网络。如图 1-4 所示的是一个路由器连接各个局域网的示意图。

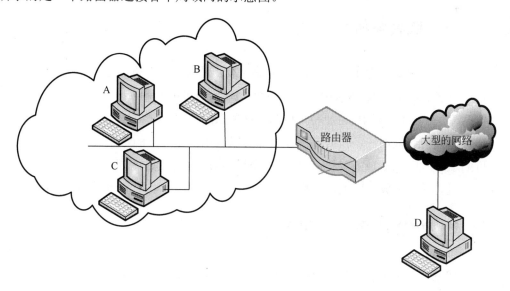

**图 1-4** 连接网络

在局域网中，数据传输到另一台计算机或设备上时，不用经过路由器，因此不会给网络传输带来负担。如果数据要传送到子网以外的计算机，路由器将负责发送数据，这就是所谓的路由式网络，如图 1-5 所示。

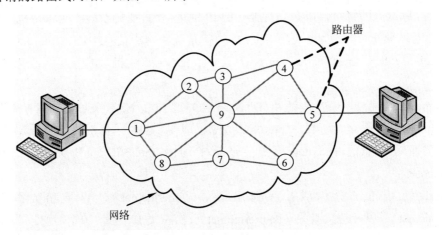

图 1-5　路由式网络

 提 示

路由式网络包括许多路由器，并且提供了从源到目的地的多条路径。

TCP/IP 包括定义路由器如何去寻找网络路径的协议。通过利用这些协议，可以使路由器找到发送数据的捷径，并能够减少网络的拥堵。

### 1.4.3　域名解析

尽管通过 IP 地址可以识别主机上的网络接口，进而访问主机，但是人们最喜欢使用的还是主机名。在 TCP/IP 领域中，域名系统（Domain Name System，DNS）是一个分布式的数据库，由它来提供 IP 地址和主机名之间的映射信息。在第 10 章将详细讨论 DNS。

现在，我们必须理解，任何应用程序都可以调用一个标准的库函数来查看给定名字的主机的 IP 地址。类似地，系统还提供一个逆函数——给定主机的 IP 地址，查看它所对应的主机名。大多数使用主机名作为参数的应用程序也可以把 IP 地址作为参数。

## 1.5　TCP/IP 体系结构模型

TCP/IP 协议族根据其中两个最重要的协议而得名：传输控制协议（Transmission Control Protocol，TCP）和网际协议（Internet Protocol，IP）。它还有一个鲜为人知的名字称为网际协议族（Internet Protocol Suite），这是官方的 Internet 标准文档中使用的术语。在本文中，使用更通用、更简短的术语 TCP/IP 来表示整个协议族。

## 1.5.1　网络互联

设计 TCP/IP 的主要目标是建立网络间的一种互相连接，这也称为互联网络（Internetwork）或者互联网（Internet），它们提供了异构物理网络上统一的通信服务。显然，这种互联网络使不同网络上相距甚远的主机间的通信成为问题。

单词 Internetwork 和 Internet 仅仅是短语 Interconnected Network 的缩写式。然而，用大写 I 时，Internet 表示全球互联的网络集合。因此，Internet 是一种互联网（internet），反之则不然。Internet 有时也称为连接的 Internet（Connected Internet）。

Internet 由如下几个网络群构成。

（1）主干网。

大型网络，主要用来互联其他网络。当前，主干网有美国的 NSFNET、欧洲的 EBONE，以及大型商业主干网。

（2）区域网络。例如，连接大专院校的区域网络。

（3）为用户提供主干网访问服务的商业网络，以及商业机构内部使用的已经与 Internet 连接的网络。

（4）局域网。诸如大学校园网等。

在大多数情况下，网络的规模受限于它能够容纳的用户数、网络能够覆盖的最大地理距离及网络在某种环境下的可用性。例如，以太网（Ethernet）内在地受限于分布距离。因此，以某种分级结构或者以某种有组织的方式把大量网络连接在一起的能力，使得这个互联网络中的任意两台主机间的通信成为可能。图 1-6 表示两个互联网的例子，其中每个互联网例子由两个或者多个物理网络构成。

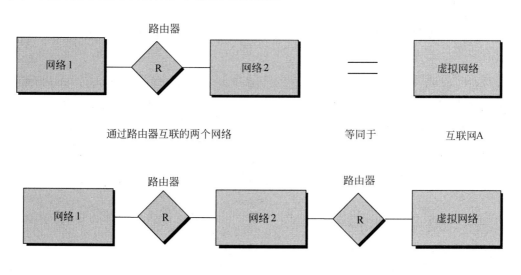

通过路由器互联的两个网络　　　等同于　　　互联网A

通过路由器互联的多个网络（也可以看成一个虚拟网络，即 Internet）

3376a\3376F1D1

图1-6　互联网例子——两个互联的网络集，每个网络集被看作一个逻辑网络

TCP/IP 网络互联的另一重要特征是，为每种网络提供通信机制的标准化抽象。每种物理网络都有与本身的技术相关的通信接口，并以编成接口的形式提供了基本通信功能（原语）。TCP/IP 提供了物理网络的编程接口与用户应用之间的通信服务。TCP/IP 为这些应用提供了一种通用接口，并且不依赖于基础物理网络。因此，物理网络的体系结构对于用户是透明的，对于应用的开发者也是透明的。应用只要用标准化通信抽象的代码，就能够在任意一种物理网络和操作平台上正常工作。

通过图 1-6 可以明显地看出，为了能够把两个网络互相连接在一起，需要一台同时与两个网络相连的计算机，它把数据包从一个网络转发到另一个网络。这种计算机就是所谓的路由器（Router）。有时也使用术语 IP 路由器（IP Router），因为路由功能是 TCP/IP 协议族中网际协议的一部分。

为了能够标识互联网络中的主机，每台主机都被分配了一个地址，这个地址称为 IP 地址。如果一台主机有多个网络适配器（即接口），诸如路由器等，那么每个接口都有唯一的 IP 地址。IP 地址包括两部分：

IP 地址 = <网络号><主机号>

IP 地址的网络号部分标识互联网中的网络，它由中央授权机构分配，在整个互联网中是唯一的。分配 IP 地址中主机号部分的授权机构，隶属于控制网络号所标识的网络的公司。

## 1.5.2　TCP/IP 工作模型

我们已经知道 TCP/IP 能够应用在不同的网络，这就必须要有一套大家都遵守的标准才能保证彼此能够沟通。因为数据通信领域的专用术语和技术实在太广泛了，没有任何一位计算机专家能够熟悉全部的内容。因此必须有一套公认而且通用的参考架构以供理清各项标准。在了解 TCP/IP 之前，必须先了解一个公认的网络模型，它就是由 International Standardization Organization（ISO）于 1978 年开始开发的一套标准架构：Reference Model for Open System Interconnection（OSI）模型。OSI 常被引用来说明数据通信协议的结构及功能，成为讨论通信时代的共同依据，已经被通信界广泛使用且有一致的认知了。

OSI 把数据通信的各种功能分为 7 个层级，各司其职，但又相互依存、合作。但在功能上，它们又可以被划分为以下两组。

网络群组：由物理层、数据链路层和网络层组成。

使用者群组：由传输层、会话层、表示层和应用层组成。

各个协议层的排列关系，如图 1-7 所示。

其中，高层即 7、6、5、4 层定义了应用程序的功能，下面三层即 3、2、1 层主要面向通过网络的端到端的数据流。在第 2 章中将详细介绍这 7 层的功能。

14

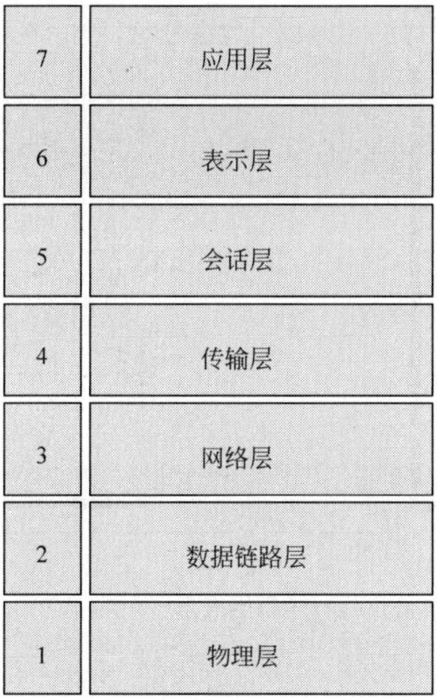

| 7 | 应用层 |
|---|---|
| 6 | 表示层 |
| 5 | 会话层 |
| 4 | 传输层 |
| 3 | 网络层 |
| 2 | 数据链路层 |
| 1 | 物理层 |

**图 1-7** **TCP/IP 工作模型**

15

## 1.5.3 TCP/IP 协议层

与大多数的网络软件一样，TCP/IP 按层来建模。这种分层表示产生了术语"协议栈"（Protocol Stack），指协议族中各层的堆栈。协议栈可以用来比较 TCP/IP 协议族与其他协议的不同（但不能在功能上进行比较），诸如与系统网络体系结构（System Network Architecture，SNA）和开放式系统互连（Open System Interconnection，OSI）模型的不同。通过这个协议栈不能轻而易举地实现功能比较，因为不同协议族使用的分层模型有着基本的差异。

通过把通信软件划分为多层，协议栈允许工作分工、易于实现和现代测试，以及开发额外的层实现能力。各层通过简单的接口与其上下层进行通信。在通信方面，各层为它的直接上层提供服务，而使用它的直接下层所提供的服务。例如，IP 层提供了把数据从一个主机传输到另一个主机的能力，但是它既不能保证可靠的传输，也不能抑制重要输送。诸如 TCP 那样的传输协议使用这种服务为应用提供了可靠的、有序的数据流传输。图 1-8 表示了 TCP/IP 的 4 层模型。

### 1. 应用层

应用层由使用 TCP/IP 进行通信的程序所提供。一个应用就是一个用户进程，它通常与其他主机上的另一个进程合作（在一个单独的主机中的应用通信也有好处）。关于应用的例子，如 Telnet 和文件传输协议（File Transfer Protocol，FTP）。应用层和传输层之间的接口由端口号和套接字（Socket）所定义。

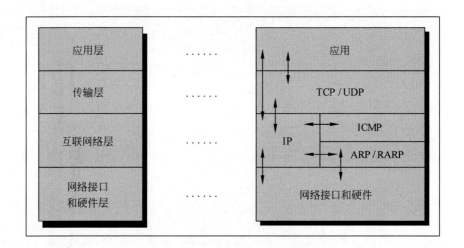

图 1-8　**TCP/IP 协议栈——每层表示一个功能包**

### 2．传输层

传输层提供了端到端的数据传输，把数据从一个应用传输到它的远程对等实体。传输层可以同时支持多个应用。最常用的传输层协议是传输控制协议（Transmission Control Protocol，TCP），它提供了面向连接的可靠的数据传送、重复数据抑制、拥塞控制以及流量控制。

另一种传输层协议是用户数据报协议（User Datagram Protocol，UDP）。它提供了一种无连接的、不可靠的、尽力传送（Best-effort）的服务。因此，如果用户需要的话使用 UDP 作为传输协议的应用必须提供各自的端到端的完整性、流量控制和拥塞控制。通常，对于那些需要快速传输的机制并能容忍某些数据丢失的应用，可以使用 UDP。

### 3．互联网络层

互联网络层（Internet Layer）也称为互联网或者网络层（Network Layer），提供了互联网的"虚拟网络"镜像（这一层屏蔽了更高层协议，使它们不受互联网络层下面的物理网络体系结构的影响）。网际协议（Internet Protocol，IP）是这一层中最重要的协议。它是一种无连接的协议，不负责下层的传输可靠性。IP 不提供可靠性、流控制或者错误恢复。这些功能必须由更高层提供。IP 提供了路由功能，它试图把发送的消息传输到它们的目的端。IP 网络中的消息单位为 IP 数据报，这是 TCP/IP 网络上传输的基本信息单位。互联网络层的其他协议有 IP、ICMP、IGMP、ARP 以及 RARP。

### 4．网络接口层

网络接口层也称为链路层（Link Layer）或者数据链路层（Data-link Layer），是实际网络硬件的接口。这个接口既有可能提供可靠的传输，也有可能不提供可靠的传输；并且既可以是面向消息的传输，也可以是面向流的传输。实际上，TCP/IP 没有在这一层规定任何协议，但是几乎可以使用任何一种可用的网络接口，这就体现了 IP 层的灵活性。例如，IEEE 802.2、X.25（本身是可靠的）、ATM、FDDI，甚或 SNA 等。

TCP/IP 规范本身既没有描述任何网络协议，也没有标准化任何网络层协议；它们（TCP/IP 规范）只是标准化了从互联网络访问那些协议的方法。

详细的分层模型如图 1-9 所示。

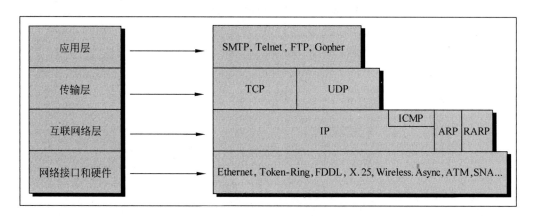

图 1-9　详细的体系结构模型

## 1.5.4　TCP/IP 应用

TCP/IP 协议栈中的最高层协议是应用协议，它们与互联网上的其他主机通信，并且是 TCP/IP 协议族中用户可见的接口。

所有应用协议都有如下一些共同特征。

### 1. 协议灵活

既可以是用户编写的应用，也可以是 TCP/IP 产品所带的标准应用。实际上，TCP/IP 协议族包含如下一些协议。

（1）Telnet，用于通过终端交互式访问互联网上的远程主机。

（2）文件传输协议（File Transfer Protocol，FTP），用于高速的磁盘到磁盘的文件传输。

（3）简单邮件传输协议（Simple Mail Transfer Protocol，SMTP），作为互联网的邮件系统。

这些都是广泛实施的应用协议，当然还有许多其他应用程序。每种特定的 TCP/IP 实现都会包含一个或大或小的应用协议集。

### 2. 机制灵活

它们使用 UDP 或者 TCP 作为传输机制。记住，UDP 是不可靠的传输，并且没有提供流量控制，因此，在这种情况下，应用本身必须提供错误恢复、流量控制以及拥塞控制等功能。在 TCP 上建立应用往往会容易一些，因为它是一种可靠的、面向连接的、不容易拥塞的、具有流量控制功能的协议。因此，大多数应用协议使用 TCP，但是也有建立在 UDP 上的应用，它们通过减少协议的系统开销来实现更佳的性能。

### 3．采用客户/服务器交互模型

大多数应用使用客户/服务器（Client/Server）交互模型。

TCP 是一种对等的、面向连接的协议，没有主从（Master/Slave）关系。然而，应用程序通常使用客户/服务器模型进行通信，如图 1-10 所示。

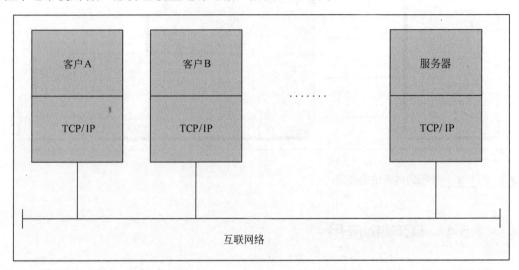

图 1-10　客户/服务器应用模式

服务器是为互联网用户提供服务的应用程序；而客户是服务的请求者（Requester）。应用程序包括服务器部分和客户部分，这两部分既可以在相同的系统上运行，也可以在不同的系统上运行。用户通常调用应用程序的客户部分，构建特定服务的请求，并用 TCP/IP 作为传输工具把这个请求发送到应用的服务部分。

服务器是这样一个程序，它接收请求、执行客户请求的服务，并在一个应答（Reply）中发回结果。服务器往往能够同时处理多个请求和多个发请求的客户（Requesting Client）。

大多数服务器在一个熟知（Well-known）端口上等待请求，因此，客户知道必须把请求发送到哪个端口（进而知道是哪个应用）。客户通常使用一个称为临时端口（Ephemeral Port）的任意端口进行通信。如果客户要求与没有使用熟知端口的服务器进行通信，则客户必须使用另一个机制以获悉必须发往请求的端口。这种机制可以利用诸如端口映射那样的注册服务，而这种服务确定使用了一种熟知端口。

## 1.6　TCP/IP 标准

TCP/IP 由于其内在的开放性和不断的补充而很受开发人员和用户的欢迎。Internet 作为一种开放式通信网络也很受欢迎。另一方面，这种开放性若不用某种方式加以控制的话将会轻而易举地转变为一把双刃剑。虽然没有总的主管团体来发布适于 Internet 的标准化机构，Internet 体系结构委员会（Internet Architecture Board，IAB）负责组织和管理 Internet。

IAB 本身依靠 Internet 工程任务组（Internet Engineering Task Force，IETF）来发布新标准，而依靠 Internet 号码分配权威机构（Internet Assigned Authority，IANA）来协调多种协议间共有的值。FRC 编辑（RFC Editor）负责检查和发布新的标准文档。

IETF 受到 Internet 工程筹划组（Internet Engineering Steering Group，IESG）的管理，并进一步组织成区域性工作小组（Areas and Working Group），由这些小组来讨论新的规范并提出新的标准。

Internet 标准程序（Internet Standard Process）的描述见 RFC 2026—The Internet Standards Process-Revision 3（Internet 标准程序—修正版 3），其中牵涉到在 Internet 上使用的或者被 Internet 使用的所有协议、过程和约定，而不管它们是不是 TCP/IP 协议族的一部分。

Internet 标准程序的总体目标如下。

（1）技术优势。

（2）优先实现（Prior Implementation）和测试。

（3）明确、简洁和易于理解的文档。

（4）开放性和公平性。

（5）及时性。

标准化程序概述如下。

（1）为了让一个得到批准的新规范成为标准，申请者必须把那个规范提交给 IESG，并将在那里讨论和评审这个规范的技术优点和可行性，但事后还是作为一份 Internet 草案文档来发布。这一讨论和评审期不应该少于两个星期，但也不应该超过 6 个月。

（2）一旦 IESG 做出肯定性结论，就发布最后通告，允许整个 Internet 来评审这个规范。

（3）在得到 IESG 的最后批准之后，会有一份 Internet 草案推荐给 Internet 工程任务组（Internet Engineering Task Force，IETF），这是 IAB 的另一个附属机构，该机构把这份草案存放到标准档案（Standard Track）中，并把它作为请求注解（Request For Comments，RFC）发布出去。

（4）一旦作为一份 RFC 发布，意见稿就根据 "Internet 标准" 中描述的状态进行提交。既可以在一段时间内修改 RFC，也可以在出现更好的方案时取消 RFC。

（5）新规范提交 6 个月之后，如果 IESG 没有批准或者文档保持不变，则将从 Internet 草案目录上删除它。

## 1.6.1 请求注解

网络协议族仍然通过请求注解（Request For Comments，RFC）机制演变而来。新协议（大部分为应用协议）由研究人员设计和实现，并以一种 Internet 草案（Internet Draft，ID）的形式提请 Internet 注意。ID 大部分源于 Internet 工程任务组（Internet Engineering Task

Force，IETF），它是 IAB 的一个附属机构。然而，任何人都可以向 RFC 编辑提交一个备忘录，把它提议为一个 ID。为了使一份 RFC 获得接受，RFC/ID 作者必须遵循一系列规则。这些规则本身在一份 RFC（RFC 2223）中进行了描述，它还介绍了如何提交 RFC 的议案。

一旦发布了 RFC，所有修改和替换都将作为新的 RFC 进行发布。修改或者替换一个已有的 RFC 而得到新 RFC 过程称为新的 RFC "更新（Update）" 或者 "舍弃（Obsolete）" 原有的 RFC。而已有的 RFC 就称为被新的 RFC"所更新"或者"所舍弃"。例如 RFC 1542，它描述 BOOTP，是一个 "第 2 版" 协议，是 RFC 1532 的修订版及 FRC 951 的修正版。因此，RFC 1542 就标注如下："舍弃了 RFC 1532；更新了 RFC 951"。因此，至于两个人是否指不同版本的 RFC，将永远不会出现任何混淆，因为从来不会存在两个以上的当前版本。

一些 RFC 被描述为信息文档（Information Document），而其他 RFC 则描述网际协议。Internet 体系结构委员会（Internet Architecture Board，IAB）维护一系列描述协议族的 RFC。这些 RFC 中的每个 RFC 都被分配了一种声明和一种状态。

网际协议可以有如下声明。

### 1．标准

IAB 已经把这个协议确定为 Internet 的正式协议。这些协议可以分成以下两组。

（1）IP 协议及更高级的协议，即应用于整个 Internet 的协议。

（2）特定网络的协议，通常是关于如何实现特定网络类型的 IP 规范的。

### 2．草案标准

IAB 正在积极地考虑把这个协议作为一种可能的标准协议。这种协议需要充分而广泛的测试和注解。注解和测试结果应当提交给 IAB。在草案协议成为标准协议之前，对草案协议做出修改是可能的。

### 3．建议的标准

这些是 IAB 在将来可能会考虑其标准化的协议建议。这些协议需要各个小组的实现和测试。协议的修改是可能的。

### 4．试验

一个系统不必实现一个试验协议，除非它参与试验并且已经与协议的开发者协调协议的使用。

### 5．指示性

其他标准组织或者厂商开发的协议，或者由于其他原因不在 IAB 范围内的协议，它们可以作为 RFC 发布，但是为了方便 Internet 界，把它们作为信息协议（Informational Protocol）。在某些情况下，IAB 可以建议在 Internet 上使用这种协议。

### 6．历史

这些是不可能成为 Internet 标准的协议，可能是由于它们被后来的研究取代了，也可能是由于人们缺乏兴趣。

协议状态如下。

（1）必须（Required）：系统必须实现要求的协议。

（2）建议（Recommended）：系统应该实现建议的协议。

（3）可选（Elective）：系统可以实现一个可选的协议，也可以不实现一个可选的协议。一般来说，如果打算实现这样一个协议，就必须正确地实现它。

（4）有限使用（Limited Use）：这些协议在有限的环境中使用。这可能是由于它们的试验阶段、特定性质、有限功能或者历史声明。

（5）不建议使用（Not Recommended）：一般不建议使用这些协议。这可能是由于它们的有限功能、特殊性质、试验声明或者历史声明。

## 1.6.2　Internet 标准

建议的标准、草案标准和标准协议都在 Internet 标准档案（Internet Standard Track）上进行了描述。当一个协议达到标准状态时，就给它分配一个标准号码（STD）。STD 号码的目的是明确指示哪些 RFC 描述 Internet 标准。当标准的规范出现在多个文档中时，STD 号码将引用多个 RFC。RFC 中 Internet 标准的号码表示特定的文档，而 STD 号码不随着标准的更新而改变。然而，STD 号码没有版本号，因为所有更新都是通过 RFC 完成的。而 RFC 号码是唯一的。因此，要明确地规定一个人引用了哪个版本标准，应当说明标准号码及其包含的所有 RFC。例如，域名系统（Domain Name System，DNS）为 STD 13，并在 RFC 1034 和 RFC 1035 中进行了描述。要引用该标准，应当使用像"STD-13/RFC 1034/RFC 1035"这样的形式。

对于一些标准档案 RFC，状态分类并非始终包含足够有用的信息。因此，必须通过在 STD 1 或者在一个不同的 RFC 中给出一个可应用性声明对它进行补充，尤其对于路由协议更要这样。

对 RFC 和 STD 号码的引用会在全书各个地方出现，因为它们形成了所有 TCP/IP 实现的基础。

下面给出的是几个特别重要的 Internet 标准。

（1）STD 1：Internet Official Protocol Standard（Internet 正式协议标准）。

这个标准给出了每个网际协议或者标准的声明和状态，并定义了每种声明或者状态的含义。IAB 大约每季发行一次 STD 1，在编写本书时这个标准在 RFC 2800 中进行了描述。

（2）STD 2：Assigned Internet Number（分配的 Internet 号码）。

这个标准列出了网际协议族中当前分配的号码和其他协议参数。它由 Internet 号码分配权威机构（Internet Assigned Number Authority，IANA）发行。

（3）STD 3：Host Requirement 主机需求。

这个标准定义了 Internet 主机对软件的需求（通常参见相关的 RFC）。这个标准在三个部分中出现，分别是：RFC 1122（Requirements for Internet Hosts-Communications Layer，Internet 主机需求—通信层）、RFC 1123（Requirements for Internet Hosts-Application and Support Internet，主机需求—应用和支持）和 RFC 2181（Clarifications to the DNS Specification，DNS 规范说明）。

（4）STD 4：Router Requirement（路由器需求）。

这个标准定义了 IPv4 Internet 网关（路由器）软件的需求。其定义见 RFC 1812—Requirement for IPv4 Router（IPv4 路由器需求）。

## 1.7 TCP/IP 的发展趋势

预测 Internet 的未来并非一件容易的事情。即使在 5 年前，几乎也没有人曾预料到 Internet 现在会成为日常商业生活、家庭和学校的一部分。然而，我们仍然可以对很多关于 Internet 的新变化深信不疑。

### 1.7.1 多媒体应用

宽带需求将继续大比例地增长，不仅 Internet 用户的数量正在快速增加，而且应用也在变得越来越高级并因而消耗了更多宽带。诸如 DWDM（Dense Wave Division Multiplexing）那样的新技术层出不穷，以满足 Internet 上的高带宽需求。

此类的许多新增需求可以归因于多媒体应用的不断增多。例如，Voice over IP 技术。随着这种技术不断走向成熟，必定会看到语音和数据将共享 Internet 带宽。这就为电话公司提供了一些有趣的问题。对于一个用户来说，在 Raleigh、NC 和 LIMA、Peru 间的 Internet 连接所需的费用与 Raleigh 内的连接是相同的，而传统电话连接是不同的。毫无疑问，随着电话会议变成视频会议，语音会话将变成视频会话。

现在，通过 Internet，几乎可以在全球任何地方收听具有 FM 质量的电台。人们能够观看全世界的电视频道，这一点使人们想到了 Internet 的潜在应用，可以通过它把电影和各种视频信号发送到世界各地的消费者。然而，所有费用可以归结到一个价格上来，因此 Internet 的基础结构必须适应如此高的带宽需求。

### 1.7.2 在商业上的运用

从 Internet 在商业上运用的情况看，Internet 经历了一次爆炸。今天，几乎所有大型商业机构都依赖于 Internet，无论是产品推广、销售、顾客服务还是雇员访问，它们都在 Internet 上找到了用武之地。这种发展趋势有望继续下去。通过为那些没有时间去传统商店购买东西的顾客提供了方便，电子商店将会继续繁荣。

商业机构在与全球各分支机构的联系方面越来越依赖于 Internet。随着虚拟专用网（Virtual Private Network，VPN）的普及，商业机构可以在广阔的范围内安全地用 Internet 执行它们的内部事务；雇员能够在家里上班引出了虚拟办公室（Virtual Office）环境。很可能虚拟会议（Virtual Meeting）不久之后也就会出现。

### 1.7.3　无线 Internet

然而，在 Internet 使用方面增长范围最广的可能要算无线应用了。最近，无线渗透计算（Wireless and Pervasive Calculating）的实现得到了令人难以置信的关注。这一关注主要由无线连接的便利性所激发。例如，通过物理方式连接一个移动工作站是不切实际的，因为根据定义，移动工作站可以四处漫游。将这样一种工作站限定在某个地理位置内无疑违背了它的初衷。其他情况包括有线连接行不通的时候，例如，在汽车上或者在办公室内等。在这些情况下，固定工作站也将从原来无法实现的网络访问中受益。

如蓝牙协议（Blue Tooth）、IEEE 802.11 以及无线应用协议（Wireless Application Protocol，WAP）等协议，为通向无线 Internet 铺平了道路。虽然这种网络访问的个人利益非常明显，但是更加吸引人的地方是这种技术简化了商业应用。所有商业机构，从工厂到医院，都能够增强它们各自的服务。无线 Internet 的应用将是无限的。

## 1.8　常见的网络硬件设备

访问其他网络有许多种方法。在一个互联网中。网络之间的访问用路由器实现。在本节中，将区分路由器（Router）、网桥（Bridge）和网关（Gateway）在允许远程网络访问方面存在的差异。

### 1.8.1　网桥

在网桥接口层上互连 LAN 网段，并在这些 LAN 网段之间转发帧。网桥执行 MAC 中继功能，并且不依赖于任一更高的协议（包括逻辑链路协议）。如果需要，它还可以提供 MAC 层的协议转换。

通常认为网桥对于 IP 是透明的。也就是说，当 IP 主机把一个 IP 数据报发送到通过网桥连接的网络上的另一个主机上时，它直接把数据报发送给主机，而数据报在发送 IP 主机不知情的情况下"越过"网桥。

### 1.8.2　路由器

在互联网络层上互联网络，并在这些网络之间发送消息。路由器必须理解与它所支持的网络协议相关联的编址结构，并确定是否转发消息，以及如何转发。路由器能够选择最佳的传输路径和最优的消息大小。基本路由功能在 TCP/IP 协议栈的 IP 层实现，因此，从理论上讲以及从现在的大多数 TCP/IP 实现上看，有多个接口运行 TCP/IP 的任何主机或者工作站都能够转发 IP 数据报。然而，与 IP 实现的最小功能相比，专用路由器提供了更加完善的路由功能。

因为 IP 提供了基本的路由功能，所以也经常使用术语"IP 路由器（IP Router）"。其他关于路由器的旧术语有"IP 网关（IP Gateway）"、"Internet 网关（Internet Gateway）"以及"网关（Gateway）"。现在，术语网关一般用于比互联网络层更高的协议层上的连接。

通常认为路由器对于 IP 是可见的。也就是说，当主机把一个 IP 数据报发送到通过路由器连接的网络上的另一个主机上时，它把数据报发送到路由器，以便路由器把报文转发到目的主机。

### 1.8.3 网关

在比网桥和路由更高的层上互联网络。网关通常支持从一个网络到另一个网络的地址映射，并且还可以提供环境间的数据传输以支持端到端的应用连接。网关通常把两个网络的互联性限制在这两个网络都支持的应用协议的一个子集内。例如，运行 TCP/IP 的 VM 主机可以用做 SMTP/RSCS 邮件网关。

**注意**
> 术语"网关"在这种意义下使用时，它并不是"IP 网关"的同义词。

通常认为网关对于 IP 是不透明的。也就是说，主机不能通过网关发送 IP 数据报；主机只能把数据报发送到网关。然后，使用网关的另一端所用的网络体系结构，由网关把数据报所携带的高层协议信息传递下去。

与路由器和网关密切相关的一个概念是防火墙（Firewall），或者说防火墙网关（Firewall Gateway），它从安全角度出发限制从 Internet 或者某些不受信任的网络访问有一个机构控制的一个或者一组网络。

## 思考与练习

### 一、填空题

1. _____是计算机或类似计算机的设备之间通过常用传输介质进行通信的集合。（网络）

2. 每台计算机如果要进行通信，_____是必需的硬件设备。（网卡）

3. TCP/IP 协议族根据其中两个最重要的协议而得名：_____和网际协议（IP）。（传输控制协议（TCP））

4. TCP 是一种_____、_____的协议，没有主从（Master/Slave）关系。（对等的、面向连接）

### 二、选择题

1. _____是与其他计算机进行通信的一个应用，是对应应用程序的通信服务的。（A）
   A. 应用层
   B. 表示层
   C. 会话层
   D. 网络层

2. _____主要功能是定义数据格式及加密。（B）
   A. 应用层
   B. 表示层
   C. 会话层
   D. 网络层

3. _____定义了如何开始、控制和结束一个会话，包括对多个双向小时的控制和管理，以便在只完成连续消息的一部分时可以通知应用。（C）
   A. 应用层

B．表示层

C．会话层

D．网络层

4．_____功能包括是选择差错恢复协议还是无差错恢复协议，及在同一主机上对不同应用的数据流的输入进行复用，还包括对收到的顺序不对的数据包的重新排序功能。（C）

A．应用层

B．表示层

C．传输层

D．网络层

5．_____对端到端的包传输进行定义，定义了能够标识所有结点的逻辑地址，还定义了路由实现的方式和学习的方式。（D）

A．应用层

B．物理层

C．会话层

D．网络层

6．_____定义了在单个链路上如何传输数据。（C）

A．物理层

B．表示层

C．数据链路层

D．网络层

7．OSI 的_____规范是有关传输介质的特性标准，这些规范通常也参考了其他组织制定的标准。（A）

A．物理层

B．表示层

C．数据链路层

D．网络层

三、简答题

1．简单描述 TCP/IP 的起源。

2．制定 TCP/IP 标准的机构有哪些？

3．RFC 的全称是什么？有何作用？请尝试到 Internet 上下载 RFC 数据。

4．简述 TCP/IP 的特性。

5．TCP 和 IP 各代表什么协议？它们的功能是什么？

6．描述 TCP/IP 体系结构模型。

# 第2章  ISO/OSI 和 TCP/IP 模型

ISO/OSI 是指国际标准化组织（International Standard Organization，ISO）的开放式系统互连参考模型（Open System Interconnect Reference Model，OSI）。它规定了开放系统在分层、相应层对等实体的通信、标识符、服务访问点、数据单元、层操作、OSI 管理等方面的基本元素、组成和功能等。TCP/IP 是发展至今最成功的通信协议，它规范了网络上的所有通信设备。本章将详细介绍 ISO/OSI 和 TCP/IP 模型的各个组成部分，以及每一部分的功能及其实现原理。

**本章学习要点：**

❏  OSI 网络参考模型
❏  TCP/IP 网络模型
❏  TCP/IP 各层安全
❏  TCP/IP 相关属性
❏  协议分析

## 2.1  OSI 网络参考模型

ISO/OSI 网络体系结构即开放系统互连参考模型（Open System Interconnect Reference Model），是 ISO（国际标准化组织）根据整个计算机网络功能将网络分为物理层、数据链路层、网络层、传输层、会话层、表示层、应用层 7 层，也称"7 层模型"。

### 2.1.1  协议层的运行情况

在 OSI 的 7 层模型中，每层之间相对独立，下层为上层提供服务，如图 2-1 所示。通常参考模型的层向上面的层提供服务，并且把数据传输到（对于流出的数据）下面的网络层，或者接收网络层下面的数据（对于流入的数据）。

该模型中的每一层以代码实现，软件处理的数据包被称为 PDU（协议数据单元）。PDU 通常以特定的题头和尾部的形式，包括"封装信息"。在这种情况下，题头代表 PDU 前面的特定层标。同样，尾部（对于某些层和某些特定协议来说，尾部是可选项）包括错误检测和错误更正信息，明确表示"数据结束"标识，或者设计其他信息来清楚地表示 PDU 结束。

如图 2-1 所示，参考模型看起来是一个分层的蛋糕，它表示建立模型的命名层栈。这样类似的结构可以非常准确地描述许多网络协议套件的实现情况，因此，在 Windows 计算机上，NIC（网络接口卡）、使操作系统向 NIC 对话的驱动程序，以及组成 TCP/IP 其他层的各种软件组件，称为协议栈，或者更精确地说，是该机器的 TCP/IP 协议栈。

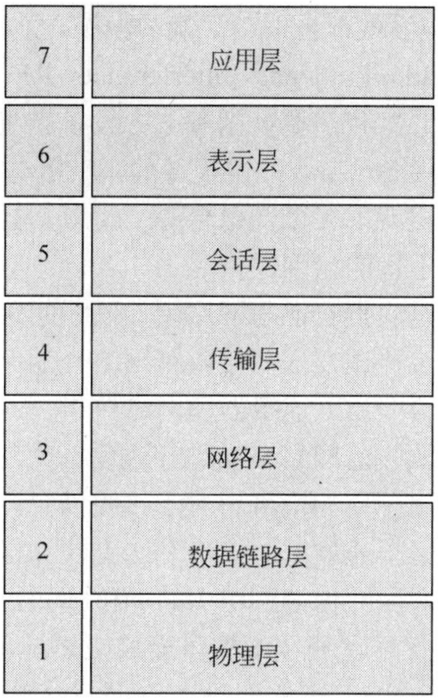

| 7 | 应用层 |
| 6 | 表示层 |
| 5 | 会话层 |
| 4 | 传输层 |
| 3 | 网络层 |
| 2 | 数据链路层 |
| 1 | 物理层 |

图 2-1　ISO/OSI 参考模型

## 2.1.2　物理层

物理层是整个 OSI 参考模型的最低层，它的任务就是提供网络的物理连接。它可包含以下各项。

（1）数据传输介质（电线电缆、光纤、无线电波和微波）；

（2）网络插头；

（3）网络拓扑结构；

（4）信令与编码方法；

（5）数据传输设备；

（6）网络接口；

（7）信令出错检验。

物理层数据位在物理传输媒体上传输，使电气信号可以在两个设备之间交换。主要包含网络的电气规范，例如电压、电流的范围，连接器种类，连接器引脚定义，交换控制电路，传输速率，传输距离等。

网络信号传输有模拟和数字两种。模拟传输可不断变化，如同具有正负级电压的波形。模拟传输应用的实例如普通无线电信号和电话信号，因为它们对于声音再生可以有无限的范围。与此类似，模拟电视和计算机的监视器可以在任一范围再现上百万种颜色。在使用模拟调制解调器进行通信的 WAN 中使用的便是模拟通信，例如，用户可以通过 Internet 服务提供商（ISP）利用该调制解调器进行 Internet 访问。

在信号传输中，物理层处理数据传输速率，监控数据出错频率，并处理电压电平。物理网络问题，如通信电缆裂断、电磁干扰等均会影响物理层性能。附近的电力马达、高压线、照明设备和其他电气设备都会引起干扰。电磁干扰（Electromagnetic Interference，EMI）和无线电频率干扰（Radio Frequency Interference，RFI）是物理层干扰的两大起因。风扇、电梯电动机、轻便加热器和空调设施等电力设备产生的磁场会产生电磁干扰；网络信号传输中要用到的电力设备（如有线电视部件、广播电视站、业余无线电报服务器、荧光灯中的镇流设备、计算机或电视以及电台等）将以相同的频率释放无线电波，而这种无线电波就是无线电频率干扰的起因。

对于物理层的简化观点是它把自己与网络硬件联系起来，这种连接使硬件可以访问一些网络介质。另外，该层也协调发送和接收跨网络介质的信号，并且确定访问网络特定区域时，必须使用哪种传输介质、连接器和网络接口。

物理层管理与协议栈所接收的网络介质进行通信，物理层还可以转换传出的数据，从计算机使用的位转换为网络使用的信号。对于接收消息，物理层将该过程逆转，它把来自网络介质的信号转换成必须通过网络接口发送到计算机的位模式。物理层的PDU包括特定系列的信号模式，它对应数据链路层中帧的位模式。

物理层的一些标准和协议早在分技术委员会成立之前就已经制定并在应用了，OSI也制定了一些标准并采用了一些已有的成果。下面将一些重要的标准列出，以便读者查阅。

（1）ISO 2110：称为"数据通信——25芯DTE/DCE接口连接器和插针分配"。它与EIA（美国电子工业协会）的RS 232C基本兼容。

（2）ISO 2593：称为"数据通信——34芯DTE/DCE——接口连接器和插针分配"。

（3）ISO 4092：称为"数据通信——37芯DTE/DCE——接口连接器和插针分配"。与EIARS-449兼容CCITT V.24称为"数据终端设备(DTE)和数据电路终接设备之间的接口电路定义表"。其功能与EIARS-232-C及RS-449兼容于100序列线上。

### 2.1.3 数据链路层

数据链路层位于物理层与网络层之间，它是OSI中比较重要的一层。它将物理层提供的可能出错的物理连接改造成逻辑上无差错的数据链路，并对物理层的原始数据进行数据封装。也就是负责在两个相邻的结点间的线路上无差错地传送以帧为单位的数据。每一帧均以特定的方式格式化，使得数据传输可以同步以将数据可靠地在结点间传送。这一层将格式化数据，以便作为帧编码为传输结点发送的电子信号，由接收结点解码，并检验错误。数据链路层创建了所谓的"数据链路帧"，包含由地址和控制信息组成的域，如下所示。

（1）帧的起始点（SOF）；
（2）发送帧的设备的地址（源地址）；
（3）接收帧的设备的地址（目标地址）；
（4）管理或通信控制信息；
（5）数据；
（6）差错检验信息；
（7）报尾(或称帧的末端)标识符。

只要在两个结点间建立了通信，它们的数据链路层就在物理（通过物理层）和逻辑（通过协议）上连接起来了。通信首先由用于数据流定时的短信号集的传输建立。链接一确立，接收端的数据链路层就将信号解码为单独的帧。数据链路层检查接收的信号，以防接收到的数据重复、不正确或是接收不完整。如果检测到了错误，就要求从发送结点一帧接一帧地重新传输数据。数据链接错误检测过程由循环冗余校验(Cyclic Redundancy Check，CRC)处理。循环冗余校验是一种错误检测方法，为帧中包含的整个信息域（SOF、寻址方法、控制信息、数据、CRC 和 EOF）计算出一个值。这个值由数据链路层插入到发送结点靠近帧的末端的位置上。当数据链路层将帧向上传送到上一层时，该值可确保帧是以接收时的顺序发送的。

数据链路层包含两个重要的子层：逻辑链接控制（Logic Link Control，LLC）和介质访问控制（Media Access Control，MAC）。LLC 可对两个结点间的通信链接进行初始化，并防止链接的中断，从而确保了可靠的通信。而 MAC 则用来检验包含在每一帧中的地址信息。例如，工作站上的 MAC 子层检验工作站接收的每一个帧，如果帧的地址与工作站的地址相匹配，就将该帧发送到高一级的层中；如果帧的地址与工作站地址不匹配，则丢弃该帧。大多数网络设备都有自己唯一的地址，永久存在于设备的网络接口设备的芯片上。

该地址称为设备地址或物理地址，以十六进制进行编码，如 0004AC8428DE。地址的前半部分指示特定的网络厂商；如果设备只有一个接口，那么后半部分对于接口或设备而言是唯一的。许多厂商在后半部分中用一个编码来标识设备（如计算机、网桥、路由器或网关）的类型。

两种网络设备不能拥有同样的物理地址，这一点是很重要的。这是网络设备生产商们实施的一种保护措施。如果两个以上的设备拥有同样的地址，在网络上传递帧时就会引起混淆。

用于 LLC 子层和网络层（协议栈中数据链路层的高一级）间的通信的服务有两种。类型 1 是无连接服务，无连接服务并不建立发送和接收结点间的逻辑连接。这里并不检查帧是否是按发送时的顺序接收的，也并不回答帧已经被接收，而且也没有错误恢复。

类型 2 是面向连接的服务。在面向连接的服务中，在完整的通信开始之前，会在发送结点和接收结点之间建立逻辑连接。帧中包含顺序号，由接收结点来检查，以确保其按发送时的顺序进行处理。由于建立了通信，所以发送结点不会让传输数据的速度高于接收结点处理数据的速度。当数据成功传输后，接收结点会通知发送结点已经接收到数据。如果发现了错误，就要重新传输数据。

数据链路层的 PDU 必须适合于特定的位模式，这些位模式按照格式、结构、最大数据映射网络介质的传输能力。数据链路层 PDU 称为帧或者数据帧。

数据链路层协议是为对等实体间保持一致而制定的，也为了顺利完成对网络层的服务。主要协议如下。

（1）ISO 1745-1975：描述"数据通信系统的基本型控制规程"。这是一种面向字符的标准，利用 10 个控制字符完成链路的建立、拆除及数据交换。对帧的收发情况及差错恢复也是靠这些字符来完成。ISO 1155、ISO 1177、ISO 2626、ISO 2629 等标准的配合使用可形成多种链路控制和数据传输方式。

（2）ISO 3309—1984：称为"HDLC 帧结构"。

ISO 4335—1984：称为"规程要素"。

ISO 7809—1984：称为"规程类型汇篇"。这些标准都是为面向比特的数据传输控制而制定的，有人习惯上把这三个标准组合称为高级链路控制规程。

（3）ISO 7776：称为"DTE 数据链路层规程"。与 CCITT X.25LAB "平衡型链路访问规程"相兼容。

## 2.1.4  网络层

网络层为协议栈中向上的第三层。这一层沿网络控制数据包（与网络层关联的 PDU 称为数据包）的通路。所有的网络都由物理路由（电缆路径）和逻辑路由（软件路径）组成。网络层读取数据包协议地址信息并将每一个包沿最优路径（包括物理的和逻辑的）转发以进行有效传输。这一层允许数据包通过路由器从一个网络发送到另一个网络。网络层控制数据包的通路，有些像交通控制器，沿几条不同路径中最有效的那一条来路由数据包。为确定最优路径，网络层需要持续地收集有关各个网络和结点地址的信息，这一过程称为发现。并非所有的协议都在网络层数据包含信息，这些协议是不可路由的。两种典型的不能被路由的网络协议是 DEC 公司的 LAT 和 Microsoft 公司的 NetBEUI。这两种协议通常不在需要路由的中型和大型网络中实施。可以将多个目标地址指定为一个组。带有组目标地址的包将被传递到多个计算机或网络设备。

网络层可以通过创建虚拟（逻辑）电路在不同的路径上路由数据。虚拟电路是用来发送和接收数据的逻辑通信路径。虚拟电路只针对于网络层。既然网络层沿着多个虚拟电路管理数据，那么数据到达时就有可能出现错误的顺序。网络层在将包传输给下一层前检查数据的顺序，如有必要就对其进行改正。网络层还要对帧编址并调整它们的大小使之符合接收网络协议的需要，并保证帧传输的速度不高于接收层接收的速度。

网络层非常灵活，它可以在传输通信进时识别和使用发送方到接收方之间的多个路由。使用一个或多个路由，从发送方到接收方发送或者中断 PDU 的技术称为数据包交换，而且这正是网络层在每个 PDU 基础上处理发送和中继的原因。事实上，网络层还对路由关联的时延敏感，并且在它从发送方转发数据到接收方的同时可以控制跨路由的通信量，这个过程称为拥塞控制，在不断出现大量活动时，它可以避免网络出现超负荷运行情况。

网络层的一些主要标准如下。

（1）ISO.DIS8208 称为"DTE 用的 X.25 分组级协议"。

（2）ISO.DIS8348 称为"CO 网络服务定义"（面向连接）。

（3）ISO.DIS8349 称为"CL 网络服务定义"（面向无连接）。

（4）ISO.DIS8373 称为"CL 网络协议"。

（5）ISO.DIS8348 称为"网络层寻址"。

除上述标准外，还有许多标准。这些标准都只是解决网络层的部分功能，所以往往需要在网络层中同时使用几个标准才能完成整个网络层的功能。由于面对的网络不同，网络层将会采用不同的标准组合。

在具有开放特性的网络中的数据终端设备，都要配置网络层的功能。现在市场上销售的网络硬设备主要有网关和路由器。

### 2.1.5 传输层

传输层与数据链路层和网络层一样，其功能是保证数据可靠地从发送结点发送到目标结点。例如，传输层确保数据以相同的顺序发送和接收，并且传输后接收结点会给出响应。当在网络中采用虚拟电路时，传输层还要负责跟踪指定给每一电路的唯一标识值。这一 ID 称为端口、连接标识或套接字，是由会话层指定的。传输层还要确定数据包错误校验的级别，最高的级别可以确保数据包在可以接受的时间内无差错地从结点发送到结点。

用于在传输层间通信的协议采用了多种可靠性措施。0 类是最简单的协议，不执行错误校验或流控制，依靠网络层来执行这些功能。1 类协议监控包传输错误，如果检查到了错误，就通报发送结点的传输层让它重新发送数据包。2 类协议监控传输层和会话层间的传输错误并提供流控制。流控制确保设备不会以高于网络或接收设备接收信息的速度来发送信息。3 类协议除提供 1 类和 2 类协议的功能外，还可以在某些环境下恢复丢失的数据包。最后，4 类协议除执行 3 类协议的功能外，还具有扩展的错误监控和恢复能力。

传输层的另一种功能就是当网络使用不同的要求数据包大小各异的协议时，将消息分段为较小的单元。发送网络上由传输层分割的数据单元被接收端的传输层重新以正确的顺序组合，以便网络层解释。

当重新以正确的顺序组合时，传输层可以请求重新传输所有的错误或者丢失的PDU，因此它可以保证数据从发送方到接收方的可靠传输。

传输层有以下主要标准。

（1）ISO 8082：称为"面向连接的传输服务定义"。

（2）ISO 8072：称为"面向连接的传输协议规范"。

### 2.1.6 会话层

会话层是发送方和接收方之间进行的通信，它有点儿像电话对话，在需要时建立、保持、中止或者断开。因此会话层定义的机制可以使发送方和接收方请求对话开始或者停止，甚至在通信不在所涉及的双方之间流动时，保持对话继续进行。

另外，会话层包括的机制可以保持可靠的继续对话，称为检查点。检查点定义了成功通信出现的最后点，并且定义了已知的最后点，对话被迫返回到这个点，重新显示丢失或者破坏的数据要素，以便从丢失或者破坏的数据结果中恢复。同样，会话层定义的几种机制可以使不同步的对话重新成为同步的对话。

会话层的主要任务是支持网络双方的通信，通常要交换一系列的消息或者 PDU。现将会话层主要功能介绍如下。

首先为会话实体间建立连接。为给两个对等会话服务用户建立一个会话连接，应该做如下几项工作。

（1）将会话地址映射为运输地址。

（2）选择需要的运输服务质量参数（QOS）。

（3）对会话参数进行协商。

（4）识别各个会话连接。

（5）传送有限的透明用户数据。

其次是数据传输阶段，这个阶段是在两个会话用户之间实现有组织、同步的数据传输。用户数据单元为 SSDU，而协议数据单元为 SPDU。会话用户之间的数据传送过程是将 SSDU 转变为 SPDU 进行的。

最后，连接释放是通过"有序释放"、"废弃"、"有限量透明用户数据传送"等功能单元来释放会话连接的。会话层标准为了使会话连接建立阶段能建立功能协商，也为了便于其他国际标准参考和引用，定义了 12 种功能单元。各个系统可根据自身情况和需要，以核心功能服务单元为基础，选配其他功能单元组成合理的会话服务子集。会话层的主要标准有"DIS8236 会话服务定义"和"DIS8237 会话协议规范"。

会话 PDU 分为多种类型（OSI 协议套件识别超过 30 个不同的 PDU），所以该层的 PDU 通常称为会话 PDU 或者 SPDU。

### 2.1.7 表示层

表示层管理数据被提交到网络（它向下到达协议栈的过程中），以及特定机器/应用程序组合（它向上到达协议栈过程中）的方式。换句话说，表示层从一般的面向网络的表达形式传输到更具体的面向平台的表达形式，传输数据反过来也是如此。这种功能可以使这些类型完全不同的计算机，它们可能有不同的编号和特征或跨网络互相通信。

习惯上，我们说特殊的计算机功能驻留在表示层。这种功能有时候也称为重定向器（Microsoft 术语），或者网络解释器（Novell NetWare 和 UNIX 术语）。每一种方式中，这种工作的任务都是将网络资源请求与本地资源请求区别开，将这些请求重定向到适当的本地或者远程子系统。这使得计算机可以使用单独的子系统访问资源，不管它们驻留在本地机器上，还是在跨网络的远程机器上，而不必按照有关资源类型来辨别。这使得开发者能够更容易地建立应用程序，随意访问本地或者远程资源。同样，也可以使用户更轻松地访问此类资源，因为只需请求他们需要的资源，让重定向器来考虑如何满足他们的请求。

表示层还可以为应用程序提供特殊的数据处理功能，包括协议转换（当应用程序使用的协议与网络通信使用的程序不同时，比如电子商务、数据库或者其他面向事务的服务等情况）、数据加密（对于传出的信息）、数据解密（对于传入的信息）、数据压缩（对于传出的信息）或者扩充（对于传入的信息）。对于这种服务，不管表示层在发送方如何活动，表示层必须在接收方撤销活动，因此连接双方在某些点上具有对数据的共同观点。

同会话层一样，表示层 PDU 也分成多种类型，通常称为表示 PDU。ISO 表示层为服务、协议、文本通信符制定了 DP8822、DP8823、DIS6937/2 等一系列标准。

ISO/OSI 和 TCP/IP 模型 ────

### 2.1.8 应用层

应用层是 OSI 模型的最高层，控制着计算机用户绝大多数对应用程序和网络服务的直接访问。这里的网络服务包括文件传输、文件管理、远程访问文件和打印机、电子邮件的消息处理和终端仿真。计算机程序员则通过该层将工作站连接到网络服务上，例如，可将应用程序链接到电子邮件中，或在网络上提供数据库访问。

虽然人们易于认为应用层就是任何应用程序请求网络服务（而且在请求网络访问时，总会涉及应用程序），但是实际上应用层定义了应用程序可用于请求网络服务的接口，而不是直接指应用程序本身。因此，应用层基本上定义了应用程序可以从网络上请求的服务类型，并规定了将信息传输到这种应用程序，或从该应用程序接收消息时数据必须采用的格式。

应用层以最直接的方法，定义了一组基于网络的访问控制，它的意义是确定应用程序可以要求网络携带或者传输的内容的类型，以及网络支持的活动的类型。这是强制执行某些动作的场所，比如，允许访问特定文件或服务，或者确定哪些用户允许对特定数据要素执行哪种行为。

和前面两个层一样，应用层 PDU 通常称为应用 PDU。应用层的标准有 DP8649 "公共应用服务元素"，DP8650 "公共应用服务元素用协议"，文件传送、访问和各类服务及协议。

33

## 2.2 TCP/IP 网络模型

因为 TCP/IP 体系结构是在 OSI 参考模型完成以前设计的，所以描述 TCP/IP 的设计模型与 OSI 参考模型略有不同。如图 2-2 所示表明本地 TCP/IP 模型的层，并且将它的层映射到参考模型的层中。这些层与 OSI 参考模型的层非常相似，但是又不完全相同。这是因为与 OSI 参考模型的会话层和表示层相关联的一些功能出现在 TCP/IP 的应用层，而 OSI 参考模型的会话层的某些方面也出现在 TCP/IP 的传输层。

| OSI 参考模型 | TCP/IP 模型 |
|---|---|
| 应用层 | 应用层 |
| 表示层 | |
| 会话层 | |
| 传输层 | 传输层 |
| 网络层 | Internet 层 |
| 数据链路层 | 网络访问层 |
| 物理层 | |

图 2-2　OSI 参考模型和 TCP/IP 网络模型层

通常情况下，OSI 参考模型的网络层和 TCP 模型的 Internet 层的传输模型的映射较好。就像 TCP/IP 应用层会映射到 ISO 参考模型的应用、表示和会话三个层，TCP/IP 网络访问层也映射到 OSI 参考模型的数据链路层和物理层。

## 2.2.1 网络访问层

TCP/IP 网络访问层有时也称为网络接口层。LAN 技术（比如以太网、令牌环、无线介质和设备）都是在此层中工作。WAN 和连接管理协议（比如 SLIP、PPP 和 X.25）也是在此层工作。与 OSI 参考模型的 PDU 术语略有不同，该层的 PDU 称为数据报，然而它们一般情况下可以称为数据包。在网络访问层 IEEE（美国电气及电子工程师协会）代表网络应用的标准。这些标准包括 IEEE 802 系列标准，该系列标准定义了下面我们感兴趣的组成部分的特征。

（1）802.1 互联网：关于 802 系列如何联网（从一个物理网络到另一个物理网络交换数据）的一般性描述。

（2）802.2 逻辑链路控制：关于如何建立和管理同一物理网络上两台设备之间的逻辑链路的一般性描述。

（3）802.2 介质访问控制：如何在网络上识别和访问介质接口的一般性描述，包括为所有介质接口创建唯一 MAC 层地址的设计。

（4）802.3 CSMA/CD：CSMA/CD 表示带有冲突检测的载波侦听多路存取，它指的是通常被称为以太网的联网技术是如何操作和运行的。尽管 802.12 被命名为"高速网络"，这个系列也包括吉位以太网（802.32）以及 10Mb/s 和 100Mb/s 的类型。

（5）892.5 令牌环：对 IBM 开发的联网技术，称为令牌环，如何操作和运行的一般描述。

TCP/IP 网络访问层协议包括 SLIP 和 PPP。SLIP 是只支持基于 TCP/IP 通信的较老的、目的较单一的串行协议。它在 RFC 1055 中描述，起源于 UNIX 系统（在某些方面它至今还在使用）。SLIP 不包括内置安全，或者数据传输增强能力，在建立跨串行线网络连接到 Internet 或者专用 TCP/IP 网络时，已经很少使用 SLIP。

PPP 是比较现代的串行线协议，它广泛用于 Internet 和专用 TCP/IP 网络连接。PPP 是协议可用于跨单一串行线连接传输一系列的协议。PPP 的 Windows 安装支持所有主要的 Windows 协议，这些协议包括 TCP/IP、IPX/SPX（互联网包交换协议）和 NetBEUI（NetBIDS 增强型用户接口），以及隧道协议，比如点对点隧道协议（PPTP）和其他 UPN（虚拟专用网）协议。其他应用程序在这种混合信息中增加了对许多其他协议的支持，其中包括 AppTalk 和 SNA（系统网络体系结构）。PPP 是现在首选的串行线协议，因为它支持多种安全选项，包括封装注册信息，封装跨行链路的所有通信，和 SLIP 支持更丰富的协议和服务的混合信息。PPP 在 RFC 1661 中进行描述。

## 2.2.2 Internet 层

TCP/IP Internet 层处理机器之间跨多个网络的路由，并且管理网络名称和地址，以方便处理这种行为。更具体地说，Internet 层执行 TCP/IP 的三个主要任务。

（1）MTU 分段。当路由器从一种类型的网络携带数据到另一个网络时，网络能够携带的最大数据块，即 MTU，可以发生变化。当数据从支持较大的 MTU 中较小的 MTU 的介质移动到支持较小 MTU 的介质时，数据必须被分割成较小的块，以适应两个 MTU 中较小的 MTU。这只需要单方转化（因为在关系相反的情况下，较小的数据包不需要组合成较大的数据包才能处理），但是它必须在传输数据的同时执行。

（2）寻址。它定义了一种机制，通过这种机制，TCP/IP 网络上的所有网络接口必须逐个标识每个接口，以及该接口所属网络（甚至可以是本地网络）的特定的、唯一的位模式相关联。

（3）路由。它定义了从发送方转发数据包到接收方的机制，从发送方到接收方传输时涉及大量的中继。这种功能不仅包括成功传输的过程，而且包括跟踪传输性能，并在传输失败或者受到其他阻碍时报告错误的方法。因此，Internet 层处理从发送方到接收方的数据移动。它还可以在需要时将数据重新包装到较小的容器，并且表明发送方和接收方所在的位置，以及如何在网络上从一个地方到达另一地方。

TCP/IP Internet 层中主要有以下协议。

（1）IP（网际协议）：IP 将数据包从发送方路由到接收方。

（2）ICMP（Internet 控制消息协议）：ICMP 管理基于 IP 路由和网络的活动。

（3）PING（Internet 信息包搜寻协议）：PING 检查 IP 地址对的发送方和接收方之间的可访问性和运行往返时间。

（4）ARP（地址解析协议）：ARP 在特定电缆段（通常用于数据包传输的最后一步）上，处理数字 IP 网络地址和 MAC（介质访问控制）地址之间的转换。

（5）逆向 ARP（RARP）：RARO（逆向地址解析协议）将 MAC 层地址转换成数字 IP 地址。

（6）BOOTP（引导协议）：BOOTP 是管理 IP 地址和其他 IP 配置数据网络分配的 DHCP（动态主机配置协议）的前身。BOOTP 允许网络设备跨网络而不是从本地驱动器获取引导和配置数据。

（7）RIP（路由信息协议）：RIP 为局域网的本地或者内部路由区定义最初的和基本的路由协议。

（8）OSPF（开放最短路径优先协议）：OSPF 为局域网的本地或者内部路由区定义广泛使用，链路状态的路由协议。

（9）BGP（边界网关协议）：BGP 定义广泛使用的路由协议，它通常连接到 Internet 主干网络，或者 Internet 的其他路由域，由多方共同分担管理通信的责任。

## 2.2.3 传输层

在 Internet 上运行的设备通常被指定为主机，所以 TCP/IP 传输层有时也称为主机对主机层，因为该层涉及一台主机到另一台主机移动数据。传输层协议的基本功能包括从发送方到接收方可靠的数据传输，传输前将外传的消息分成必要的碎片，并且在传输到应用层之前，重新组装数据以便进一步处理。在此，OSI 参考模型和 TCP 模型总会相互映射。

TCP/IP 传输层协议有两个：TCP（传输控制协议）和 UDP（用户数据报协议）。这两个传输协议具有两个特色：面向连接和非连接，TCP 是面向连接的，而 UDP 是非连接的。其区别在于 TCP 可以在发送数据前协调和保持连接，保证数据传输获得成功，以及请求重新传输丢失的或错误的数据；UDP 只是在被称为"最大努力传输"的情况下传输数据，并且不进行接收信息的检查。

因为 TCP 连接并且明确检查它的工作，这被称为面向连接的；因为 UDP 不进行此类型检查，所以称为非连接的。这使得 TCP 的可靠性大大提高，但同时也比 UDP 缓慢和笨重。但是它允许 TCP 在协议层提供有保证的传输服务，而 UDP 不能提供。第 8 章将详细介绍 TCP 和 UDP。

## 2.2.4　应用层

TCP/IP 应用层通常称为处理层，这是因为它是协议栈与主机上的应用或者处理程序交界的层。用户与处理和应用的接口也在这里定义。TCP/IP 和服务之间常见的重叠部分也出现在这一层，例如，FTP（文件传输协议）、Telnet（远程登录协议）等基于 TCP/IP 的特定协议，并且定义文件传输和终端模拟等服务。

基于 TCP/IP 的服务在传输时，使用 TCP 而不是 UDP。但是一些服务（如 NFS，网络文件系统）通常使用 UDP 传输。不管使用什么传输，高层服务的网络协议全部都依赖 IP（这就是网络层和 Internet 层具有相同的协议，以提供特殊的网络服务的原因，比如 ICMP、ARP、RARP）。

TCP/IP 服务的运行信赖以下两个要素。

（1）在 UNIX 术语中，服务器运行一种特殊的"侦听器过程"，称为 daemon，以处理传入的用户对特定服务的请求。Windows NT 中，只要 Web 服务器、IIS 或者 FTP 运行（在 UNIX 主机上，FTP 服务与名为 ftpd 的过程相关联，Internet 服务在名为 inetd 的过程下运行），任务管理器的过程选择卡就会出现为 INETINFO.EXE 的过程。

（2）每一项 TCP/IP 服务都具有关联的端口地址，它使用 16 位数字表示具体的过程或者服务。0~1024 范围内的地址通常称为众所周知的端口地址，它们与特定服务的特定端口地址相关联。例如，FTP 的地址是端口 21。

所有的 daemon 或侦听器过程基本挂起，侦听与其服务关联的众所周知端口地址上的尝试连接。众所周知的端口地址通常可作为配置选项进行修改，这就是有时候看到 Web 统一资源定位器或者 URL 的原因，该定位器表明字符串的域名部分末尾的不同端口地址。因此，URL 是 http://www.cybertang.com:8888/jack/long.htm，表示建立连接使用可选端口地址 8888，而不是默认的标准端口地址 80。

在连接请求到达时，侦听器过程检查是否允许继续请求。如果允许，将创建另一个临时过程（在 UNIX 中），或者产生一个独立的执行线程（在 Windows NT 或者 2000 中），以处理特定请求。这种临时过程或者线程将持续，直到得到用户请求的过程或线程，侦听器过程或 daemon 将立刻返回到侦听其他服务请求的任务中。第 9 章将详细介绍应用层。

## 2.3 TCP/IP 各层安全

TCP/IP 的层次不同提供的安全性也不同，例如，在网络层提供虚拟私用网络，在传输层提供安全套接服务。下面将分别介绍 TCP/IP 不同层次的安全性和提高各层安全性的方法。

### 2.3.1 Internet 层的安全性

对 Internet 层的安全协议进行标准化的想法早就有了。在过去十年里，已经提出了一些方案。例如，"安全协议 3 号(SP3)"就是美国国家安全局以及标准技术协会作为"安全数据网络系统(SDNS)"的一部分而制定的。网络层安全协议（NLSP）是由国际标准化组织为"无连接网络协议（CLNP）"制定的安全协议标准。集成化 NLSP(I-NLSP)是美国国家科技研究所提出的包括 IP 和 CLNP 在内的统一安全机制。

上述举例用的都是 IP 封装技术。其本质是，纯文本的包被加密，封装在外层的 IP 报头里，用来对加密的包进行 Internet 上的路由选择。到达另一端时，外层的 IP 报头被拆开，报文被解密，然后送到收报地点。

Internet 工程任务组（IETF）已经特许 Internet 协议安全协议（IPSEC）工作组对 IP 安全协议（IPSP）和对应的 Internet 密钥管理协议（IKMP）进行标准化。IPSP 的主要目的是使需要安全措施的用户能够使用相应的加密安全体制。该体制不仅能在目前通行的 IP（IPv4）下工作，也能在 IP 的新版本（IPng 或 IPv6）下工作。该体制应该是与算法无关的，即使加密算法替换了，也不对其他部分的实现产生影响。此外，该体制必须能实行多种安全政策，但要避免给不使用该体制的人造成不利影响。按照这些要求，IPSEC 工作组制订了一个规范：认证头（Authentication Header，AH）和封装安全有效负荷（Encapsulating Security Payload，ESP）。简言之，AH 提供 IP 包的真实性和完整性，ESP 提供机要内容。

#### 1. IP AH 简介

IP AH 指一段消息认证代码(Message Authentication Code，MAC)，在发送 IP 包之前，它已经被事先计算好。发送方用一个加密密钥算出 AH，接收方用同一或另一密钥对之进行验证。如果收发双方使用的是单钥体制，那它们就使用同一密钥；如果收发双方使用的是公钥体制，那它们就使用不同的密钥。在后一种情形，AH 体制能额外地提供不可否认的服务。事实上，有些在传输中可变的域，如 IPv4 中的 time-to-live 域或 IPv6 中的 hop limit 域，都是在 AH 的计算中必须忽略不计的。RFC 1828 首次规定了加封状态下 AH 的计算和验证中要采用带密钥的 MD5 算法。而与此同时，MD5 和加封状态都被批评为加密强度太弱，并有替换的方案提出。

#### 2. IP ESP 简介

IP ESP 的基本想法是整个 IP 包进行封装，或者只对 ESP 内上层协议的数据（运输状态）进行封装，并对 ESP 的绝大部分数据进行加密。在管道状态下，为当前已加密的 ESP 附加了一个新的 IP 头（纯文本），它可以用来对 IP 包在 Internet 上做路由选择。接收方把这个 IP 头取掉，再对 ESP 进行解密，处理并取掉 ESP 头，再对原来的 IP 包或更高层协议的数据就像普通的 IP 包那样进行处理。RFC 1827 中对 ESP 的格式做了规定，RFC 1829 中规定了在密码块链接(CBC)状态下 ESP 加密和解密要使用数据加密标准(DES)。虽然其他算法和状态也是可以使用的，但一些国家对此类产品的进出口控制也是不能不考虑的因素。有些国家甚至连私用加密都要限制。

### 3．安全协议的细化

1995 年 8 月，Internet 工程领导小组(IESG)批准了有关 IPSP 的 RFC 作为 Internet 标准系列的推荐标准。除 RFC 1828 和 RFC 1829 外，还有两个实验性的 RFC 文件，规定了在 AH 和 ESP 体制中，用安全散列算法（SHA）来代替 MD5（RFC 1852）和用三元 DES 代替 DES（RFC 1851）。

在最简单的情况下，IPSP 用手工来配置密钥。然而，当 IPSP 大规模发展的时候，就需要在 Internet 上建立标准化的密钥管理协议。这个密钥管理协议按照 IPSP 安全条例的要求，指定管理密钥的方法。

因此，IPSEC 工作组也负责进行 Internet 密钥管理协议(IKMP)，其他若干协议的标准化工作也已经提上日程。其中最重要的有以下几个。

（1）IBM 提出的"标准密钥管理协议(MKMP)"。

（2）Sun 提出的"Internet 协议的简单密钥管理(SKIP)"。

（3）Phil Karn 提出的"Photuris 密钥管理协议"。

（4）Hugo Krawczik 提出的"安全密钥交换机制(SKEME)"。

（5）NSA 提出的"Internet 安全条例及密钥管理协议"。

（6）Hilarie Orman 提出的"OAKLEY 密钥决定协议"。

在这里需要再次强调指出，这些协议草案的相似点多于不同点。除 MKMP 外，它们都要求一个既存的、完全可操作的公钥基础设施（PKI）。MKMP 没有这个要求，因为它假定双方已经共同知道一个主密钥（Master Key），可能是事先手工发布的。SKIP 要求 Diffie-Hellman 证书，其他协议则要求 RSA 证书。

### 4．安全协议的进一步改革

1996 年 9 月，IPSEC 决定采用 OAKLEY 作为 ISAKMP 框架下强制推行的密钥管理手段，采用 SKIP 作为 IPv4 和 IPv6 实现时的优先选择。目前已经有一些厂商实现了合成的 ISAKMP/OAKLEY 方案。Photuris 以及类 Photuris 的协议的基本想法是对每一个会话密钥都采用 Diffie-Hellman 密钥交换机制，并随后采用签名交换来确认 Diffie-Hellman 参数，确保没有"中间人"进行攻击。这种组合最初是由 Diffie、Ooschot 和 Wiener 在一个"站对站(STS)"的协议中提出的。Photuris 里面又添加了一种所谓的"Cookie"交换，它可以提供"清障(Anti-logging)"功能，即防范对服务攻击的否认。

Photuris 以及类 Photuris 的协议由于对每一个会话密钥都采用 Diffie-Hellman 密钥交换机制，故可提供回传保护(Back-Traffic Protection，BTP)和完整转发安全性

(Perfect-Forward Secrecy，PFS)。实质上，这意味着一旦某个攻击者破解了长效私钥，比如 Photuris 中的 RSA 密钥或 SKIP 中的 Diffie-Hellman 密钥，所有其他攻击者就可以冒充被破解的密码的拥有者。但是，攻击者却不一定有本事破解该拥有者过去或未来收发的信息。

> **注意**
>
> SKIP 并不提供 BTP 和 PFS。尽管它采用 Diffie-Hellman 密钥交换机制，但交换的进行是隐含的，也就是说，两个实体以证书形式彼此知道对方长效 Diffie-Hellman 公钥，从而隐含地共享一个主密钥。该主密钥可以导出对分组密钥进行加密的密钥，而分组密钥才真正用来对 IP 包加密。一旦长效 Diffie-Hellman 密钥泄露，则任何在该密钥保护下的密钥所保护的相应通信都将被破解。而且 SKIP 是无状态的，它不以安全条例为基础。每个 IP 包可能是个别地进行加密和解密的，归根到底用的是不同的密钥。

Internet 层安全性的主要优点是它的透明性，也就是说，安全服务的提供不需要应用程序、其他通信层次和网络部件做任何改动。它的最主要的缺点是：Internet 层一般对属于不同进程和相应条例的包不做区别。对所有去往同一地址的包，它将按照同样的加密密钥和访问控制策略来处理。这可能导致提供不了所需的功能，也会导致性能下降。针对面向主机的密钥分配的这些问题，RFC 1825 允许（甚至可以说是推荐）使用面向用户的密钥分配，其中，不同的连接会得到不同的加密密钥。但是，面向用户的密钥分配需要对相应的操作系统内核做比较大的改动。

虽然 IPSP 的规范已经基本制订完毕，但密钥管理的情况千变万化，要做的工作还很多。尚未引起足够重视的一个重要的问题是在多播(Multicast)环境下的密钥分配问题，例如，在 Internet 多播骨干网(MBone)或 IPv6 网中的密钥分配问题。

简而言之，Internet 层是非常适合提供基于主机对主机的安全服务的。相应的安全协议可以用来在 Internet 上建立安全的 IP 通道和虚拟私有网。例如，利用它对 IP 包的加密和解密功能，可以简捷地强化防火墙系统的防卫能力。事实上，许多厂商已经这样做了。RSA 数据安全公司已经发起了一个倡议，来推进多家防火墙和 TCP/IP 软件厂商联合开发虚拟私有网。该倡议被称为 S-WAN(安全广域网)倡议。其目标是制定和推荐 Internet 层的安全协议标准。

## 2.3.2 传输层的安全性

在 Internet 应用程序中，通常使用广义的进程间通信（IPC）机制来与不同层次的安全协议打交道。比较流行的两个 IPC 编程界面是 BSD Sockets 和传输层界面（TLI），在 UNIX 系统 V 命令里可以找到。

在 Internet 中提供安全服务的首先一个想法便是强化它的 IPC 界面，如 BSD Sockets 等，具体做法包括双端实体的认证，数据加密密钥的交换等。Netscape 通信公司遵循了这个思路，制定了建立在可靠的传输服务（如 TCP/IP 所提供）基础上的安全套接层协议（SSL）。SSL 版本 3（SSLv3）于 1995 年 12 月制定。它主要包含以下两个协议。

（1）SSL 记录协议。它涉及应用程序提供的信息的分段、压缩、数据认证和加密。SSLv3 提供对数据认证用的 MD5 和 SHA 以及数据加密用的 R4 和 DES 等的支持，用来对数据进行认证和加密的密钥可以通过 SSL 的握手协议来协商。

（2）SSL 握手协议。用来交换版本号、加密算法、(相互)身份认证并交换密钥。SSLv3 提供对 Deffie-Hellman 密钥交换算法、基于 RSA 的密钥交换机制和另一种实现在 Fortezza chip 上的密钥交换机制的支持。

Netscape 通信公司已经向公众推出了 SSL 的参考实现（称为 SSLref）。另一免费的 SSL 实现称为 SSLeay。SSLref 和 SSLeay 均可给任何 TCP/IP 应用提供 SSL 功能。Internet 号码分配当局(IANA)已经为具备 SSL 功能的应用分配了固定端口号，例如，带 SSL 的 HTTP(https)被分配的端口号为 443，带 SSL 的 SMTP(ssmtp)被分配的端口号为 465，带 SSL 的 NNTP(snntp)被分配的端口号为 563。

微软推出了 SSL2 的改进版本，称为 PCT（私人通信技术）。至少从它使用的记录格式来看，SSL 和 PCT 是十分相似的。它们的主要差别是它们在版本号字段的最显著位(The Most Significant Bit)上的取值有所不同:SSL 该位取 0, PCT 该位取 1。这样区分之后，就可以对这两个协议都给以支持。

1996 年 4 月，IETF 授权一个传输层安全(TLS)工作组着手制定一个传输层安全协议(TLSP)，以便作为标准提案向 IESG 正式提交。TLSP 将会在许多地方类似 SSL。

前面已介绍 Internet 层安全机制的主要优点是它的透明性，即安全服务的提供不要求应用层做任何改变。这对传输层来说是做不到的。原则上，任何 TCP/IP 应用，只要应用传输层安全协议，比如说 SSL 或 PCT，就必定要进行若干修改以增加相应的功能，并使用（稍微）不同的 IPC 界面。于是，传输层安全机制的主要缺点就是要对传输层 IPC 界面和应用程序两端都进行修改。可是，比起 Internet 层和应用层的安全机制来，这里的修改还是相当小的。另一个缺点是，基于 UDP 的通信很难在传输层建立起安全机制来。同网络层安全机制相比，传输层安全机制的主要优点是它提供基于进程对进程的（而不是主机对主机的）安全服务。这一成就如果再加上应用级的安全服务，就可以再向前跨越一大步了。

### 2.3.3 应用层的安全性

网络层（传输层）的安全协议决定了真正的数据通道需要建立在主机之间，但却不可能区分在同一通道上传输的一个具体文件的安全要求。例如，如果一个主机与另一个主机之间建立起一条安全的 IP 通道，那么所有在这条通道上传输的 IP 包就都要自动地被加密。同样，如果一个进程和另一个进程之间通过传输层安全协议建立起了一条安全的数据通道，那么两个进程间传输的所有消息就都要自动地被加密。

如果确实想要区分一个具体文件的不同的安全性要求，那就必须借助于应用层的安全性。提供应用层的安全服务实际上是最灵活的处理单个文件安全性的手段。例如，一个电子邮件系统可能需要对要发出的信件的个别段落实施数据签名。较低层的协议提供的安全功能一般不会知道任何要发出的信件的段落结构，从而不可能知道该对哪一部分进行签名。只有应用层是唯一能够提供这种安全服务的层次。

一般来说，在应用层提供安全服务有几种可能的做法，第一个想到的做法大概就是对每个应用（及应用协议）分别进行修改。一些重要的 TCP/IP 应用已经这样做了。在 RFC 1421~RFC1424 中，IETF 规定了私用强化邮件（PEM）来为基于 SMTP 的电子邮件系统提供安全服务。由于种种理由，Internet 业界采纳 PEM 的步子还是太慢，一个主要的原因是 PEM 依赖于一个既存的、完全可操作的 PKI（公钥基础结构）。PEM PKI 是按层次组织的，由下述三个层次构成。

（1）顶层为 Internet 安全政策登记机构(IPRA)。

（2）次层为安全政策证书颁发机构(PCA)。

（3）底层为证书颁发机构(CA)。

S-HTTP 是 Web 上使用的超文本传输协议(HTTP)的安全增强版本，由企业集成技术公司设计。S-HTTP 提供了文件级的安全机制，因此每个文件都可以被设成私人/签字状态。用作加密及签名的算法可以由参与通信的收发双方协商。S-HTTP 提供了对多种单向散列(Hash)函数的支持，如 MD2、MD5 及 SHA；对多种单钥体制的支持，如 DES、三元 DES、RC2、RC4，以及 CDMF；对数字签名体制的支持，如 RSA 和 DSS。

目前还没有 Web 安全性的公认标准。这样的标准只能由 WWW Consortium，IETF 或其他有关的标准化组织来制定。而正式的标准化过程是漫长的，可能要拖上好几年，直到所有的标准化组织都充分认识到 Web 安全的重要性。S-HTTP 和 SSL 是从不同角度提供 Web 的安全性。S-HTTP 对单个文件做"私人/签字"的区分，而 SSL 则把参与通信的相应进程之间的数据通道按"私用"和"已认证"进行监管。Terisa 公司的 SecureWeb 工具软件包可以用来为任何 Web 应用提供安全功能。该工具软件包提供有 RSA 数据安全公司的加密算法库，并提供对 SSL 和 S-HTTP 的全面支持。

## 2.4 TCP/IP 相关属性

TCP/IP 和 UNIX 之间的关系是非常紧密的,这种关系形成后的很长一段时间,TCP/IP 和 UNIX 之间的连接变得稳定和有用。因为，将 TCP/IP 引进 UNIX 不仅大大增强了该操作系统的联网能力，而且描述和配置 UNIX 环境下的 TCP/IP 和服务的技术也已经成为 TCP/IP 的惯例，即使在 UNIX 不是操作系统的时候。事实上，描述数据如何被 TCP/IP 传输到特定网络主机的术语，在数据被传输到它的目标时立即被处理。

在指定计算机上运行 TCP/IP，在同时间可以运行大量的应用程序。例如，在许多桌面上，用户通常让 E-mail 程序、Web 浏览器和 FTP 客户程序在同一时间打开和运行。在 TCP/IP 环境中，需要一种机制将多个应用程序相互区分开，并需要这样一种传输协议在将数据传输到用于寻址和传递指令的 IP 之前对多个传出的数据流进行处理。如果是传入数据，需要逆转该过程。必须检查和分开传输层 PDU 的传入流，并且将得到的消息传输到适当的请求应用程序。

将各种来源的传出数据组合成单独的输出数据流，称为多路复用技术；将传入的数据流分解，以便各部分分别传输到正确的应用程序，称为取消多路复用技术。这种活动通常在传输层处理，在该层中传出的消息也被分解成块大小，以便网络传输，而且传入的信息按照传入块数据流的正确顺序重新组装。

为了使该任务更容易，TCP/IP 使用协议号表示不同的协议，这些协议使用端口号表示具体的应用层协议和服务。因为这种技术源于 UNIX 环境中的一系列配置文件，这解释了所有 TCP/IP 实现使用的技术是如何出现的。

保留的许多端口号表明众所周知的协议。这些协议（有时也称为服务）分配一系列的号码，以代表基于 TCP/IP 网络服务的大集合，比如文件传输（FTP）、远程登录（Telnet）和 E-mail（SMTP、POP3、IMAP）。众所周知和预先分配的协议号、端口号的有关文件在 RFC 的"分配号"中有记录。UNIX 机器在两个文本文件中定义这些值：协议号在/etc/协议中定义，端口号在/etc/服务中定义。

### 1．TCP/IP 协议号

在 IP 数据报题头中，协议号出现在第 10 个字节。这个 8 位的值表示哪一个传输层协议应当接收传入数据的传输。读者可通过访问 http://www.iana.org 来得到 TCP/IP 协议号的全部列表。下面在表 2-1 中列出前 21 个协议号。

**表 2-1　TCP/IP 协议号**

| 号码 | 首字母缩写 | 协议名称 |
| --- | --- | --- |
| 0 | IP | Internet 协议 |
| 1 | ICMP | Internet 控制消息 |
| 2 | IGMP | Internet 分组管理 |
| 3 | GGP | 网关到网关协议 |
| 4 | IP | IP 中的 IP（IP 封装） |
| 5 | ST | 消息流 |
| 6 | TCP | 传输控制协议 |
| 7 | UCL | 用户控制协议 |
| 8 | EGP | 外部网关协议 |
| 9 | IGP | 任何专用内部网关 |
| 10 | BBN-RRC-MON | BBN RCC 监视 |
| 11 | NVP-II | 网络声音协议 |
| 12 | PUP | 外范围设备更新协议 |
| 13 | ARGUS | ARGUS 协议 |
| 14 | EMCON | 应急条件 |
| 15 | XNET | 跨网络调试器 |
| 16 | CHAOS | Chaos 协议 |
| 17 | UDP | 用户数据报协议 |
| 18 | MUX | 多路复用 |
| 19 | DCN-MEAs | DCN 衡量子系统 |
| 20 | HMP | 主机监视协议 |

在 UNIX 系统中，文本文件/etc/协议的内容不需要包含 RFC 的"分配号"中的每一个条目。为了能正常工作，/etc/协议必须表明在特定 UNIX 机器上安装和使用的是哪些

协议。

### 2．TCP/IP 端口号

当 IP 将流入数据传送到传输层的 TCP 或者 UDP 之后，该协议必须履行它的职责，将数据传输到期望的应用程序进程（不管运行的是什么程序，都应当代表用户接收该数据）。TCP/IP 应用程序进程有时候也被称为网络服务，由端口号表示。源端口号表示发送数据的过程，信宿端口号表示将接收该数据的过程。这些值在每个 TCP 段或者 UDP 数据包的第一个题头中由 2 字节（16 位）值表示。因为端口号是 16 位值，所以当以十进制形式表示时，它们可能会是 0~65 535 范围内的任何值。

在所有 TCP/IP 端口中，256 以下的端口号为众所周知的服务（比如，Telnet 和 FTP）保留，256~1024 之间的号码为 UNIX 的特定服务保留。现在，1024 以下的所有端口地址都代表了相应的服务，而且在 1024~65 535 范围内，存在许多与具体应用服务关联的所谓注册端口。如果想了解更详细的信息，读者可以访问 http://www.iana.org 或者查阅相关资料。

### 3．TCP/IP 套接字

众所周知或者注册端口代表预先分配的端口号，它们与特定的网络服务相关联。这简化了客户/服务连接过程，因为发送方和接收方按照惯例一致同意特定服务与特定端口地址相关联。除了这种一致的端口号，还有另一种类型的端口号，称为动态分配的端口号。这些号不是事先分配的；它们在需要时，用于提供发送方到接收方之间的临时连接，以限制数据交换。这使得每一个系统都保持大量的开放式连接，并且给每一个连接分配自己唯一、动态分配的端口地址。这些端口地址的地址范围在 1024 以上，其中，目前未使用的任何端口号表示可用于这种临时性用途。

在客户机或者服务器使用这种众所周知的地址建立通信后，建立的连接（称为会话）始终交给一对临时套接字地址，它提供发送方和接收方端口地址以在发送方和接收方之间进一步通信。特定 IP 地址（用于该过程运行的主机）和动态分配端口地址（保持连接的场所）的组合称为套接字地址（或者套接字）。因为 IP 地址和动态分配的端口号都保证是独一无二的，所以整个 Internet 上的每一个套接字地址也保证是独一无二的。

### 4．TCP/IP 的数据封装

TCP/IP 协议栈共分为 4 层：网络访问层、Internet 层、传输层和应用层（TCP/IP 的许多应用程序协议和服务都在这些层上工作，其中每一层都由一个或多个众所周知的端口号表示）。它们将传出的数据包装和识别，以传输到下面的层。另一方面传入的数据被传输到它上层伙伴之前，具有从下层剥离下来的自己的封装信息。

因此，每一 PDU 都具有自己特定的开放组件，称为题头（或者数据包题头），它表明所使用的协议、发送方和期望到达的接收方，以及其他信息。同样，许多 PDU 也具有特有的关闭组件，称为尾部（或者数据包尾部），它提供 PDU 数据部分的数据完整性检查，称为负载。题头和尾部（可选的）之间有效负载的封闭被定义为封装机制，在这里控制上层的数据，然后在发送到下层或者跨网络介质传输到其他层之前，用题头（可能出现尾部）封装。

　　研究网络介质上任何通信的实际内容，或者有时被称为"跨导线"，需要理解典型的题头和尾部结构，并且可以将跨网络向上移动到协议栈的数据，重新组装成接近最初形式的事物。简而言之代表该任务的工作被称为协议分析，下面将对这方面的内容进行介绍。

## 2.5 协议分析

　　协议分析（也指多络分析）是参与到网络通信系统，捕获跨网络的数据包，收集网络统计数据，并且将数据包解码为可读形式的过程。从本质上讲，协议分析器"窃听"网络通信。许多协议分析器也能够传送数据包，这有助于测试网络或设备的工作。可以使用桌面或笔记本电脑上的软硬件产品进行协议分析。

　　Etherpeek for Windows（Wild Packets 公司）和 Sniffer Network Analyzer（网络协会）是基于 Windows 的两个非常流行的分析器。

### 2.5.1　协议分析的角色

　　协议分析器通常用于检测网络通信故障。分析器通常放置在网络上，并且配置为捕获有问题的通信的序列。通过读取跨电缆系统的数据包，可以识别进程中出现的错误。例如，如果 Web 客户机无法连接到特定的 Web 服务器，可以使用协议分析器捕获该通信。检查该通信为客户机提供解析 Web 服务器的 IP 地址，定位本地路由器的硬件地址，并且向 Web 服务器提交连接请求的过程。

　　协议分析器也可以用于测试网络。这种测试可以以被动方式通过侦听非常通信进行；或者以主动方式将数据包传输到网络上。例如，如果配置了防火墙，阻挡特定类型的通信进入本地网络，协议分析器可以侦听来自防火墙的通信，以确定是否由防火墙发送某种未接受的通信。

　　协议分析器也可以用于收集网络性趋势。大多数分析器都具有跟踪网络通信的短期和长期超群的能力。这些趋势可能包括，但是限定网络利用，每秒数据包发送速率，数据包大小分布和所用协议。管理员可以使用该信息跟踪网络超时的细微变化。例如，重新配置的支持基于 DHCP 寻址的网络所经历的体验要大于广播，这要归功于 DHCP 发现过程。

### 2.5.2　协议分析器要素

　　协议分析器有以下基本要素。

（1）混杂模式卡和驱动器；

（2）数据包筛选器；

（3）跟踪缓冲；

（4）解码；

（5）警报；

（6）统计数据。

以上基本要素至今仍是大多数分析器解决方案的基本集合。图 2-3 描述了协议分析器的基本要素，其中不同的分析器提供各种特征和功能。

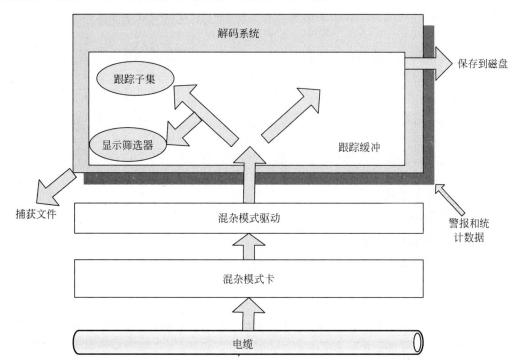

**图 2-3** 网络分析器

### 1. 混杂模式卡和驱动器

如图 2-3 所示，数据包从分析器连接的网络，使用网络接口卡进入分析器系统。分析器上使用的网络接口卡和驱动器必须支持混杂模式操作。在混杂模式中运行的卡可以捕获发送到其他设备的广播数据包、多播数据包和单播数据包，以及错误数据包。例如，利用混杂模式卡和驱动器运行的分析器可以看到以太网冲突碎片，超大数据包，较小数据包（a.k.a.runts）和尾端在非法边界上的数据包。

后面的这些数据类型反映传输错误，当它们不以混杂模式运行时，它们通常被网络接口卡忽略。以太网冲突碎片表示被篡改的通信，当被传输两个数据包在差不多相同时间运行到彼此之中，并产生信号的随机散列时，这些通信就出现在网络上。冲突频率随信息量的上升而增长，能够收集出现的统计数据很重要。超大数据包超时所使用网络类型的 MTU，通常表明网络接口卡，或者它的驱动器软件的某种问题。较小数据包，也称为矮帧，不满足最小数据包的大小要求，也表明潜在的硬件或驱动器问题。尾端在非法边界上的数据包不正常关闭，并且可能被截尾，或者也受到硬件或者驱动器问题的影响，读者可以通过访问网址 http://www.ieee.org 来查阅 IEEE 802.3 规范更多的信息。

**2．数据包筛选器**

图 2-3 显示流经数据包筛选器的数据包，数据包筛选器定义分析器想要捕获的数据包类型。例如，如果用户对跨网络的广播类型感兴趣，可以建立筛选器，只允许广播数据包流入分析器。当筛选器应用于接收到的数据包时，它们通常称为捕获筛选器，或者预筛选器。

用户也可以在一组数据包被捕获到以后，将筛选器应用到这组数据包。这获得用户可以创建感兴趣的数据包的子集，比整个集合更便于查看。例如，如果用户建立筛选器捕获广播数据包，而且要捕获 1000 个广播数据包，可以在特定源地址基础上采用第二个筛选器（显示筛选器）创建广播数据包的子集。这可以将需要查看的数据包数量减少到合理的数量。

筛选器可以建立多种数据包特征基础之上，这些特征包括（但不限定）：

（1）源数据链路地址。

（2）信宿数据链路地址。

（3）源 IP 地址。

（4）信宿 IP 地址。

（5）应用程序或者进程。

**3．跟踪缓冲**

数据包注入分析器的跟踪缓冲，数据包的存储区域从网络上被复制。通常，这是在分析器一边设置的存储区域，虽然一些分析器允许用户配置"定向到磁盘"存储选项。在数据包被捕获或者保存以便今后再查看之后，可以立即在跟踪缓冲中查看它们。许多分析器默认的跟踪缓冲大小为 4MB，这通常是大多数解析任务适合的大小。4MB 跟踪缓冲中可以包含多个 64B 的数据包。

**4．解码**

解码应用于被捕获到跟踪缓冲的数据包。这些解码为用户显示可读格式的数据包，并转换数据包域和值。解码是数据包转换工具。

例如，解码可以被数据包内 IP 题头的所有域分开，定义源和信宿 IP 地址，以及数据包的作用。

**5．警报**

许多分析器具有一组可配置的警报，表示非寻常网络事件或者错误。以下列出大多数分析器产品包括的一些常用的警报。

（1）广播过多。

（2）超过使用率阈值。

（3）拒绝请求。

（4）服务器关闭。

### 6．统计数据

许多分析器也可以显示网络性能的统计数据，比如当前数据包每秒的速率，或者网络利用率。网络管理员使用这些统计数据表示网络操作的逐渐变化，或者网络模式的突出高峰信号。

### 2.5.3 协议分析器设置

协议分析器只能捕获它在网络上看到的数据包。在一些情况下，用户可以在接近相关设备的网络上设置分析器。在另一些情况下，用户必须重新配置网络设备，以确保分析器可以捕获数据包。

在与集线器连接的网络上，用户可以在网络的任何场所设置分析器。所有通信被转发到集线器网络的所有端口以外。在与交换机连接的网络上，分析器只能看到多播数据包、广播数据，特别是指向分析器设备的数据包和发送到尚未指定端口的地址的初始数据包（通常在网络启动时间）。有以下三个基本选择用于分析交换网数据。

#### 1．外在集线器

外在集线器是在相关设备（比如服务器）和交换机之间设置的集线器，将分析器连接到集线器上，用户可以查看来自服务器和到达服务器的全部通信。

#### 2．端口重定向

可以配置许多交换机，以重定向（实际上就是复制）从一个端口传输到另一个端口的数据包。在信宿端口设置分析器，可以侦听到跨网络通过相关端口的所有对话。交换机生产厂商将这个过程称为端口跨距或者端口镜像。

#### 3．远程监视

远程监视（RMON）使用 SNMP（简单网络管理协议）收集远程交换机的通信数据，并且将该数据发送到管理设备上。管理设备依次解码该通信数据，甚至显示全部数据包解码。

## 思考与练习

### 一、填空题

1．_____规定了开放系统在分层、相应层对等实体的通信、标识符、服务访问点、数据单元、层操作、OSI 管理等方面的基本元素、组成和功能等，并从逻辑上把每个开放系统划分为功能上相对独立的 7 个有序的子系统。（SO/OSI 或 OSI 或开放系统互联参考模型）

2．对 OSI 具有符合性测试和_____两种标准的测试。（互通性测试）

3．OSI 是 ISO（国际标准化组织）根据整个计算机网络功能将网络分为物理层、数据链路层、网络层、传输层、_____、表示层、应用层 7 层。（会话层）

4．TCP/IP 应用层会映射到 ISO 参考模型的

应用、表示和会话三个层，TCP/IP 网络访问层也映射到 OSI 参考模型的_____和物理层。（数据链路层）

5. Internet 层执行 TCP/IP 的分段（MTU）、寻址和_____三个主要任务。（路由）

6. TCP/IP 传输层协议有两个：TCP（传输控制协议）和_____。（UDP（用户数据报协议））

7._____使用 SNMP（简单网络管理协议）收集远程交换机的通信数据，并且将该数据发送到管理设备上。（RMON（远程监视））

**二、选择题**

1. 目前使用最广泛的 IP 版本是_____。（D）

　　A. IPv1

　　B. IPv2

　　C. IPv4

　　D. IPv6

2. 以下哪个组织开发和保留了 RFC？_____。（B）

　　A. ISOC

　　B. IAB

　　C. IEEE

　　D. ISDF

3. 以下哪个组织管理 Internet 域名和网络地址？_____。（A）

　　A. ICANN

　　B. IETF

　　C. IRTF

　　D. ISOC

4. 会话层具有_____功能。（B）

　　A. 分段和重新组装

　　B. 会话建立、保持和中断

　　C. 检查点控制

　　D. 数据格式会话

5. TCP/IP 端口号的目标是识别传入和传出协议数据的系统操作的哪个方面？_____（C）

　　A. 使用的网络层协议

　　B. 使用的传输层协议

　　C. 发送或接收应用程序进程

　　D. 以上都不是

**三、简答题**

1. 简述 OSI 协议层次结构的 7 个层次。

2. 简述 TCP/IP 协议模型。

3. 简述 TCP/IP 各层的安全性。

4. 简述 TCP/IP 端口号的划分情况。

48

# 第3章 网络访问层

TCP/IP 协议栈的最底层是网络访问层，其中包含的服务与规范用于管理网络硬件的访问方式及规则。本章将介绍网络访问层的功能以及它与 OSI 模型的关系，并介绍网络访问层的典型应用网络——以太网。

**本章要点：**

- ❑ 网络访问层的功能
- ❑ 协议与硬件的关系
- ❑ 物理寻址方式
- ❑ 以太网的特点

## 3.1 网络访问层的功能

在 TCP/IP 协议栈中，网络访问层负责数据的连接与发送，其所在的位置对应于 OSI 模型的物理层和物理链路层，如图 3-1 所示。

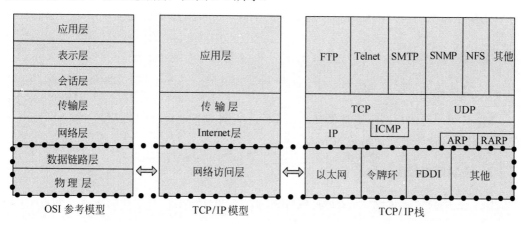

图 3-1 网络访问层与 OSI 模型

通过图 3-1 可以看出，TCP/IP 的网络访问层对应于 OSI 模型中的第一层和第二层，而对应于 TCP/IP 协议栈中的以太网、令牌环等接口，最常见的则是以太网。关于以太网的详细功能在本章的后文中还将详细讲解。

## 3.2 协议与硬件的关系

网络访问层是最神秘、最不统一的 TCP/IP 层，它负责管理为了实现最底层的物理网络设备传送数据所必需的相关事务，包括：

(1) 连接通信的计算机网络设配器（网卡）；

(2) 根据设定的规则调整数据的传输；

(3) 将数据转换为电子流或模拟脉冲的形式，以在传输介质上进行传输；

(4) 对接收到的数据进行错误检查；

(5) 为发送的数据添加错误检查信息，从而使接收方能够对数据进行校对。

在网络访问层中，当传送的数据到达目的计算机后，无论经过怎么样的处理，数据最终必须被还原为最原始的形式。

网络访问层还定义了与网络硬件交互和访问传输介质的过程，在 TCP/IP 网络访问层的下面，将会发现硬件、软件和传输介质规范之间复杂的相互作用。

但是，在现实世界中，存在很多不同类型的物理网络，它们都有自己的规范，而且可能作为网络访问层的底层，这样就为网络的互联带来了困难。好在网络访问层对于日常用户来说几乎是完全透明的。网络适配器与操作系统和协议软件的一些关键底层组件，管理与网络访问层相关的主要任务，用户只需要进行一些简单的配置步骤即可。

## 3.3 网络层与 OSI 模型

事实上，TCP/IP 协议栈是独立于 OSI 7 层网络模型的，但是 OSI 模型经常作为一种通用的框架来理解各种协议系统。在讨论网络访问层时，OSI 属于和概念是通用的，因为 OSI 模型对网络访问的层进行了进一步的细分，因而能够更好地呈现出这一层的工作原理。

OSI 数据链路层执行两个独立的任务，相应地划分为两个子层。

### 1. 介质访问控制（MAC）

MAC 子层提供与网卡连接的接口。实际上，网卡驱动程序称为 MAC 驱动，而网卡在工厂固化的硬件地址通常称为 MAC 地址。

### 2. 逻辑链路控制（LLC）

LLC 子层对经过子网传递的帧进行错误检查，并且管理子网上通信设备之间的链路。

## 3.4 网络体系结构

在实际应用中，局域网并不是一种协议层的术语，而是代表整个局域网体系或者网络体系。网络体系具有一系列的规范来管理传输介质访问、物理寻址、计算机与传输介质的交互等。在决定网络体系时，实际上就是在决定如何设计网络的网络访问层。

### 1. 网络体系结构的规范

网络体系结构包含对物理网络的定义，以及该物理网络上定义的通信规范。通信细节基于物理细节，所以这些规范通常以一个完整的包出现。这些规范包括：

1）访问方法

访问方法实际上就是一组规则，它定义了计算机如何共享传输介质。为了避免数据冲突，计算机必须遵守由访问方法所定义的这些规则。

2）数据帧格式

来自于网际层的 IP 级的数据报以预定义的格式封装为数据帧，封装在包头中的数据必须提供在物理网络上传递数据所需要的信息。

3）布线类型

布线类型用来定义网络所使用的物理线缆的类型。物理线缆对于网络的设计参数具有一定的影响，比如网卡传递数据流的电子性能等。

4）布线规则

协议、线缆类型和传输的电子特性影响着线缆的最大和最小长度，电缆连接器的规范等内容。

实际上，类似于线缆类型和连接器类型这样的细节问题并不是由网络访问层直接负责的，但为了设计网络访问层的软件组件，开发人员必须假定物理网络具有特定的性质。因此，网络访问层的软件必须伴随于特定的硬件设计。

TCP/IP 协议栈的设计保证了与硬件交互相关的细节都发生在网络访问层，这样就使得 TCP/IP 能够工作于多种不同的传输介质。

### 2．网络访问层的体系结构

网络访问层包括的一些体系如下。

（1）IEEE 802.3（以太网）：在大多数办公室和家庭使用的、基于线缆的网络。

（2）IEEE 802.11（无线网络）：在办公室、家庭和咖啡厅使用的无线网络技术。

（3）IEEE 802.16（WiMAX）：用于移动通信长距离无线连接的技术。

（4）点到点协议（PPP）：调制解调器通过电话线进行连接的技术。

## 3.5  典型网络——以太网

以太网是当今现有局域网采用的最通用的通信协议标准，组建于 20 世纪 70 年代早期。Ethernet（以太网）是一种传输速率为 10Mb/s 的常用 LAN（局域网）标准。在以太网中，所有计算机被连接在一条同轴电缆上，采用具有冲突检测的 CSMA/CD（载波侦听多路访问/冲突检测）方法，采用竞争机制和总线拓扑结构。基本上，以太网由共享传输媒体，如双绞线电缆或同轴电缆和多端口集线器、网桥或交换机构成。在星状或总线型配置结构中，集线器/交换机/网桥通过电缆使得计算机、打印机和工作站彼此之间相互连接。

### 3.5.1  以太网的发展

从 1982 年 12 月 IEEE 802.3 标准出现至今，虽然以太网才出现了三十多年的发展时间，但是三十多年来，以太网在有线和无线领域的市场和技术方面蓬勃发展，取得了世人瞩目的杰出成绩。下文对以太网的发展历程从标准、速度和服务质量三个方面做一个简要的介绍。

### 1. 以太网标准的发展

1982 年 12 月 IEEE 802.3 标准的出现，标志着以太网技术标准的起步，同时也标志着符合国际标准、具有高度互通性的以太网产品的面世。IEEE 802.3 标准规定以太网是以 10Mb/s 的速度运行，采用载波侦听多路访问/冲突检测（CSMA/CD、介质存取控制（MAC）协议在共享介质上传输数据的技术。

不久以太网产品在局域网中得到了广泛的应用。1990 年，为了提高网络带宽，一种能同时提供多条传输路径的以太网设备出现了，这就是以太网交换机，它标志着以太网从共享时代进入了交换时代。以太网交换机是一个多端口网络设备，不仅将竞争信道的端口数减少到两个，还支持在几个端口同时传输数据，因此，它的出现改变了共享式集线器多个端口共享 10Mb/s 带宽的局面，显著地提高了网络的整体带宽。

1993 年，全双工以太网的出现，又改变了以太网半双工的工作模式，不仅使以太网的传输速度又翻了一番，还彻底解决了多个端口的信道竞争。

1995 年 3 月，IEEE 802.3u 规范的通过，标志着以 100Mb/s 的速度运行的快速以太网时代的来临。

1998 年 6 月，IEEE 802.3z 规范的通过，又使以太网进入到了高速网络的行列，运行速度达到了 1000Mb/s(即 1Gb/s)。因此，我们已经可以听到高速以太网时代(或称为千兆位以太网时代)到来的脚步声，以快速以太网连接桌面，高速以太网连接核心的高速局域网的轮廓也已依稀可见了。

### 2. 以太网速度的发展

以太网从出现至今，仅经过三十多年的发展时间，其运行速度却提高了两个数量级，从 10Mb/s 到 100Mb/s 再到 1000Mb/s，乃至最近出现的 10Gb/s 的以太网原型，这是一个非常令人心动的变革。而以太网低廉的端口价格和优越的性能，使得以太网在不到二十年的发展时间里，占据了整个局域网市场的 85％左右，从而使得 CSMA/CD 协议在局域网协议中居于统治地位，成了局域网协议的事实标准，也使得以太网成了局域网的代名词。

事实上，以太网提高的两个数量级的这个速度是其在介质上传输数据的实际速度，并不是以太网传输有用数据的速度。无论是以太网、快速以太网，还是高速以太网，MAC 层协议采用相同的 CSMA/CD 协议，也采用相同的以太网 802.3 的帧结构传输数据。以太网这种采用相同的协议和传输帧结构，使得以太网在对已有投资的保护基础上，完成对网络性能的升级。

由于 802.3 标准中规定的以太网帧是由 64 位前同步信号、96 位地址、16 位类型/长度字段、46~1500 字节的数据和 32 位校验等几部分组成，并且 CSMA/CD 还规定，在连续传输两个以太网帧时，必须等待至少 96 位的帧间隙时间，如果在这段时间信道内一直没有数据，就说明此时信道空闲，才允许此站点发送下一个以太网帧。因此，在一个以太网帧中，只有 46~1500 字节的数据才是有效数据，其他的字节均是消耗。因此，以太网在连续发送数据的情况下，每发送一个以太网帧总共至少要消耗 304 位的额外开销。因此，10Mb/s/100Mb/s/1Gb/s 仅是在介质上传输数据的实际速度，通常将这个速度称为端口线速度，或称为信道带宽；而其传输有用数据的速度，无论是从理论上还是在实际中都要小于端口线速度，通常将这个速度称为端口吞吐量。

### 3．以太网服务质量的发展

以太网帧结构是非常简单的，其主要目的就是完成简单的端到端寻址和转发，是没有 QoS 性能字节的，也不提供多个优先级的数据流，而这些 QoS 性能字节和数据优先级，应该是由处于第三层的网络层或更高层的协议软件来保证的。

以太网的数据传输具有高突发性和不确定性。所以，在一个以太网中同时传输实时业务与数据业务时，如在一个信道上同时提供实时多媒体业务和文件传输业务时，如果文件传输流量大，就会长久地占用信道，很难保证实时多媒体数据的实时传输。为了能使以太网具有一些第三层的交换功能。开始第三层功能是由软件模块实现的，随着硬件技术的不断发展。第三层功能逐渐由 ASIC 硬件模板替代。

目前市场上有许多以太网多层交换机，如 3COM 公司的 CoreBuilder3500、Intel 公司的 Express550T。由于第三层交换的引入，从而使得以太网交换机可以完成那些只有高层交换设备才具有的性能如 QoS 和 CoS，如数据流分级和组播技术(Multicast)，不仅使重要的数据可以得到较高的优先级，一般的数据得到较低的优先级，还可以在大量节省信道带宽的情况下完成一点对多点和多点对多点的数据传输。

IEEE 802.1 工作组也已开展了局域网 QoS 方面的工作，组织开发了 802.1p/Q 标准，并已于 1998 年 6 月完成。这些系列标准中除提供标准的 VLAN 技术外，同时还将组播和数据分级技术加入到二层交换之中，从而使得第二层设备无须加入第三层功能模块就可以完成数据分级和组播功能。

可是，无论是以太网交换机采取多层交换还是二层交换，但均只能提供服务分类功能(CoS)，依旧无法提供有保证的服务性能，这是面向无连接的包转发机制的限制。不过，这归根结底还是带宽不够、速度不够所致。如果带宽足够宽，速度足够快，可以在一定范围内对具有最高优先级的数据流保证无阻塞的传输，就可以保证实时多媒体的实时传输，从而从另一个角度解决保证质量的 QoS。

## 3.5.2  IEEE 标准符号

为了区别多种不同的可用以太网的实现，IEEE 802.3 委员会开发了简洁的包含以太网系统信息的符号格式，包含的项目有比特率、传输模式、传输介质和网段长度。IEEE 802.3 格式为：

<数据速率，以 Mb/s 为单位><传输模式><最大网段长度，以百米为单位>

或者

<数据速率，以 Mb/s 为单位><传输模式><传输介质>

指定用于以太网的传输速率是 10Mb/s、100Mb/s 和 1Gb/s。只有两种传输模式：基

带（基础）或者宽带（宽阔）。网段长度可以不同，取决于传输介质的类型，包括同轴电缆（不指定）、双绞线电缆（T）或者光纤（F）。例如，符号 10Base-5 意思是 10Mb/s 的传输速率，基带传输模式，最大网段长度是 500m。符号 100Base-T 指定 100Mb/s 的传输速率，基带传输模式，双绞线传输介质。符号 100Base-F 意思是 100 Mb/s 的传输速率，基带传输模式和光纤传输介质。

IEEE 现在支持 9 种 10Mb/s 标准，6 种 100Mb/s 标准，5 种 1Gb/s 标准。表 3-1 列出了一些常用的以太网类型、电缆选择、支持长度和拓扑结构。

**表 3–1** 现在 IEEE 以太网标准

| 传输速率 | 以太网类型 | 传输介质 | 最大网段长度 |
|---|---|---|---|
| 10Mb/s | 10Base-5 | 同轴电缆（RG-8 或 RG-11） | 500m |
| | 10Base-2 | 同轴电缆（RG-58） | 185 m |
| | 10Base-T | UTP/STP 3 类或者更好 | 100 m |
| | 10Base-36 | 同轴电缆（75Ω） | 变化 |
| | 10Base-FL | 光纤 | 2000 m |
| | 10Base-FB | 光纤 | 2000 m |
| | 10Base-FP | 光纤 | 2000 m |
| 100 Mb/s | 100Base-T | UTP/STP 5 类或者更好 | 100 m |
| | 100Base-TX | UTP/STP 5 类或者更好 | 100 m |
| | 100Base-FX | 光纤 | 400 m ~2000 m |
| | 100Base-T4 | UTP/STP 5 类或者更好 | 100 m |
| 1000 Mb/s | 1000Base-LX | 长波光纤 | 变化 |
| | 1000Base-SX | 短波光纤 | 变化 |
| | 1000Base-CX | 短铜跳线 | 变化 |
| | 1000Base-T | UTP/STP 5 类或者更好 | 变化 |

### 3.5.3 桥接式以太网

近来在双绞线电缆技术上的改进和局部网环境下光纤的引入已经促使局域网传输速率超过了 2Gb/s（每秒 20 亿个位）。此外，近来四线桥接和交换技术的改进导致了几种创新局域网拓扑结构的开发。例如桥接式以太网。

网桥是两端口第二层连接设备，所以，网桥可以用于把网络分成几个网段，每个网段具有单独的冲突域。因为网桥基于硬件地址转发帧，所以它们只把传输和那些卷入传输的网段（即源和目的地设备驻留的网段）隔离开。

图 3-2 显示了具有 20 台设备的以太局域网，这些设备连接到公共总线。所以，所有的 20 台设备必须共享相同的传输介质。这有时称为共享地带，但是实际上，共享的是时间，而不是带宽。无论设备何时向介质上发送，它能够使用传输介质的整个宽带。但是，整个网络时间必须被 20 台设备共享，每次只有以太设备发送。因次，假定具有同等的访问权利，每台设备从理论上讲，大约分到整个网络时间的 1/20。

54

网络访问层

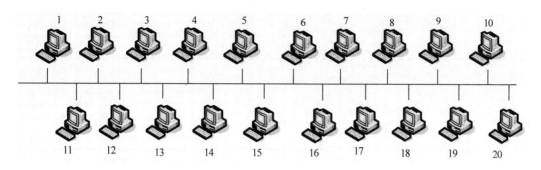

图 3-2　没有网桥的总线拓扑结构

在传输介质上共享传输时间称为时分多路复用（Time Division Multiplexing TDM）。图 3-3 说明了 TDM 的概念。所有的 20 台设备都有机会在传输介质上发送，但是每次只有一台设备能够发送。平均来讲，每台设备能够访问时间的 1/20，这就等于把它们能够发送的数据量降低到整个网络数据的 1/20。这就等于给每台设备分配了 1/20 的宽带，或者把平均有用宽带降低了 20 倍。

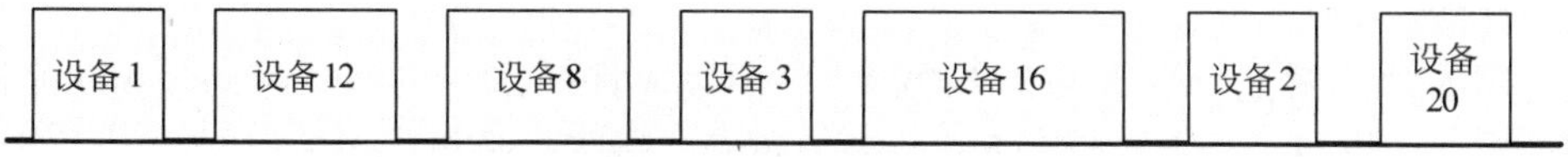

| 设备1 | 设备12 | 设备8 | 设备3 | 设备16 | 设备2 | 设备20 |
|---|---|---|---|---|---|---|

图 3-3　总线拓扑结构的局域网的 TDM

图 3-4 显示了使用网桥把网络分成两个网段，每个网段具有 10 台设备。网桥阻止一个网段的两个设备之间的传输传播到另一个网段，再组织一个网段的冲突传播到另一个网段。当通信不通过网桥传递时，每个网段的网络时间现在只分给了 10 台设备，这等于把带宽分成了 10 份。所以，与不使用网桥的网络相比，每台设备有效具有两倍带宽。当然，这假定大多数数据交换发生在相同网段的两台设备之间。

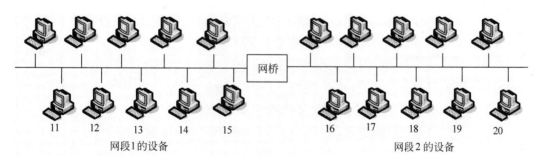

网段1的设备　　　　　　　　　　　网段2 的设备

图 3-4　带有网桥的总线拓扑结构网段

图 3-5 显示了每个网段的传输是时分多路复用的，一个网段上的传输不会影响另一个网段上的传输，从而允许不同网段的两台设备可以同时发送消息，假如目的设备位于相同网段。因而，网桥有效地加倍了网络的数据吞吐量。

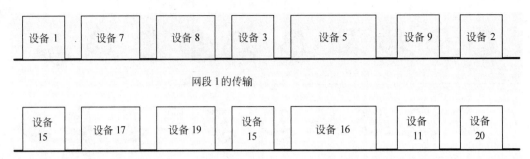

网段 1 的传输

网段 2 的传输

图 3-5　两个网段的 TDM

## 3.5.4　交互式以太网

如 3.5.3 节所述，带有网桥的分段局域网提供给网络更高的数据吞吐量、提高的性能和更高的可靠性。所以，坚持把第二层交换机合并到局域网层次结构中的原因是会提升更高的性能。

使用 N 个网桥把网络分成 N+1 个网段。所以，具有 20 台设备的网络使用 3 个网桥能够形成 4 个网段，每个网段有 5 台设备。但是，因为交换机是多端口网桥，使用交换机可以用于隔离单台设备，所以相同网络能够分成 20 个网段，每台设备一个网段。这还把网络分成 20 个冲突域，使它实际上不可能发生冲突。不可能发生冲突是因为，一个网段发送的唯一设备就是连接到网段的设备，因为传输是按照顺序发生的（一个接一个），所以，从一台设备发送的帧不可能和相同设备发送的另一个帧冲突。

理论上冲突能够发生在设备成对接收上，但是只有当交换机同时向相同网段发送多帧时才可能发生，否则绝不可能发生。如果发生了冲突，交换机把冲突隔离在一个网段内，使得连接到其他网段的设备不能检测到冲突。所以，冲突变得相对不明显了，除非是连接到发生冲突的网段的设备。这是个缺点，因为卷入冲突的设备很可能不在发生冲突的网段中，这样就不知道自己发送的帧卷入了冲突。第二层交换机是改进的 N 端口网桥，允许把传输只隔离成两个网段，更快更有效地转发帧。

图 3-6 显示了带有 8 台设备的以太局域网，这些设备连接到相同的交换机上。从理论上讲，交换机促进每对设备之间同时进行 4 个传输，而不会互相干扰。

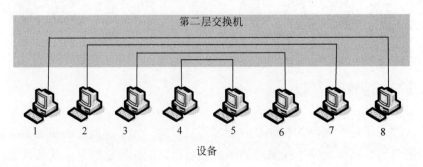

图 3-6　交换式以太网

图 3-7 显示了 4 对设备之间如何同时发生传输。

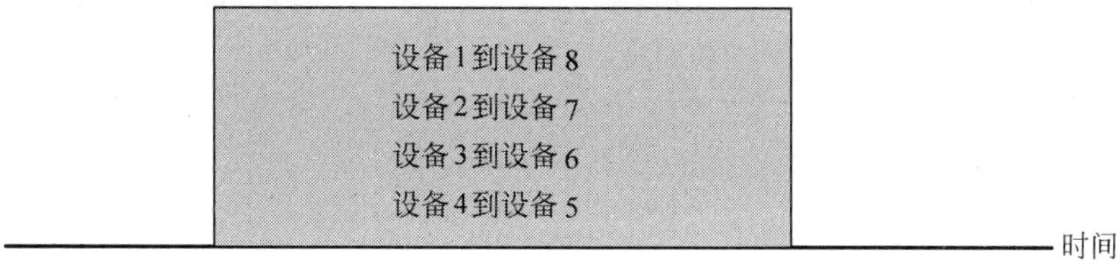

设备1到设备8

设备2到设备7

设备3到设备6

设备4到设备5

时间

图 3-7　使用多端口传输

### 3.5.5　全双工以太网

允许全双工信息帧的交换实际上加倍了局域网的容量，也可以说，通过使用四线传输设备和四线连接设备加倍了带宽。四线操作只把传输隔离到传输介质的一个方向上，所以允许设备在一个介质上发送，同时在另一个介质上接收。

图 3-8 显示了四线交换以太局域网。注意连接到交换机的每台设备都有两种传输介质，一个连接到它的发送器，一个连接到它的接收器。

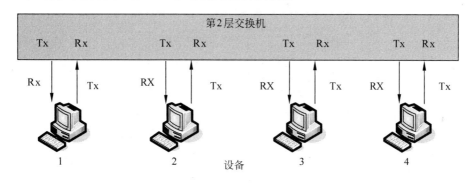

图 3-8　配置

图 3-9 显示了设备 1 在发送，同时从设备 4 接收。

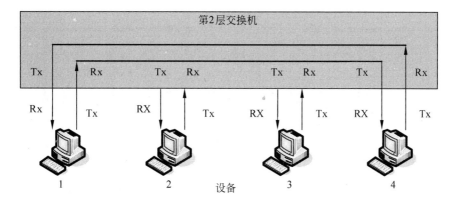

图 3-9　四线交换式以太局域网

对于四线、全双工交换式以太网，实际上不可能发生冲突。所以，使用多路复用方法（如 CSMA/CD）是不必要的。交换机隔开的网段上的方向分开了传输，控制访问的任务留给了第二层交换机，它在合适的时候接收、存储和转发帧。

## 3.5.6 全双工交换式以太网

因为以太网最初设计成无连接协议，所以它不包括 MAC 子层中用于控制数据流量或者用于恢复接收到包含错误的帧的过程。以太网使用 CRC-32 进行检错，这是非常可靠的检错机制。但是，这不意味着能够成功接收应答帧，当检测到错误时，没有过程处理传输错误。这些缺点降低了传统以太局域网的吞吐量、可靠性和有效性。

为了消除全双工交换式以太网的这些缺点，在 MAC 子层增加了一个新的子层，来提供流量控制和错误控制。新子层恰当地称为 MAC 控制。所以，全双工交换以太局域网使用细分为三个子层的数据链路层，如图 3-10 所示。

图 3-10 全双工交换式以太网的数据链路层

MAC 控制包封锁在 MAC 帧中，封锁方式和上层协议传下来的数据包方式一样，但是，MAC 控制包在数据包之间传输，以提供链路控制和错误控制，并且它们实际上不载送用户信息。为了避免浪费，MAC 控制包限制在 46B。

图 3-11 显示了 MAC 控制包封装在以太网 MAC 帧中的方法。带有封装 MAC 控制包的 MAC 帧格式和在数据字段中带有 MAC 控制包的标准 MAC 帧格式相同。但是，数据字段中的信息稍微有些不同。

图 3-11 载送 MAC 控制包的以太网 II 帧

### 1. 目的地址字段

在全双工交换式以太网中接收 MAC 控制帧的不是帧的最终目的地，而是连接设备的交换机（即链路另一端的设备）。所以，目的地址 01-08-C2-00-00-01 是指定的多播地址，只能被交换机接收。使用多播地址是为了使所有的 MAC 控制包具有相同的地址，而不管是哪个设备发送的控制包，并且设备不需要保存路径，该路径是用于载送 MAC 控制包的帧的指定地址的路径。另外，网桥和交换机不传递多播地址，所以这就把每个 MAC 控制帧同网络的唯一网段隔离开，即网段用于载送流量和错误控制信息。此外，指定的多播地址只能被执行 MAC 控制子层协议的设备接收，其他所有设备都会忽略该地址。

### 2．源地址字段

源地址字段载送了 MAC 控制帧的源硬件地址——设备的或者交换机的。

### 3．类型/长度字段

MAC 控制包的长度固定在 46B。所以，在载送 MAC 控制包的所有帧中，在类型/长度字段中放置了十六进制的 8808，来指定载送 MAC 控制包的帧。

### 4．数据字段

因为 MAC 控制包不能从上层协议载送用户信息，所以 MAC 控制包中的数据字段中只包含和 MAC 控制功能有关的信息。

### 5．帧校验序列字段

该字段载送了在所有以太网的帧中常用的 CRC-32 帧校验序列。

至此，MAC 控制包只定义了一种类型的包：暂停包。暂停包提供了一种相对简单的执行流量控制的方法，称为停止-开始法。一台设备向另一台设备发送暂停包，把它设置为暂停模式，这就说明接收设备在指定时间内暂时停止发送帧（暂停），称为暂停阶段。当设备接收到暂停包时，设置定时器，并且停止发送数据帧，直到停止时间期满。如果暂停设备接收到另一个带有新的暂停时间的暂停包，那么以新的暂停时间设置定时器，继续等待。如果设备在暂停模式下接收到暂停时间是 0 的暂停包，那么就自己从暂停模式中释放出来，开始再次发送帧。暂停模式的设备能够发送暂停包，以暂时停止全双工链路上另一个方向上的帧传输。

暂停包的作用是减缓全双工链路上两端连接设备之间帧交换的速率。例如，如果交换机接收帧比它发送帧快，那么它的缓冲区将会过载。交换机使用暂停包通知发送设备降低数据帧的传输速率，否则，交换机开始丢弃接收到的帧。

图 3-12 显示了暂停包的格式。包上 46 字节，包括 2 字节代码字段和 44 字节参数字段。暂停包的代码是十六进制的 0001。到现在为止，指定的唯一参数是暂停时间，它定义了发送器在重新发送之前必须等待的时间段。参数字段实际上包含一个数字，该数字是发送 512 位所需时间的倍数，得出实际的暂停时间。512 位等于 64 字节，是以太网中包含 18 字节头的最短长度的帧。很明显，传输速率越高，给定乘数的暂定时间就越短。

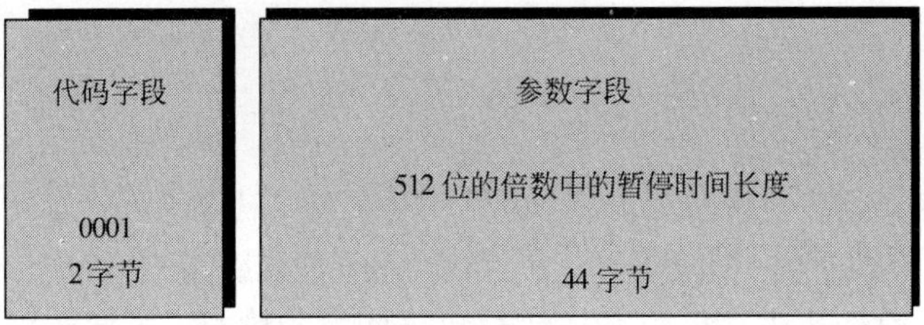

| 代码字段 | 参数字段 |
|---|---|
| | 512 位的倍数中的暂停时间长度 |
| 0001 | |
| 2 字节 | 44 字节 |

图 3-12　暂停包格式

# 3.6　剖析帧类型

在网络访问层，协议数据单元称为帧；在 TCP/IP 术语中，这些 PUD 也可以称为 IP 数据报，它可以封装在不同类型的帧中。本节学习目前最常用的本地网络类型中的 TCP/IP 通信网络——以太网和令牌环网。

## 3.6.1　以太网帧类型

以太网 II 帧类型是用于 IP 数据报在以太网中传输的约定俗成的标准帧类型。因此，以太网 II 帧类型在本章和本书所占篇幅最大。以太网 II 帧类型有协议标识域（Type），它包含值 0x0800 以表明封装协议是 IP 协议。

在 IP 数据报被传输到电缆之前，数据链路驱动程序把前导帧放在数据报中，驱动程序也确保帧符合最小的帧大小规范。最小的以太网是 64B，最大的以太网帧是 1518B。如果帧不符合最小 64B 的要求，驱动程序必须填充数据域。

以太网 NIC 对帧的内容执行循环冗余校验过程，并且把值放在帧校验序列域的帧尾。最后，NIC 发送帧，由序言引导，序言是接收器用以将位正确转换为 0 和 1 的主要位模式。

以下是 TCP/IP 可使用的三种以太网帧类型。

（1）以太网 II。

（2）以太网 802.2 逻辑链接控制（LLC）。

（3）以太网 802.2 子网访问协议（SNAP）。

### 1．以太网 II 帧结构

如图 3-13 所示为以太网 II 帧的格式。

以太网 II 帧类型包含以下值、域和结构。

1）序言

序言的长度为 8B，由 1 和 0 交替组成。正如它的名称所表明的，这种特殊的位串位于实际的以太网帧之前，它不作为帧全部长度的一部分计算。末尾以 10101011 结尾，表明信宿地址域的开始。该域为接收端提供必要的定义解释帧中的 0 和 1，并为以太网回路建立必需的定时机制以识别和开始读取传入的数据。

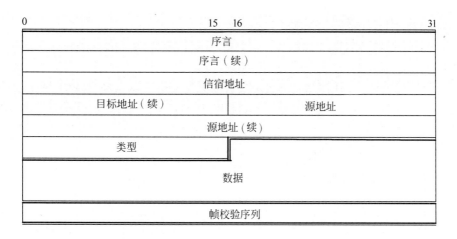

0                    15  16                                    31

| 序言 |
| 序言（续） |
| 信宿地址 |
| 目标地址（续） | 源地址 |
| 源地址（续） |
| 类型 | |
| 数据 |
| 帧校验序列 |

**图 3-13** 以太网 II 帧结构

2）信宿地址域

该域的长度为 6b，它表明信宿 IP 主机的数据链接地址（也称为硬件地址或 MAC 地址）。信宿地址可以是广播、多播和单播。APR（地址解析协议）用于获取信宿 IP 主机（如果信宿是本地的）或下一跳路由器（如果信宿是远程的）的硬件地址。

3）源地址域

源地址域的长度为 6b，它表明发送端的硬件地址。该域只包含单播地址——不包含广播或多播地址。

4）类型域

类型域的长度为 2B，它表明使用该帧类型的协议。表 3-2 举例说明了由 IANA 保留的一些已分配类型数字。

**表 3-2** 分配的协议类型（按照编号顺序）

| 类型 | 协议 |
| --- | --- |
| 0x0800 | IPv4 |
| 0x0806 | 地址解析协议 |
| 0x809B | AppleTalk |
| 0x8137 | Novell 跨网络帧交换（IPX） |
| 0x6004 | DEC LAT |

5）数据域

数据域的长度在 46~1500B 之间。

6）帧校验序列

帧校验序列域的长度为 4B，它包括 CRC 计算结果。

在接收以太网 II 帧时，IP 主机检验 CRC 内容的有效性，并且将结果与帧校验序列中包含的值比较。

当确定将信宿地址作为接收器（或者广播地址，或者接收的多播地址）后，接收的 NIC 去除帧校验序列域，并且把帧传输到数据链路层。

在数据链路层检验帧以确定实际信宿地址（广播、多播或单播）。协议标识域（例如以太网 II 帧结构的类型域）在此处检验。

然后去除剩余的数据链接结构，这样帧可以传输到适当的网络层（在这种情况中指 IP）。

本节将学习以太网 II 帧结构，它是目前最流行的用于以太网 TCP/IP 网络的帧结构。以太网 II 帧类型是以太网网络 Windows XP 中 TCP/IP 的默认类型。IEEE 802.3 规范也定义了跨 IEEE 802.3 帧结构运行 TCP/IP 的方法。下面将介绍 IEEE 802.2 LLC 帧结构，尽管 IP 通常不查看这种帧类型。

### 2．以太网 802.2 LLC 帧结构

图 3-14 表述了以太网 802.2 LLC（逻辑链路控制）帧的格式。虽然与以太网 II 帧结构类似，但是以太网 802.2 LLC 帧类型使用 SAP 代替类型域表明使用该帧的协议。IP 的分配值是 0x06。

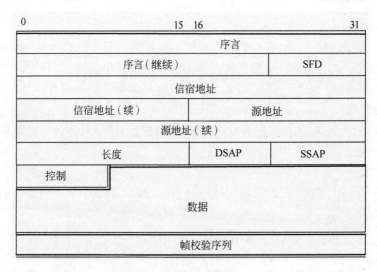

**图 3-14　以太网 802.2 LLC 帧结构**

以太网 802.2 LLC 帧类型包括序言、SFD（起始帧定界符）域、信宿地址域、长度域、DSAP（信宿服务访问点）域、SSAP（源服务访问点）域、控制域、数据域和 FCS（帧检验序列）域。

1）序言

序言的长度为 7B，由 1 和 0 交替组成。与以太网 II 帧结构不同，这种序言不以连续的 1 结尾。SFD 域用于标识信宿地址域的起始部分。

2）SFD（起始帧定界符）域

1B 的 SFD 域由 10101011 模式组成，它表明信宿地址域的起始。读者可能注意到，802.2 序言和 SFD 域与以太网 II 帧的序言相同。

3）长度域

2B 的长度域表明帧的数据部分的位数。它的值在 0x002E（十进制 46）和 0x05DC（十进制 1500）之间。这种帧在该位置不使用类型域——它使用 SAP（服务访问点）域

来表明预定的协议。

4）DSAP（信宿服务访问点）域

这种 1B 域表明信宿协议。表 3-3 列出了一些分配的 SAP 号（由 IEEE 规定）。

表 3-3　分配的 SAP 号

| 编号 | 信宿协议 |
| --- | --- |
| 0 | Null LSAP |
| 2 | Indiv LLC Sublayer Mgt |
| 3 | Group LLC Sublayer Mgt |
| 4 | SNA Path Control |
| 6 | DOD IP |
| 14 | PROWAY-LAN |
| 78 | EIA-RS 511 |
| 94 | ISI IP |
| 142 | PROWAY-LAY |
| 170 | SNAP |
| 254 | ISO CLNS IS 8473 |
| 255 | Global DSAP |

5）SSAP（源服务访问点）域

这种 1B 域表明源协议（通常与信宿协议相同）。

6）控制域

这种 1B 域表明该帧是否为未编号格式（为连接）或者信息的/管理的格式（用于面向连接和管理目的）。

下面学习以太网 SNAP 帧结构。

### 3．以太网 SNAP 帧结构

RFC 1042，"IEEE 802 网络 IP 数据报传输标准"表明如何在 802.0LLC 帧上封装 IP 通信，该帧包括 SNAP（子网访问协议）。虽然 Windows XP 默认传输以太网帧类型上的 IP 和 ARP 通信，但是可以通过添加 ArpUseEtherSNAP 注册表设置（如表 3-4 所示）修改注册表以支持以太网 802.2 SNAP 帧结构上的 IP 和 ARP 的传输。

表 3-4　ArpUseEtherSNAP 注册表设置

| 注册表信息 | 细节 |
| --- | --- |
| 位置 | HKEY_LOCAL_MACHINE\SYSTEM\CurrentControlSet\Services\Tcpip\Parameters |
| 数据类型 | REG_DWORD |
| 有效范围 | 0~1 |
| 默认值 | 0 |
| 默认表示 | 无 |

注册表项 ArpUseEtherSNAP 必须设置为 1 才能将以太网 802.2 SNAP 帧格式用于以太网上的 IP 和 ARP 信息。当以太网 802.2 SNAP 项无法使用时，Windows XP 主机仍然可以从另一台 IP 主机接收以太网 802.2 SNAP 帧结构。但是，Windows XP 主机使用以太

网 II 帧类型响应。这项功能需要原传输主机自动交换到以太网 II 帧类型以支持两台主机之间随后的通信。

图 3-15 描述了以太网 SNAP 帧的格式。虽然类似于以太网 802.2 帧结构，但是以太网 SNAP 帧使用以太类型域代替 SAP 域来标识使用该帧的协议。以太类型域值与本节前面介绍的以太网 II 帧使用的以太类型域值相同。但是，SNAP 帧可以根据它们在 DSAP、SSAP 和控制域中分别使用的 0xAA、AA 和 03 来区分。

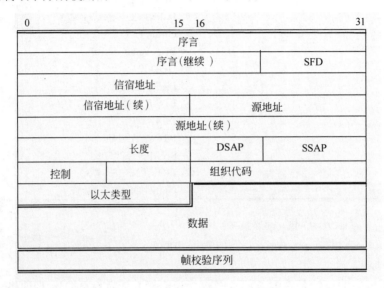

**图 3-15    以太网 SNAP 帧结构**

以太网 SNAP 帧类型除了包含以太网 802.2 LLC 帧类型所包含的域以外，还包含组织代码域和以太类型域。

### 3.6.2    令牌环帧类型

IEEE 802.5 标准定义了令牌环大网络。令牌环网络取决于物理星状设计，尽管它们使用逻辑环传输路径，如图 3-16 所示。

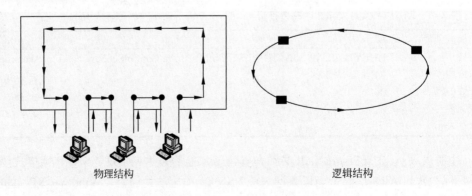

物理结构                          逻辑结构

**图 3-16    令牌环网络为物理星状，但是在逻辑上是环状**

在令牌环网络中，每一个令牌环工作站作为一个中继器——把接收的数据包发回到网络。如果帧用于接收的令牌环工作站，该站在将帧发回到网络时会复制一个帧。

以太网 NIC 以同样方式执行传输数据包内容的错误检验程序。令牌环帧包括 FCS 资（帧校验序列域）。

### 1. 令牌环 802.2 LLC 帧格式

令牌 802.2 LLC 帧包括与以太网 802.2 LLC 帧相同的 LLC 域。这种帧类型包括以下域。

1）起始定界符域

这种 1B 起始定界符域用于指定令牌环帧的起始。

2）访问控制域

这种 1B 访问控制域表明随后的域是否构成令牌或帧，令牌或帧的优先权，以及令牌或帧是否已经构成环状。

3）帧控制域

这种 1B 域表明是否包含令牌环管理信息或者数据。

4）信宿地址域

这种 6B 域表明信宿硬件地址。该域包含单播、多播或广播地址。也请注意令牌环和以太网以相反的顺序读取 MAC 地址：以太网按相反顺序从右往左读值，而令牌环从左往右读值。

5）源地址域

这种 6B 域表明源硬件地址。它必须包含单播地址。

6）DSAP（信宿服务访问点）域（LLC 802.2）

这种 1B 域是 LLC 段的起始，它表明信宿协议。与以太网 802.2 LLC 帧结构类似，令牌环 802.2 LLC 帧有 DSAP、SSAP 和控制域。参见以太网帧 802.2 帧信息了解分配 SAP 值的示例。

7）SSAP（源服务访问点）域（LLC 802.2）

这种 1B 域表明所使用的源协议。它的值与信宿 SAP 特别相同。

8）控制域（LLC 802.2）

这种 1B 域表明该帧是否未编号（无连接）或者是管理的/信息性的（用于面向连接和管理目的）。

9）数据域

该域的长度在 0~18 000B 之间，它包含 TCP/IP 数据。

10）帧校验序列域

帧校验序列域的长度为 4B，它包括用于检验数据包错误的 CRC 计算结果。

11）终端定界符域

这种 1B 域表明令牌环帧的终端（不包含帧状态域）。

12）帧状态域

这种 1B 域用于表明帧的信宿地址是否重新组合以及帧是否被复制。

图 3-17 显示了令牌环 802.2 LLC 帧结构。

| 0 | | 15 16 | | 31 |
|---|---|---|---|---|
| 起始定界符 | 访问控制 | 帧控制 | 信宿地址 | |
| 信宿地址（续） | | | | |
| 信宿地址（续） | | 源地址 | | |
| 源地址（续） | | | DSAP | |
| SSAP | 控制 | | | |
| 数据 | | | | |
| 帧检验顺序 | | | | |
| 终端定界符 | 帧状态 | | | |

◢ 图 3-17 令牌环 802.2 LLC 帧结构

## 2. 令牌环 SNAP 帧格式

令牌环 SNAP 帧格式通过添加组织代码域和以太类型域扩展标准 802.2 LLC 层。的确如此——虽然这是令牌环帧，但是 SNAP 格式可以使用以太类型域值。该域包含的所有 IP 通信的值为 0x0800，ARP 通信的值为 0x0806，如图 3-18 所示。

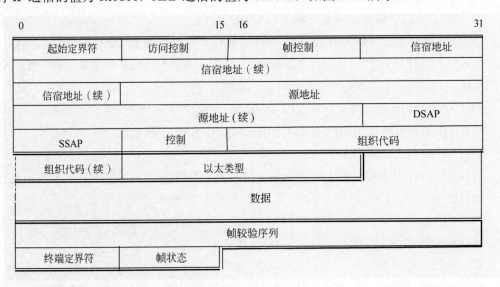

| 0 | | 15 16 | | 31 |
|---|---|---|---|---|
| 起始定界符 | 访问控制 | 帧控制 | 信宿地址 | |
| 信宿地址（续） | | | | |
| 信宿地址（续） | | 源地址 | | |
| 源地址（续） | | | DSAP | |
| SSAP | 控制 | | 组织代码 | |
| 组织代码（续） | | 以太类型 | | |
| 数据 | | | | |
| 帧较验序列 | | | | |
| 终端定界符 | 帧状态 | | | |

◢ 图 3-18 令牌环 SNAP 帧结构

令牌环 SNAP 帧除包括令牌 802.2 LLC 帧类型所包括的所有域以外，还包含组织代码域和以太类型域。

# 思考与练习

### 一、填空题

1．TCP/IP 可使用的三种以太网帧类型包括以太网、以太网 802.2 逻辑链接控制（LLC）和_____。（以太网 802.2 子网访问协议（SNAP））

2．令牌环 SNAP 帧格式通过添加组织代码域和_____扩展标准 802.2 LLC 层。（以太类型域）

3．在 MAC 子层增加了一个新的子层，来提供流量控制和错误控制。新子层恰当地称为_____。（MAC 控制）

4．在传输介质上共享传输时间称为_____。（时分多路复用（TDM））

5．MAC 协议是特定于局域网的，包括_____、令牌环和令牌总线。（以太网）

6．_____是最初用于 TCP/IP 通信的点对点协议，是一种在串行线路上对 IP 数据报进行封装的简单形式。（SLIP）

### 二、选择题

1．ATM（异步传输模式）技术中"异步"的含义是_____。（C）

    A．采用的是异步串行通信技术

    B．网络接口采用的是异步控制方式

    C．周期性地插入 ATM 信元

    D．可随时插入 ATM 信元

2．宽带 ISDN 的核心技术是_____。（A）

    A．ATM 技术

    B．光纤接入技术

    C．多媒体技术

    D．SDH 技术

3．在一个标准 1000Mb/s 交换式以太网的结构中_____。（B）

    A．只能包括 100Mb/s 交换器

    B．包括 1000Mb/s、100Mb/s 或 10Mb/s 交换器

    C．包括 1000Mb/s 和 100Mb/s 交换器

    D．只能包括 1000Mb/s 交换器

4．网桥是在_____上实现不同网络的互连设备。（A）

    A．数据链路层

    B．网络层

    C．对话层

    D．物理层

5．局域网的协议结构_____。（A）

    A．包括物理层、数据链路层和网络层

    B．包括物理层、LLC 子层和 MAC 子层

    C．只有 LLC 子层和 MAC 子层

    D．只有物理层

6．帧中继系统设计的主要目标是用于互连多个_____。（C）

    A．广域网

    B．电话网

    C．局域网

    D．ATM 网

### 三、简答题

1．简述以太网 802.2 LLC 帧类型包括的域。

2．简述以太网 II 帧类型包含的值、域和结构。

3．简述 TCP/IP 可使用的三种以太网帧类型。

4．介绍令牌环 802.2 LLC 帧类型包括的域。

5．简述令牌环 SNAP 帧包括的域。

# 第4章 网 络 层

网络层主要负责解决网络与网络之间，即网际的通信问题，而不是同一网段内部的问题。网络层的主要功能是提供路由，即选择到达目标主机的最佳路径，并沿该路径传送数据包。除此之外，网络层还要能够消除网络拥挤，具有流量控制和拥挤控制的能力。网络层协议包括 ARP（地址解析协议）、IP（网际协议）、ICMP（Internet 消息控制协议）和 IGMP（网际组管理协议）等。

**本章学习要点：**

❑ 掌握 IP
❑ 掌握 ARP
❑ 掌握 RARP
❑ 掌握 ICMP
❑ 掌握 IGMP
❑ 掌握 DHCP

## 4.1 网络层概述

网络层又称为网际层（Network Layer）或者互联网络层（Internet Layer），提供了互联网"虚拟网络"的镜像，因为在网络层中屏蔽了更高层协议，使它们不受网络层下面的物理网络体系结构的影响。

网络层中含有 4 个重要的协议：网际协议 IP、Internet 消息控制协议 ICMP、地址解析协议 ARP 和反向解析转换协议 RARP。

网络层的功能主要由 IP 来提供。除了提供端到端的分组分发功能外，IP 还提供了很多扩充功能。例如，为了克服数据链路层对帧大小的限制，网络层提供了数据分块和重组功能，这使得很大的 IP 数据报能以较小的分组在网上传输。网络层的另一个重要服务是在互相独立的局域网上建立互联网络，即网际网。网间的报文来往根据它的目的 IP 地址通过路由器传到另一网络。

### 1. 网际协议 IP（Internet Protocol）

网络层最重要的协议是 IP，它将多个网络联成一个互联网，可以把高层的数据以多个数据报的形式通过互联网分发出去。

IP 的基本任务是通过互联网传送数据报，各个 IP 数据报之间是相互独立的。主机上的 IP 层为运输层提供服务。IP 从源运输实体取得数据，通过它的数据链路层服务传给目的主机的 IP 层。IP 不保证服务的可靠性，在主机资源不足的情况下，它可能丢弃某些数据报，同时 IP 也不检查被数据链路层丢弃的报文。

在传送时，高层协议将数据传给 IP，IP 再将数据封装为互联网数据报，并交给数据链路层协议通过局域网传送。若目的主机直接连在本网中，IP 可直接通过网络将数据报传给目的主机；若目的主机在远地网络中，则 IP 路由器传送数据报，而路由器则依次通过下一网络将数据报传送到目的主机或再下一个路由器。即一个 IP 数据报是通过互联网络，从一个 IP 模块传到另一个 IP 模块，直到终点为止。

需要连接独立管理的网络的路由器，可以选择它所需的任何协议，这样的协议称为内部网间连接器协议(Interior Gateway Protocol，IGP)。在 IP 环境中，一个独立管理的系统称为自治系统。跨越不同领域的路由器（如从专用网到 PDN）所使用的协议，称为外部网间连接器协议（Exterior Gateway Protocol，EGP，EGP）是一组简单的定义完备的正式协议。

### 2．Internet 消息控制协议 ICMP

从 IP 网际协议的功能，可以知道 IP 提供的是一种不可靠的连接报文分组传送服务。若路由器或主机故障使网络阻塞，就需要通知发送主机采取相应措施。

为了使互联网能报告差错，或提供有关意外情况的信息，在 IP 层加入了一类特殊用途的报文机制，即 Internet 消息控制协议 ICMP。

分组接收方利用 ICMP 来通知 IP 模块发送方某些方面所需的修改。ICMP 通常是由发现别的站发来的报文有问题的站产生的，例如可由目的主机或中继路由器来发现问题并产生有关的 ICMP。如果一个分组不能传送，ICMP 便可以被用来警告分组源，说明有网络、主机或端口不可达。ICMP 在 IP 层中也可以用来报告网络阻塞。ICMP 是 IP 正式协议的一部分，ICMP 数据报通过 IP 送出，因此它在功能上属于网络第 3 层，但实际上它是像第 4 层协议一样被编码的。

### 3．地址解析协议 ARP

在 TCP/IP 网络环境下，每个主机都分配了一个 32 位的 IP 地址，这种地址是在网际范围内标识主机的一种逻辑地址。为了让报文在物理网上传送，必须知道彼此的物理地址。这样就存在把互联网地址变换为物理地址的地址转换问题。以以太网(Ethernet)环境为例，为了正确地向目的站传送报文，必须把目的站的 32 位 IP 地址转换成 48 位以太网目的地址。这就需要在网络层有一组服务将 IP 地址转换为相应的物理网络地址，这组协议就是 ARP。

在进行报文发送时，如果源网络层所给的报文只有 IP 地址，而没有对应的以太网地址，则网络层广播 ARP 请求以获取目的站信息，而目的站必须回答该 ARP 请求。这样源站点可以收到以太网 48 位地址，并将地址放入相应的高速缓存（Cache）。下一次源站点对同一目的站点的地址转换可直接引用高速缓存中的地址内容。地址解析协议 ARP 使主机可以找出同一物理网络中任意物理主机的物理地址，只需给出目的主机的 IP 地址即可。这样，网络的物理编址可以对网络层服务透明。

在互联网环境下，为了将报文送到另一个网络的主机，数据报先定向发送到发送方所在网络的 IP 路由器。因此，发送主机首先必须确定路由器的物理地址，然后依次将数据报发往接收端。除基本 ARP 机制外，有时还需在路由器上设置代理 ARP，其目的是由 IP 路由器代替目的站对发送方 ARP 请求做出响应。

#### 4．反向地址解析协议 RARP

反向地址解析协议用于一种特殊情况，如果工作站初始化以后，只有自己的物理网络地址而没有 IP 地址，则它可以通过对 ARP 协议发出广播请求，征求自己的 IP 地址，而 RARP 服务器则负责回答。这样，无 IP 地址的工作站可以通过 RARP 协议取得自己的 IP 地址，这个地址在下一次系统重新开始以前都有效，不用连续广播请求。

## 4.2 认识 IP

IP（Internet Protocol，网际协议）是 TCP/IP 协议族中最为核心的协议。所有的 TCP、UDP、ICMP 及 IGMP 数据都以 IP 数据报格式传输。本节将详细介绍 IP 协议的特性，以及其详细结构。

### 4.2.1 IP 的特性

IP 协议是 Internet 中的通信规则，连入 Internet 中的每台主机与路由器都必须遵守这些通信规则。发送数据的主机需要按 IP 协议装载数据，路由器需要按 IP 协议转发数据包，接收数据的主机需要按 IP 协议拆卸数据。IP 数据报携带着地址信息从发送数据的主机出发，在沿途各个路由器的转发下，到达目的主机。

#### 1．IP 协议的功能

IP 协议负责主机之间的通信，有以下三个功能。

（1）将传输层的分组装入 IP 数据报，填充报头，选择去往目的主机的路由，将数据报发往适当的网络接口。

（2）对从网络接口收到的数据报，首先检查其合理性，然后进行寻径，如果该数据报已达到目的地（本机），则去掉报头，将剩下的部分（传输层分组）交给传输层。否则，转发该数据报。

（3）处理网际间差错与控制报文 ICMP，处理路径、流量控制、拥塞等问题。

其他协议提供 IP 协议的辅助功能，协助 IP 协议完成数据报传送。其中，地址解析协议 ARP 用于将 IP 地址（或 Internet 地址）转换成物理地址；反向地址解析协议 RARP 则将物理地址转换成 IP 地址；ICMP 用于报告差错和传送控制信息。在后面的章节中将详细介绍这几种协议。

#### 2．IP 协议的特点

IP 协议主要负责为计算机之间传输数据寻址，并管理这些数据报的分包过程。它对传输的数据报格式有规范、精确的定义。与此同时，IP 协议还负责数据报的路由，决定数据报的发送地址，以及在路由出现问题时更换路由。总的来说，IP 协议具有以下几个特点。

1）不可靠的数据传输服务

IP 协议本身没有能力保证发送的数据报是否能被正确接收。数据报可能在遇到延迟、路由错误、数据报分段和重组过程中受到损坏，但 IP 不检测这些错误。在发生错误时，也没有机制保证一定可以通知发送方和接收方。

2）面向无连接的传输服务

IP 协议不管数据报沿途经过哪些结点，甚至也不管数据报起始于哪台计算机、终止于哪台计算机。数据报从源始结点到目的结点可能经过不同的传输路径，而且这些数据在传输的过程中可能丢失，也可能正确到达。

3）尽最大努力传输服务

IP 协议并不随意地丢失数据报，只有当系统的资源用尽、接收数据错误或网络出现故障等状态下，才不得不丢弃报文。在本书的第 5 章中将更详细地介绍 IP 协议的内容。

## 4.2.2 认识 IP 数据报

IP 数据报的格式如图 4-1 所示。普通的 IP 首部长为 20B，除非含有选项字段。

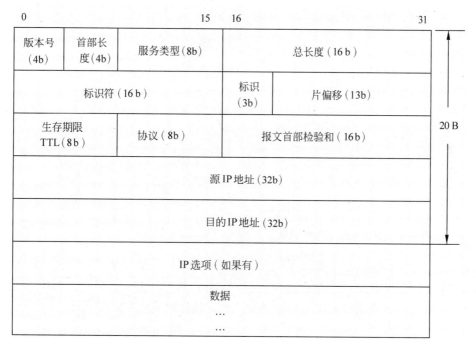

图 4-1 IP 数据报格式及首部中的各字段

分析图 4-1 中的首部。最高位在左边，记为 0b；最低位在右边，记为 31b。4 个字节的 32b 值以下面的次序传输：首先是 0～7b，其次是 8～15b，然后是 16～23b，最后是 24~31b。这种传输次序称作 big endian 字节序。由于 TCP/IP 首部中所有的二进制整数在网络中都要求以这种次序传输，因此它又称作网络字节序。以其他形式存储二进制整数的机制，如 little endian 格式，则必须在传输数据之前把首部转换成网络字节序。

首部长度指的是首部占 32 位字节的数目，包括任何选项。由于它是一个 4b 字段，因此首部最长为 60B。服务类型（TOS）字段包括一个 3b 的优先权子字段（现在已被忽略）、4b 的 TOS 子字段和 1b 未用位但必须置 0。4b 的 TOS 分别代表最小时延、最大吞吐量、最高可靠性和最小费用。4b 中只能置其中 1b。如果所有 4b 均为 0，那么就意味着是一般服务。RFC 1340 描述了所有的标准应用如何设置这些服务类型。RFC 1349 对该 RFC 进行了修正，更为详细地描述了 TOS 的特性。

图 4-2 中列出了对不同应用建议的 TOS 值。在最后一列中给出的是十六进制值，因为这就是在后面将要看到的 TCP dump 命令输出。

| 应用程序 | 最小时延 | 最大吞吐量 | 最高可靠性 | 最小费用 | 16 进制值 |
|---|---|---|---|---|---|
| Telnet /Rlogin | 1 | 0 | 0 | 0 | 0 x 10 |
| FTP | | | | | |
| 　控制 | 1 | 0 | 0 | 0 | 0 x 10 |
| 　数据 | 0 | 1 | 0 | 0 | 0 x 08 |
| 任意块数据 | 0 | 1 | 0 | 0 | 0 x 08 |
| TFTP | 1 | 0 | 0 | 0 | 0 x 10 |
| SMTP | | | | | |
| 　命令阶段 | 1 | 0 | 0 | 0 | 0 x 10 |
| 　数据阶段 | 0 | 1 | 0 | 0 | 0 x 08 |
| DNS | | | | | |
| 　UDP 查询 | 1 | 0 | 0 | 0 | 0 x 10 |
| 　TCP 查询 | 0 | 0 | 0 | 0 | 0 x 00 |
| 　区域查询 | 0 | 1 | 0 | 0 | 0 x 08 |
| ICMP | | | | | |
| 　差错 | 0 | 0 | 0 | 0 | 0 x 00 |
| 　查询 | 0 | 0 | 0 | 0 | 0 x 00 |
| 　任何 IGP | 0 | 0 | 1 | 0 | 0 x 04 |
| SNMP | 0 | 0 | 1 | 0 | 0 x 04 |
| BOOTP | 0 | 0 | 0 | 0 | 0 x 00 |
| NNTP | 0 | 0 | 0 | 0 | 0 x 02 |

图 4-2　服务类型字段推荐值

总长度字段是指整个 IP 数据报的长度，以字节为单位。利用首部长度字段和总长度字段，就可以知道 IP 数据报中数据内容的起始位置和长度。由于该字段长 16b，所以 IP 数据报最长可达 65 535 字节。当数据报被分片时，该字段的值也随着变化，这一点将在 12.5 节中进一步描述。

尽管可以传送一个长达 65 535 字节的 IP 数据报，但是大多数的链路层都会对它进行分片。而且，主机也要求不能接收超过 576 字节的数据报。由于 TCP 把用户数据分成若干片，因此一般来说这个限制不会影响 TCP。还有 UDP、RIP、TFTP、BOOTP、DNS，以及 SNMP 都限制用户数据报长度为 512B，小于 576B。但是，事实上现在大多数的实现（特别是那些支持网络文件系统 NFS 的实现）允许超过 8192B 的 IP 数据报。

总长度字段是 IP 首部中必要的内容，因为一些数据链路（如以太网）需要填充一些数据以达到最小长度。尽管以太网的最小帧长为 46B，但是 IP 数据可能会更短。如果没有总长度字段，那么 IP 层就不知道 46B 中有多少是 IP 数据报的内容。

标识字段唯一地标识主机发送的每一份数据报。通常每发送一份报文它的值就会加 1。RFC 791 认为标识字段应该由让 IP 发送数据报的上层来选择。假设有两个连续的 IP 数据报，其中一个是由 TCP 生成的，而另一个是由 UDP 生成的，那么它们可能具有相同的标识字段。尽管这也可以照常工作（由重组算法来处理），但是在大多数从伯克利派生出来的系统中，每发送一个 IP 数据报，IP 层都要把一个内核变量的值加 1，不管交给 IP 的数据来自哪一层。内核变量的初始值根据系统引导的时间来设置。

TTL（Time-To-Live）生存时间字段设置了数据报可以经过的最多路由器数。它指定了数据报的生存时间。TTL 的初始值由源主机设置（通常为 32 或 64），一旦经过一个处理它的路由器，它的值就减去 1。当该字段的值为 0 时，数据报就被丢弃，并发送 ICMP 报文通知源主机。

首部检验和字段是根据 IP 首部计算的检验和码。它不对首部后面的数据进行计算。ICMP、IGMP、UDP 和 TCP 在它们各自的首部中均含有同时覆盖首部和数据检验和码。

为了计算一份数据报的 IP 检验和，首先把检验和字段置为 0。然后，对首部中每个 16 b 进行二进制反码求和（整个首部看成是由一串 16 b 的字），结果存在检验和字段中。当收到一份 IP 数据报后，同样对首部中每个 16 b 进行二进制反码的求和。由于接收方在计算过程中包含了发送方存在首部中的检验和，因此，如果首部在传输过程中没有发生任何差错，那么接收方计算的结果应该为全 1。如果结果不是全 1（即检验和错误），那么 IP 就丢弃收到的数据报。但是不生成差错报文，由上层去发现丢失的数据报并进行重传。

ICMP、IGMP、UDP 和 TCP 都采用相同的检验和算法，尽管 TCP 和 UDP 除了本身的首部和数据外，在 IP 首部中还包含不同的字段。在 RFC 1071 中有关于如何计算 Internet 检验和的实现技术。由于路由器经常只修改 TTL 字段（减 1），因此当路由器转发一份报文时可以增加它的检验和，而不需要对 IP 整个首部进行重新计算。RFC 1141 为此给出了一个很有效的方法。

## 4.3 IP 编制基础

### 4.3.1 IP 寻址基础知识

计算机使用 32b 二进制表示 IP 地址，假设存在用十进制表示的 IP 地址 192.168.0.1，将其转换成二进制为 11000000.10101000.00000000.00000001。这样的地址少一些也许能记得住，但是如果多了就不行了。与用数字表示的 IP 地址相比，人们更喜欢用符号名称来表示 IP 地址，因为它向我们传达了更直观的信息，人们更容易记忆。

当使用十进制数字表示时，数字 IP 地址使用点分十进制符号表示法，并采用 *n.n.n.n* 的形式，如 202.102.224.68，其中 *n* 的取值范围是 0~255。每个数字 *n* 用二进制表示是一个 8 位数字，称为 8 位位组。对于任何一个解析为网络地址的域名来说，只要它存在于公共的 Internet 或专用内联网中，该域名都必须对应至少一个数字 IP 地址。

通常情况下，用点分隔的 IP 地址给出的数字都是用十进制数字表示的，其实还可采用十六进制和二进制符号表示。当使用点分隔的 IP 地址时，应该能区分当前使用的表示方式。二进制表示方式容易识别，因为字符串中的每个要素，即 $n$ 是由 8 位二进制数字表示的（每一位只有 0 或 1 两种选择）。十进制和十六进制数字很容易混淆，因此在使用的过程中要区分当前要使用哪种表示方式。

在实际应用中更习惯于使用域名，为了使域名有效，任何域名都必须至少对应一个唯一的数字 IP 地址。但域名仅仅对应于数字地址，与数字地址却不同，是大多数人识别 Internet 上具体主机地址所记住和使用的地址。

1969 年仅有 4 个结点的 ARPA 网在美国实验成功，今天由此演化的互联网会成为世界最大的数据网。随着计算机的普及、上网人数的不断增加，越来越多的企业把目光投向互联网。支撑 Internet 运转的关键是 IP 技术，下面将对 IP 寻址技术相关概念进行介绍。

MAC 地址（位于数据链路层）即介质访问控制(Media Access Control)地址一般位于网卡中，用于标识网络设备，控制对网络介质的访问。它通过逻辑链接控制（LLC）子层，确保网络接口在相同的物理电缆段与另一网络接口建立点对点连接。例如，网络设备要访问传输电缆（网线，位于物理层），必须具备一个 MAC 地址，发送的数据要到达目的地，必须知道目的地的 MAC 地址。因为一个网卡具有唯一的 MAC 地址，所以又称为物理地址。

**74**

网络地址位于网络层。因为一个网络地址可以根据逻辑分配给任意一个网络设备，所以又叫逻辑地址。网络地址通常可分成网络号和主机号两部分，用于标识网络和该网络中的设备。采用不同网络层协议，网络地址的描述是不同的，如 IPX，以 PAD.0134.02d3.es50 为例，PAD 为网络号，而 0134.02d3.es50 是标识该网络中设备的主机号。IP 协议则用 32 位二进制来表示网络地址，一般称为 IP 地址。MAC 地址用于网络通信，网络地址是用于确定网络设备位置的逻辑地址。

当数据通过初始发送端和最终接收端之间的中间主机传输时，它在驻留在相同的物理网中的成对机器间完成此传输工作。通过大多数机器连接到多路物理网络中，才能将接口中输入机器的内容转向另一个接口，实现了两个物理网络间的传输。

在网络层中，初始发送端的地址表示在 IP 数据包题头内的 IP 端源地址域中；最终接收端的地址则表示在相同 IP 数据包题头内的 IP 信宿地址域中。尽管随着帧从一个接口向另一个接口的传输，MAC 层地址时刻在改变，但是 IP 源和信宿地址的信息却保持不变。实际上，IP 信宿地址值形成了传输的中间环节，或者作为数据从发送端到接收端跨网络传输时的跳跃。

## 4.3.2　二进制和十进制

为了更好地理解 IP 地址的含义，这里将对二进制及二进制与十进制之间的转换进行详细的介绍。

以 2 为基数的数值系统称为二进制数，是计算技术中广泛采用的一种数制。某一位的 1 表示的值大小由其位置决定，进位规则是"逢二进一"，借位规则是"借一当二"。这类似于十进制系统。最右边的数代表 1，次右边的数代表 10，再次右边的数表示 100，以此类推。每一个数位表示的值是其右边数位表示数值的 10 倍。

然而，10 进制数系统提供了 10 个数字表示不同的值(0～9)，而二进制数系统仅支持两个有效数字：0 和 1。数值所在位置决定了数的大小。最右数位，在 10 进制中表示 1，在二进制中最右的数位也代表 1。但次右的数位代表 2（而不是 10 进制中的 10），下一个位置代表 4，再下一个代表 8 等。每一个位置上的数表示的值是其右边数位表示数值大小的 2 倍。

### 1．十进制数字转换为二进制数字

把十进制数字转换为二进制数字，只需将十进制数字除以 2，取其余数(必为 0 或 1)，重复该步骤直到除数到 0 为止。

例如，将十进制数字 200 转换为二进制数字的过程如下：

200 除以 2 等于 100，余数是 0；

100 除以 2 等于 50，余数是 0；

50 除以 2 等于 25，余数是 0；

25 除以 2 等于 12，余数是 1；

12 除以 2 等于 6，余数是 0；

6 除以 2 等于 3，余数是 0；

3 除以 2 等于 1，余数是 1；

1 除以 2 等于 0，余数是 1。

从最后一个余数开始向上记，就得出了 200 的二进制形式 11001000。为了检查转换结果是否正确，可以将 11001000 展开：$1\times2^7+1\times2^6+0\times2^5+0\times2^4+1\times2^3+0\times2^2+0\times2^1+0\times2^0=200$。

另一种转换方法基于"步进函数"的数学方法。通过 2 的各次幂的十进制值，将每个数字定位于最接近的两个 2 的幂次值之间。

例如，同样将十进制数字 200 转换为二进制数字的过程如下：

200 小于 256（$2^8$）并大于 128（$2^7$）；

200 减去 128 等于 72；

72 小于 128（$2^7$）并大于 64（$2^6$）；

72 减去 64 等于 8；

8 小于 16（$2^4$）并大于、等于 8（$2^3$）；

8 减去 8 等于 0。

在转换成二进制时将上面 $2^7$、$2^6$、$2^3$ 各项所对应的位设为 1，其他 $2^5$、$2^4$、$2^2$、$2^1$、$2^0$ 各项设为 0（对于对应的 2 的幂次值，任何一个从上一步结果中减去的数字都形成一个 1，缺少项则形成 0）。所以，$200=1\times2^7+1\times2^6+0\times2^5+0\times2^4+1\times2^3+0\times2^2+0\times2^1+0\times2^0$。从左到右依次读取乘数，就可以转换成二进制数字，即 11001000。

### 2．二进制数字转换为十进制数字

如果掌握了二进制数字转换为十进制数字的方法，那么将十进制数字转换为二进制数字是非常简单的。这里我们以十进制数字 200 的二进制数字 11001000 为例，介绍转换的过程。

首先，查清楚二进制数字的位数，这里 11001000 的位数是 8。

其次，因为最底位从 0 开始，所以从总位数中减去 1 即 8-1=7，该数字将是指数符号的最高位指数。

最后，使用乘法转换所有的指数。因此，11001000 的转换为：$11001000=1\times2^7+1\times2^6+0\times2^5+0\times2^4+1\times2^3+0\times2^2+0\times2^1+0\times2^0=128+64+0+0+8+0+0+0=200$

二进制与十进制数值之间的这个关系是整个 IP 地址结构的基石。记住在每个 IPv4 地址中有 4 个二进制 8 位位组。IP 地址结构的其他方面如子网掩码、VLSM 以及 CIDR 均基于这些数值系统。所以，在理解各种 IP 地址实现方式之前，必须明白这些基本的数值系统及其之间的转换。

### 4.3.3  IP 编址方式

IPv4 地址在 1981 年 9 月实现标准化。人们考虑到当时的计算情况，尽量使其具有前瞻性。基本的 IP 地址是分成 8 位一个单元（称为 8 位位组）的 32 位二进制数。

为了方便人们的使用，将对机器友好的二进制地址转变为人们更熟悉的十进制地址。IP 地址中的每一个 8 位位组用 0~255 的一个十进制数表示。这些数之间用点隔开，这是所谓的点分十进制格式。因此，最小的 IPv4 地址值为 0.0.0.0，最大的地址值为 255.255.255.255，然而这两个值是保留的，没有分配给私人的端系统。具体原因将在后面章节中进行介绍。

点分十进制数表示的 IPv4 地址分成几类，以适应大型、中型、小型的网络。这些类的不同之处在于用于表示网络的位数与用于表示主机的位数之间的差别。IP 地址共分 5 类，用字母表示为：

（1）A 类地址；

（2）B 类地址；

（3）C 类地址；

（4）D 类地址；

（5）E 类地址。

每一个 IP 地址包括两部分：网络地址和主机地址，上面 8 类地址对所支持的网络数和主机数有不同的组合。例如，如果 20.102.224.68 是一个有效的 A 类地址，那么该地址的网络部分是 20，占用一个八位组，而主机部分是 102.224.68，占用 3 个八位组；如果该地址是一个有效的 B 类地址，那么该地址的网络部分是 20.102，而主机部分是 224.68，各占两个八位组。

在这 5 类地址中，D 类和 E 类地址的作用比较特殊。D 类地址用于多播通信，在多播通信中单一的地址可以与多个网络主机发生联系。只有信息在同一具体时间内需要广播到多个接收器时才会使用，因此多播地址多用于视频以及远程会议中。当一类设备，例如路由器，必须在相同的基础上以相同信息更新时，使用多播地址就非常方便（关于这方面的内容，将在后面的章节中进行详细的介绍）。E 类地址仅仅用于实验目的，在执行与 IP 相关的开发和实验的网络中才能用到。下面将详细介绍各类地址。

## 1. A 类地址

A 类地址的目的是支持巨型网络，因为对规模巨大网络的需求很小，因此开发了这种结构使主机地址数很大，而严格限制可被定义为 A 类网络的数量。

一个 A 类 IP 地址仅使用第一个 8 位位组表示网络地址。剩下的 3 个 8 位位组表示主机地址。A 类地址的第一位总为 0，这就将 A 类地址数量限制到了 128（即 00000000~01111111，所以最高位是 127，即 64+32+16+8+4+2+1 的和）。最左边位表示 128，在这里空缺。因此仅有 127 个可用的 A 类网络。

A 类地址后面的 24 位(3 个点分十进制数)表示可能的主机地址，A 类网络地址的范围从 1.0.0.0 到 126.0.0.0。注意只有第一个 8 位位组表示网络地址，剩余的三个 8 位位组用于表示第一个 8 位位组所表示网络中唯一的主机地址，当用于描述网络时这些位置为 0。注意，技术上讲，127.0.0.0 也是一个 A 类地址，但是它已被保留作闭环（Look Back）测试之用而不能分配给一个网络。如表 4-1 所示是 A 类地址结构与举例。

**表 4-1　A 类地址结构与举例**

| 说明 | 网络部分 | 主机部分 | | |
|---|---|---|---|---|
| 8 位位组 | 1 | 2 | 3 | 4 |
| IP 地址 | 20 | 102 | 224 | 68 |

每一个 A 类地址能支持 16 777 214 个不同的主机地址，这个数是由 $2^{24}-2$ 得到的。减 2 是必要的，因为 IP 把全 0 保留为表示网络地址而全 1 表示网络内的广播地址。如表 4-2 所示为 A 类地址信息。

**表 4-2　A 类地址信息**

| 描述 | 范围 | |
|---|---|---|
| 网络最大量 | $2^7-2$ | 126 |
| 最大可用网络量 | $2^7-4$ | 124 |
| 每个网络的主机量 | $2^{24}-2$ | 16777214 |
| 私有 IP 地址 | 10.0.0.0 | 1 |
| 地址范围 | 1.0.0.0 | 126.0.0.0 |

## 2. B 类地址

B 类地址的目的是支持中到大型的网络。B 类网络地址范围从 128.1.0.0 到 191.254.0.0。B 类地址的前两位数字是 10，其他数字可以表示为 1，也可以表示为 0。但是由于前两位已固定不能改变，而减少了网络的总量。B 类地址采用前两个八位组表示网络部分，剩下两个八位组表示主机部分，结构如表 4-3 所示。

**表 4-3　B 类地址结构**

| 说明 | 网络部分 | | 主机部分 | |
|---|---|---|---|---|
| 8 位位组 | 1 | 2 | 3 | 4 |
| IP 地址 | 192 | 102 | 224 | 68 |

B 类用前两个八位组表示网络部分，去掉前面固定的两位数字，还具有 14 位可用数字，因此，可以使用的网络地址的最大值是 $2^{14}$-2(减 2 是为了把全部为 0 和全部为 1 的两个值减掉)，其计算结果为 16 382 个。但是 RFC 1918 规定了从 172.16.0.0 到 172.31.255.255 的 16 位 B 类地址用于私用目的，所以 B 类公共 IP 地址的最大量是 16 382-16，即 16 366 个。

最后的 16 位(2 个 8 位位组)标识可用的主机地址。由 $2^{16}$-2（全部为 0 或全部为 1 被预留为网络地址，通常情况下这两个地址不用作主机地址）得出每一个 B 类地址能支持 64 534 个唯一的主机地址。B 类地址信息如表 4-4 所示。

**表 4-4　B 类地址信息**

| 描述 | 范围 | |
| --- | --- | --- |
| 网络最大量 | $2^{14}$-2 | 16382 |
| 最大可用网络量 | $2^{14}$-18 | 16366 |
| 每个网络的主机量 | $2^{16}$-2 | 65534 |
| 私有 IP 地址 | 172.16.0.0~172.30.255.255 | 16 |
| 地址范围 | 128.0.0.0 | 192.255.0.0 |

### 3. C 类地址

C 类地址用于支持大量的小型网络。这类地址可以认为与 A 类地址正好相反。A 类地址使用第一个 8 位位组表示网络号，剩下的三个表示主机号，而 C 类地址使用三个 8 位位组表示网络部分，仅用一个 8 位位组表示主机部分。

C 类地址的前 3 位数为 110，前两位和为 192（128+64），这形成了 C 类地址空间的下界。第三位等于十进制数 32，这一位为 0 限制了地址空间的上界。不能使用第三位限制了此 8 位位组的最大值为 255-32，即 223。因此 C 类网络地址范围从 192.0.1.0 至 223.255.254.0。

最后一个 8 位位组用于表示主机部分。每一个 C 类地址理论上可支持最多 256 个主机地址(0~255)，但是仅有 254 个可用，因为 0 和 255 不是有效的主机地址。可以有 2 097 150 个不同的 C 类网络地址。B 类地址结构如表 4-5 所示。

**表 4-5　C 类地址结构**

| 说明 | 网络部分 | | | 主机部分 |
| --- | --- | --- | --- | --- |
| 8 位位组 | 1 | 2 | 3 | 4 |
| IP 地址 | 200 | 102 | 224 | 68 |

在 IP 地址中，0 和 255 是保留的主机地址。IP 地址中所有的主机地址为 0 用于标识局域网，全为 1 表示在此网段中的广播地址。RFC 1918 中规定了从 192.168.0.0 到 192.168.255.255 的 256 位地址用于私用目的，所以 C 类公共地址的最大量是 2 097 150-256 即 2 096 894 个。

C 类地址中只有剩余的八位位组用于表示主机部分，可以计算出表示主机部分的数量为 $2^8$-2 即 254，减 2 是因为预留了全部为 0 和 1 的两个地址。C 类地址信息如表 4-6 所示。

网络层 ————

**表 4-6　C 类地址信息**

| 描述 | 范围 | |
|---|---|---|
| 网络最大量 | $2^{21}$-2 | 2 097 150 |
| 最大可用网络量 | $2^{21}$-258 | 2 096 894 |
| 每个网络的主机量 | $2^8$-2 | 254 |
| 私有 IP 地址 | 192.168.0.0~223.255.255.255 | 256 |
| 地址范围 | 192.0.1.0 | 233.255.255.255 |

#### 4．D 类地址

D 类地址用于在 IP 网络中的组播(Multicasting，又称为多目广播)。D 类组播地址机制仅有有限的用处。一个组播地址是一个唯一的网络地址。它能指导报文到达预定义的 IP 地址组。因此，一台机器可以把数据流同时发送到多个接收端，这比为每个接收端创建一个不同的流有效得多。组播长期以来被认为是 IP 网络最理想的特性，因为它有效地减少了网络流量。

D 类地址空间，和其他地址空间一样，有其数学限制，D 类地址的前 4 位恒为 1110，预置前三位为 1 意味着 D 类地址开始于 128+64+32 等于 224。第 4 位为 0 意味着 D 类地址的最大值为 128+64+32+8+4+2+1 即 239，因此 D 类地址空间的范围从 224.0.0.0 到 239.255.255.254。

这个范围看起来有些奇怪，因为上界需要 4 个 8 位位组确定。通常情况下，这意味着用于表示主机和网络的 8 位位组用来表示一个网络号。因为 D 类地址不是用于互联单独的端系统或网络。

D 类地址用于在一个私有网中传输组播报文至 IP 地址定义的端系统组中。因此没有必要把地址中的 8 位位组或地址位分开表示网络和主机。相反，整个地址空间用于识别一个 IP 地址组(A、B 或 C 类)。现在，提出了许多其他的建议：不需要 D 类地址空间的复杂性，就可以进行 IP 组播。D 类地址结构如表 4-7 所示。

**表 4-7　D 类地址结构**

| 说明 | 主机部分 | | | |
|---|---|---|---|---|
| 8 位位组 | 1 | 2 | 3 | 4 |
| IP 地址 | 224 | 102 | 224 | 68 |

#### 5．E 类地址

E 类地址虽被定义但却为 IETF 所保留作研究之用。因此 Internet 上没有可用的 E 类地址。E 类地址的前 4 位恒为 1，因此有效的地址范围从 240.0.0.0 至 255.255.255.255，它与一般的地址不同，只应用于搜索和开发环境中。

### 4.3.4　IP 地址空间

当 IP 地址被分配公共使用时，它们以单个网络的方式指定，没有预留 A 类和 B 类网络地址。Internet 经历了迅猛的发展，在过去的几年间，连接到 Internet 的网络数量不断迅速增加，导致 IP 地址空间逐渐消失。

为了应付 IP 地址空间的危机，提出并实施了以下方法或技术。

（1）RFC 1918 保留了三个范围的 IP 地址以供私用：一个 A 类地址（10.0.0.0~10.255.255.255）、16 个 B 类地址（172.16.0.0~172.31.255.255）以及 256 个 C 类地址（192.168.0.0~192.168.255.255）。根据定义，这些地址无法在 Internet 上路由，因为它们可以供任何人免费使用。没有任何组织或个人允许拥有这些地址，因此这些地址不能保证唯一性，也就不能用于公共 Internet 上。

（2）IETF 的一些技术专家采用了一种划分 IP 地址空间的新方法——无类域间路由 CIDR。它允许将现有的地址合并成较大的具有更多主机地址的路由，比普通的域提供更多的主机地址，这是 ISP 喜欢的技术之一，这有助于解释在过去几年中显著缩减的剩余地址空间能适应更多用户需求的原因。关于 CIDR（无类域间路由）的详细内容将在后面的章节中进行介绍。

（3）通过 IP 与 NAT（网络地址转换）技术联合使用，使专用 IP 地址提供公共 IP 地址的容量。这是因为防火墙或代理服务器端的 Internet 上的单个公共 IP 地址能与位于相同的防火墙或代理服务器的任意数量的专用 IP 地址映射。换言之，NAT 允许网络在内部使用专用 IP 地址，而在外部将它映射到单个公共 IP 地址中。这使得具有更大的编址灵活性，并有助于减少要使用的公共 IP 地址的数量。

通过使用上述方法或技术，大大扩展了现有的 IP 地址空间，缓解了 IP 地址空间的危机，但是问题依然存在，为了彻底解决这个问题，推动了新一代互联网协议即 IPv6 的发展。

## 4.4 IP 路由

IP 层的一个重要功能是 IP 路由，它为路由器提供了互联不同的物理网络的基本机制。

这种类型的路由器称为具有部分路由信息的路由器。路由器只有关于 4 种目的地信息：

（1）直接与路由器所在的物理网络相连接的主机。

（2）明确地给出了路由器定义的主机或者网络。

（3）路由器已经接收到一个 ICMP 重定向消息的主机或者网络。

（4）所有其他目的默认主机或者网络。

要实现一个全功能的路由器需要有额外的协议。这些类型的路由是大多数网络所必须的，因为它们能够与环境中的其他路由器交换信息。

IP 路由可分为两种类型，现介绍如下。

### 1. 直接路由

如果目的主机没有连接到源主机直接连接的网络上时，要进行间接路由，则它们之间能够直接交换 IP 数据报。通过把 IP 数据封装到一个物理网络帧中可以实现直接路由，这就是所谓的直接传输，也称为直接路由。路由器各网络接口所直接的网络之间使用直接路由器进行通信。直接路由是在配置完成路由网络接口的 IP 地址后自动生成的，因此，如果没有对这些接口进行特殊的限制，这些接口所直连的网络之间就可以直接通信。

### 2．间接路由

由两个或多个路由器互连的网络之间的通信使用间接路由。间接路由是指人工配置的静态路由或通过运行动态路由协议而获得的动态路由。其中静态路由具有更高的可操作性和安全性。当目的主机没有连接到源主机直接连接的网络上时，要进行间接路由。达到目的主机唯一途径是通过一个或多个网关（在 TCP/IP 术语中，网关（Getway）和路由器（Router）可以互换使用）。第一个网关的地址称为 IP 路由算法中的一个间接路由。每一个网关的地址是源主机把一个报文发送到目的主机所需要的唯一信息。

在某些情况下，同一个物理网络可能会定义多个子网。如果源主机和目的主机连接到相同的物理网络，但是在不同的子网中被定义，则间接路由用来进行这两个设备的通信。转发子网间的流量需要一个路由器。

图 4-3 中主机 C 有一条与主机 B 和主机 D 相连的直接路由，还有一条通过网关 B 与主机 A 相连接的间接路由。

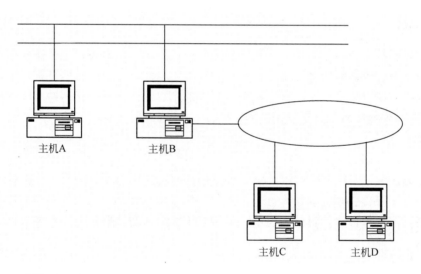

主机A　　　　主机B

主机C　　　　主机D

### 图 4-3　IP 路由示例

IP 协议是根据路由来转发数据的，共分为以下两大类。

### 1．路由选择协议

这类协议使用一定的路由算法找出到达目的主机或网络的最佳路径，如 RIP（路由信息协议）等。

### 2．路由传送协议

这类协议沿已选好的路径传送数据报，如通过 IP 协议能将物理连接转变成网络连接，实现网络层的主要功能——路由选择。

## 4.4.1　IP 路由表

IP 网络是由通过路由设备互连起来的 IP 子网构成的，这些路由设备负责在 IP 子网间寻找路由，并将 IP 分组转发到下一个 IP 子网。在通信实现的过程中，路由起着至关重要的作用，要解决路由问题，必须理解路由表。每台运行 TCP/IP 的计算机根据 IP 路由表的决定做出路由决定以及是否使用直接路由是由本地接口所决定的。

在一般的体制中，IP 可以从 TCP、UDP、ICMP 和 IGMP 接收数据报（即在本地生成的数据报）并进行发送，或者从一个网络接口接收数据报（待转发的数据报）并进行发送。IP 层在内存中有一个路由表。当收到一份数据报并进行发送时，它都要对该表搜索一次。当数据报来自某个网络接口时，IP 首先检查目的 IP 地址是否为本机的 IP 地址之一或者 IP 广播地址。如果确实是这样，数据报就被送到由 IP 首部协议字段所指定的协议模块进行处理。如果数据报的目的不是这些地址，那么，如果 IP 层被设置为路由器的功能，那么就对数据报进行转发；否则数据报将被丢弃。

通常情况下，IP 路由表包含以下信息。

### 1．目标

目标是目标主机、子网地址、网络地址或默认路由。它既可以是一个完整的主机地址，也可以是一个网络地址，由该表目中的标志字段来指定。主机地址有一个非 0 的主机号，以指定某一特定的主机，而网络地址中的主机号为 0，以指定网络中的所有主机（如以太网、令牌环网），默认路由的目标位置为 0.0.0.0。

### 2．下一站路由

下一站（或下一跳）路由器（Next-Hop Router）的 IP 地址，或者有直接连接的网络 IP 地址。下一站路由器是指一个在直接相连网络上的路由器，通过它可以转发数据报。下一站路由器不是最终的目的，但是它可以把传送给它的数据报转发到最终目的地。

### 3．标志

其中一个标志指明目的 IP 地址是网络地址还是主机地址，另一个标志指明下一站路由器是否为真正的下一站路由器，还是一个直接相连的接口。

### 4．网络掩码

网络掩码与目标位置结合使用以决定使用路由的时间。例如，主机路由的掩码为 255.255.255.255，默认路由的掩码为 0.0.0.0，而子网或网络路由的掩码在这两个极限值之间。掩码 255.255.255.255 表明只有精确匹配的目标位置使用此路由。掩码 0.0.0.0 表示任何目标位置都可以使用此路由。当以二进制形式撰写掩码时，1 表示重要（必须匹配），而 0 表示不重要（不需要匹配）。

例如，目标位置 172.16.8.0 的网络掩码为 255.255.248.0。此网络掩码表示前两个字节必须精确匹配，第三个字节的前 5 位必须匹配（248=11111000），而最后一个字节无关紧要。172.16.8.0 的第三个八位字节（即 8）等于二进制形式的 00001000。不更改前 5 位，最多可到 15 或二进制形式的 00001111。因此目标位置为 172.16.8.0、掩码为 255.255.248.0 的路由，适用于所有要通过 172.16.15.255 到达 172.16.8.0 的数据包。

### 5．网关

网关是数据包需要发送到的下一个路由器的 IP 地址。在 LAN 链接上（例如以太网或令牌环），使用"接口"栏中显示的接口的路由器必须直接接通网关。在 LAN 链接上，网关和接口决定通信由路由器转发的方式。对于请求拨号接口，网关地址是不可配置的。在点对点链接上，接口决定通信由路由器转发的方式。

### 6．接口

接口表明用于接通下一个路由器的 LAN 或请求拨号接口。

### 7．跃点数

跃点数表明使用路由到达目标位置的相对成本。常用指标为跃点，或到达目标位置所通过的路由器数目。如果有多个相同目标位置的路由，跃点数最低的路由为最佳路由。

### 8．协议

协议显示获知路由的方式。如果"协议"栏列出 RIP、OSPF 或任何非"本地"的内容，那么该路由器正在接收路由。

从上面包含的信息中可以看出，IP 并不知道到达任何目的地的完整路径（当然，除了那些与主机直接相连的目的地）。所有的 IP 路由选择只为数据报传输提供下一站路由器的 IP 地址。它假定下一站路由器比发送数据报的主机更接近目的，而且下一站路由器与该主机是直接相连的。

IP 路由表在初始化的时候由 IP 路由过程自动组成，此外，可能要配置一个网络及其相关联的网关的列表（间接路由），这个列表用于简化 IP 路由。每个主机保持如下两者之间的映射集合。

（1）目的 IP 网络地址。

（2）到下一个网关的路由。

此信息保存在 IP 路由表中，在该表中存在三种映射类型：

（1）描术本地连接的网络直接路由。

（2）描述通过一个或者多个网关到达的间接路由。

（3）当不能通过上述的两种映射发现目的 IP 网络时，则使用包含（直接或间接）路由的默认路由。

图 4-4 显示了一个网络示例，其中主机 E 的路由表可能包含如表 4-8 所示的信息。

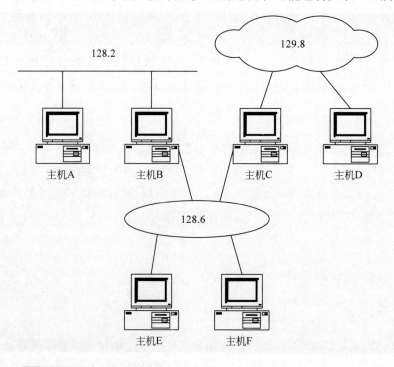

**图 4-4 IP 路由表网络示例**

**表 4-8 主机 E 的路由表信息**

| 目的 | 路由器 | 接口 |
| --- | --- | --- |
| 128.6.0.0 | E | lan0 |
| 129.8.0.0 | C | lan0 |
| 128.2.0.0 | B | lan0 |
| 默认 | E | lan0 |
| 128.0.0.1 | 回送 | lo |

因为主机 E 直接连接到网络 128.6.0.0，所以它维护这个网络的一个直接路由。然而，要到达网络 129.8.0.0 和 128.2.0.0，它必须分别有一个到达 C 和 B 的间接路由，因为这些网络不与它直接连接。

主机 A 的路由表可能包含如表 4-9 所示的信息。

**表 4-9 主机 A 的路由表信息**

| 目的 | 路由器 | 接口 |
| --- | --- | --- |
| 128.2.0.0 | A | wan0 |
| 默认 | B | wan0 |
| 128.0.0.1 | 回送 | lo |

因为必须通过主机 B 才能到达不在 128.2.0.0 网络上的所有主机，所以 A 只包含通过 B 的默认路由。

### 4.4.2　IP 路由算法

路由算法在路由协议中起着至关重要的作用，采用何种算法往往决定了最终的寻径结果，因此选择路由算法一定要仔细。通常需要综合考虑以下几个设计目标。

（1）最优化：指路由算法选择最佳路径的能力。

（2）简洁性：算法设计简洁，利用最少的软件和开销，提供最有效的功能。

（3）坚固性：路由算法处于非正常或不可预料的环境时，如硬件故障、负载过高或操作失误时，都能正确运行。由于路由器分布在网络联接点上，所以在它们出故障时会产生严重后果。最好的路由器算法通常能经受时间的考验，并在各种网络环境下被证实是可靠的。

（4）快速收敛：收敛是在最佳路径的判断上所有路由器达到一致的过程。当某个网络事件引起路由可用或不可用时，路由器就发出更新信息。路由更新信息遍及整个网络，引发重新计算最佳路径，最终达到所有路由器一致公认的最佳路径。收敛慢的路由算法会造成路径循环或网络中断。

（5）灵活性：路由算法可以快速、准确地适应各种网络环境。例如，某个网段发生故障，路由算法要能很快发现故障，并为使用该网段的所有路由选择另一条最佳路径。

路由算法按照种类可分为静态和动态、单路和多路、平等和分层、主机智能与路由器智能、域内和域间、链路状态和距离向量。下面将对以上路由算法分别进行介绍。

**1．静态和动态路由算法**

静态路由算法很难算得上是算法，只不过是开始路由前由网管建立的表映射。这些映射自身并不改变，除非网管去改动。使用静态路由的算法较容易设计，在网络通信可预测及简单的网络中工作得很好。

由于静态路由系统不能对网络改变做出反映，通常被认为不适用于现在的大型、易变的网络。20 世纪 90 年代主要的路由算法都是动态路由算法，通过分析收到的路由更新信息来适应网络环境的改变。如果信息表示网络发生了变化，路由软件就重新计算路由并发出新的路由更新信息。这些信息渗入网络，促使路由器重新计算并对路由表做相应的改变。

动态路由算法可以在适当的地方以静态路由作为补充。例如，最后可选路由（Router of Last Resort），作为所有不可路由分组的去路，保证了所有的数据至少有方法处理。

**2．单路和多路路由算法**

一些复杂的路由协议支持到同一目的地的多条路径。与单路径算法不同，这些多路径算法允许数据在多条线路上复用。多路径算法的优点很明显：它们可以提供更好的吞吐量和可靠性。

**3．平等和分层路由算法**

一些路由协议在平等的空间里运作，其他的则有路由的层次。在平等的路由系统中，每个路由器与其他所有路由器是对等的；在分层次的路由系统中，一些路由器构成了路由主干，数据从非主干路由器流向主干路由器，然后在主干上传输直到它们到达目标所在区域，在这里，它们从最后的主干路由器通过一个或多个非主干路由器到达终点。

路由系统通常设计有逻辑结点组，称为域、自治系统或区间。在分层的系统中，一些路由器可以与其他域中的路由器通信，其他的则只能与域内的路由器通信。在很大的网络中，可能还存在其他级别，最高级的路由器构成了路由主干。

分层路由的主要优点是它模拟了多数公司的结构，从而能很好地支持其通信。多数的网络通信发生在小组中（域）。因为域内路由器只需要知道本域内的其他路由器，它们的路由算法可以简化，根据所使用的路由算法，路由更新的通信量可以相应地减少。

### 4．主机智能与路由器智能路由算法

一些路由算法假定源结点来决定整个路径，这通常称为源路由。在源路由系统中，路由器只作为存储转发设备，无意识地把分组发向下一跳。其他路由算法假定主机对路径一无所知，在这些算法中，路由器基于自己的计算决定通过网络的路径。前一种系统中，主机具有决定路由的智能，后者则为路由器具有此能力。

主机智能和路由器智能的折衷实际是最佳路由与额外开销的平衡。主机智能系统通常能选择更佳的路径，因为它们在发送数据前探索了所有可能的路径，然后基于特定系统对"优化"的定义来选择最佳路径。然而确定所有路径的行为通常需要很多的探索通信量和很长的时间。

### 5．域内和域间路由算法

一些路由算法只在域内工作，其他的则既在域内也在域间工作。这两种算法的本质是不同的。其遵循的原理是优化的域内路由算法没有必要也成为优化的域间路由算法。

### 6．链路状态和距离向量路由算法

链路状态算法（也称最短路径算法）发送路由信息到互联网上所有的结点，然而对于每个路由器，仅发送它的路由表中描述了其自身链路状态的那一部分。距离向量算法（也称为 Bellman-Ford 算法）则要求每个路由器发送其路由表全部或部分信息，但仅发送到邻近结点上。从本质上来说，链路状态算法将少量更新信息发送至网络各处，而距离向量算法发送大量更新信息至邻接路由器。

由于链路状态算法收敛更快，因此它在一定程度上比距离向量算法更不易产生路由循环。但另一方面，链路状态算法要求比距离向量算法有更强的 CPU 能力和更多的内存空间，因此链路状态算法将会在实现时显得更昂贵一些。除了这些区别，两种算法在大多数环境下都能很好地运行。

最后需要指出的是，路由算法使用了许多种不同的度量标准去决定最佳路径。复杂的路由算法可能采用多种度量来选择路由，通过一定的加权运算，将它们合并为单个的

复合度量，再填入路由表中，作为寻径的标准。通常所使用的度量有路径长度、可靠性、时延、带宽、负载、通信成本等。

IP 使用一种独特的算法来路由数据报，如图 4-5 所示为没有子网的路由。

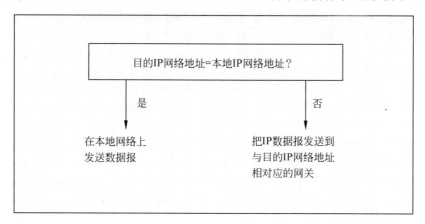

图 4-5 没有子网的路由

为了区分各子网，对 IP 路由算法加以修改，如图 4-6 所示。

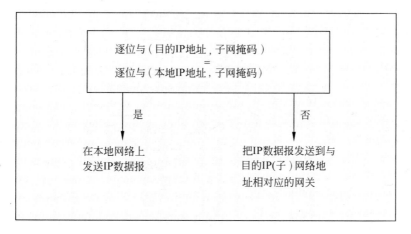

图 4-6 有子网的路由

下面对上面的内容进行介绍。

（1）这个算法表示对常规 IP 算法的一种改变。因此，为了能够运行这种方法，特定的网关必须包含这个新算法。一些实现可能仍然使用常规算法，并且不能在一个划分了子网的网络中起作用，尽管它们仍然能够与划分了子网的其他网络通信。

（2）随着 IP 路由在所有主机中的使用（不仅仅在路由器中），子网中所有主机不但要有一个支持子网的 IP 路由算法，还要有相同的子网掩码（除非子网在子网中形成）。

（3）如果任何一个主机上的 IP 实现不支持子网，那个主机将能够与它所在子网中的所有其他主机通信，但是不能与相同网络中的另一个子网中的主机通信。这是因为主机只能看到一个 IP 网络，并且它的路由不能区分发送到本地子网上一台主机的 IP 数据报与应当通过一个路由器发送到其他子网上的数据报。

在一台或者多台主机不支持子网的情况下，一种替代方法是以代理 ARP（Proxy-ARP）的形式来实现相同的目标。这种方法不需要改变单穴主机（Single-Homed）的 IP 路由算法，但是它确实需要改变网络中子网间的路由器。

整个 IP 路由算法如图 4-7 所示。

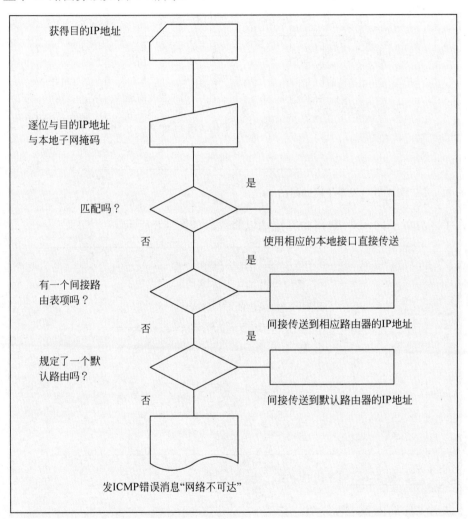

获得目的IP地址

逐位与目的IP地址
与本地子网掩码

匹配吗？ 是 → 使用相应的本地接口直接传送

否

有一个间接路
由表项吗？ 是 → 间接传送到相应路由器的IP地址

否

规定了一个默
认路由吗？ 是 → 间接传送到默认路由器的IP地址

否

发ICMP错误消息"网络不可达"

图 4-7　有子网的 IP 路由算法

## 4.5　IP 地址配置

对初学者而言，似乎所有的 IP 地址都是随机分配的，或者由计算机自动生成的。其实，真正全球范围内 IP 地址的分配却需要经历非常复杂的过程。下面就介绍 IP 编址模式以及如何创建并记录这种模式。

## 4.5.1 网络空间

有许多因素制约 IP 编址模式，下面的因素用于网络的编号及大小：

（1）物理区域的数量；

（2）每个区域中网络设备的数量；

（3）每个区域中广播通信的数量；

（4）IP 地址的有效性；

（5）从一个网络到另一个网络路由导致的延迟。

尽管可以通过 WAN 从一个物理区域连接到另一个物理区域，但是实际上它仅能利用不能路由的协议。路由主要是预防无关紧要的广播阻塞 WAN 电路。它告知我们在公司里每个区域所需要的最少的 IP 网络数量是 1，另外加上每个 WAN 链接所需要的 1 个 IP 网络。

由于 IP 地址缺乏，所以我们希望网络尽可能小，但是它们至少应该有足够的可用地址，才能给每一种设备分配一个地址，并允许足够的增长空间。

IP 网络是一个广播域，当网络上一台主机发送一个广播时，该网络上的其他主机必须接收并处理它。因此，网络连接和主机处理器的速度，以及使用的协议数量及其种类等这些因素联合起来限制了网络的实际大小。通常情况下，拥有的广播越多，每个网络中的主机就越少。

在大多数路由器中，通常软件做出第 3 层路由决定，所以当与通过交换机在第 2 层做出的决定相比，其速度较慢。这是因为交换机使用专门的 ASIC 硬件做出决定。相对较新的设备，第 3 层交换机简单地将软件改变为其 ASIC 实现第 3 层逻辑。结果是加快了路由。实际上，第 3 层交换机允许在几乎没有损失性能的情况下将较大的网络部分分成许多较小的子网。

下面各项帮助判断如何选择 IP 地址的制约因素：

（1）将路由表减至最小；

（2）将网络汇聚时间缩短到最小；

（3）最大程度的灵活性，便于管理和故障排除。

从一个网络路由到另一个网络花费的时间受路由表容量的影响，路由表越大，搜索它的时间就越长。然而，在定义了所需要的网络数量后，可以通过路由聚合或汇总地址减少路由表中的路由数量。

对网络来说，网络与路由之间不是一对一的关系。如果路由器接收路由到 10.9.10.0/25 和 10.9.10.128/25，则该路由器可以将一个到 10.9.10.0/24 的路由播发到其上游邻居，而不是两个/25 路由。如果 10.9.10.128 没有连接网络，则到 10.9.10.128/25 的路由的路由器会清除该路由，但只有汇总路由的路由器不知道所发生的变化。

通过路由聚合或汇总，使路由表中的路由数量减至最少，同时也使路由表更稳定，也就是使得处理器时间消耗在传输数据包上，而不是浪费在路由表上。

### 4.5.2  主机空间

慎重考虑主机命名策略的优点具有一个极其灵活的环境，而且很容易支持。假如，某一大型企业拥有 100 家分公司，每个分公司都有一个/24 网络，并使用编号约定，IP 地址分配情况如表 4-10 所示。

表 4-10　IP 地址分配情况

| IP 地址 | 技术 |
|---|---|
| 10.x.x.0 | 网络地址 |
| 10.x.x.1~10.x.x.14 | 交换机和托管集线器 |
| 10.x.x.17 | DHCP 及 DNS 服务器 |
| 10.x.x.18 | 文件和打印服务器 |
| 10.x.x.19~10.x.x.30 | 应用程序服务器 |
| 10.x.x.33~10.x.x.62 | 打印机 |
| 10.x.x.65~10.x.x.246 | DHCP 客户机 |
| 10.x.x.247~10.x.x.253 | 动态及静态客户机 |
| 10.x.x.254 | 默认网关地址 |
| 10.x.x.255 | 广播地址 |

通过 IP 地址可以很容易地确认设备，而不论它在任何地方。更重要、但是不明显的是，这些地址组将以二进制而非十进制的形式出现，这样可以将组保存在二进制边界中。在未来执行第 3 层转换，减小广播通信，并且如果设备地址采用二进制，则不用对它们重新编址。所以，尽管服务器配置 255.255.255.0 为子网掩码，仍然能通过 10.x.x.16/28 标识。如果从 10.x.x.10 开始执行到 10.x.x.20，则十进制将变得有意义，但实际上这只会引起混乱。如果将来将通信分类，应用 QoS（服务质量）或类似的策略，可以规定进出 10.x.x.32/27(打印机)通信的优先权比其他通信低。也可通过防火墙规则拒绝来自 10.x.x.0/25（网络设备、服务器和打印机）到 Internet 的通信。这将防止服务器成为黑客攻击其他网络的基地，而同时却仍然允许 DHCP 客户机通过防火墙访问。

所以，一个精心设计的 IP 编址模式不仅仅显著改善了网络的性能，而且也简化了维护和支持任务，并允许有较大的灵活性。

| 专家指南： | 专用 IP 地址 |
|---|---|

　　为了保护 IP 地址空间，在 RFC 1918 中对专用互联网的地址分配（Address Allocation for Private Internet）的内容进行了描述，改变了 IP 地址必须全球唯一的规则，并指定了在 A 类、B 类以及 C 类地址空间中保留部分 IP 地址空间，在那些不要求连接到 Internet 的网络中使用。这些保留的地址称为专用 IP 地址，通常使用这些专用 IP 地址的网络由一个单独的组织来进行管理。

　　如表 4-11 所示为用 IP 网络地址的形式表示专用 IP 地址范围。

| 类型 | 地址范围 | 网络 | 专用主机数 |
|------|----------|------|-----------|
| A 类 | 10.0.0.0 | 1 | 777 214 |
| B 类 | 172.16.0.0~173.31.0.0 | 16 | 1 048 544 |
| C 类 | 192.168.0.0~192.168.255.0 | 256 | 25 665 024 |

表 4-11　专用 IP 地址信息

任何组织可以使用这些范围内的任何地址。然而由于这些地址不是全球唯一的,它们没有被任何外部路由器所下定义。对于那些不使用专用地址的网络中的路由器,尤其是那些由 Internet 服务提供商操作的路由器,都希望它们平静地丢弃关于这些地址的路由信息。对于使用专用地址的组织保有的路由器,希望它把专用地址的所有引用限于内部链路。这样既不应在外部公告专用地址的通道,也不应把包含专用地址的 IP 数据报转发给外部路由器。

## 4.6 ARP

ARP(Address Resolution Protocol,地址解析协议)在 RFC 826 中对它进行了描述,ARP 协议是特定网络的标准协议,负责把更高层协议地址解析(转换)成为物理网络地址。

### 4.6.1 ARP 综述

可以使用动态映射完成地址解析。在每台机器上手动创建和更新地址表时,进行的是静态映射。地址表分别存储在网络中的每台计算机上,这造成了以下几种情况的发生:

(1)如果更换了计算机中的 NIC(网卡),物理地址也将改变。

(2)在有些局域网中,每次启动设备时,物理地址都将改变。

(3)在使用 DHCP(动态主机配置协议)分配 IP 地址的网络上,每次启动设备时,设备的 IP 地址可能会改变。

(4)便携式计算机可以从一个物理网络移动到另一个物理网络,从而使它的 IP 地址在每个网络上都不相同。

使用静态地址映射时,必须定期修改地址表。这样的手动更新地址表给网络增加了大量管理开销,同时也严重影响了网络性能。

而如果使用动态地址映射,每当一台计算机知道另一台计算机的物理地址或逻辑地址时,它都可以使用地址解析协议自动确定另一个地址。ARP 和 RARP 是两个主要用于执行动态映射的协议,ARP 用来将 IP 地址映射到物理地址(MAC),RARP 用来将物理地址映射到 IP 地址。ARP 和 RARP 都工作在 TCP/IP 协议族的网络层。

下面我们来介绍什么是地址解析协议。

在 IP 协议的网络中,将使用一个称为 ARP(地址解析协议)的进程(协议)将 IP

地址映射到物理地址。如图 4-8 所示为 ARP 相对于 TCP/IP 协议族的位置。ARP 显示在网络层，也就是在 OSI 协议层次结构的第 3 层。严格地说，ARP 是封装在第 2 层帧的信息字段中通过本地网络传送的。因此 ARP 依赖第 2 层硬件通过本地网络传送信息。由于 ARP 没有封装在 IP 协议中，所以它是一个不可路由的协议。

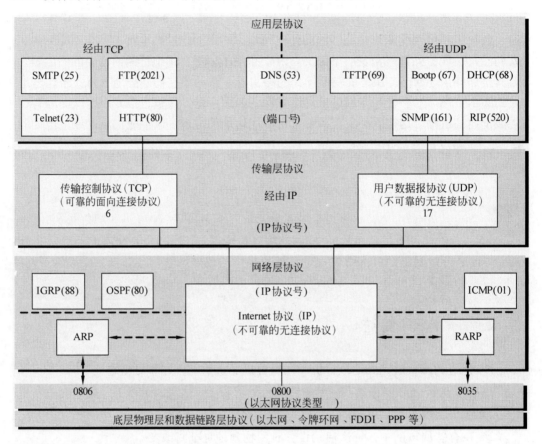

图 4-8　ARP 和 TCP/IP 协议栈

源设备使用 ARP 根据目的设备的 IP 地址解析（映射）它的物理地址。在图 4-9 中给出了使用 ARP 将逻辑地址映射到物理地址的过程。每当网络上的一台主机想要查找同一个网络中的另一台主机的物理地址时，它将把一个 ARP 查询数据包发送到本地网络上。这个查询数据包包括广播目的地址（在以太网中是 FF FF FF FF FF FF）以及源设备的唯一物理和逻辑地址。这个数据包还包含了这台主机解析的主机 IP 地址。

图 4-9　ARP（地址解析协议）

网络上的所有设备（主机和路由器）都将接收和处理这个 ARP 查询。但是，只有其中 IP 地址将要被解析的主机才应答这个查询。这个应答是一个直接从接收设备发送到查询主机的单播传输，其中包括接收设备的 IP 地址和物理地址。

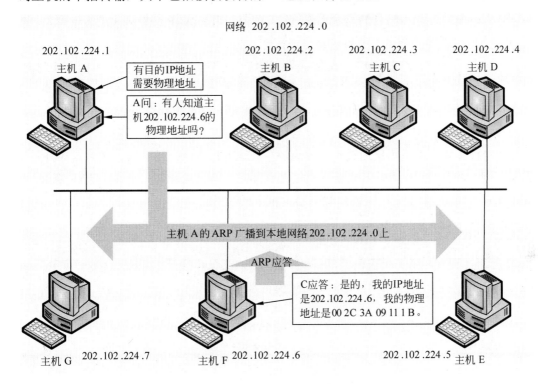

**图 4-10**　发送到本地网络上的 ARP 广播

如图 4-10 所示为把一个 ARP 广播到它自己的物理网络的数据链路上的主机 A（202.102.224.0）。广播的目的是解析驻留在同一个网络上的主机 F 的硬件地址。主机 A 把这个 ARP 广播发送到本地网络上，查询这个网络上是否有设备知道主机 202.102.224.6 的物理地址。虽然这个网络上的所有主机都会接收到这个广播，但是只有主机 F 有 IP 地址 202.102.224.6。

因此，主机 F 将利用一个 ARP 应答响应这个 ARP 请求，这个应答包含它的逻辑地址以及它的本地（硬件）地址（00 2C 3A 09 11 1B）。主机 A 将映射主机 F 的 IP 地址和物理地址，并将它们都存储在称为 ARP 缓存列表的 RAM 中的一个位置中。

## 4.6.2　ARP 缓存列表

通过 TCP/IP 联网中的局域网在两个主机之间传送消息经常需要发送多个 IP 数据包。但是，对于发往相同目的地的每个数据包来说，传输 ARP 广播来确定物理地址是不切实际和效率低下的。逻辑解决方案是让主机在 RAM 中维护一个表，主机可以在这里存储物理地址和 IP 地址的匹配。这个 RAM 称为 ARP 缓存列表。

实际上，ARP 缓存列表可以让 IP 主机立即访问它必须向具有发往特定目的地的数据包的网络接口（MAC）层（即以太网）提供物理地址。当主机 IP 地址解析成物理地址时，信息将以表的形式临时存储在 ARP 缓存列表中。主机可以使用 ARP 缓存列表解析在特定时间内发往相同目的地的物理地址。但是，由于 ARP 缓存列表的容量有限，所以 IP 到 MAC 地址的映射不能被永久保留。

ARP 缓存表可以包括的信息取决于操作系统。典型的 ARP 缓存列表包括 IP（逻辑）地址、匹配的物理地址（MAC 地址）和定时器。定时器有时也称为超时或生存时间，以秒为单位标明缓存列表项目的剩余生存期。默认定时器设置因供应商的不同而不同，Microsoft 使用 120s，Linux 使用 900s。当定时器到 0 时，ARP 列表项的有效期到期，解析结果将被消除。主机每次通过它的本地缓存列表解析 MAC 地址时，定时器都将复位到最大值。在有些系统上，一旦缓存列表项到期时，将自动发送一个新的 ARP 查询。

如表 4-12 所示为一个典型的 ARP 缓存列表的项目。

表 4-12　ARP 缓存列表

| IP（逻辑）地址 | 物理（MAC）地址 | 剩余时间(秒) |
| --- | --- | --- |
| 202.102.2.105 | 00 C0 A1 B0 93 1E | 81 |
| 202.102.2.50 | 00 00 0C C6 44 61 | 92 |
| 202.102.2.54 | 00 00 99 1A 34 56 | 105 |
| 202.102.2.79 | 00 1A 57 7D 6A 00 | 61 |
| 202.102.2.139 | 00 13 38 24 00 20 | 74 |

除表 4-12 所示外，在 ARP 缓存列表中还包括大量附加信息，如尝试、状态和队列号。

### 1．尝试

这个列表项发往该条项的 ARP 请求的数量。

### 2．状态

每个缓存列表项都可以有三种状态之一：空闲、等待和解析。空闲状态表示这个表项在缓存列表中剩余的时间已到期，缓存列表可以存储新的表项。等待状态表示已经发送了解析物理地址 ARP 广播，但是还没收到响应。解析状态表示这个表项是完整的，它包含 IP 地址，并且它对应的物理地址和准备发往这个目的地址的数据包可以使用包含在这个表项中的信息。

### 3．队列号

ARP 为每个正在等待地址解析的数据包分配一个队列号，等待相同目的地的数据包一般分配相同的队列号。

在基于 Windows 的系统中，使用命令 arp -a 查看表内容，如图 4-11 所示。

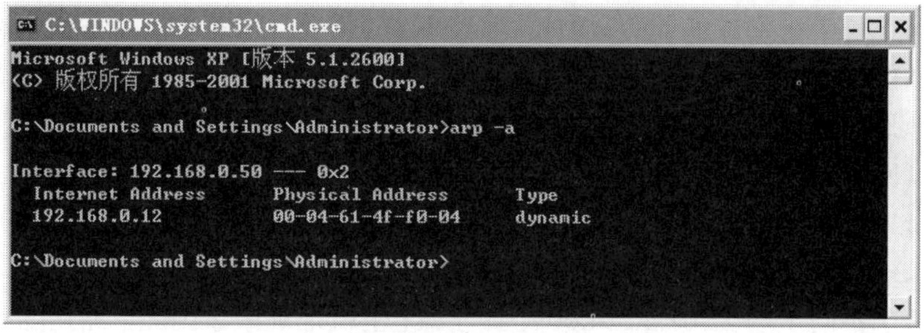

图 4-11　使用命令 arp-a 读取本地主机 arp 表

基于 Windows 的系统也具有查看 IP 和硬件地址的实用程序。方法是：可以在 Windows 95 中使用实用程序 WINIPCFG，在 Windows 98、Windows 2000 和 Windows XP 系统中使用命令行实用程序 IPCONFIG。图 4-12 显示了 Windows XP 系统中 IPCONFIG 实用程序的运行结果。

图 4-12　IPCONFIG 实用程序表明设备的 IP 和硬件地址

如图 4-12 所示，IPCONFIG 实用程序显示适配器地址（物理地址）00-E0-40-39-4D-7D、IP 地址 192.168.0.50 以及子网掩码 255.255.255.0。IPCONFIG 实用程序也表明默认网关是 192.168.0.1。

### 4.6.3　代理 ARP

使用称为代理 ARP 的技术可以穿越网络边界完成地址解析。代理 ARP 将产生子网的效果，因为它允许第 3 层连接设备（例如路由器）代表一组主机，而不是个别主机。包括在这一组中的 IP 地址标记远程主机（即驻留在与请求地址解析的主机不同的子网上的主机）。

例如，当一个路由器正在运行代理 ARP 软件，并且接收到对驻留在与该路由器相连的不同子网上的主机物理地址的 ARP 广播请求时，这个路由器将以一个指明有它自己物理地址的 ARP 应答进行响应。这样，发送主机将把远程主机的 IP 地址映射到这个路由器的物理地址。后面发往远程主机的传输将被引导到这个路由器，而它只是将数据包转发到远程子网上的预期目的 IP 地址。

如图 4-13 所示，把 ARP 广播发送到它自己的本地子网（202.2.224.125）上的主机 202.2.224.126，准备解析主机 202.2.224.68 的物理地址。路由器辨认出主机 202.2.224.68 包括在驻留于不同子网（202.2.224.60）上的一组主机地址中。因此，路由器将返回一个包含该路由器物理地址的 ARP 应答，通知主机 202.2.224.126 将 IP 地址 202.2.224.68 解析成路由器的物理地址（00 01 A2 E0 46 91）。后面从主机 202.2.224.126 发往主机 202.2.224.68 的数据包将被发送到路由器，由它转发到主机 202.2.224.68。

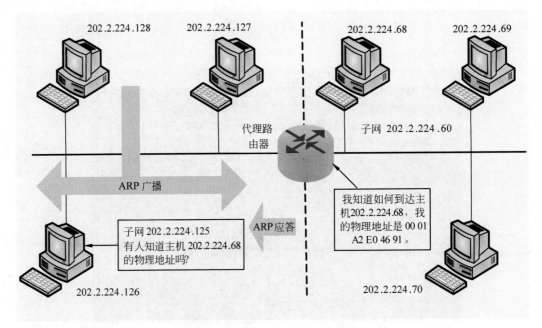

图 4-13　代理 ARP

在图 4-13 中，代理路由器代表子网 60 上的所有主机应答接收自子网 125 的 ARP 请求，并代表驻留在子网 60 上的所有主机应答驻留在子网 125 上的主机。在特定地址集内的主机有时称为该集的被保护者。因此，驻留在子网 125 上的主机是子网 60 的被保护者，驻留在子网 60 上的主机是子网 125 的被保护者。

### 4.6.4　ARP 消息数据包

ARP 消息数据包（请求和应答）是在互联网（第 2 层）上通过物理网络传送的。ARP 消息数据包内嵌在 Internet 层协议（以太网）的信息字段中。如图 4-14 和图 4-15 所示为封装在以太网 Ⅱ 帧中的 ARP 消息数据包（不包括前导符），如图 4-16 所示为这个帧在协议分析器上的显示情况。

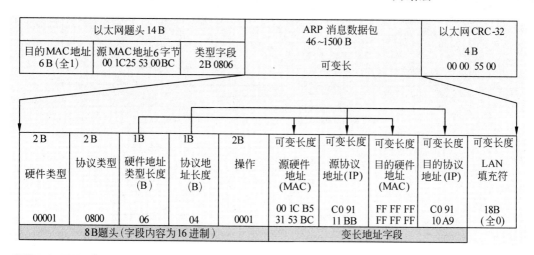

**图 4-14** 封装在以太网 II 帧中

如图 4-14~图 4-16 所示，以太网题头由这个帧的前 14B 组成。前 6B 是目的硬件地址，它对于 ARP 请求数据包是广播地址（十六进制的 FF FF FF FF FF FF），对于 ARP 应答数据包，它是发送 ARP 请求的主机的物理地址。

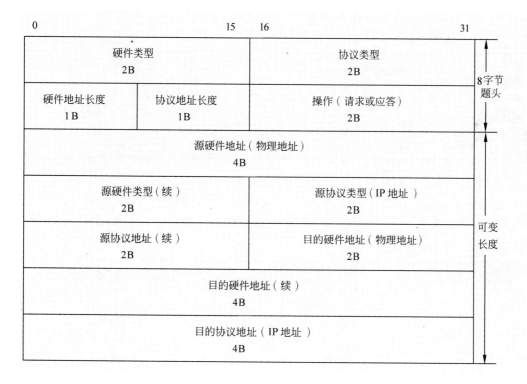

**图 4-15** ARP 消息数据包（在 4B 边界上对齐的 ARP 数据包）

接下来的 6B 是源硬件地址，在请求数据包中，它是发送主机的物理地址，在应答数据包中，它是响应请求的主机或路由器的物理地址。再后面的 2B 的类型字段，对于传送 ARP 消息数据包的以太帧中，它是十六进制的 0806。

| 0000 | 以太网题头 | ARP 数据包 |
|---|---|---|
| | FF FF FF FF FF FF 00 1 C 25 53 00 BC | 00 01 |

| 0010 | ARP 数据包 |
|---|---|
| | 08 00 06 04 00 01 00 1 C B 5 31 53 BC C 0 91 11 BB |

| 0020 | ARP 数据包 | LAN 填充符 |
|---|---|---|
| | FF FF FF FF FF FF C 0 91 10 A9 | 00 00 00 00 00 00 |

| 0030 | LAN 填充符 | CRC 以太网 |
|---|---|---|
| | 00 00 00 00 00 00 00 00 00 00 00 00 | 00 00 00 55 00 |

**图 4-16** 协议分析器显示情况

紧随在题头后面的是可变长度的消息字段。然后是 4B 的 CRC 字段。ARP 消息数据包由表 4-13 中列出的 9 个字段组成。图 4-16 中给出了对于协议分析器来说封装在以太网帧中的 ARP 数据包的十六进制序列。

**表 4-13** ARP 字段

| 字段 | 长度（B） | 字段 | 长度（B） |
|---|---|---|---|
| 硬件类型 | 2 | 源硬件地址 | 可变 |
| 协议类型 | 2 | 目的硬件地址 | 可变 |
| 硬件长度 | 1 | 源协议地址 | 可变 |
| 协议长度 | 1 | 目的协议地址 | 可变 |
| 操作 | 2 | | |

下面描述包括在 ARP 题头中的部分字段，首先介绍 HTYPE 硬件类型字段。这个 16b 字段定义在其上运行 ARP 的网络种类。表 4-14 列出了 ARP 当前可用的硬件类型。如图 4-7 所示的数据包的硬件类型字段是十六进制的 0001，这表明它正在以太网 II 上运行。

**表 4-14** 硬件类型字段

| 类型编号 | 硬件类型 | 类型编号 | 硬件类型 |
|---|---|---|---|
| 1 | 以太网 | 12 | 本地网 |
| 2 | 实验性以太网 | 13 | 超链路 |
| 3 | 业余无线电 AX.25 | 14 | SMDS |
| 4 | Proteon ProNET 令牌环 | 15 | 帧中继 |
| 5 | ChaosNET | 16 | ATM |
| 6 | IEEE 802 网络 | 17 | HDLC |
| 7 | ARCnet | 18 | 未指定 |
| 8 | 超信道 | 19 | 异步传输模式 |
| 9 | Lanstar | 20 | 串行线路 |
| 10 | Autonet 短地址 | 21 | 同步传输模式 |
| 11 | Local Talks | | |

　　下面介绍 PTYPE 协议类型字段，这个 16 位字段定义在网络上运行的网络层协议的类型。虽然协议类型字段可以是任何较高层协议，但是到目前为止，只是对 IPv4 实现了 ARP，IPv4 的协议类型值是十六进制的 0800。

　　HLEN（硬件长度字段，8b）定义包含在源和目的地址字段中的字节的数量。对于以太网Ⅱ来说，MAC 地址用作硬件地址，因此，HLEN 是十六进制的 06。

　　PLEN（协议长度字段，8b）定义包含在源和目的协议字段中的字节的数量。对于 IPv4 来说，IP 地址的长度为 32b（4B）。因此，IPv4 的 PLEN 是十六进制的 04。

　　OPER（操作字段）是个 16 位字段，定义了正在传送的 ARP 数据包的类型操作。ARP 目前只定义两种操作：请求和应答。ARP 请求和应答的十六进制分别是 0001 和 0002。

　　SHA（源硬件地址长度）为可变长字段，包含 ARP 数据包源设备的硬件（物理）地址。对于以太网 LAN 来说，6B 的 MAC 地址用作硬件地址。

　　SPA（源协议地址字段）为可变长字段，包含协议（逻辑）地址，对于 IPv4 它是 4B 的 IP 地址。

　　DHA（目的硬件地址字段）是个可变长字段，包含目的设备的硬件（物理）地址。对于以太网Ⅱ，它是 6B 的 MAC 地址。对于 ARP 请求数据包，目的地址字段一般包含 MAC 广播地址（FF FF FF FF FF FF）。但是，由于 ARP 请求的目的是发现准备接收请求消息的设备的物理地址，所以供应商可以使用下列方法之一填充目的硬件地址字段：

　　（1）6 个字节的 1，11 11 11 11 11 11。

　　（2）6 个字节的 0，00 00 00 00 00 00。

　　（3）发送主机缓冲区中的 6B，它们看来像一个真正的地址，但却只是一个缓冲堆栈。

　　（4）ARP 缓存列表中当前或最近到期的硬件地址。

　　DPA（目的协议地址字段）是个可变长字段，包含目的设备的协议（逻辑）地址，对于 IPv4 它是 4B 的 IP 地址。

　　LAN 填充符，基于以太网的 ARP 请求和应答包含的字符不足以达到以太网帧中所需的最少 64B 的用户数据。因此，为了避免因太短而丢失数据包，以太网驱动程序必须添加 LAN 填充符以弥补差额。由于 ARP 消息只有 28B，所以以太网需要填充 18B 才能达到最少的 46B。

　　如图 4-17 所示为对于网络分析器来说以太网 LAN 上的 ARP 请求/应答交换的示例。这里要注意，在请求帧中的以太网地址是 FF FF FF FF FF FF，它是广播地址。源地址（00 E0 40 39 4D 7D）是启动广播的地址。

　　ARP 题头把子网协议（即物理级和数据链路级）标识为具有 6B 硬件地址和 4B 协议（IP）地址的以太网。ARP 题头中的目的协议地址是源设备想解析的 IP 地址，源协议地址是发送设备的 IP 地址。在应答数据包中，以太网目的地址是请求数据包中的源硬件地址，源地址是响应请求的设备的硬件地址。ARP 数据包包含源 IP 和目的 IP，它们和请求数据包相反，响应硬件地址是请求数据包需要解析的地址，目的硬件地址是发送设备的地址。

| 请 求 | | |
|---|---|---|
| | 以太网题头 | |
| EHTER | 目的广播：FF FF FF FF FF FF | |
| EHTER | 源：00 E0 40 39 4 D 7D | |
| EHTER | 协议：ARP | |
| EHTER | FCS：E 5CE 07 A6 | |
| | ARP 题头 | |
| ARP | 硬件地址格式 =1（以太网） | |
| ARP | 协议地址格式 =2048（IP，十六进制 0800） | |
| ARP | 硬件地址长度 =6 | |
| ARP | 协议地址长度 =4 | |
| ARP | 操作 =ARP 请求 | |
| ARP | 源协议地址 =202 .224 .10 .50 | |
| ARP | 目的协议地址 =202 .224 .10 .16 | |

| 应 答 | | |
|---|---|---|
| | 以太网题头 | |
| EHTER | 目的广播：00 E0 40 39 4 D 7D | |
| EHTER | 源：00 0C 40 39 4 1 7A | |
| EHTER | 协议：ARP | |
| EHTER | FCS：BF 615105 | |
| | ARP 题头 | |
| ARP | 硬件地址格式 =1（以太网） | |
| ARP | 协议地址格式 =2048（IP，十六进制 0800） | |
| ARP | 硬件地址长度 =6 | |
| ARP | 协议地址长度 =4 | |
| ARP | 操作 =ARP 应答 | |
| ARP | 响应硬件地址 =00 0C 40 39 4 1 7A | |
| ARP | 响应协议地址 =202 .224 .10 .16 | |
| ARP | 目的硬件地址 =00 E0 40 39 4 D 7D | |
| ARP | 目的协议地址 =202 .224 .10 .50 | |

**图 4-17 ARP 请求/应答交换**

## 4.7 RARP

RARP(Reverse Address Resolution Protocol，逆向地址解析协议)是特定网络的标准协议，它在 RFC 903 中进行了描述。

一些网络主机，例如无盘工作站等，在它们被引导时不知道它们自己的 IP 地址。为了确定它们各自的 IP 地址，它们使用一种类似 ARP 的机制，但是现在主机的硬件地址是已知参数，而 IP 地址是待查询的参数。它与 ARP 最根本的差别是，它必须存在于网络上，必须确保先配置硬件地址到协议地址的映射列表。

此外，逆向地址解析协议的执行方式与地址解析 ARP 的执行方式相同，使用与 ARP 相同的消息数据包，如图 4-8 所示。唯一例外的是，现在操作字段的取值：3 是 RARP 请求，4 是 RARP 应答。

当然，现在物理帧的报文将指示 RARP 作为以太网类型字段中的更高层协议（十六进制为 8035），而不是 ARP（十六进制的 0806）或者 IP（十六进制的 0800）。

在 RARP 中对一些概念引入了新的改变，介绍如下。

（1）ARP 只假设所有主机知道它们各自的硬件地址和协议地址之间的映射。而 RARP 要求网络上的一个或者多个主机来维护硬件地址和协议地址间映射的数据，以便它们能够应答客户主机的请求。

（2）由于缓存列表有容量的限制，服务器的部分功能通常在适配器的嵌入代码外实现，在嵌入代码中有选择地实现一个小型缓存。然后，嵌入代码部分仅仅负责 RARP 帧的接收和传输，RARP 映射本身由服务器软件处理，作为主机中的一个普通进程运行。

（3）这个缓存列表中还需要通过某些软件来人工建立和更新。

（4）在网络上有多个 RARP 服务器的情况下，RARP 请求只使用它的广播 RARP 请求所接收到的第一个 RARP 应答，而丢弃所有其他应答。

RARP（逆向 ARP），像它的名称表明的一样，逆向 ARP.RARP 用于为关联数据链路地址获取 IP 地址。RARP 最初的定义是为了使无盘工作站查找到它们自身的 IP 地址。RARP 主机会广播 RARP 请求并包含它们自身的硬件地址，而将源 IP 地址设置为空白（全部为 0）。本地网络的 RARP 服务器回答请求，它在响应数据包中填写目标 IP 地址，为 RARP 主机提供其 IP 地址。

BOOTP 以及 DHCP 会最终代替 RARP。BOOTP 和 DHCP 都可以提供更加健壮、更加灵活的分配 IP 地址的方法。

## 4.8  ICMP

ICMP（Internet Control Message Protocol，Internet 控制消息协议）是 TCP/IP 协议族的一个子协议。它在 RFC 792 中进行了描述，在 RFC 950 中进行了更新，用于在 IP 主机、路由器之间传递控制消息。控制消息是指网络通不通、主机是否可达、路由是否可用等网络本身的消息。这些控制消息虽然并不传输用户数据，但是对于用户数据的传递起着重要的作用。

### 4.8.1  认识 ICMP 协议

ICMP 是网络层协议，在将其消息向下传送到数据链路层之前，要将其封装在网络层 IP 数据报的数据字段中。通过在 IP 题头的协议字段中放置类型代码，IP 标识它正在传送 ICMP 数据包。

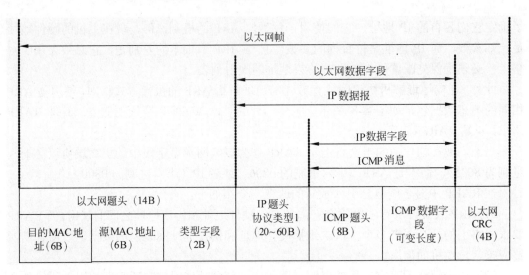

**图 4-18　传输封装在 IP 数据报中的 ICMP 消息的以太网帧**

如图 4-18 所示为一个传输 IP 数据报的以太网帧，在这个数据报的数据字段中封装着一个 ICMP 消息。ICMP 消息将经过包含它的 IP 数据报的目的地址指定的所有地方，并且从客户和服务器主机或者从路由都可以发送 ICMP 消息。

| 类型字段<br>（1B） | 代码字段<br>（1B） | 校验和字段<br>（2B） | ICMP题头的剩余<br>部分<br>（4B） | 可变长度<br>数据字段 |
|---|---|---|---|---|

**图 4-19　ICMP 消息模式**

所有 ICMP 消息都开始于一个 8B 的题头，接着是一个可变长度的数据字段。ICMP 题头开始部分的格式对于所有 ICMP 消息都一样，它包括三个字段，即类型、代码及校验、字段，如图 4-19 所示。如图 4-20 所示为一个在 4B 边界上对齐的 ICMP 数据包。在 ICMP 题头中，类型、代码及校验和字段后面的内容取决于类型字段中标识的将要发送的 ICMP 消息的类型。

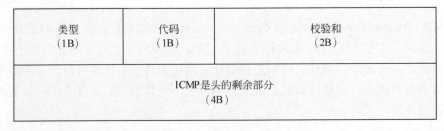

**图 4-20　在 4 字节边界对齐的 ICMP 数据包**

在 TCP/IP 中规定了两大类 ICMP 消息：查询诊断消息和差错消息。其中，ICMP 查询诊断消息总是成对出现，也就是一个是通常由主机发送的请求，然后是一个从主机或路由器发送的响应，即应答。ICMP 差错消息是主机或路由器发送的报告过程差错的主动传输。

ICMP 请求消息可以在具有 5 种 TOS（服务类型）优先级之一的 IP 数据报中传输，而这 5 种服务类型是最小延迟、最大吞吐量、最大可靠性、最小成本和正常服务。发送的 ICMP 应答消息具有与对应的 ICMP 请求相同的 TOS 优先级。ICMP 差错消息总是与默认的 TOS(0000——正常服务)一起发送。ICMP 消息被许多供应商的 TCP/IP 堆栈作为中断对待。因此，在基于 IP 的网络中，ICMP 消息通常情况下被丢失或丢弃，这限制了它们的有用性。

### 4.8.2　ICMP 的分组格式

ICMP 经常被认为是 IP 层的一个组成部分。它传递差错以及其他需要注意的信息。ICMP 报文通常被 IP 层或更高层协议（TCP 或 UDP）使用。一些 ICMP 报文把差错报文返回给用户进程。

ICMP 报文是在 IP 数据报内部被传输的，它封装在 IP 数据报内。ICMP 报文的格式如图 4-7 所示。所有报文的前 4 个字节都是一样的，但是剩下的其他字节则互不相同。下面我们将逐个介绍各种报文格式。

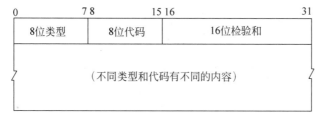

类型字段可以有 15 个不同的值，以描述特定类型的 ICMP 报文。某些 ICMP 报文还使用代码字段的值来进一步描述不同的条件。检验和字段覆盖整个 ICMP 报文。

### 4.8.3　ICMP 查询诊断消息

ICMP 查询消息可以从一台主机发送到另一台主机，或者从一台主机发送到一个路由器，以获取有关另一台主机或路由器的特定信息。查询消息可以帮助主机获取有关它们自己以及与它们的网络相连接的邻近主机或路由器信息。主机向特定目的设备发送 ICMP 查询的目的是进行诊断。ICMP 查询可以用来诊断某些网络连接性的问题。

ICMP 查询消息进一步可分成 ICMP 请求消息和 ICMP 响应消息两个子类。其中，ICMP 请求消息包括时间戳请求、回波请求、路由请求和地址掩码请求，ICMP 响应包括时间戳应答、回波响应、路由器通告和地址掩码应答。

#### 1．时间戳请求与应答

ICMP 时间戳请求允许系统向另一个系统查询当前的时间，返回的建议值是自午夜开始计算的毫秒数年，协调的统一时间。这种 ICMP 消息的好处在于它提供了毫秒级的分辨率，而利用其他方法从别的主机获取的时间只能提供秒级的分辨率。由于返回的时间是从午夜开始计算的，因此调用者必须通过其他方法获知当时的日期，这是它的一个缺陷。

使用时间戳请求和时间戳应答消息可以计算 IP 数据报在两台设备（主机或路由器）之间传播的往返延迟时间。另外使用时间戳请求与应答还可以来同步两台远距离设备的时钟。如图 4-21 所示为 ICMP 时间戳请求或时间戳应答消息的格式。

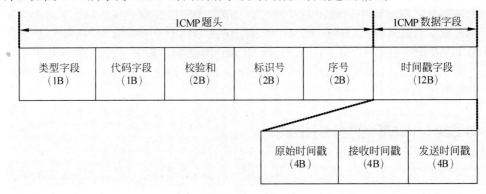

图 4-21 **ICMP 时间戳请求或时间戳应答消息的格式**

如图 4-22 所示为在 4B 边界上对齐的 ICMP 时间戳请求与应答消息格式，它包括类型字段、代码字段、校验和、标识号、序号和一个特定的 12B 数据字段（即原始时间戳、接收时间戳和发送时间戳各占 4B）。

| 类型字段<br>（1B） | 代码字段<br>（1B） | 校验和<br>（2B） |
| --- | --- | --- |
| 标识号<br>（2B） | | 序号<br>（2B） |
| 原始时间戳<br>（4B） | | |
| 接收时间戳<br>（4B） | | |
| 发送时间戳<br>（4B） | | |

图 4-22 **在 4B 边界上对齐的 ICMP 时间戳请求与应答消息格式**

如图 4-23 所示为时间戳请求与应答的交互。

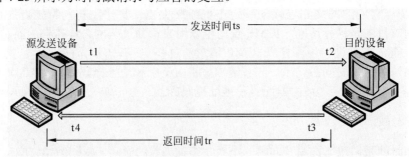

图 4-23 时间戳请求与应答

## 2. 回波请求与响应

ICMP 回波请求与响应是 TCP/IP 网络管理人员的故障查找工具的重要组成部分，如

图 4-24 所示为 ICMP 回波请求或回波响应消息的格式。把回波请求与响应结合起来，就可以确定两个设备（主机或路由器）是否能够在网络（IP）层相互通信。当发出一个 ping 命令时，将生成一个回波请求消息，并发送到指定的目的 IP 地址。如果这个 IP 地址有效，并且 ping 目的地的设备支持这个请求功能，那它将返回一个回波响应消息。

| | ICMP 题头 | | | | ICMP 数据字段 |
|---|---|---|---|---|---|
| 类型字段<br>（1B） | 代码字段<br>（1B） | 校验和<br>（2B） | 标识号<br>（2B） | 序号<br>（2B） | 可变长度回波数据 |

**图 4-24  ICMP 回波消息格式**

ping 实用程序最基本的目的是验证网络的连通性。只有在安装 TCP/IP 协议之后才能使用 ping 命令，该命令可以支持多个扩充其功能的标志符。例如，ping 命令可以将地址解析为计算机名（-a）或校验与指定计算机的连接直到用户中断（-t）。发送的 ping 命令可以不包含任何数据，也可以包含用于检查传输错误的可变长度的数据字段。

### 3．地址掩码请求与应答

要获得子网地址，主机可以向它的局域网（LAN）最近的路由器发送地址掩码请求。如果主机知道这个路由器的 IP 地址，就可以直接向路由器发送请求。如果主机不知道这个路由器的 IP 地址，它可以将一个地址掩码请求广播到 LAN 上。收到这个请求的路由器将以一个地址掩码应答消息进行响应，这个消息包含请求主机的子网掩码。主机接收到应答消息后就可以将得到的这个本机子网掩码应用于它自己的 IP 地址，并导出它的网络地址和子网地址。

ICMP 地址掩码请求用于无盘系统在引导过程中获取自己的子网掩码，ICMP 地址掩码请求或地址掩码应答消息的格式如图 4-25 所示。系统广播它的 ICMP 请求消息（这一过程与无盘系统在引导过程中用 RARP 获取 IP 地址是类似的）。无盘系统获取子网掩码的另一个方法是 BOOTP 协议，我们将在后面的章节中介绍。

| | ICMP 题头 | | | | ICMP 数据字段 |
|---|---|---|---|---|---|
| 类型字段<br>（1B） | 代码字段<br>（1B） | 校验和<br>（2B） | 标识号<br>（2B） | 序号<br>（2B） | 地址掩码字段<br>（4B） |

**图 4-25  ICMP 地址掩码请求或地址掩码应答消息格式**

### 4．路由器请求与通告

当一个网络上的主机想要向另一个网络上的主机发送消息时，它必须知道与它自己的网络相连接的路由器的地址。它还必须知道这些路由器是否活动并且功能正常。ICMP 路由器发现消息将用于解析本地路由器的 IP 地址。

路由器请求与通告消息能使主机发现附近存在的路由器。因此，路由请求与通告消息不被认为是路由协议，因为它们没有确定主机应当使用哪个路由器到达特定的目的地。如果主机最初在选择它的网关路由器时做出了较差的选择，那么被选择的路由器应当向主机发送一个 ICMP 类型 5 重定向消息，以标识更合适的网关路由器。

RFC 1256 确定了这两种 ICMP 消息的格式，如图 4-26 所示。ICMP 路由器请求消息的格式如图 4-26 所示，它不需要传输类型和代码以外的信息。因此，路由器请求消息由一个 8 字节的题头组成，它没有数据字段，只包含通用的类型、代码和校验和三个字段，其中类型字段包含 10（路由器请求），路由器请求的代码始终是十六进制的 00。为了达到 ICMP 题头 8B 的要求，在指定为保留的区域中添加了 4B 的填充符。

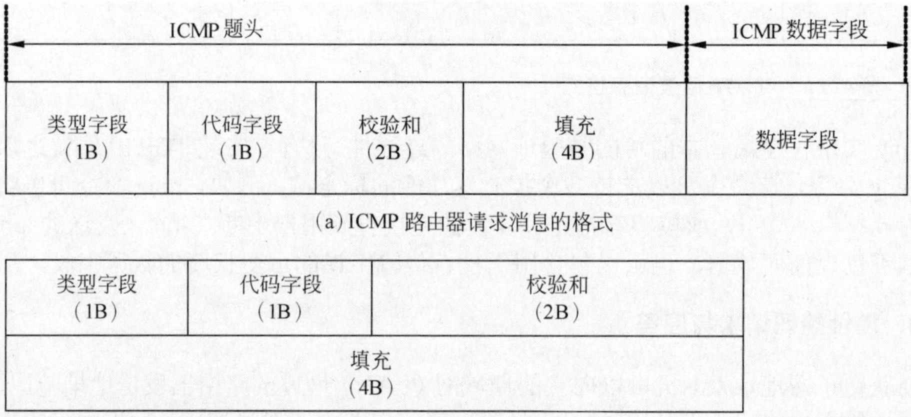

| ICMP 题头 | | | | ICMP 数据字段 |
|---|---|---|---|---|
| 类型字段<br>（1B） | 代码字段<br>（1B） | 校验和<br>（2B） | 填充<br>（4B） | 数据字段 |

（a）ICMP 路由器请求消息的格式

| 类型字段<br>（1B） | 代码字段<br>（1B） | 校验和<br>（2B） |
|---|---|---|
| 填充<br>（4B） | | |

（b）在 4B 边界上对齐 ICMP 路由器请求消息的格式

图 4-26　ICMP 路由器请求消息的格式

## 4.8.4　ICMP 差错消息

IP 协议是不可靠的，并且它不涉及到检错。因此，设计 ICMP 差错消息的目的就是弥补 IP 的不足。ICMP 查询消息可以从主机或路由器发送，但是，差错消息只有在响应因某种原因不能传输的 IP 数据报时才能发送。因此，ICMP 差错消息必须返回到发送失效 IP 数据报的源设备（主机）的 IP 地址。

由于 IP 数据报中只包括源和目的 IP 地址，所以 ICMP 错误报告消息将从检测到错误的设备发回发送错误消息的源 IP（主机或路由器）。但是，还是有以下几种情况不会产生 ICMP 差错消息：

（1）为了响应传送另一个 ICMP 错误报告消息的 IP 数据报。

（2）对于不是第一个段的分段的 IP 数据报。

（3）对于有多播地址的 IP 数据报。

（4）对于有特殊地址的 IP 数据报，如环回地址 127.0.0.0 或 0.0.0.0。

在 ICMP 差错消息中题头是必要的，因为要使用它封装 ICMP 题头和数据字段。所有 ICMP 错误报告消息都包含一个数据字段，它包括失效 IP 数据报的 IP 题头以及失效 IP 数据报的数据字段的前 8B，因为原始的 IP 数据报题头是为了帮助源发送设备确定哪个数据报出现了错误。常见的出错信息简介如下。

### 1. 目的不可达

当路由器不能把数据报路由到网络或主机，或者当主机不能把数据报传送到端口、协议或进程时，数据报将被丢弃，然后路由器或主机将把一个目标不可达的差错消息发回发送源。目标将不可达的消息可以由路由器或目的主机创建，这取决于数据报失效的地方。如表 4-15 所示为 ICMP 消息类型中目的不可达的部分。

**表 4-15　ICMP 消息类型中目的不可达部分**

| 类型 | 代码 | 描述 | 查询 | 差错 |
| --- | --- | --- | --- | --- |
| 3 | | 目的不可达 | | |
| | 0 | 网络不可达 | | √ |
| | 1 | 主机不可达 | | √ |
| | 2 | 协议不可达 | | √ |
| | 3 | 端口不可达 | | √ |
| | 4 | 需要进行分片但设置了不分片比特 | | √ |
| | 5 | 源站选路失败 | | √ |
| | 6 | 目的网络不认识 | | √ |
| | 7 | 目的主机不认识 | | √ |
| | 8 | 源主机被隔离 | | √ |
| | 9 | 目的网络被强制禁止 | | √ |
| | 10 | 目的主机被强制禁止 | | √ |
| | 11 | 由于服务类型 TOS，网络不可达 | | √ |
| | 12 | 由于服务类型 TOS，主机不可达 | | √ |
| | 13 | 由于过滤，通信被强制禁止 | | √ |
| | 14 | 主机越权 | | √ |
| | 15 | 优先权中止生效 | | √ |

代码 0~3 以一种分层布置相互作用，准确地表明数据报在失效前能传输多远。代码 6 和 7、9 和 10 以及 11 和 12 相互配合，标识有问题的网络或主机。代码 13、14 和 15 是由 RFC 1812 添加的，标识管理人员对路由器功能的控制结果。

### 2. 源端被关闭

IP 协议是无连接协议，这意味着源设备（发送数据报的主机或路由器）和目的主机（它处理数据报）之间没有直接的通信。此外，IP 没有提供用于控制封装在数据报中的数据流量的机制（即没有组织如何发送或确认数据包）。由于缺乏流量控制，源主机无法得知中间路由器或目的主机或目的主机是否或者何时已被数据报淹没。

缺乏流量控制可能在路由器和主机中造成拥塞，因为它们的内容容量有限。如果超过了路由器或主机中的内存，所有或部分接收到的数据报可能要被丢弃。设计 ICMP 源端被关闭消息的目的是给 IP 添加一定程序的流量控制。当一个路由器或主机被数据包淹没并开始丢弃 IP 数据报时，它将向发送数据报的主机发送一个源端被关闭的消息。

### 3. 重定向

当一个路由器需要向另一个网络转发数据报时，这个路由器必须知道下一个合适路由器的 IP 地址。这同样适用于主机，因为如果主机希望数据报被路由到预期的目的，它必须将数据报发送到正确的路由器。因此，路由器和主机都有路由表，路由表能使它们发现下一个合适的路由器。IP 数据报的路由是由路由器（而非主机）动态（不断地更新）执行的，因为主机的数量太多。主机使用的是静态路由，路由表中的条目数量有限。

主机通常只知道一个路由器的路由表。因此，当 IP 数据报应该被发送到另一个路由器时，收到数据报的路由器就要发送 ICMP 重定向差错消息给 IP 数据报的发送端，以便发送端主机更新它的路由表。如图 4-27 所示为 IP 数据报重定向，只有当主机可以选择路由器发送分组的情况下，才可能看到 ICMP 重定向消息。

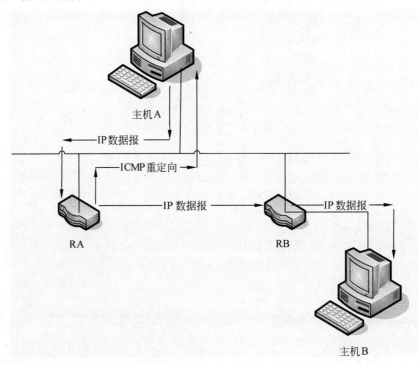

图 4-27　IP 数据报重定向

### 4．超时

发送 ICMP 差错消息的情况有两种：

（1）每当路由器或网关接收到一个生存时间字段降至 0 的数据报时，路由器将丢弃这个数据报，然后向源发送设备发回一个超时消息。

（2）每当最终的目的设备（主机或服务器）没有在预定时间间隔内收到一个消息的所有段时，目的设备将丢弃它已经收到的段，然后向源发送设备发回一个超时消息。

如表 4-16 所示为 ICMP 超时消息的类型。

表 4-16　ICMP 超时消息类型

| 类型 | 代码 | 描述 | 查询 | 差错 |
|------|------|------|------|------|
| 11 | | 超时 | | |
| | 0 | 传输期间生存时间为 0 | | √ |
| | 1 | 在数据报组装间生存时间为 0 | | √ |

在表 4-16 中，代码 0 表示当路由器因生存时间等于 0 而丢弃数据报时使用，代码 1 表示当目的主机因没有在它的定时器到期之前收到数据报的所有段而丢弃数据报时使用。

### 5. 参数问题

IP 数据报题头部分中的任何歧义都将在数据报通过 Internet 传输时导致严重的问题。每当路由器或目的主机发现数据报中有模糊值或遗漏字段时，路由器将丢弃数据报，然后将一个 ICMP 参数问题报告消息发回发送源设备。

如表 4-17 所示为 ICMP 参数问题消息的类型。

**表 4-17　ICMP 参数问题消息类型**

| 类型 | 代码 | 描述 | 查询 | 差错 |
|------|------|------|------|------|
| 12 | | 参数问题 | | |
| | 0 | 坏的 IP 首部 | | √ |
| | 1 | 缺少必需的选项 | | √ |

在表 4-17 中，代码 0 表示当 IP 数据报的一个题头字段中有错误或歧义，并且指针字段中的值指向有可疑问题的字节时，将使用代码 0。代码 1 表示数据报中的必要字段遗漏。指针字段不和代码 1 消息一起使用，而是复位到全为 0。

## 4.9　DHCP

网际层的协议包含上述的 4 个重要的协议。除此之外，还有一个重要的协议需要掌握，即 DHCP 协议。该协议其实并不属于网际层的主要协议，由于该协议具有很重要的地位，为此在本节中给予介绍。

DHCP 协议是被称为 BOOTP 的早期 IP 协议的扩展。BOOTP（Bootstrap Protocol）最早为将无磁盘工作站从 Programmable Read-only Memory（PROM）或 Erasable PROM（EPROM）引导到它们的网卡上而开发。一旦启动，引导程序代码会执行允许机器立即访问网络的硬编码例程，以使它们可以从其他网络服务器上加载操作系统和网络配置数据。本节将详细介绍 DHCP 的相关知识。

### 4.9.1　DHCP 的基本概念

动态主机分配协议（DHCP）是一个简化主机 IP 地址分配管理的 TCP/IP 标准协议。用户可以利用 DHCP 服务器管理动态的 IP 地址分配及其他相关的环境配置工作（如 DNS、WINS、Gateway 的设置）。

在使用 TCP/IP 协议的网络上，每一台计算机都拥有唯一的计算机名和 IP 地址。IP 地址（及其子网掩码）使用与鉴别它所连接的主机和子网，当用户将计算机从一个子网移动到另一个子网的时候，一定要改变该计算机的 IP 地址。如采用静态 IP 地址的分配方法将增加网络管理员的负担，而 DHCP 可以让用户将 DHCP 服务器中的 IP 地址数据库中的 IP 地址动态地分配给局域网中的客户机，从而减轻了网络管理员的负担。用户可以利用 Windows 2000 服务器提供的 DHCP 服务在网络上自动地分配 IP 地址及相关环境的配置工作。

在使用 DHCP 时，整个网络至少有一台 NT 服务器上安装了 DHCP 服务，其他要使用 DHCP 功能的工作站也必须设置成利用 DHCP 获得 IP 地址。如图 4-28 所示是一个支持 DHCP 的网络实例。

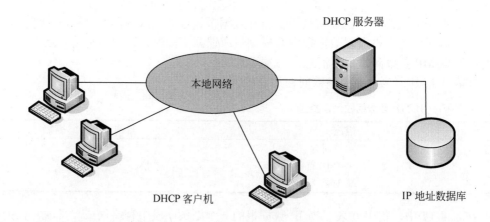

**图 4-28  DHCP 的网络实例**

下面为读者介绍 DHCP 的常用术语。

### 1．作用域

作用域是一个网络中的所有可分配的 IP 地址的连续范围，主要用来定义网络中单一的物理子网的 IP 地址范围。作用域是服务器用来管理分配给网络客户的 IP 地址的主要手段。

### 2．超级作用域

超级作用域是一组作用域的集合，它用来实现同一个物理子网中包含多个逻辑 IP 子网。在超级作用域中只包含一个成员作用域或子作用域的列表。

### 3．排除范围

排除范围是不用于分配的 IP 地址序列。它保证在这个序列中的 IP 地址不会被 DHCP 服务器分配给客户机。

### 4．地址池

在用户定义了 DHCP 范围及排除范围后，剩余的地址就成了一个地址池，地址池中的地址可以动态地分配给网络中的客户机使用。

### 5．租约

租约是 DHCP 服务器指定的时间长度，在这个时间范围内客户机可以使用所获得的 IP 地址。当客户机获得 IP 地址时租约被激活。

### 6．保留地址

用户可以利用保留地址创建一个永久的地址租约。保留地址保证子网中的指定硬件设备始终使用同一个 IP 地址。

### 7．选项类型

选项类型是 DHCP 服务器给 DHCP 工作站分配服务租约时分配的其他客户配置参数。经常使用的选项包括默认网关的 IP 地址(routers)、WINS 服务器，以及 DNS 服务器。

### 8．选项类

选项类是服务器进一步分级管理提供给客户的选项类型的一种手段。当在服务器上添加一个选项类，该选项类的客户可以在配置时使用特殊的选项类型。在 Windows 2000 中，客户机在与服务器对话时也能够声明类 ID。

## 4.9.2　DHCP 的软件组成

DHCP 协议并不是单一的存在，它是由多个部分组合而成的，其中最重要三部分分别是 DHCP 客户机软件、DHCP 服务器以及 DHCP 转接代理。关于这三部分的职能介绍如下。

### 1．DHCP 客户机软件

DHCP 客户机软件或可用于大部分其他现代操作系统的类似软件。用户在 Window 操作系统中单击 Internet 协议（TCP/IP）属性中的【自动获得 IP 地址】按钮时，实际上就是在客户机上应用此类软件。这种软件用于代表客户机广播服务请求和续请求，及在地址租赁请求获准时为客户机管理地址和组建数据。DHCP 实际上是现代网络运行的支柱。

### 2．DHCP 服务器

DHCP 服务器软件接收和响应客户机信息并且转接地址服务请求。DHCP 服务器也管理地址池和相关配置数据。大多数现行 DHCP 服务器可以管理多个地址池，而其他的实现版本只能管理一个地址池。

### 3．DHCP 转接代理

DHCP 客户机向它们的网络段广播地址请求。因为广播通常不直接通过路由器向前传输。这就意味着在同一网段的软件必须响应广播服务请求，或者忽略这个请求。DHCP 转接代理软件的任务是在本地网段上拦截地址请求，且为一台或多台已知 IP 地址的 DHCP 服务器将这些请求包装成单播。服务期将其请求回复传输给请求者的 MAC 层，然后再将回复传输给请求地址的客户机的接转代理。请注意，大部分其他的 DHCP 请求，例如续租或弃租，都以单播消息形式出现，因为一旦一台机器取得了 IP 地址和预设网关地址，它就可以直接和 DHCP 服务器通信，不再需要中间媒介。

### 4.9.3 理解 DHCP 服务

使用 DHCP 时必须在网络上有一台 DHCP 服务器，而其他机器执行 DHCP 客户端。当 DHCP 客户端程序发出一个信息，要求有一个动态的 IP 地址时，DHCP 服务器会根据目前已经配置的地址，提供一个可供使用的 IP 地址和子网掩码给客户端。

#### 1．使用 DHCP 的优点

DHCP 使服务器能够动态地为网络中的其他服务器提供 IP 地址，通过使用 DHCP，就可以为 Internet 网中除 DHCP、DNS 和 WINS 服务器外的任何服务器设置和维护静态 IP 地址。使用 DHCP 可以大大简化配置客户机的 TCP／IP 的工作，尤其是当某些 TCP／IP 参数改变时，如网络的大规模重建而引起的 IP 地址和子网掩码的更改。

DHCP 服务器是运行 Microsoft TCP／IP、DHCP 服务器软件和 Windows NT Server 的计算机，DHCP 客户机则是请求 TCP／IP 配置信息的 TCP／IP 主机。DHCP 使用客户机／服务器模型，网络管理员可以创建一个或多个维护 TCP／IP 配置信息的 DHCP 服务器，并且将其提供给客户机。

DHCP 服务器上的 IP 地址数据库包含如下项目：

（1）对互联网上所有客户机的有效配置参数。

（2）在缓冲池中指定给客户机的有效 IP 地址，以及手工指定的保留地址。

（3）服务器提供租约时间，租约时间即指定 IP 地址可以使用的时间。

在网络中配置 DHCP 服务器有如下优点：

（1）管理员可以集中为整个互联网指定通用和特定子网的 TCP／IP 参数，并且可以定义使用保留地址的客户机的参数。

（2）提供安全可信的配置。DHCP 避免了在每台计算机上手工输入数值引起的配置错误，还能防止网络上计算机配置地址的冲突。

（3）使用 DHCP 服务器能大大减少配置花费的开销和重新配置网络上计算机的时间，服务器可以在指派地址租约时配置所有的附加配置值。

（4）客户机不需手工配置 TCP／IP。

（5）客户机在子网间移动时，旧的 IP 地址自动释放以便再次使用。在再次启动客户机时，DHCP 服务器会自动为客户机重新配置 TCP／IP。

（6）大部分路由器可以转发 DHCP 配置请求，因此，互联网的每个子网并不都需要 DHCP 服务器。

**注 意**

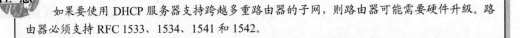
如果要使用 DHCP 服务器支持跨越多重路由器的子网，则路由器可能需要硬件升级。路由器必须支持 RFC 1533、1534、1541 和 1542。

## 2．DHCP 分配地址的方式

DHCP 使用客户/服务器模式，网络管理员建立一个或多个 DHCP 服务器，在这些服务器中保存了可以提供给客户机的 TCP／IP 配置信息。这些信息包括网络客户的有效配置参数、分配给客户的有效 IP 地址池（其中包括为手工配置而保留的地址）、服务器提供的租约持续时间。

如果将 TCP／IP 网络上的计算机设定为从 DHCP 服务器获得 IP 地址，这些计算机则成为 DHCP 客户机。启动 DHCP 客户机时，它与 DHCP 服务器通信以接收必要的 TCP／IP 配置信息。该配置信息至少包含一个 IP 地址和子网掩码，以及与配置有关的租约。

DHCP 服务器有以下三种为 DHCP 客户机分配 TCP／IP 地址的方式。

1）手工分配

在手工分配中，网络管理员在 DHCP 服务器通过手工方法配置 DHCP 客户机的 IP 地址。当DHCP 客户机要求网络服务时，DHCP 服务器把手工配置的 IP 地址传递给 DHCP 客户机。

2）自动分配

在自动分配中，不需要进行任何的IP 地址手工分配。当DHCP 客户机第一次向DHCP 服务器租用到 IP 地址后，这个地址就永久地分配给了该 DHCP 客户机，而不会再分配给其他客户机。

3）动态分配

当 DHCP 客户机向 DHCP 服务器租用 IP 地址时，DHCP 服务器只是暂时分配给客户机一个 IP 地址。只要租约到期，这个地址就会还给 DHCP 服务器，以供其他客户机使用。如果 DHCP 客户机仍需要一个 IP 地址来完成工作，则可以再要求另外一个 IP 地址。

> 提示
>
> 动态分配方法是唯一能够自动重复使用 IP 地址的方法，它对于暂时连接到网上的 DHCP 客户机来说尤其方便，对于永久性与网络连接的新主机来说也是分配 IP 地址的好方法。

使用动态分配方法可以解决 IP 地址不够用的困扰，例如 C 类网络只能支持 254 台主机，而网络上的主机有三百多台，但如果网上同一时间最多有 200 个用户，此时如果使用手工分配或自动分配将不能解决这一问题。而动态分配方式的 IP 地址并不固定分配给某一客户机，只要有空闲的 IP 地址，DHCP 服务器就可以将它分配给要求地址的客户机；当客户机不再需要 IP 地址时，就由 DHCP 服务器重新收回。

## 3．DHCP 服务器的新特性

下面介绍 DHCP 服务器的一些新特性。

1）自动分配 IP 地址

Windows2000 DHCP 工作站 DHCP 服务器无法提供租约的时候能够为自己分配一个

临时的 IP 地址，DHCP 工作站在后台每隔 5min 继续尝试与服务器进行通信，以获得有效的租约。

2）增强的性能监视器和服务器报告能力

新的性能监视计数器令用户更为清晰地观察 DHCP 服务器在网络上的性能状况。并且 DHCP 管理器利用图形显示服务器、范围和客户的当前状态增强了服务器的报告能力，如利用不同的图标表示服务器或范围是否链接、利用警告符号表示已经有 90%的租约被使用。

3）作用域的扩展

新的多址广播域让 DHCP 工作站可以使用 D 类 IP 地址（224.0.0.0~239.255.255.255）。

超级作用域对创建成员范围的管理组非常有用，当用户想重新定义范围或扩展范围时不会干扰正在活动的范围。

4）支持用户定义和服务商定义的选项类

用户可以利用这一特性为类似的用户分别分配合适的选项。如用户可以将同一楼层的用户设为相同的选项类（具有相同的类 ID 值），还可以利用这个类在租约过程中分配其他的选项数据，并覆盖任何范围或全局默认选项。通过它可以让在同一网络中的类成员客户使用更为合适的选项。

5）DHCP 与 DNS 的集成

使用 Windows 2000，DHCP 服务器能够动态更新客户机在 DNS 中的名字空间，范围客户可以利用动态 DNS 更新它们在 DNS 中主机名——IP 地址的映射信息。未授权 DHCP 服务器侦测。

6）非法 DHCP 服务器检测

因为 DHCP 客户机在启动时是通过有限的网络广播来发现 DHCP 服务器的，利用这一特性有效地阻止了未经授权的 DHCP 服务器加入到基于活动目录架构的 Windows 2000 网络中，在非法的 DHCP 服务器引起网络问题之前，它被自动关闭。

7）动态支持 BOOTP 客户

DHCP 服务器通过附加的动态 BOOTP 对大型企业网中的 BOOTP 用户提供更好的支持。动态 BOOTP 是 BOOTP 协议的扩展，它允许不必使用固定地址配置，它可以像 DHCP 一样动态地分配 IP 地址。

8）利用只读控制台访问 DHCP 管理器

在安装 DHCP 服务时会自动添加一个具有特殊目的的本地组——DHCP 用户组，这个组的成员可以在管理员不在的情况下通过只读方式访问服务器上 DHCP 管理器查看 DHCP 服务的相关信息。

### 4.9.4  DHCP 的数据包结构

本节将介绍 DHCP 数据包命令和定义域值及选项。图 4-29 显示了标准的 DHCP 数据包结构。

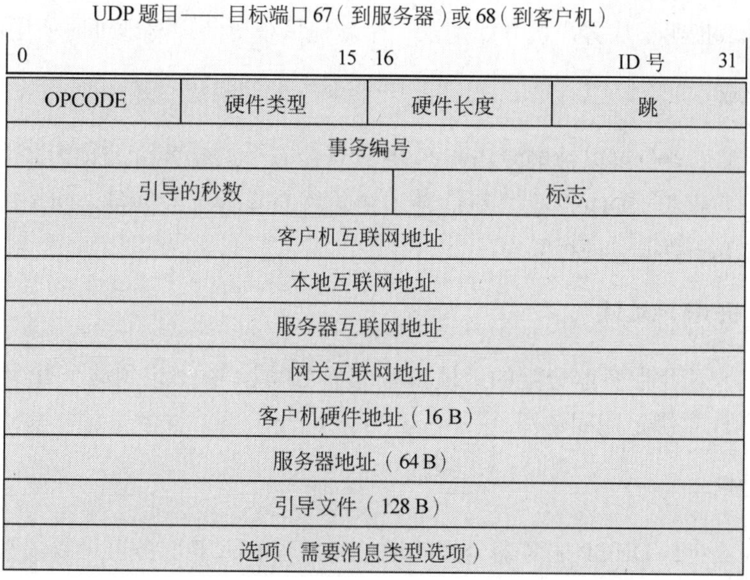

UDP 题目——目标端口 67（到服务器）或 68（到客户机）

| OPCODE | 硬件类型 | 硬件长度 | 跳 |
|---|---|---|---|
| 事务编号 | | | |
| 引导的秒数 | | 标志 | |
| 客户机互联网地址 | | | |
| 本地互联网地址 | | | |
| 服务器互联网地址 | | | |
| 网关互联网地址 | | | |
| 客户机硬件地址（16 B） | | | |
| 服务器地址（64 B） | | | |
| 引导文件（128 B） | | | |
| 选项（需要消息类型选项） | | | |

0 ... 15 16 ... ID 号 ... 31

图 4-29　DHCP 数据包结构

在 DHCP 数据包结构中包含的各域含义如下。

### 1．OPCODE（操作代码域）

这个 1B 域指明这个数据包是一个 DHCP 请求（0x01）还是 DHCP 回复（0x02）数据包。这类请求或回复类型在 DHCP 选择内作为一个消息类型定义。

### 2．硬件类型域

这个 1B 域识别硬件地址类型和 ARP 硬件类型定义的匹配值。

### 3．硬件长度域

这个 1B 域指明了硬件地址的长度。例如，值 6 用于 10MB Ethernet 来指明一个 6B 的硬件地址。

### 4．Hops 域

这个域由客户机设置为 0，并且可以被转接代理在帮助客户机获取 IP 地址和/或配置信息时使用。

### 5．事务 IP 号码域

这个 4B 域需包含一个由客户机选择的自由号码，它用于在客户机和服务器之间匹配请求和回应。

### 6. 从引导开始计秒域

这个 2B 域指明了从客户机开始请求一个新地址或更新现有地址时所用的秒数。

### 7. 标记域

这个 2B 域的首位可以被触发指明在 IP 软件没有全部配置前，HCP 客户机不能接受单播 MAC 层数据报。DHCP 客户机广播了初始的 Discover 数据包。DHCP 服务器可用单播或广播 Offer 数据包进行回应。

### 8. 客户机 IP 地址域

DHCP 客户机用服务器分配的地址填写这个 4B 域，并绑定到这个 IP 堆栈。这个域也可以在更新和重绑定期间填写。

### 9. IP 地址

这个 4B 域包含 DHCP 服务器分配的地址。只有 DHCP 服务器可以填写这个域。

### 10. 服务器 IP 地址域

这个 4B 域包含在引导过程中使用的 DHCP 服务器地址。DHCP 服务器将其地址放在了这个域中。

### 11. 网关 IP 地址域

如果用到转接代理，这个 4B 域包含 DHCP 转接代理的地址。

### 12. 客户机硬件地址域

这个 16B 的域包含客户机的硬件地址。DHCP 服务器接收到信息后，将保留这个地址，并将这个 IP 地址连接到客户机。

### 13. 服务器主机名称域

这个 64B 的域可以包含服务器主机名称，但这个信息可以选择。这个域可以包含一个零终止字符串（全部 0）。

### 14. 引导文件域

引导文件域包含可以选择的引导文件名或零终止字符串。

### 15. DHCP 选项域

DHCP 选项用于扩展 DHCP 数据包中的数据。表 4-18 列出了部分 DHCP 选项。

表 4-18　DHCP 选项

| 标号 | 名称 | 长度 | 意义 |
| --- | --- | --- | --- |
| 0 | Pad | 0 | 无 |
| 1 | Subnet Mask | 4 | 子网掩码值 |
| 2 | Time Offset | 4 | 从 UTC 中以秒为单位抵消时间 |
| 3 | Router | N | N/4 路由器地址 |
| 4 | Time Server | N | N/4 时间服务器地址 |
| 5 | Name Server | N | N/4 IEN-116 服务器地址 |
| 6 | Domain Server | N | N/4 DNS 服务器地址 |
| 7 | Log Server | N | N/4 日志服务器地址 |
| 8 | Quotes Server | N | N/4 引用服务器地址 |
| 9 | LPR Server | N | N/4 打印服务器地址 |
| 10 | Impress Server | N | N/4 压缩服务器地址 |
| 11 | RLP Server | N | N/4 RLP 服务器地址 |
| 12 | Host Name | N | 主机名称字符串 |
| 13 | Boot File Size | 2 | 在 512 字节块中的引导文件大小值 |
| 14 | Merit Dump File | N | 客户机转存并且命名文件 |
| 15 | Domain Name | N | 客户机的 DNS 域名 |
| 16 | Swap Server | N | Swap 服务器地址 |
| 17 | Root Path | N | 引导硬盘用的路径名称 |
| 18 | Extension File | N | 更多 BOOTP 信息所用的路径名称 |
| 19 | Forward On/Off | 1 | 支持/禁用 IP 转发 |
| 20 | SrcRte On/Off | 1 | 支持/禁用源路由 |
| 21 | Policy Filter | N | 路径策略过滤器 |
| 22 | Max DG Assembly | 2 | 重组数据程序最大值 |
| 23 | Default IP TTL | 1 | 默认的 IP 生存期 |
| 24 | MTU Timeout | 4 | 路径 MTU 老化超时 |
| 25 | MTU Plateau | N | 路径 MTU 平台值 |
| 26 | MTU Interface | 2 | 接口 MTU 大小值 |
| 27 | MTU Subnet | 1 | 全部子网络都在本地 |
| 28 | Broadcast Address | 4 | 广播地址 |
| 29 | Mask Discovery | 1 | 执行掩码地址 |

117

其中，长度列中的 N 代表不同的数字。这个 DHCP 选项的全部清单保存在 RFC 2132 中。所有的 DHCP 数据包中只需要一个 DHCP 选项。

### 4.9.5　DHCP 状态和过程

对于 DHCP 来说，客户机在获取、重新获取或释放 IP 地址时将在 6 种状态之间转变，这 6 种状态是初始化、选择、请求、约束、更新和重新绑定。DHCP 最初使用 4 种状态获取 IP 地址（初始化、选择、请求和约束），在客户机获取了 IP 地址以后，它将使用 4 种状态重新绑定、更新或释放 IP 地址（初始化、重新绑定、约束和更新）。

这 6 种状态用于执行三个基本的 DHCP 过程：发现、更新和释放。本节将介绍这三个过程。

### 4.9.6　DHCP 地址发现（获取）过程

当 DHCP 客户机最初引导时，它必须执行标准的地址发现过程，以获取 IP 地址。一旦客户获取了 IP 地址，它将通过发送使用相同 IP 地址的 ARP 广播数据包测试这个地址。

当 DHCP 客户机第一次引导时，或者在它当前的租用到期以后，它将没有 IP 地址。在客户机启动向 DHCP 服务器获取 IP 地址的请求之前，服务器必须激活 67 号 UDP 端口，这个端口将建立支持服务器接收 DHCP 请求的被动开放。在创建了被动开放以后，服务器将等待客户机启动地址发现过程。

DHCP 使用一种 4 个步骤的过程分配 IP 地址。

**1．发现过程**

DHCP 客户机通过把广播消息发送到它的本地网段上，发现这个网段上的所有 DHCP 服务器。

**2．提供过程**

接收到发现消息的所有 DHCP 服务器以单播传输进行响应，其中包含服务器的已定义地址作用域中的 IP 地址。

**3．请求过程**

DHCP 客户机广播第二个接收提供的地址之一的消息。客户机可以通过发送 DHCP 拒绝数据包拒绝提供的地址，这通常只在客户机接收到多个地址时才发送。

**4．确认过程**

提供的 IP 地址被客户机接收的 DHCP 服务器以一个确认消息进行响应。这时，客户机就有了一个 IP 地址，这将开始租用时间。确认数据包实质上将完成 4 个数据包的 DHCP 发现过程。

要获取 IP 地址，客户机将广播需要标识该客户机硬件地址的 IP 地址的请求。发现数据包 IP 题头中的源 IP 地址是 0.0.0.0，因为客户机最初没有 IP 地址。如果该客户机最近曾经连接到同一个网络，它一般将定义一个首选地址，这个地址通常是分配给它的最后一个 IP 地址。这个最初的广播称为 DHCP 发现。接收到该客户机发现广播的 DHCP 服务器将以一个租用时间特定（通常是 1h）的 IP 地址进行响应。

由于 DHCP 发现依赖于发送广播消息，所以发现过程局限于本地网络的一个网段。由于在每个网段上都设置一个 DHCP 服务器是不现实的，所以 DHCP 规范包含一个称为中继代理的过程，它允许将 DHCP 广播路由到另一个网段。

路由器中的 DHCP 中继代理软件将截获本地电缆段上的地址请求，重新打包这些请求，然后将它们作为单播传输重传到 IP 地址已知的一台或多台远程 DHCP 服务器上。中继代理软件通常安装在与包含 DHCP 客户机的网段相连接的路由器上。接收到客户机广播请求的中继代理将把它的 IP 地址放在适当的字段中，然后把这个请求转发到远程服务器上。远程服务器将把它的应答发送到中继代理，中继代理再把这个消息转发到请求客户机。

图 4-30 给出了 DHCP 客户机用来获取 IP 地址的 4 种状态。

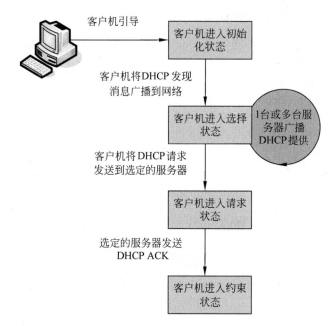

图 4-30　DHCP 发现的状态和转变

从图 4-30 中还能看出了发生的状态转变以及启动状态之间转变的接收消息。此外，该图还说明了客户机或服务器是否正在发送消息。当一个 DHCP 客户机最初引导时，它必须执行一个标准的地址发现过程，以获取允许计算机通过网络进行通信的 IP 地址。下面总结图 4-30 中所示的状态转变。

### 1. 初始化过程到选择过程

当客户机最初引导时，它将进入第一个状态，即初始化状态。在初始化状态期间，客户机将把一个 DHCP 发现消息广播到将该客户机置于选择状态的网络上。

**2．选择状态到请求状态**

该网络上的一台或多台 DHCP 服务器将以 DHCP 提供消息响应这个广播。请求客户机可能会接收到一个或多个响应，但是，它不收到响应的情况是非常少见的。客户机将选择一个响应（通常是第一个到达的响应），然后通过发送 DHCP 请求消息与各自的服务器协商地址租用，这将把客户机置于请求状态。如果客户机在指定的时间内没有接收到响应，它将在 2s 钟内再尝试 4 次。如果仍然没有响应，客户机将等待 5min，然后重新发送请求信息。

**3．请求状态到约束状态**

服务器以一个积极的确认（DHCP ACK）响应请求消息，这将开始租用时间，并将客户机置于约束状态。客户机将保持约束状态，直到租用到期，或者客户机释放这个 IP 地址。

图 4-31 中给出了主机使用 DHCP 获取 IP 地址所需的 4 个传输序列：DHCP 发现、DHCP 提供、DHCP 请求和 DHCP ACK。

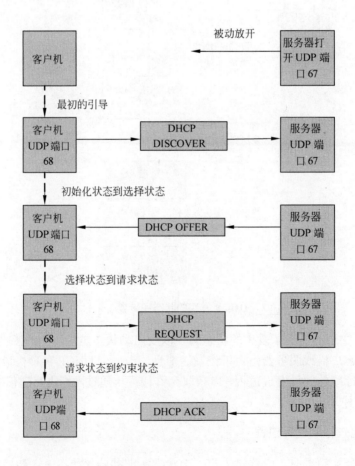

**图 4-31** 消息交换序列

### 4.9.7 DHCP 地址更新过程

当一台客户机的租用接近到期时间时，如果该客户机希望保留 IP 地址并继续通过网络进行通信的话，它必须启动地址更新过程。图 4-32 中给出了 DHCP 客户机更新或释放 IP 地址时使用的 4 种状态。这台客户机最初处于约束状态，这通常被认为是正常的工作状态，因为这是客户机正在使用以前获取的 IP 地址时所处的状态。

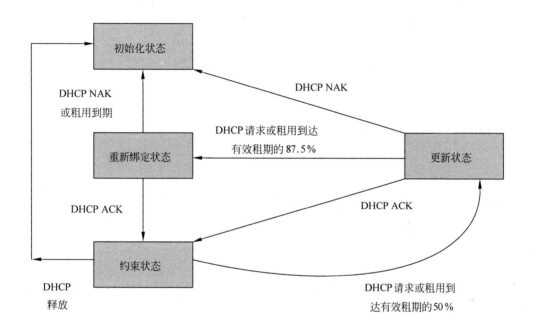

图 4-32　约束、更新、重新绑定和初始化状态之间的 DHCP 转变

当一台客户机进入约束状态时，它将设置三个与租用更新有关的定时器，并记录接收地址的时间。DHCP 服务器在向客户机分配 IP 地址时将确定定时器的确切值。在默认情况下，加载到第一个定时器的初始值等于租用时间的一半，加载到第二定时器中的值等于租用时间的 87.5%。在第一个定时器（更新定时器）到期后，如果这台客户机希望保留相同的 IP 地址并继续通过该网络进行通信的话，它必须设法更新它的租用。要请求租用更新，客户机必须向分配给它当前租用的服务器发送一个 DHCP 请求信息。这个请求信息包含该客户机当前的 IP 地址，并请求延长当前的租用时间。在发送了 DHCP 请求消息以后，该客户机将进入更新状态，并等待服务器的响应。虽然客户机可以请求延长特定的租用时间，但是服务器将最终确定这个值。服务器以两种方法之一响应客户机：服务器可以命令客户机停止使用当前的 IP 地址，或者它还可以更新当前的租用。如果服务器同意延期，它将发送一个将客户机设置回约束状态的 DHCP ACK 消息，如图 4-33 所示，这个 DHCP ACK 消息还包括用于客户机定时器的新值。

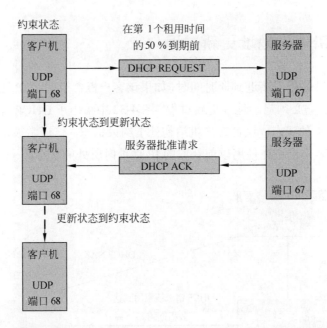

图 4-33　在第一个定时器租用时间达到 50%以前的更新请求——服务器的积极确认

当服务器希望终止客户机的租用时，它将发送 DHCP NAK 消息，指令客户机立即停止使用地址并进入初始化状态，如图 4-34 所示。

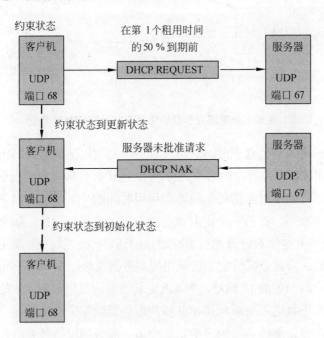

图 4-34　在第一个定时器租用时间达到 50%以后的更新尝试——服务器的消极响应

在发送了 DHCP 请求消息以后，客户机将处于更新状态，并等待响应。如果服务器停机，或者因其他一些原因而无法到达，它将不进行响应，如图 4-35 所示。

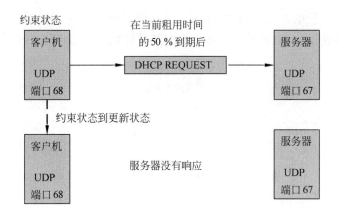

**图 4-35**　在第一个定时器租用时间达到 **50%** 以后的更新尝试——服务器无响应

　　为了处理这种情况，DHCP 将使用客户机最初进入约束状态时第二个定时器的设置。第二个定时器（称为重新绑定定时器）在租用时间达到 87.5% 以后到期，这将使客户从更新状态转变到重新绑定状态。在进行从更新状态到重新绑定状态的转变时，客户机假定旧的 DHCP 服务器仍然不可达，同时开始将一个 DHCP 请求消息广播到具有 DHCP 服务器的网段上。任何配置为提供 DHCP 服务的服务器都可以响应这个广播。如果响应是积极的，如图 4-36 所示，那么将准许客户机延长其当前租用时间，复位两个定时器，并且客户机将以相同的 IP 地址返回到约束状态。

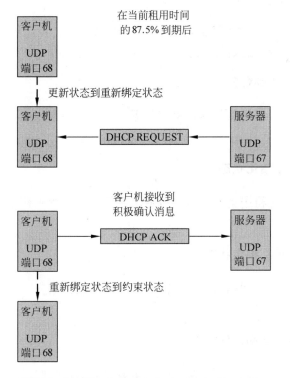

**图 4-36**　在第一个定时器租用时间达到 **87.5%** 以后的更新尝试——积极响应

如果响应是消极的，如图 4-37 所示，那么将拒绝客户机再使用 IP 地址，这台客户机必须停止继续使用它的 IP 地址，并转变到初始化状态，以获取一个新的 IP 地址。

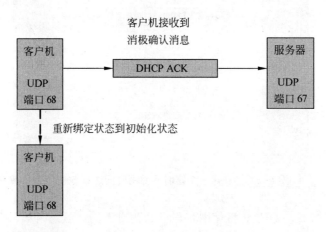

图 4-37　在第一个定时器租用时间达到 87.5%以后的更新尝试——消极响应

在客户机转变到重新绑定状态同时拒绝了网络上所有服务器（包括最初的服务器）的租用更新，并且在第三个定时器到期以后，客户机将转变到初始化状态，并开始获取新的 IP 地址。

### 1．约束状态到更新状态

在客户机的第一个定时器达到其初值的 50%以后，它将广播一条用于租用更新的 DHCP 请求消息，并转变到更新状态。

### 2．更新状态到约束状态

如果服务器同意租用更新，客户机将从更新状态返回到约束状态，并继续使用其原始 IP 地址。

### 3．更新状态到初始化状态

如果服务器不同意租用更新，客户机将从更新状态转变到初始化状态，并开始获取新 IP 地址。

### 4．更新状态到重新绑定状态

如果客户机在租用时间的前 87.5%的时间内没有收到响应，它将转变到重新绑定状态，并广播一个 DHCP 请求消息。

### 5．重新绑定状态到初始化状态

如果客户机在重新绑定状态期间接收到服务器的消极响应，客户机将转变到初始化状态，并开始获取新 IP 地址。

## 4.9.8 DHCP 地址释放（终止）过程

当一台客户机处于正常工作状态（即约束状态），并且确定它不再需要 IP 地址时，DHCP 允许这台客户机无须等待租用时间到期即可释放其当前的 IP 地址。这称为早期终止，在可用 IP 地址的数量有限时这很有用。早期终止允许服务器向数量多于其 IP 地址的客户机提供 IP 地址。

客户机通过发送 DHCP 释放消息在定时器到期前终止 IP 地址。终止 IP 地址是最终性的，因为它阻止客户机使用这个地址通过网络进行通信。图 4-38 给出了与执行早期释放有关的状态和转变。当一台客户机发送 DHCP 释放消息时，它将离开约束状态并返回到初始化状态，在它需要 IP 地址时，可以请求另一个 IP 地址。服务器不响应 DHCP 释放消息。

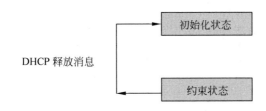

图 4-38　DHCP 释放状态和转变

## 4.9.9 DHCP 引导请求消息

表 4-19 给出了 DHCP 引导请求消息在网络分析器中的显示情况，其中包括以太网、IP 和 UDP 题头。

表 4-19　DHCP 引导请求消息在网络分析器中的显示情况

| 以太网题头 | |
| --- | --- |
| 目的硬件地址 | FF FF FF FF FF FF |
| 源硬件地址 | 00 02 B9 E3 F9 40 |
| 以太网协议类型 | 0800（IP） |
| IP 题头 | |
| IP 版本 | 4 |
| 题头长度 | 20（无选择） |
| DS（区分服务）字段 | 十六进制的 00 |
| 0000 00.. | DS 代码点 = 默认 PHB（0） |
| 　　00 | 未使用 |
| 数据包长度 | 276 |
| ID | 十六进制的 E58 |
| 分段信息 | 十六进制的 00 |
| . 0...... .... .... | 不可分段 = 假 |

续表

| 以太网题头 | |
|---|---|
| .. 0..... .... .... | 更多段 = 假 |
| ... 0 0000 0000 0000 | 分段偏移 = 0 |
| 生存时间 | 128 |
| 协议 | UDP（17） |
| 题头校验和 | 1D5A |
| 源 IP 地址 | 10.10.4.30 |
| 目的 IP 地址 | 255.255.255.255 |
| UDP 题头 | |
| 源端口 | BOOTP（68） |
| 目的端口 | BOOTP（67） |
| 长度 | 256 |
| 校验和 | 58A7 |
| DHCP 题头 | |
| 消息类型 | DHCP |
| 操作代码 | 引导请求消息（1） |
| 硬件地址类型 | 1 |
| 硬件地址长度 | 6 |
| 跳 | 0 |
| 事务 ID | 0 |
| 客户机开始尝试重启动后经过的秒数 | |
| 标志符 | 2560 |
| 1... .... .... .... | 广播标志符集 |
| . 000 0000 0000 0000 | 保留 |
| 客户机 IP 地址 | 10.10.4.30 |
| 我们的 IP 地址 | 0.0.0.0 |
| 使用 BOOTP 的下一台 | |
| 服务器的 IP 地址 | 0.0.0.0 |
| 中继代理的 IP 地址 | 0.0.0.0 |
| 客户机硬件地址 | 000000000000000000000000000000000 |
| 服务器名称 | |
| BOOTP 文件名 | |
| DHCP 魔术甜饼 | |
| DHCP 消息选项 | 代码 53，长度 1 |
| 消息类型 | DHCP INFORM（8） |
| 供应商特有的消息选项 | 代码 43，长度 2 |
| 供应商特有消息的字节数 | 2 |
| 选项结束 | 代码 255 |

如果已经将 DHCP 服务器配置成支持 BOOTP 客户机，那么也许可以将它配置成提供静态以及动态地址。支持 BOOTP 客户机的 DHCP 服务器必须按照 BOOTP 协议与 BOOTP 客户机交换。例如，DHCP 服务器必须阐明 BOOTP BOOTREPLY 而不是 DHCP DHCPOFFER。DHCP 服务器可以只向由联合的 DHCP 和 BOOTP 供应商扩展名允许的 BOOTP 客户机发送 DHCP 选项。

# 思考与练习

## 一、填空题

1.＿＿＿＿＿是 Internet 中的通信规则，连入 Internet 中的每台主机与路由器都必须遵守这些通信规则。（IP 协议）

2．每一个 IP 地址包括两部分：网络地址和＿＿＿＿＿，5 种类型的地址对所支持的网络数和主机数有不同的组合。（主机地址）

3．ARP 缓存表的定时器有时也称为超时或生存时间，以＿＿＿＿＿为单位标明缓存列表项目的剩余生存期。（秒）

4．＿＿＿＿＿负责把 IP 地址转换为物理网络地址。（ARP）

5．＿＿＿＿＿是网络层中的协议，也被作为 IP 数据报的数据来封装，加上数据报的首部，组成 IP 数据报发送出去。（ICMP）

6．跨越不同领域的路由器所使用的协议称为＿＿＿＿＿，它是一组简单的定义完备的正式协议。（外部网间连接器协议 EGP）

## 二、选择题

1．下列协议中不是建立在 IP 协议之上的协议是＿＿＿＿＿。（D）
    A．TCP
    B．ICMP
    C．DHCP
    D．RARP

2．下列关于 ARP 缓存列表作用的描述正确的是＿＿＿＿＿。（B）
    A．路由器的特殊存储区域，它存储已经解析的 IP 硬件地址转换
    B．IP 主机的特殊存储区域，它存储已经解析的 IP 硬件地址转换
    C．一种特殊文件，在计算机关闭时存储已经解析的 IP 硬件地址，然后在重新开机后读取
    D．一种存储将符号名转换为 IP 地址的特殊文件

3．下列协议中不能使 RARP 协议在现代 TCP/IP 网络上成为多余的是＿＿＿＿＿。（C）
    A．ARP
    B．DHCP
    C．Bootp
    D．DNS

4．在 DHCP 服务器中，＿＿＿＿＿主要是定义网络中单一的物理子网的 IP 地址范围。（A）
    A．作用域
    B．超级作用域
    C．租约
    D．排除范围

5．动态 DHCP 地址在租期的下列哪个时间内出现第一次租约重续？＿＿＿＿＿（A）
    A．租约的四分之一
    B．租约的十分之一
    C．租约的五分之一
    D．租约的二分之一

## 三、问答题

1．简述协议网络层的功能，以及运行在该层的常见协议。

2．地址解析协议 ARP 的主要目的是什么。

3．动态和静态地址解析有什么区别。

4．列举网际协议 IP 的功能及特点。

# 第 5 章 子网划分与 CIDR

子网是指一个组织中相连的网络设备的逻辑分组。一般，子网可表示为某地理位置内（某大楼或相同局域网中）的所有机器。网络设计师将网络划分成一个个逻辑段（即子网），以便更好地管理网络，同时提高网络性能，增强网络安全性。另外，将一个组织内的网络划分成各个子网，只需要通过单个共享网络地址，即可将这些子网连接到互联网上，从而减缓了互联网 IP 地址的耗尽问题。无类域间路由（CIDR）是一种比 IP 地址方法更加灵活的分配和指定 Internet 地址的方法，通过使用 CIDR，可用的 Internet 地址数目就大大增加了。本章将讲解子网的功能及其原理，并概述 CIDR 的功能。

**本章学习目标：**

- ❑ 子网的功能
- ❑ 子网的类型
- ❑ 子网掩码的作用
- ❑ CIDR 标记的功能

## 5.1 子网划分

在 TCP/IP 网络中，每次通信需传送源和目的网络以及与每个终端用户或主机相连网络内的特定机器的地址，该地址称为 IP 地址。对于 IPv4，IP 地址为 32 位，分为两部分：其中一部分用来识别网络，另一部分用来识别该网络中的特定机器或主机。组织可使用部分机器地址或主机地址位来识别某特定子网。IP 地址由三部分构成：网络号、子网号和主机号。

对 IP 网络进行子网划分有多种原因，其中包括组织中不同物理媒体（如以太网、FDDI、WAN 等）的使用、地址空间的保存和安全性等因素。最常见的理由是控制网络流量。在一个以太网中，段上的每个结点都看到该段中其他各结点所传输的所有数据包。相反地，在重流量负荷下，性能将受到严重影响，这主要归因于冲突和最终转发。路由器用来连接 IP 子网，并最小化每段必须接收的通信量。

IP 网络通过子网掩码（规定 IP 子网边界）而被划分。IP 地址应用子网掩码可识别该地址下的网络和结点部分。子网掩码缺省值如表 5-1 所示。

**表 5-1  默认子网掩码**

| IP 类别 | 默认十进制掩码 | 默认二进制掩码 |
|---------|----------------|----------------|
| A 类地址 | 255.0.0.0 | 11111111.00000000.00000000.00000000 |
| B 类地址 | 255.255.0.0 | 11111111.11111111.00000000.00000000 |
| C 类地址 | 255.255.255.0 | 11111111.11111111.11111111.00000000 |

## 5.1.1  IP 子网的出现

Internet 最初使用两层结构（包括网络地址和主机地址）。如图 5-1 所示的是相当小的简单二级网络，这个层次假设每个点只有一个网络。因此，每个点只需一个到 Internet 的连接。最初，这种假设是正确的。然而，随着时间的推移，网络计算逐渐成熟和发展。至 1985 年，上面的假设已不再成立，因为一个组织可能会有多个网络，并且单一的 Internet 连接不能满足其要求。

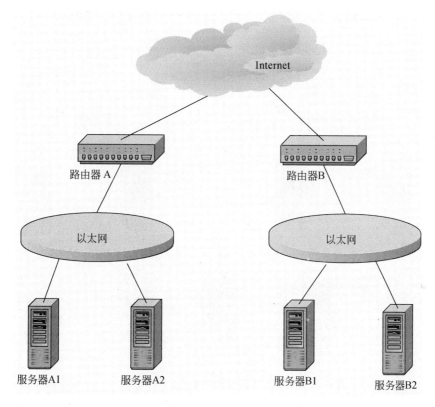

**图 5-1  Internet 两层网络**

随着 Internet 爆炸式地增长，许多地方开始拥有多个网络，原有的 IP 地址分配原则显得非常不灵活，以至于不能轻易地改变本地网络配置。为了更有效地使用 IP 地址空间，易于管理网络，迫切需要 IETF 开发某种机制来区别同一个地点内的多个逻辑网络，作为 Internet 的另一个层次。否则，将没有有效的方法在多个网络之间传送数据到特定的端系统，这样的网络如图 5-2 所示。

一种解决方法是分配给每一个逻辑网络（或称为子网）自己的 IP 地址范围，这种方法可以工作，但使 IP 地址的使用相当低效。不用多久，这种方法就会消耗掉所有未分配的地址。并且路由器中的路由表会扩大，每个网络需要自己的路由表项。可见，需要一种更好的方法。解决方法是分层地组织这些逻辑网络，并在它们之间路由。从 Internet 的角度看具有多个逻辑网络的地方应该被看作一个网络。因此，它们应该共享一个共同的 IP 地址范围。然而，它们可以有自己唯一的子网号。

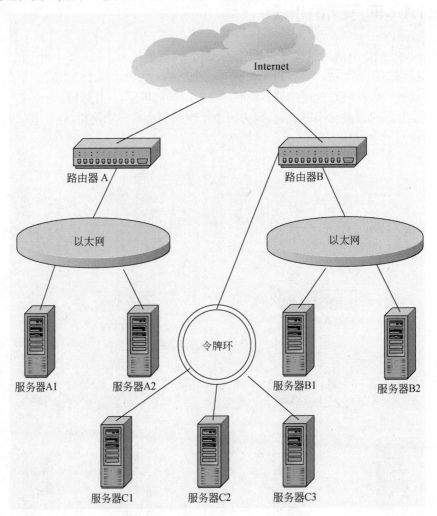

图 5-2　改进后的网络破坏了两层结构

## 5.1.2　IP 子网的结构

　　为了避免请求额外的 IP 网络地址，引进了 IP 子网这一概念。子网划分在本地网络上发生，而整个网络在外界看来仍然是一个 IP 网络。随着互联网络技术的成熟，接受和使用这种方法的人数急剧增加。事实证明，大中型组织有多个网络已经很普遍。通常情况是，这些网络是局域网，每个局域网被看作子网。

　　在这样多网络的环境中，每个子网通过一个至 Internet 的公共点路由器互联。实际的网络环境细节对 Internet 没有影响。它们由私有网络组成，能够转发自己内部的报文。因此 Internet 只需要知道哪个网络连接至 Internet 的路由器，也就是哪个网络的网关。在私有网内部，IP 地址的主机号部分被细分为一个附加的网络号和主机号。这个附加的网络号就是所谓的子网络（Subnetword）或者子网（Subnet）。一个被子网化的 IP 地址实际包含三部分，其各部分的解释如下：

(1) 网络号；

(2) 子网号；

(3) 主机号。

子网号和主机号的组合通常称为本地地址或者说 IP 地址的本地部分，子网划分技术以一种对远程网络透明的方式实现。有子网的网络中的主机知道子网的结构。其他网络上的主机是不知道这种子网结构的，这样的远程主机仍然把 IP 地址的本地部分看成一个主机号。

子网和主机地址是由原先 IP 地址的主机地址部分分割成两部分得到的。因此，用户分子网的能力依赖于被子网化的 IP 地址类型。IP 地址中主机地址位数越多，就能分得更多的子网和主机。然而，子网减少了能被寻址主机的数量。实际上，是把主机地址的一部分拿走用于识别子网号。子网由伪 IP 地址，也称为子网掩码来标识。

子网掩码是可用点十进制数格式表示的 32 位二进制数，掩码告诉网络中的端系统（包括路由器和其他主机）IP 地址的多少位用于识别网络和子网。这些位被称为扩展的网络前缀。剩下的位标识子网内的主机，掩码中用于标识网络号的位置为 1，主机位置为 0。

划分子网后的 IP 地址的三部分中的每一部分全为 0 或者全为 1 具有特殊的含义，与没有划分子网前的 IP 地址的两部分全为 0 或者全为 1 的含义相同（具体含义参考"特殊 IP 地址"相关内容）。假如，存在子网掩码 11111111.11111111.11111111.00000000（255.255.255.0）能在子网产生 256 个可能的主机地址。因此，可以在子网内唯一地标识 256 个设备。实际上只有 254 个地址是可用的，另两个主机地址是保留的，第一个主机号总保留为识别子网自身，另一个主机号保留作为子网的广播地址。因此当得到子网内最大可用的主机数时总要减去 2，才能得到可用的主机数。

在某一网络中可以得到的子网数依赖于被子网化的 IP 地址所属的类别。每一类地址使用不同的位数识别网络，因此，每一类地址用于子网化的位数也不同。如表 5-2 所示为一个 B 类 IP 地址子网和子网内主机数的情况。从表 5-2 中可以看出最少可用作网络分配的位数是 2，最多是 14。因为网络前缀 1 位只允许定义两个网络：0 和 1。子网化的规则不允许使用全 0 或者全 1 的子网地址。这些地址是保留的，因此 1 位的前缀不能得到可用的子网地址。

**表 5-2 B 类地址空间的子网化**

| 网络前缀中的个数 | 子网掩码 | 可用的子网地址数 | 每个子网内可用主机地址数 |
| --- | --- | --- | --- |
| 2 | 255.255.192.0 | 2 | 16 382 |
| 3 | 255.255.224.0 | 6 | 8190 |
| 4 | 255.255.240.0 | 14 | 4094 |
| 5 | 255.255.248.0 | 30 | 2046 |
| 6 | 255.255.252.0 | 62 | 1022 |
| 7 | 255.255.254.0 | 126 | 520 |
| 8 | 255.255.255.0 | 254 | 254 |
| 9 | 255.255.255.128 | 520 | 126 |
| 10 | 255.255.255.192 | 1022 | 62 |

| 网络前缀中的个数 | 子网掩码 | 可用的子网地址数 | 每个子网内可用主机地址数 |
| --- | --- | --- | --- |
| 11 | 255.255.255.224 | 2046 | 30 |
| 12 | 255.255.255.240 | 4094 | 14 |
| 13 | 255.255.255.248 | 8190 | 6 |
| 14 | 255.255.255.252 | 16 382 | 2 |

同样原因，2 位的网络前缀只会得到 2 个可用的子网地址。2 位的二进制子网地址、域，数学上的组合为 00、01、10 和 11，第一种和最后一种组合是无效的，只剩下 01 和 10 可用于识别子网。

从表 5-2 可以看出，用于标识子网的位数越多，剩下标识主机的位数就越少，反之亦然。

C 类地址也能分子网。因为 C 类地址中 24 位用于网络寻址，因此，只剩下 8 位用于子网和主机寻址。C 类网络中子网和主机寻址之间的关系如表 5-3 所示。

表 5–3　C 类地址空间的子网化

| 网络前缀中的个数 | 子网掩码 | 可用的子网地址数 | 每个子网内可用主机地址数 |
| --- | --- | --- | --- |
| 2 | 255.255.255.192 | 1022 | 62 |
| 3 | 255.255.255.224 | 2046 | 30 |
| 4 | 255.255.255.240 | 4094 | 14 |
| 5 | 255.255.255.248 | 8190 | 6 |
| 6 | 255.255.255.252 | 16 382 | 2 |

## 5.1.3　IP 子网划分类型

子网划分类型有两种：静态子网划分（Static Subnetting）和变长子网划分（Variable Length Subnetting）。变长子网划分比静态子网划分更加灵活。

### 1．静态子网划分

静态子网划分意味着同一网络的所有子网使用相同的子网掩码，所有主机和路由器都必须支持静态子网划分。虽然这种子网容易实现也易于维护，但是它在小型网络中可能会浪费地址空间。例如，一个使用子网掩码 255.255.255.0 的具有 10 台主机的网络浪费了 244 个 IP 地址。

### 2．变长子网划分

使用变长子网划分时，同一网络中分配的子网可以使用不同的掩码。对于只有几个主机的小网络，可以使用符合这种需要的掩码。有许多主机的子网要求有一种不同的子网掩码。根据各个子网的需求分配子网的能力有助于节约网络地址。变长子网使每个子网包含足以支持所需主机数的地址。

通过添加另一位到子网掩码的子网部分，可以把一个已经存在的子网分成两部分。网络中其他子网不受这种改变的影响。

### 3. 混合静态子网和变长子网

并非所有 IP 设备都支持变长子网。刚开始的时候，存在只支持静态子网的主机似乎会妨碍变长子网的使用。其实并非这样，互联子网的路由器用来向主机隐藏不同的掩码。主机继续使用基本的 IP 路由，这就可以把子网的复杂性转嫁给路由器了。

## 5.2 子网掩码

### 5.2.1 子网掩码的计算

按 IP 协议的子网标准规定，每一个使用子网的网点都选择一个 32 位的位模式，若位模式中的某位置 1，则对应 IP 地址中的某位为网络地址（包括网络部分和子网掩码号）中的一位；若位模式中的某位置 0，则对应 IP 地址中的某位为主机地址中的一位。例如二进制位模式 11111111.11111111.11111111.00000000 中，前三个字节全 1，代表对应 IP 地址中最高的三个字节为网络地址；后一个字节全 0，代表对应 IP 地址中最后的一个字节为主机地址。为了使用的方便，常常使用"点分整数表示法"来表示一个 IP 地址和子网掩码，例如 B 类地址子网掩码 11111111.11111111.11111111.00000000 为 255.255.255.0。IP 协议关于子网掩码的定义提供一定的灵活性，允许子网掩码中的"0"和"1"位不连续。但是，这样的子网掩码给分配主机地址和理解寻径表都带来一定困难，并且，极少的路由器支持在子网中使用低序或无序的位，因此在实际应用中通常各网点采用连续方式的子网掩码。像 255.255.255.64 和 255.255.255.160 等一类的子网掩码不推荐使用。

子网掩码与 IP 地址结合使用，可以区分出一个网络地址的网络号和主机号。例如，有一个 C 类地址为 192.9.200.13，按其 IP 地址类型，它的默认子网掩码为 255.255.255.0，则它的网络号和主机号可按如下方法得到。

（1）将 IP 地址 192.9.200.13 转换为二进制 11000000.00001001.11001000.00001101。

（2）将子网掩码 255.255.255.0 转换为二进制 11111111.11111111.11111111.00000000。

（3）将以上两个二进制数进行逻辑与（AND）运算，得出的结果即为网络部分。11000000.00001001.11001000.00001101 与 11111111.11111111.11111111.00000000 进行与运算后得到 11000000.00001001.11001000.00000000，即 192.9.200.0，这就是这个 IP 地址的网络号，或者称"网络地址"。

（4）将子网掩码的二进制值取反后，再与 IP 地址进行与（AND）运算，得到的结果即为主机部分。如将 00000000.00000000.00000000.11111111（子网掩码的取值）取反后与 11000000.00001001.11001000.00001101 进行与运算，得到 00000000.00000000.00000000.00001101，即"0.0.0.13"，这就是这个 IP 地址主机号（可简化为 13）。

### 5.2.2 子网掩码的划分

如果要将一个网络划分成多个子网，如何确定这些子网的子网掩码和 IP 地址中的网络号和主机号呢？本节就要详细介绍。子网划分的步骤如下。

首先，将要划分的子网数目转换为 $2^m$。例如要分 8 个子网，$8=2^3$。如果不是刚好是 2 的多少次方，则以取大为原则，例如要划分为 6 个，则同样要考虑 $2^3$。

然后，将上一步确定的幂 $m$ 按高序占用主机地址 $m$ 位后，转换为十进制。如 $m$ 为 3 表示主机位中有 3 位被划为"网络标识号"占用，因网络标识号应全为"1"，所以主机号对应的字节段为"11100000"。转换成十进制后为 $2^{24}$，这就最终确定的子网掩码。如果是 C 类网，则子网掩码为 255.255.255.224；如果是 B 类网，则子网掩码为 255.255.224.0；如果是 A 类网，则子网掩码为 255.224.0.0。

在这里，子网个数与占用主机地址位数有如下等式成立：$2m \geqslant n$。其中，$m$ 表示占用主机地址的位数；$n$ 表示划分的子网个数。根据这些原则，下面将举例说明如何划分子网。

若存在网络号为 192.9.200，则该 C 类网络部分主机 IP 地址范围就是 192.9.200.1～192.9.200.254，现将网络划分为 4 个子网，按照以上步骤：$4=2^2$，则表示要占用主机地址的 2 个高序位，即为 11000000，转换为十进制为 192。这样就可确定该子网掩码为 192.9.200.192。4 个子网的 IP 地址的划分是根据被网络号占住的两位排列进行的，这 4 个 IP 地址范围分别如下。

（1）第 1 个子网的 IP 地址是从 11000000.00001001.11001000.00000001 到 11000000.00001001.11001000.00111110，注意它们的最后 8 位中被网络号占住的两位都为 00，因为主机号不能全为 0 和 1，所以没有 11000000.00001001.11001000.00000000 和 11000000 00001001.11001000.00111111 这两个 IP 地址（下同）。注意实际上此时的主机号只有最后面的 6 位。对应的十进制 IP 地址范围为 192.9.200.1~192.9.200.62。而这个子网的子网掩码（或网络地址）为 11000000.00001001.11001000.00000000，即 192.9.200.0。

（2）第 2 个子网的 IP 地址是从 11000000.00001001.11001000.01000001 到 11000000.00001001.11001000.01111110，注意此时被网络号所占住的 2 位主机号为 01。对应的十进制 IP 地址范围为 192.9.200.65~192.9.200.126。对应这个子网的子网掩码（或网络地址）为 11000000.00001001.11001000.01000000，即 192.9.200.64。

（3）第 3 个子网的 IP 地址是从 11000000.00001001.11001000.10000001 到 11000000.00001001.11001000.10111110，注意此时被网络号所占住的 2 位主机号为 10。对应的十进制 IP 地址范围为 192.9.200.129~192.9.200.190。对应这个子网的子网掩码（或网络地址）为 11000000 00001001 11001000 10000000，即 192.9.200.128。

（4）第 4 个子网的 IP 地址是从 11000000 00001001 11001000 11000001 到 11000000 00001001 11001000 11111110，注意此时被网络号所占住的 2 位主机号为 11。对应的十进制 IP 地址范围为 192.9.200.193~192.9.200.254。对应这个子网的子网掩码（或网络地址）为 11000000.00001001.11001000.11000000，即 192.9.200.192。

通常情况下，全为 0 或者全为 1 作为保留不使用，所以下面举例说明这一情况。这里假设，存在一个 C 类网址 200.102.224.0，这个地址是基地址，也是 Internet 用于计算路由的地址。如果要把这一地址分成 6 个子网，由于 $2^3=8>6$，所以需要 8 位主机地址中的三位标识这 6 个子网，这些标识前缀为 001、010、011、100、101、110，因为全为 0 或者全为 1 的 000 和 111 保留不能使用。所以最后一个 8 位位组被分成：3 位加到网络号中形成扩展的网络前缀，剩下的 5 位用于识别主机，如表 5-4 所示为子网的划分结果。网络地址用黑体表示；主机地址用正常字体表示，用一个减号和网络前缀分隔开。

**表 5-4　子网的划分结果**

| 网络号 | 二进制地址 | 十进制地址 |
| --- | --- | --- |
| 基网 | 11001000.01100110.1110000.**00000000** | 200.102.224.0 |
| 子网 0 | 11001000.01100110.1110000.000-**00000** | 200.102.224.0 |
| 子网 1 | 11001000.01100110.1110000.001-**00000** | 200.102.224.32 |
| 子网 2 | 11001000.01100110.1110000.010-**00000** | 200.102.224.64 |
| 子网 3 | 11001000.01100110.1110000.011-**00000** | 200.102.224.96 |
| 子网 4 | 11001000.01100110.1110000.100-**00000** | 200.102.224.128 |
| 子网 5 | 11001000.01100110.1110000.101-**00000** | 200.102.224.160 |
| 子网 6 | 11001000.01100110.1110000.110-**00000** | 200.102.224.192 |
| 子网 7 | 11001000.01100110.1110000.111-**00000** | 200.102.224.224 |

## 5.3　CIDR 标记

CIDR 规范定义在 RFC 1517、1518，以及 1519 该当中。在 Internet 主干网上，CIDR 是现在正由所有的网关主机使用的路由系统。Internet 的规划者现在正希望所有的网络服务提供商使用这种路由方式。

标准的 IP 路由只知道 A 类、B 类和 C 类网络地址。每一类网络地址分配一部分位地址作为网络部分，而其他用来指定在这个网络内的主机地址，即作为主机部分。最常用的 IP 地址类是 B 类地址，它可以分配 65 533 个主机地址空间。如果一个公司需要的地址数在 254～65533 之间，那么许多的地址就被浪费了。正是基于这个原因，直到 CIDR 出来时，Internet 地址不必要地被浪费，已经不够使用了。CIDR 有效地提供了一种更为灵活的在路由器中指定网络地址的方法（在新的 IP 中，将使用 128 位地址，这将大大扩展可用的地址数，但是新的 IPv6 距离广泛使用还有一定的时日）。

使用 CIDR 时，每个 IP 地址都有网络前缀，它标识了网络的总数或单独一个网络，这个前缀也被指定为 IP 地址的一部分，而且根据需要不同，这个地址的长短也会有所不同（这一点不同于过去的 IP 地址分配方法）。比较短的目标 IP 地址或路径是不精确的；比较长的比较精确，路由器也需要在路由表中使用更精确或更长的网络前缀来指定目标地址。

每个 CIDR 路由需要包含一个 32 位 IP 地址和一个 32 位网络掩码，它们共同给出了 IP 前的长度和值。例如，192.60.250.18/20 就是一个 CIDR 网络地址，此地址有 20 位网络地址。IP 地址可以是任何有效的地址，不管那个地址以前是 A 类、B 类还是 C 类。CIDR 路由器看/后的数以决定网络号。因此，以前的 C 类地址 192.60.250.18 的网络号是 192.60.250，主机号是 18。一个 C 类地址最多可提供 254 个主机地址，使用 CIDR 地址，8 位边界的结构限制就不存在了。为了更好地理解它的工作，有必要把十进制数变成二进制数。

用二进制表示，网络地址部分是 11000000.00111100.11111010。前面 20 位标识网络号，如表 5-15 所示为这个地址被网络号和主机号分割的情况。

表 5-5　一个 20 位的 CIDR 网络号

| | 网络号 | 主机号 |
|---|---|---|
| 二进制地址 | 11000000.00111100.1111 | 1010.00010010 |

注意网络和主机部分的地址分割落在第三个 8 位位组的中间，没有分配给网络号的位用于标识主机，因此一个有 20 位网络前缀的 IPv4 地址剩下 12 位用于主机识别。可以有 4094 个可用的主机地址，因为没有一个最左预置的位(以前用于分类之用)，实际上整个地址范围可用作 CIDR 网络。因此，一个 20 位的网络前缀能分配一个以前保留给 A 类或 B 类或 C 类网络的值。

CIDR 也可以用二元组{IP 地址　网络掩码}表示。例如，用一个单独的路由表项对三个 C 类地址进行编址，则可以这样表示：{192.32.136.0　255.255.248.0}。从主干网的观点看，这将引用从 192.32.136.0 到 192.32.143.0 的 C 类网络范围，并把它们看成一个单独的网络，如图 5-3 所示。

```
11000000 00100000 10001000 00000000 = 192.32.136.0    C类地址

11111111 11111111 11111000 00000000 = 255.255.248.0   网络掩码
━━━━━━━━━━━━━━━━━━━━━━━━━━━━━━━━ 逻辑与

11000000 00100000 10001000 ------- = 192.32.136       IP前缀


11000000 00100000 10001111 00000000 = 192.32 143.0    C类地址

11111111 11111111 11111000 00000000 = 255.255.254.0   网络掩码
━━━━━━━━━━━━━━━━━━━━━━━━━━━━━━━━ 逻辑与

11000000 00111100 10001000------- = 192.32.136        IP前缀
```

图 5-3　CIDR 网络示例

从图 5-3 中可以看出，路由所基于的网络掩码比 IP 地址的正常网络掩码更短。与子网相比，它的子网掩码比正常的网络掩码要更长。

CIDR 在 Internet 上的实现主要基于边界网关协议（Border Geteway Portocol，BGP）版本 4。实现策略涉及一个分阶段过程，从主干网路由器开始到路由层次结构，这种实现策略在 RFC 1520 中描述，即在 CIDR 环境中交换提供者边界上的路由信息。网络服务提供者分为如下 4 种类型。

第一种类型，那些不能利用任何默认域间路由的提供者。

第二种类型，那些使用域间默认路由但是对于大部分分配的 IP 网络号需要显式路由的提供者。

第三种类型，那些使用域间默认的路由并用少量显式路由补充它的提供者。

第四种类型，那些只用默认路由执行域间路由的提供者。

CIDR 的发展开始于第一种类型的网络提供者，然后是第二种类型，最后是第三种类型的提供者。

子网划分与 CIDR

创建 CIDR 地址受到以下限制：

（1）所有的 CIDR 地址必须是邻近的。但是使用地址的标准网络前缀符号，也可以使其根据需要整齐有效地划分任何地址。当多个地址被聚集时，要求所有的地址按数字排序，以便地址中的网络和主机部分之间的界线能反映该聚集。

（2）当出现地址聚集时，在它们设置为大于 1 但是等于对应于全部为 1 的低阶位模式，也就是 3、7、15、31 等时，CIDR 地址块可以达到最佳工作状态。这是因为这可以从 CIDR 地址块的网络部分窃取相应的位数（2、3、4、5…）并利用它们扩展主机地址。

（3）CIDR 地址通常应用于 C 类地址（C 类地址较小，但是相对量大）。但 CIDR 也同样应用于希望细分现有的 A 类、B 类以及 C 类地址的组织。

（4）要在任何网络上使用 CIDR 地址，则在路由域必须理解 CIDR 符号。通常对于近 8 年推出的路由器而言这不是问题，因为 1993 年 9 月提出的 RFC 的当前版本通过后，大多数路由器供应商开始支持 CIDR 地址。

# 思考与练习

## 一、填空题

1．IP 地址由三部分构成：网络号、_____和主机号。（子网号）

2．_____在本地网络上发生，而整个网络在外界看来仍然是一个 IP 网络。（子网划分）

3．在 Internet 主干网上，_____是现在正由所有的网关主机使用的路由系统。Internet 的规划者现在正希望所有的网络服务提供商使用这种路由方式。（CIDR）

## 二、选择题

1．表示 IP 地址的各个部分的 8 位数被称作_____。（C）

    A．字节

    B．点分隔十进制

    C．八位位组

    D．位字串

2．子网掩码为 255.255.248.0 的 B 类网络上每个子网有_____个有效主机。（B）

    A．1022

    B．2048

    C．2046

    D．2050

3．下列哪个 IP 地址不是专用 IP 地址？（D）

    A．10.16.24.24

    B．172.16.5.7

    C．192.168.36.74

    D．224.0.0.9

4．下列哪种子网掩码是 B 类 IP 地址的默认值？（B）

    A．255.0.0.0

    B．255.255.0.0

    C．255.255.255.0

    D．255.255.255.255

## 三、问答题

1．如何相互转换二进制与十进制数字？

2．说说子网是如何形成的，有什么功能。

3．CIDR 标记的功能是什么？

# 第6章 传 输 层

传输层（Transport Layer）也像网络层一样，由多个协议组成，包括传输控制协议（TCP）和用户数据报协议（UDP）并为它们支持的应用提供服务。每个协议又都具有自己的一些特征、功能和用途。TCP 是一个面向连接的协议，具有排序和流量控制等端到端的能力；UDP 是无连接的，把提供可靠传输的工作交由应用层负责。在每种情况中，两个应用之间交换数据时使用的协议数据报中的 IP 报头来决定。

**本章学习目标：**

- ❑ 了解传输层的基本功能
- ❑ 了解端口和套接字的概念
- ❑ 掌握 UDP 协议
- ❑ 掌握 TCP 协议

## 6.1 传输层简介

传输层协议在应用层协议和网络层协议之间，充当在应用层协议中运行的进程和在网络层中工作的网络互联机制之间的接口，它与 TCP/IP 协议族中其他协议的关系如图 6-1 所示。传输层协议不在进程层上运行，所以它们不是进程层协议。但是，传输层是 TCP/IP 协议族用来确保进程传输到目的主机正确协议上的机制（协议）。TCP/IP 协议族只包括两个传输层协议即 TCP 和 UDP，它们的主机目的是提供进程到进程的通信。

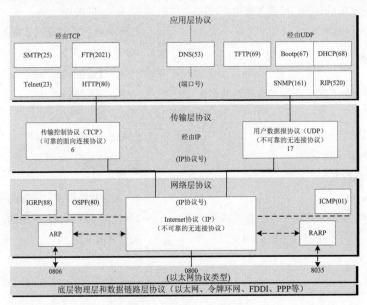

**图 6-1** 传输层协议和 **TCP/IP** 协议族

IP（网际协议）是负责主机到主机通信（即从源计算机到目的计算机）的网络层协议。第 3 层协议（例如 IP）的主要功能是通过互联网络（例如 Internet）将整个数据包端到端地传送到目的地。第 3 层协议包括标识源设备和目的设备的 IP 地址。IP 地址还为中间路由器提供了它们需要的信息，以确保它们将数据包指引到预定的目的地。

数据包到达目的主机后，必须将数据传送到适当的进程。传输层协议，例如 UDP 和 TCP，提供了将任意长度的消息从源设备传输到目的设备所需的机制。因此，传输协议负责在主机和目的计算机上运行的适当进程之间端到端地传输各个数据包。因此，传输层协议包括标识这些进程的特殊数字，这些特殊数字称为端口地址。

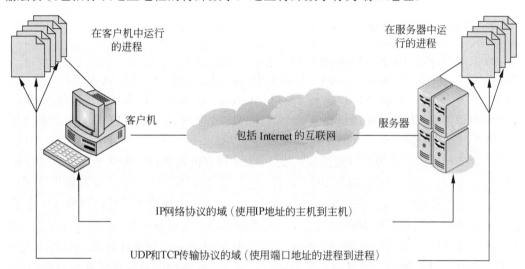

**图 6-2** 网络层和传输层协议的域

网络层协议确保设备之间的数据包传输，而传输层协议确保在设备上运行的进程之间的消息传输。进程（即端口地址）内嵌在传输层协议中，IP 地址则内嵌在网络层协议中。如图 6-2 所示为网络协议（例如 IP）和传输协议（例如 TCP 或 UDP）的域。

## 6.2 传输层的基本功能

传输层的基本功能是向源系统用户（进程-进程）提供端到端之间的可靠的数据传输，向高层用户屏蔽通信子网的细节，并提供通用传输接口。本节来学习在传输层中的端到端、服务质量以及传输层协议的基本功能。

### 6.2.1 端到端的通信概念

端到端通信，指的是在数据传输前，经过各种各样的交换设备，在两端建立一条通信链路，就像它们是直接相连的一样。该链路建立后，发送端就可以发送数据，直到数据发送完毕，接收端确认接收成功。

建立端到端通信链路后，发送端已知接收设备一定能收到，而且经过中间交换设备时不需要进行存储转发，因此传输延迟小。在发送过程中，发送端的设备一直要参与传输，直到接收端收到数据为止。如果整个传输的延迟很长，那么对发送端的设备造成很大的浪费。另外，在传输过程中，如果接收设备关机或者故障，那么端到端传输将无法实现。

端到端传输时，一旦传输端确定后，这两端之间可以同时进行多种服务数据的传输，不同的服务数据各自通过不同的服务端口传输，每一对服务端口的连接可以看作是一个传输逻辑通道，它们可以共用一个网络连接。即通过一路网络连接实现端到端的多路传输连接。

### 1．端到端的连接管理

连接管理（Connection Management）是传输层在两个结点间建立和释放连接所必须遵循的协议。一般可以通过三次握手协议来完成两端点的建立：计算机 A 传送一个请求一次连接的 TPDU，它的序列号是 x；计算机 B 回送一个确认该请求及其序列号的 PDU，它的序列号为 y；计算机 A 通过在第一个数据 PDU 中包含序列号 x 和 y，对计算机 B 的确认帧发回一个确认。

请求或确认的丢失可能导致错误的发生。为此计算机 A 和计算机 B 分别设置定时器，可以解决部分问题。如果计算机 A 的请求或计算机 B 的确认丢失了，计算机 A 将在计时结束后重新发送请求。如果计算机 A 确认丢失了，计算机 B 将在计时结束后终止连接。

当计算机 A 与计算机 B 通信完毕后，需要两端点终止连接操作。而终止连接的操作为：首先计算机 A 请求终止连接，然后计算机 B 确认请求；如果计算机 A 接收到计算机 B 所发送的确认帧后，再发送一个确认帧，并终止连接；最后计算机 B 收到确认后，也终止连接。

在数据传输时，传输层将上层交给它的服务数据分解成多个传输层协议数据单元（PDU），将多个传输层协议 PDU 分别传送到不同的网络结点，这一过程为向下多路复用（Dow-nward Multiplexing）。几个传输用户共享一个单一结点称为向上多路复用（Upward Multipl-exing）。

### 2．端到端的差错控制

在传输层的通信过程中，无论是面向连接还是面向无连接的传输，都需要对传输的内容进行差错控制编码、差错检测、差错处理三个方面的处理。传输层的差错控制是通过在通信子网对差错控制的基础上的最后一道差错控制措施，面对的出错率相对较低。特别是随着传输介质的不断提高，这种出错率大幅下降，传输的可靠性明显提高。所以，传输层的差错控制编码一般采用比较简单的算法。例如，在传输层协议 PDU 内留有专门的检验字段，用于存储检验码。

在对于差错的处理过程中，一般采用当即纠错、通知发送方重传和丢失三种措施。不过采用什么措施与差错控制算法以及传输服务要求有关。

### 3．端到端的流量控制

传输层的流量控制是对传输层协议数据单元的传送速率的控制。其中包括两个方面，分别在两端进行：在发送端控制传输层协议数据单元的发送速率和在接收端控制传输层协议数据单元的接收速率。也就是在同一对传输通信中，发送和接收的速率是各自独立的，这两端的速率可以是不一样的。传输层协议数据单元的发送与接收的速率取决于两端计算机的发送/接收能力和通信子网的传输能力两个因素。

控制两端计算机收发信息数据单元速率的总策略是采用缓存的办法，即在两端计算机设置用于缓存协议数据单元的缓存器。

缓存的设置策略主要是对于低速突发数据传输，在发方建立缓存；而对于高速平稳的数据传输，为了不增加传输负荷，最大利用传输带宽，在收方建立缓存。缓存的大小可以是固定的也可以是可变的。可以为每一个传输连接建立一个缓存，也可以多个传输连接循环共用一个大的缓存。

#### 4．端到端的拥塞控制

拥塞现象是指到达通信子网中某一部分的分组数量过多，使得该部分网络来不及处理，以致引起这部分乃至整个网络性能下降的现象。

拥塞控制是通过开环控制和闭环控制两种方法来实现的。开环控制是在设计网络时，为力求在网络工作时，使其不产生拥塞。但对于变化多端的网络，使用这种控制方法代价太高，很难实现。所以采用比较现实的闭环控制，其实现方法是：

（1）监测网络系统在何时何处发生了拥塞。

（2）将拥塞的信息传送到可以采取行动的地方。

（3）根据拥塞消息，调整网络系统的运行，解决拥塞。

端到端的拥塞控制就是由网络层将拥塞的信息传送到发送端，由发送端采取措施，控制发往网络的传输数据段数。

### 6.2.2　网络服务与服务质量

传输层的主要功能可以看作是增加和优化网络层服务质量。如果网络层提供的服务很完备，那么传输层的工作就很容易，否则传输层的工作就较繁重。对于面向连接的服务，传输服务用户在建立连接时要说明可接受的服务质量参数值。在讨论传输层服务质量参数时需要注意以下几个问题。

（1）服务质量参数是传输用户在请求建立连接时设定的，表明希望值和最小可接受的值。

（2）传输层通过检查服务质量参数可以立即发现其中某些值是无法达到的，传输层可以不去与目的计算机连接，而直接通知传输用户连接请求失败与失败的原因。

（3）有些情况下，传输层发现不能达到用户希望的质量参数，但可以达到稍微低一些的要求，然后再请求建立连接。

（4）并非所有的传输连接都需要提供所有的参数，大多数仅仅要求残余误码，而其他参数则是为了完善服务质量而设置的。

传输层根据网络层提供的服务种类及自身增加的服务，检查用户提出的参数，如能满足要求则建立正常连接，否则拒绝连接。服务质量参数包括用户的一些要求，如连接建立延迟、连接失败概率、吞吐率、传输延迟、残余误码率、安全保护、优先级及恢复功能等。

下面来了解服务质量中的参数内容。

### 1．连接建立延迟

从传输服务用户要求建立连接到收到连接确认之间所经历的时间，它包括了远端传输实体的处理延迟，连接建立延迟越短，服务质量越好。

### 2．连接建立失败的概率

在最大连接建立延迟时间内，连接未能建立的可能性，例如，由于网络拥塞、缺少缓冲区或其他原因造成的失败。

### 3．吞吐率

吞吐率是指在某个时间间隔内测得的每秒钟传输的用户数据的字节数。每个传输方向分别用各自的吞吐率来衡量。

### 4．传输延迟

传输延迟是指从源计算机传输用户发送报文开始到目的计算机传输用户接收到报文为止的时间，每个方向的传输延迟是不同的。

### 5．残余误码率

残余误码率用于测量丢失或乱序的报文数占整个发送的报文数的百分比。理论上残余误码率应为零，实际上它可能是一较小的值。

### 6．安全保护

安全保护是指为传输用户提供了传输层的保护，以防止未经授权的第三方读取或修改数据。

### 7．优先级

优先级是指为传输用户提供用以表明哪些连接更为重要的方法。当发生拥塞事件时，确保高优先级的连接先获得服务。

### 8．恢复功能

恢复功能是指当出现内部问题或拥塞情况下，传输层本身自发终止连接的可能性。

## 6.3 端口和套接字

本节将介绍进程间通信所需要的两个概念，即端口和套接字。端口和套接字概念提供了一种以统一的方式唯一地标识连接以及参与连接的程序和主机的方法，而不管特定的过程 ID。

## 6.3.1 端口

每个进程如果需要与另一个进程通信，它们通过一个或者多个端口将自己与 TCP/IP 协议族对应起来。一个端口是一个 16 位号码，由主机与主机通信的协议所使用，以标识必须把输入的消息传输到哪个更高层协议或者应用程序（进程）。端口类型主要分为以下两种。

### 1. 公用端口

公用端口属于标准服务器，例如，Telnet 使用端口 23。公用端口号在 1～1023 之间。公用端口号通常是奇数，因为早期使用端口概念的系统要求一对奇、偶端口进行双工操作。大多数服务器只需要一个端口。但是也存在一些例外情况，例如 BootP 服务器使用两个端口 67 和 68，而 FTP 服务器也使用两个端口 20 和 21 进行工作。

公用端口受 Internet 号码分配权威机构（Internet Assigned Number Authority，IANA）控制，并由它分配，并且在大多数系统上只能被系统进程或者拥有特权的用户执行的程序所使用。公用端口之所以如此，是为了使客户能够在没有配置信息的情况下找到服务器。

表 6-1 中列出了在传输层中的协议（TCP 和 UDP）使用的一些公用端口号。

表 6-1　常用公用端口

| 端口号 | TCP/IP 协议 | 传输层协议 | 协议说明 |
| --- | --- | --- | --- |
| 7 | Echo | TCP/UDP | 将接收到的 UDP 数据报返回源主机 |
| 9 | Discard | TCP/UDP | 丢弃接收到的任何 UDP 数据报 |
| 11 | Users | TCP/UDP | 活动的用户 |
| 13 | Daytime | TCP/UDP | 返回日期和时间 |
| 15 | Netstat | TCP | 检索有关路由器和连接的信息 |
| 17 | Quote | TCP/UDP | 返回日期的引用 |
| 19 | Chargen | TCP/UDP | 返回字符串 |
| 20 | FTP（数据） | TCP | 文件传输协议（数据） |
| 21 | FTP（控制） | TCP | 文件传输协议（控制） |
| 23 | Telnet | TCP | 终端网络 |
| 25 | SMTP | TCP | 简单邮件传输协议 |
| 53 | Name Server | TCP/UDP | 域名服务 |
| 67 | BootPs | TCP/UDP | 下载引导程序信息的服务器端口 |
| 68 | BootPc | TCP/UDP | 下载引导程序信息的客户机端口 |
| 69 | TFTP | TCP/UDP | 普通文件传输协议 |
| 79 | Finger | TCP | Finger |
| 80 | HTTP | TCP | 超文本传输协议 |
| 111 | RPC | TCP/UDP | 远程过程调用 |
| 123 | NTP | UDP | 网络时间协议 |
| 161 | SNMP（数据） | UDP | 简单网络管理协议（数据） |
| 162 | SNMP（控制） | UDP | 简单网络管理协议（控制） |
| 520 | RIP | TCP | 路由信息协议 |

### 2. 临时端口

客户不需要公用端口号，因为它们激活与服务器的通信并且它们使用的端口号包含在发往服务器的 UDP 数据报中。每个客户进程都由运行它的主机分配一个端口号，并且在它需要这个进程的期间内一直存在。临时端口号具有大于 1023 的值，通常在 1024~65535 之间。只要<传输协议，IP 地址，端口号>的组合是唯一的，客户就能够使用分配给它的任何号码。

临时端口不受 IANA 控制，并且可以为大多数系统用户开放的常规程序所使用。

为了避免两种不同的应用程序试图使用一台主机上的相同端口号而引起混淆，所以通过编写那些应用以向 TCP/IP 请求一个可用的端口。因为这种端口是动态分配的，应用的一次启动所用的端口可以不同于下一次启动所用的端口。

UDP 和 TCP 都使用相同的端口原则，在最大可能的程序上，相同的端口号用于 UDP 和 TCP 上的相同服务。

> **提示**
>
> 通常，一个服务器要么使用 TCP，要么使用 UDP，但是也有例外情况。例如，域名服务器 DNS 既使用 UDP 端口，又使用 TCP 端口 53。

144

## 6.3.2　套接字

套接字是用于通信协议的几种应用编程接口（Application Programming Interface，API）之一。API 作为一种通用的通信编程接口而设计，首先在 BSD 中推出，虽然还没有得到标准，但是它已经成为一种实际的工业标准。

下面来学习几个术语：

（1）一个套接字是一种特殊的文件句柄，被一个进程用来向操作系统请求网络服务。

（2）一个套接字地址是一个三元组，即<协议，本地地址，本地进程>。

例如，在 TCP/IP 协议族中的<tcp,192.168.0.50,115>

（3）会话是两个进程间的通信链路。

（4）关联是一个五元组，即<协议，本地地址，本地进程，外部地址，外部进程>，它完整地规定了构成一个连接的两个进程。

例如，在 TCP/IP 协议族中的一个有效关联<tcp,192.168.0.50,1500,192.168.0.16.21>

（5）半关联为如下两者之一：<协议，本地地址，本地进程> 或者 <协议，外部地址，外部进程>。

它们分别规定了一个连接的两个部分。

（6）半关联也称为一个套接字或者一个传输地址。也就是说，一个套接字是通信的一个端点，在一个网络中既可以被命名，又可以被编址。

两个进程通过 TCP 套按字进行通信。套接字模型为一个进程提供了与另一个进程的一种全双工字节流连接。应用本身不必关心字节流的管理，这些功能都由 TCP 所提供。

TCP 使用与 UDP 相同的端口原则来提供多路复用。与 UDP 一样，TCP 使用公用端口和临时端口。TCP 连接的每一端都有一个套接字，它由三元组<TCP,IP 地址,端口号>所标识。如果两个进程通过 TCP 通信，它们会有一个逻辑连接，由两个套接字唯一标识，即两个套接字的组合<协议，本地 IP 地址，本地端口，远程 IP 地址，远程端口>。服务器进程能够通过一个端口管理多个会话。

# 6.4 UDP 协议

UDP（User Datagram Protocol，用户数据报协议）是一个简单的面向数据报的传输层协议，即进程的每个输出操作都产生一个 UDP 数据报，并封装成一个待发送的 IP 数据报。UDP 不提供可靠性，它把应用程序传给 IP 层的数据发送出去，但是并不保证它们能到达目的地。

UDP 的简单性使 UDP 不适合于一些应用，但对另一些更复杂的、自身提供面向链接功能的应用却很适合。其他可能使用 UDP 的情况包括转发路由表数据交换、系统信息、网络监控数据等的交换。这些类型的交换不需要流控、应答、重排序或任何 TCP 提供的功能。

## 6.4.1 理解无连接传输协议

无连接协议提供了一种最简单的传输服务，因为它只把从 TCP/IP 应用层中得到的消息简单分组为数据报。从本质上说，数据报就是在更高层的数据上加上题头并把它传给网络层。在网络层上，要把数据报加上 IP 题头并封装后才能利用网络传送。这种方法称为尽量发送，因为它没有内置发送检查和重新传输功能，而这两项功能在无法连接传输协议以下的协议和网络技术中用来提高可靠性。

像 UDP 这样的数据报如此简单和直观的原因是因为 UDP 依靠使用它进行传输的高层协议（例如 TCP）处理面向连接的协议所提供的复杂功能。这对现在的网络来说是一个不错的选择，这样可以节省 TCP 提供各种发送保证和可靠性机制的成本。更大容量就意味着需要更多系统开销，因为会有更多的信息要收集、交换和管理。

也就是说，在一些条件下，UDP 的运行速度要比 TCP 快 40%，因为它几乎不用增加处理工作。实际上，通常在 UDP 序列号中的所有数据报要和发送机上的介质 MTU 大小一致，只有最后的数据报除外，它只要求与最后剩余有效载荷和题头信息大小一致。这就是因为应用层协议在转向 UDP 之前必须对数据报进行分割，虽然分割一般认为是传输层的功能。同样，应用层协议因为在其他发送周期结束时处理自己的重组和错误管理，所以简化了所需的 UDP 服务。

无连接协议处理下面两种任务时也是相同的。

### 1. 消息校验和

虽然无连接协议不追踪传输行为和发送是否完成（这就是尽力发送的意思），但是它们可以包含每个数据报的校验和。这使传输协议很容易地向更高层协议报告发送到目的地的数据报是否与刚发送时一样，而没有必须再进行其他更详细的处理。

### 2. 更高层协议标识

一般来说，所有的 TCP/IP 传输协议在题头中使用两个端口地址域标识具体的应用层或发送主机和接收主机的具体处理方法，这样它们就可以和更高协议之间交换消息。这就是利用更高层 TCP/IP 协议和服务相关的众所周知的端口地址来标识应用层协议的机制。这种机制还在发送方和接收方连接时（即使有多个连接），使用那些协议和服务的应用方法通过交换数据来彼此加以区别。因此，虽然无连接协议内部没有建立、管理和终止连接的方法，它却提供了在应用层实现这些方法的机制。

## 6.4.2 UDP 题头

UDP 位于 IP 层之上，表示一个 UDP 消息在网络中传输时要封装到 IP 数据报中。最后，网络接口层将数据报封装到一个帧中再进行物理传输通道上的传输。封装过程如图 6-3 所示。

在 UDP 传输过程中，IP 层的题头包含源计算机和目的计算机，而 UDP 层的题头包含了源端口号、目的端口号、总长度和校验和，如图 6-4 所示。

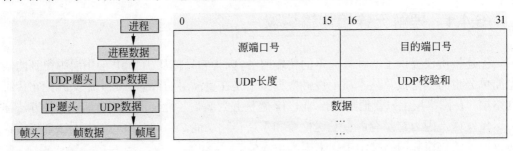

图 6-3　UDP 封装过程　　图 6-4　UDP 题头的 8B 长度

UDP 在 RFC 768 中有详细说明，如图 6-4 所示 UDP 题头只有 4 个域，下面分别介绍这些域的含义。

### 1. 源端口号

源端口号域定义了使用 UDP 传输发送数据包的应用程序和进程。在某些情况下使用临时端口号。端口号有三个范围：公用端口、临时端口和动态端口号。

大多数情况下，不管是在 UDP 还是在 TCP 上的应用程序或进程都使用一个端口号，因为 UDP 和 TCP 分配的端口号相同。但是，在极少情况下，UDP 和 TCP 端口号的服务对象不同——例如，UDP 端口 520 就是很好的例子。UDP 端口 520 分配给路由信息协议，而 TCP 端口 520 分配给扩展文件名称服务进程。访问 http://www.iana.org 可以得到端口号的完整列表和 UDP 与 TCP 题头中用到的端口号。

### 2. 目标端口号

这个域值用来说明使用 IP 和 TCP 题头的目标应用程序和进程。在一些情况下，客户端和服务器端进行的源端口号和目标端口号相同。其他情况下，客户端和服务器端进行（例如 DHCP）的端口号各不相同。还有些情况，连接的客户使用动态端口而服务器端使用公用端口。

### 3．长度

这个域值是从 UDP 题头到有效数据尾端的数据包长度（不包括任何数据链路填充符）。这个值提供了冗余功能，因为它可以从 IP 题头的值中减去 8 个字节的 UDP 题头得到。

### 4．校验和

UDP 校验和域是可选的。如果使用校验和，整个数据报的内容都要进行校验和计算——包括 UDP 题头（除了 UDP 校验和域本身）、数据报有效载荷源于 IP 题头和伪题头。UDP 伪题头其实并不在数据包中，它仅仅用来计算 UDP 题头的校验和，并把 UDP 题头和 IP 题头联系起来。伪题头由 IP 题头源地址域、目标地址域、不常用域（0）、协议域和 UDP 长度域组成，如图 6-5 所示为一个 UDP 的伪题头。

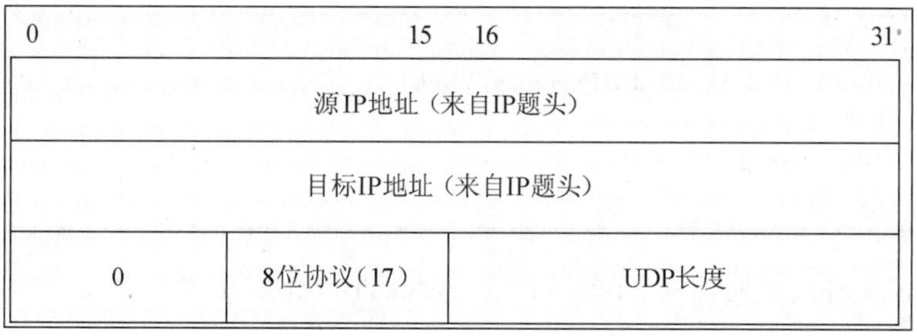

| 0 | 15 | 16 | 31 |
|---|---|---|---|
| 源IP地址（来自IP题头） | | | |
| 目标IP地址（来自IP题头） | | | |
| 0 | 8位协议（17） | | UDP长度 |

图 6-5　UDP 伪题头

## 6.4.3　UDP 端口和进程

不管是 UDP 还是 TCP 都使用端口号来说明源进程和应用程序与目标进程和应用程序。在前面已提到，会话中的端口号和目标端口号不一定相同。主机可能使用动态端口号来发送 DNS 查询。接到 DNS 查询数据包后，主机检查 IP 题头，标识正在使用的传输层协议。然后，接收主机检查目标端口号域，决定怎样处理接收到的数据包。

如图 6-6 所示为如何根据型号、协议号和端口号把数据包多路复用。

默认情况下，在 Windows XP 系统中最多可有 65 534 个（Windows 2000 为 5000）端口号，在%SystemRoot%\System32\drivers\etc 文件夹下的 system 文件中列出了所有的端口号。可以通过修改 MaxUserPort 注册表项来修改此值，以适应主机所支持的端口数，如表 6-2 所示。

Windows XP 和 Windows 2000 中与 UDP 相关的注册表项和设置都非常少，这可以清楚地反映出 UDP 是非常简单的。下节将介绍的 TCP 协议比较复杂，而且有着许多相关的设置和控件。使用 UDP 的标准应用包括：

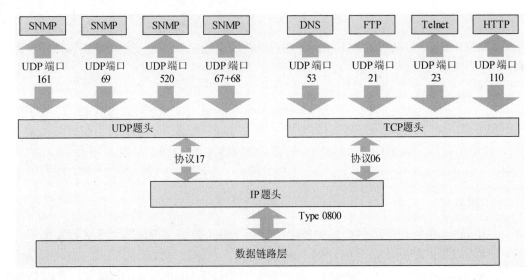

图 6-6 根据端口号把 **TCP** 和 **UDP** 连接转交给适当的应用层协议

表 6-2 **MaxUserPort** 注册表项

| 注册表信息 | 说明 |
| --- | --- |
| 位置 | HKEY_LOCAL_MACHINE\SYSTEM\CurrentControlSet\Services\Tcpip\Parameters |
| 数据类型 | REG_DWORD |
| 取值范围 | 5000~65 534 |
| 默认值 | 65 534 |

（1）简单文件传输协议（Trivial File Transfer Protocol，TFTP）；

（2）域名系统（Domain Name System，DNS）名称服务器；

（3）远程过程调用（Remote Procedure Call，RPC）由网络文件系统（Network File System）使用；

（4）简单网络管理协议（Simple Network Management Protocol，SNMP）；

（5）轻量目录访问协议（Lightweight Directory Access Protocol，LDAP）。

## 6.4.4 UDP 的机制

由于 UDP 是无连接服务，所以传输的每个数据报都和其他所有传输的数据报无关。即使不同的数据报源于相同的源进程，并且都传输到相同的目的进程，它们之间也没有任何关系。用户数据报没有编号，并且没有连接建立或连接终止序列。因此，每个数据报可能都是通过不同的路由传输的，并且接收数据报的顺序可能与发送它们的顺序不同。

UDP 的一个明显的缺点就是使用 UDP 的高层进程不能只向 UDP 软件发送一个数据流，然后通过这个软件把数据分割成一序列相关的数据报。相反，每个数据流必须小到足以适合于单用户数据报。因此，UDP 只适合于发送短信息的进程。

UDP 还是一个极其简单和非常不可靠的协议。在传输数据报以前，UDP 不提供数据编码序列或任何交换缓冲区容量的机制。因此，没有办法控制数据的流量，如果消息超过了目的设备的缓冲区空间，目的设备可能就会被传入的消息淹没。

除了校验和以外，UDP 协议没有其他的错误控制机制。校验和将检测大多数传输错误，但是，没有任何过程来要求重新传送被损坏的数据报。因此，被损坏的数据报将在不通知发送端的情况下被丢弃，而发送端却不知道这个数据报将永远到达不了目的地。如果有一个使用 UDP 的进程需要流量和/或错误控制机制，就必须为它提供进程层协议。

## 6.4.5　UDP 封装和解封装

UDP 数据报本身几乎没有用，因为 UDP 题头中既不包括逻辑（IP）地址也不包括物理（硬件）地址，所以它无法标识源或目的主机。要把一个 UDP 数据报从一台主机上的进程传输到另一台主机的进程，必须在源主机上把这个数据报封装到网络层协议（例如 IP）中，然后在目的主机上解封装。整个封装和解封装的过程如图 6-7 所示。

### 1. UDP 数据报封装

当主机上的一个进程启动一个 UDP 消息时，将发生一个特定的事件序列。这个序列开始于应用进程，然后在这个 UDP 消息变成适合于传输到本地物理网络上的信息，穿过互联网络并最终到达目的主机之前，要经过封装的几个阶段，这个过程如下。

（1）当应用进程将这个消息以及一对套接字地址（IP 地址和端口号）和数据字段的长度传送到 UDP 软件时，封装过程开始。

（2）UDP 软件准备 UDP 题头，然后将它添加到消息中，从而创建一个 UDP 数据报。

（3）将这个数据报和套接字地址一起传递到 IP 软件上。

（4）IP 软件准备它自己的题头，并把它添加到这个消息中，从而将十六进制的 11（十进制的 17）添加到 IP 协议字段中。协议字段表明数据来自 UDP 软件。

（5）将 IP 数据报传送到数据链路层，数据链路层把自己的题头和检错机制添加到这个消息中，创建出一个帧。

（6）数据链路层把这个帧传送至物理层，数据在这里被封装到适当的电信号中，然后传输到本地网络上。例如，如果本地物理网络是以太网，则将 IP 数据报放入以太网帧的信息字段中，并对整个帧进行 Manchester 编码，然后放在传输介质上。

### 2. UDP 数据报解封装

当一个消息到达本地物理网络的目的主机时，也将发生一个特定的事件序列，以确保这个消息被解封装并传输到正确的进程上。这个解封装序列是：

（1）这个序列开始于物理层，电信号在这里被解编码并传送到数据链路层。

（2）数据链层使用题头和检错位检查是否有传输错误。

（3）如果没有检测错误，题头和检错位将被删除，然后将数据报传送给 IP 软件。

（4）IP 软件执行它的检错，如果没有检测到错误，则 IP 题头被删除，并将用户数据报以及套接字地址传送给 UDP 软件。

（5）UDP 软件验证校验和，并测试这个 UDP 数据报中是否有错误。

（6）如果没有检测到错误，则 UDP 题头被删除，并将里程数据以及套接字地址传送到应用进程。

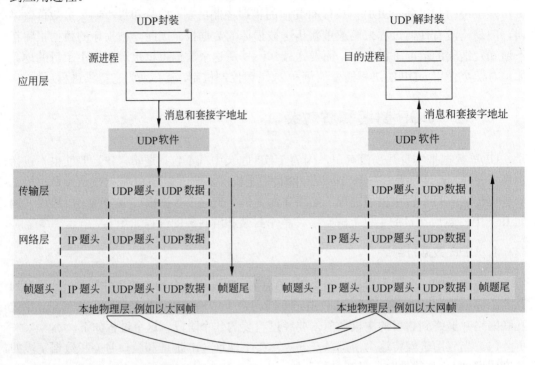

**图 6-7** UDP 封装和解封装

（7）将源主机的套接字地址传送到这个进程，以确保目的主机在必要时响应这个消息。

## 6.5 理解面向连接的协议

面向连接的协议在两个对等端内部网之间直接建立逻辑连接。它通过跟踪数据的传送，并确认和跟踪序列号来确保它成功到达接收方。确认是一种积极响应，表明数据已经到达。面向连接的对等端使用序列号跟踪确定发送的数据量和任何无序数据包。面向连接的协议中有超时机制。它的作用是当主机等待连接的时间太长时就认为是数据丢失。它还有重试机制，用来按一定的重复次数重发丢失的数据。

> **提 示**
>
> TCP 是一种面向连接的协议，依赖到达目的地数据的应用程序使用的是 TCP 而不是 UDP。

面向连接的协议在数据包之间维持着状态信息，应用程序使用这些状态信息来进行额外的会话。这些记住的状态信息使协议能够提供可靠的提交。例如，发送者可以记住什么数据已发送出去了但是还没有被确认，还可以记住它是什么时候发送出去的。如果在一定的时间间隔后还没有接到应答，发送者就重传该数据。接收者可以记住什么数据已经接收到了，而且可以丢弃重复的数据，如果数据包没有按顺序到达，那么接收者都可以先保存它，等待逻辑上先于它的数据包到达。

典型的面向连接的协议包括三个阶段。第一个阶段是双方建立连接；第二个阶段是数据传输阶段，该阶段双方传输数据；最后第三阶段，当双方已经结束了数据传输时，就关闭连接。

一个标准的比喻是，使用面向连接的协议就像打电话，而使用无连接协议就像发送信件。当我们给朋友发信时，每一封信都各自写上地址，都是独立的实体。这些信件由邮局处理，不考虑通信者之间的任何其他信件。邮局不保存以前的通信记录——也就是说，不保存信件之间的状态信息。邮局也不保证我们的信件不会丢失、延时或不按顺序达到。这和无连接协议 UDP 有着非常的相似之处。

现在来看通过打电话给朋友而不是发信时会发生什么事情。我们通过拨朋友的电话号码来发起一个会话，朋友应答并说一些类似"你好"的话，然后我们回答，"你好，我是某某"。我们和朋友聊一会儿，然后双方说再见并挂断电话。这和面向连接的协议很相似，在连接建立期间，发起方联系对方，开始时互致问候，该阶段协商一些会话时需要使用的参数和选项，然后连接就进入到数据传输阶段。

在电话会话期间，双方都知道他是在跟谁说话，所以他没有必要总是说"我要与某某通话"之类的话。在我们每次说话前也不必拨朋友的电话号码——我们的电话已经建立了连接。与之相似的是在面向连接的协议的数据传输阶段，也没有必要指定我们的地址以及对方的地址。这些地址是连接为我们维护的状态信息的一部分。我们只需要发送数据，而不必担心寻址或其他协议上的事情。

和电话会话一样，当连接的每一方结束了数据传输时，它就通知对方。在双方都结束了数据传输时，它们就执行一个顺序的关闭连接。

## 6.6 TCP 协议

TCP（Transmission Control Protocol，传输控制协议）是 TCP/IP 中最具代表性的协议之一，它支持多数据流操作，可以提供可靠的端到端的数据传输，进程通信能力和可靠性，甚至完成对无序到达的报文重新排序。因为 TCP/IP 终端对终端的可靠性与灵活性，所以它是应用程序发送大量数据并要求有可靠传输服务的首选传输方法。

TCP 主机使用握手进程互相建立起一种虚拟连接。在握手进程期间，主机之间交换序号，当数据从一台主机发送到另一台时按序号跟踪这些数据。

TCP 把数据转换成连续的字节流，但是不能识别字节流中的基础消息和消息边界。接收到字节流后，上层应用程序再把字节流解析成消息。

TCP 数据段的最大值为 65 495B，这个值是从总长度中减去 20B 的 IP 题头和 20B 的 TCP 题头得来的。如图 6-8 所示为怎样分割数据和怎样在数据开始部分加上题头，包括 TCP 题头、IP 题头和以太网题头。

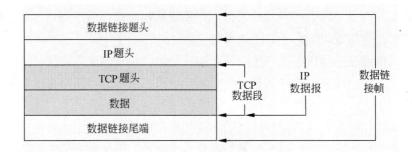

图 6-8 根据协议不同、封装在数据包中的消息有不同的名称

### 6.6.1 TCP 概念

TCP 的 STD 号为 7，被 RFC 793 描述的是一种标准协议。作为被推荐的标准，实际上并非专门用于路由的每个 TCP/IP 实现都将包括 TCP。

TCP 为应用提供了比 UDP 更多的功能，特别是差错恢复、流控制以及可靠性等功能。包括 TCP 是一个面向连接的协议，这与 UDP 不一样，UDP 是无连接协议。大多数应用程序都使用 TCP，像 Telnet 和 FTP 等。两个进程在一个 TCP 连接上互相通信（进程间通信 Inter Process Communication，IPC），如图 6-9 所示，进程 1 和进程 2 在 TCP 连接上通过 IP 数据报通信。

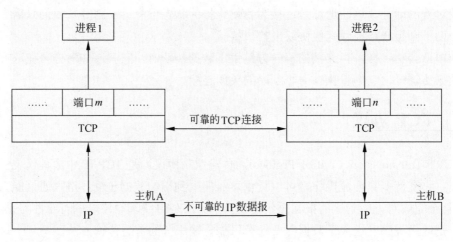

图 6-9 TCP——进程间的连接

正如前面提到的那样，TCP 的主要目的是在进程对之间提供可靠的逻辑链路，即连接服务。它不需要来自底层协议（例如 IP）的可靠性，因此 TCP 必须保证它自己的可靠性。TCP 具有如下为应用提供的功能。

### 1. 流数据传输（Steams Data Transfer）

对于应用程序，TCP 在网络上传输连续性的字节流。应用程序不必为把数据分成基本的数据块或者数据报而担心。为此，TCP 通过以 TCP 分段的形式对数据进行分组，这些分段被传递到 IP，然后传输到目的地。TCP 本身确定了如何对数据进行分段，并且它能够根据是否方便而转发数据。

有时，一个应用需要确信传递到 TCP 的所有数据已经真正地传输到了目的地。为此，定义了一个推（PUSH）标志。它将把仍然在存储器中的所有剩余的 TCP 分段推入目的主机。正常的关闭连接功能也把数据推入目的端。

### 2．可靠性

TCP 为传输的每个字节分配了一个序号，并期望从接收端的 TCP 得到一个肯定的确认（ACK）。如果在一个超时的间隔内没有收到一个 ACK，则数据会被重传。因为数据按块（TCP 报文段）的形式传输，所以只有 TCP 报文段中的每一个数据字节的序列号被发送至目的主机。

当报文无序到达时，接收端 TCP 使用序列号来重排 TCP 报文段，并删除重复发送的报文件段。

### 3．流控

接收端 TCP 在把一个 ACK 发回发送方时，它也向发送方指明除了最后一次接收到的 TCP 段外它能够接收的字节数，从而不会在它的内部缓冲区中出现超出（Overrun）和溢出（Overflow）。在 ACK 中，用它能够接收的不会出错的最大序列号进行发送，这种机制也称为窗口机制（Window Mechanism）。

### 4．多路复用

通过使用端口而实现，与 UDP 类似。

### 5．逻辑连接

上述可靠性和流控机制要求 TCP 初始化每种数据流，并为它们维护某种状态信息。这种状态的合并，包括套接字、序列号和窗口大小，称为一个逻辑连接。每个连接由发送进程和接收进程使用的套接字对所标识。

### 6．全双工

TCP 提供了双向并发数据流机制。

## 6.6.2  TCP 窗口原则

一个简单的传输协议可以使用原则：发送一个报文，然后等待接收方的确认，收到确认后再发出下一个报文。如果在一个特定的时间间隔内没有接收到 ACK，则重传这个报文。整个过程如图 6-10 所示。

虽然这种机制保证了可靠性，但是它只利用了一部分可用的带宽。现在，我们考虑这样一种情况，发送方把要被传输的报文分组，如图 6-11 所示，并遵循如下规则。

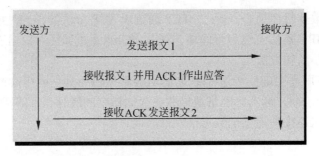

**图 6-10** TCP 窗口原则

（1）在一个时间窗内，发送方能够在没有接收到一个 ACK 的情况下发送所有报文，但是必须为每个报文启动一个超时计时器。

（2）接收方必须确定接收到的每个报文，指示最后一个正确收到的报文的序列号。

（3）发送方在接收到每个 ACK 时滑动窗口。

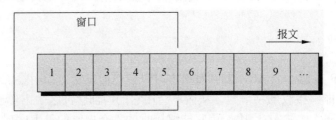

**图 6-11** TCP 消息报文

在这个例子中，发送方能够在不等待任何确认的情况下传输报文 1 到报文 5，如图 6-12 所示。

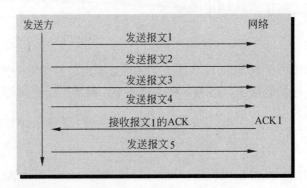

**图 6-12** 新 TCP 窗口原则

在接收方收到 ACK1（报文 1 的确认消息）时，它能够把它的窗口向右滑动一个报文。此时，发送方可能就要发送报文 6。但是，可能会存在一些特殊的情况。

（1）报文 2 丢失。

发送方将不能接收到 ACK2，因此它的窗口将保持在位置 1（如图 6-10 所示）。实际上，因为接收方没有接收到报文 2，它将用 ACK1 来确认报文 3、4 和 5，因为报文 1 是序列中接收到的最后一个。在发送方这边，报文 2 最终会发送一个超时，并且将会重传它。注意，接收方接收到这个报文时会产生 ACK5，因为它现在已经成功地接收到了报文 1～5，而发送方的窗口在接收到这个 ACK5 时将把窗口向右滑动 5 个位置。

（2）报文 2 确实到达接收方，但是确认被丢失了。

发送方没有接收到 ACK2，但是接收到 ACK3。ACK3 是报文 3 之前的所有报文（包含报文 2）的确认，因而发送现在能够把它的窗口滑动到报文 4。

这种窗口机制能有效保证：

（1）可靠的传输。

（2）更好地利用了网络带宽（更大的吞率）。

（3）流控，因为接收方可以用一个确认延迟对一个报文的响应，知道它的空闲缓冲区还可用，以及通信的窗口大小。

上述的窗口原则在 TCP 协议中得到了应用，但是有如下不同。

（1）因为 TCP 提供了一种字节流连接，所以字节流中的每个字节都被分配了一个序列号。TCP 把这个连续的字节流分割成 TCP 报文段来传输。窗口原则在字节级上就用，即，发送的报文段以及接收到的 ACK 将带有字节序列号，并且窗口的大小用字节表示，而不是用报文数表示。

（2）在建立连接时，窗口的大小由接收方确定，并在数据传输期可以发生变化。每个 ACK 消息将包括接收方在特定的时刻准备接收的窗口的大小。

现在，能够把接收方的数据流看作是如图 6-13 所示的形式，其中：

（1）A 表示已经被传输并且已得到确认的字节；

（2）B 表示被发送但是没有得到确认的字节；

（3）C 表示在不用等待任何确认情况下能够被发送的字节；

（4）D 表示还不能被发送的字节。

图 6-13　应用于 TCP 的窗口原则

最后需要注意的是，TCP 将把字节分成报文段，而一个 TCP 报文段只携带这个报文段中第一个字节的序列号。

## 6.6.3　TCP 题头

了解了这么多有关 TCP 的知识，本节我们来学习 TCP 题头，其格式如图 6-14 所示。

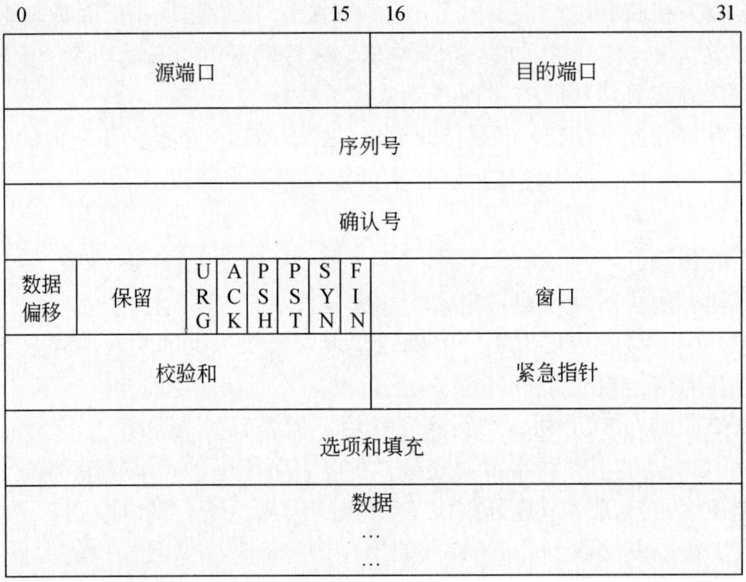

图 6-14　TCP 题头格式

其中各个域的含义如下。

（1）源端口：16 位源端口号，接收方在应答时使用。

（2）目的端口：16 位目的端口号。

（3）序列号：这个分段中第一个数据字节的序号。如果 SYN 控制位是被置位的，则序列号是初始序号（n），而第一个数据字节为 n+1。

（4）数据偏移：TCP 题头中 32 位字的号码，它指明数据从哪里开始。

（5）保留域：保留给将来使用的 6 位，值必须为 0。

（6）URG：指明紧急指针域在这个 TCP 段中是重要的。

（7）ACK：指明确认域在这个 TCP 段中是重要的。

（8）PSH：使用推功能。

（9）RST：重置连接。

（10）FIN：没有更多来自发送方的数据。

（11）窗口：在 ACK 报文中使用，它规定数据字节数，从接收方能够接收的确认号字段中指出的数据字节开始。

（12）校验和：一个 16 位补码，是伪 IP 题头、TCP 题头和 TCP 数据的补码和。在计算校验和时，校验和字段本身被认为是 0。

伪题头与 UDP 用来计算校验和是否相同，它是一个伪 IP 题头，仅仅用于校验和计算，其格式如图 6-15 所示。

（1）紧急指针：指向紧急数据之后的第一个 8 位字节的数据，只有在 URG 控制位时有意义。

（2）选项：与 IP 数据报的选项一样，选项可以是两种情况之一，即包含选项号的单字节或者是如图 6-16 所示的格式中的变长选项。

| 0 | 15 16 | 31 |
| --- | --- | --- |
| 源IP地址（来自IP题头） | | |
| 目标IP地址（来自IP题头） | | |
| 0 | 协议 | TCP长度 |

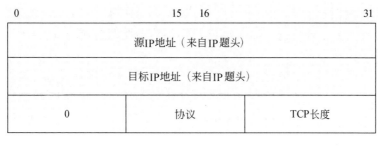

图 6-15 **TCP 伪题头**

| 选项 | 长度 | 选项数据 |
| --- | --- | --- |

图 6-16 **TCP-IP 数据报选项的可变长选项**

（3）填充：为了使 TCP 题头的总长度达到 32 位的倍数，使用全为 0 的字节填充 TCP 题头。

### 1. TCP 选项域

在如图 6-16 所示的可变长选项中，选项域可以为 7 种值之一，如表 6-3 所示。

表 6-3 **TCP-IP 数据报选项**

| 种 类 | 长 度 | 含义 |
| --- | --- | --- |
| 0 | - | 选项列表末尾 |
| 1 | - | 无操作 |
| 2 | 4 | 最大报文段大小 |
| 3 | 3 | 窗口比例 |
| 4 | 2 | 允许选择性确认 |
| 5 | X | 选择性确认 |
| 8 | 10 | 时间戳 |

下面对表 6-3 中列出的选项的含义进行详细说明。

1）最大报文段大小

这个选项只在连接建立时使用（使用 SYN 控制位时），并且从接收数据这一边发出，指明它能够接收的最大报文段长度。如果没有设置这个选项，则使用如图 6-17 所示的细节。

| 2 | 4 | 最大的报文段大小 |
| --- | --- | --- |

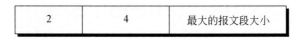

图 6-17 **TCP 最大报文段大小选项**

2）窗口比例

这个选项不是必需的。为了在各自的方向上启用窗口缩放，两者都必须在它们的 SYS 报文段中发送窗口比例选项。窗口缩放扩展了 TCP 窗口为 32 位的定义。它通过在标准 16 位窗口大小上乘以 SYN 报文段中的比例因子来定义 32 位窗口大小。接收方使用 16

位窗口大小和比例因子重建 32 位窗口大小。这个窗口在协议的握手阶段确定，在连接已经建立之后，没有办法改变它，如图 6-18 所示为窗口比例选项。

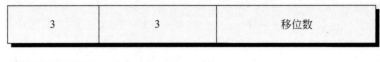

| 3 | 3 | 移位数 |

图 6-18 TCP 窗口比例选项

3）允许选择性确认

当在 TCP 连接中使用了选择性确认时，这个选项被置位。

4）选择性确认

选择性确认（Selective Acknowledge，SACK）允许接收方通知发送方所有报文段都已经成功接收。因此，发送方将只发送真正丢失了的报文段。如果自最后一次 SACK 以来丢失的报文段数量太大，则 SACK 选项将会太大。因此，SACK 选项能够将报告的块数限于 4 个。为了减少这个块数，SACK 选项应该用于最近接收到的选项。

5）时间戳

这个时间戳选项发送一个时间戳值，指示发送这个选项的 TCP 的时间戳时钟的当前值。时间戳响应值只有在 TCP 题头中的 ACK 位被置位时才能使用，如图 6-19 所示。

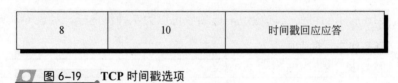

| 8 | 10 | 时间戳回应应答 |

图 6-19 TCP 时间戳选项

### 2. 确认和重传

TCP 以变长报文段的形式发送数据，序号以字节为单位计数。确认信息会规定接收方期望接收的下一个字节的序号。

考虑一个报文段丢失或者损坏的情况。在这种情况下，接收方用一个指向丢失报文中的第一个字节的确认信息来确认随后收到的正确报文段。发送方在发完窗口中的所有字节后将停止发送。最后，将会发生一个超时，而丢失的报文段将被重发。

如图 6-20 说明了这样一个例子，其中的窗口大小为 1500B，而报文段大小为 500B。现在会发生一个问题，因为发送方确实知道报文段 2 被丢失或者被损坏了，但是不知道有关报文 3 和 4 的任何情况。发送方至少应该重传报文段 2，但是它可能还要重传报文 3 和 4，因为它们在当前窗口内。这时，以下两种情况是可能的：

（1）报文段 3 已经收到了，而不知道报文段 4 的情况。它可能被收到，但是 ACK 还没有收到，也有可能被丢失了。

（2）报文段 3 被丢失了，而在接收到报文段 4 时接收到 ACK1500。

每个 TCP 实现可以根据实现的目的自由地对一个超时做出反应。它可以只重传报文段 2，但是在第 2 种情况下，我们将一直等待到报文段 3 超时为止。在这种情况下，失去了窗口机制的所有吞吐量优势。否则，TCP 可以立即重新发送在当前窗口中的所有报文段。

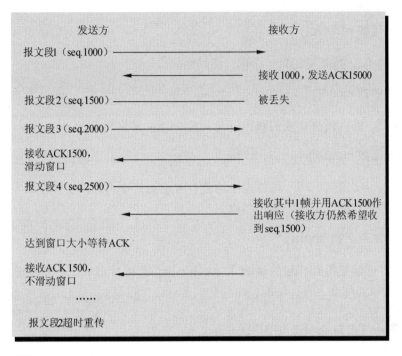

图 6-20　**TCP 确认和重传过程**

其实，不管使用哪一种选择，都会失去最大吞吐量。这是因为 ACK 没有包含指明实际接收到的报文帧的第二个确认序列号。

每个 TCP 应当实现一种算法，使超时值适于报文段的往返时间。为了这么做，TCP 记录发出一个报文段的时间，以及接收到 ACK 的时间。通过计算这些往返时间的加权平均值，把它作为下一个要被发送的报文段的超时值。这是一个重要的特征，因为延时在 IP 网络是不同的，这要取决于多种因素，例如中间慢速网络的负荷或者中间 IP 网关的饱和度。

## 6.6.4　TCP 应用编程接口

TCP 应用编程接口没有完整的定义，只有一些它必须提供的基本函数在 RFC 793 中进行了描述。与 TCP/IP 协议族中的大多数的 RFC 一样，为实现者留下了许多的扩展，从而允许最优（依赖于操作系统）的实现，产生更好的效果（更大的吞吐率）。

在 RFC 中描述了如下几个函数调用。

### 1. 打开函数 OPEN()

建立一个连接要接收几个参数，例如，主动/被动、外部套接字、本地端口号和可选的超时值等。这个函数返回一个本地连接名，在所有其他函数中用来引用这个特定的连接。

### 2. 发送函数 send()

使一个被引用的用户缓冲区中的数据发送到连接上，能够选择性地设置 URG 或者 PSH 标记。

**3．接收函数 receive()**

把输入的 TCP 数据复制到一个用户缓冲区。

**4．关闭函数 close()**

关闭连接，推入所有剩余的数据以及 FIN 标志位置位的 TCP 报文段。

**5．状态函数 status()**

一个依赖于实现的调用，可以返回的值有本地套接字和外部套接字、发送和接收窗口的大小、连接状态以及本地连接名称。

**6．异常结束函数 abort()**

这个函数可以使所有挂起的 send 和 receive 操作都被异常中止，并发送一个 RESET 到外部 TCP。

### 6.6.5　TCP 封装和解封装

TCP 用于进程的封装和解封装过程实际上和 UDP 相同。如图 6-21 所示，给出了一个在源主机上发起被封装到 TCP 段中的 TCP 进程。这个 TCP 段被封装在一个 IP 数据报中，这个 IP 数据报又被封装在一个物理层帧中。除顺序相反以外，解封装过程和封装过程相同。

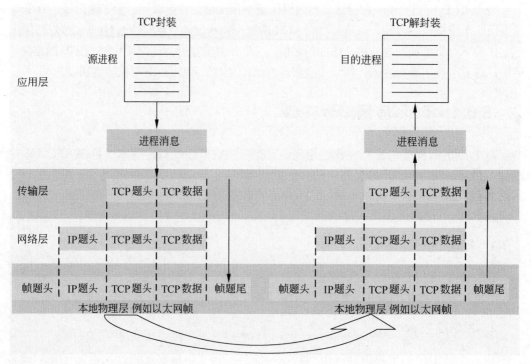

图 6-21　TCP 封装和解封装过程

## 6.7　TCP 连接

TCP 是面向连接的传输协议。因此，在任何一个方向上发送数据段以前，将在源端和目的端之间建立一条虚拟路径。一旦建立了虚拟路径，所有与消息有关的数据段都将通过这条虚拟路径传输。使用单条虚拟路径可以对消息进行确认，并在必要时重传消息。

### 6.7.1　建立 TCP 连接

TCP 能够对数据进行全双工（即同时在两个方向上）交换。因此，每台主机在发送数据之前必须启动通信并收到对方的许可。在两台主机可以相互通信以前，必须采取 4 个步骤。为了简单起见，这里把两台主机称为主机 A 和主机 B。

（1）通过向主机 B 发送一个声明希望建立连接的段，主机 A 启动建立连接。该段包括有关从主机 A 传输到主机 B 的通信量的初始化信息。

（2）主机 B 以一个确认主机 A 建立连接请求的段进行响应。

（3）主机 B 发送一个包含其初始化信息的段，这些信息涉及从主机 B 传输到主机 A 的通信量。步骤（2）和（3）一般组合成一步同时进行。也就是说，主机 B 在确认主机 A 请求的同时发送它自己的请求。

（4）主机 A 发送一个段，以确认主机 B 的请求。

如果将步骤（2）和步骤（3）组合成一个传输，这个连接过程就称为三次握手。当服务器通知它的 TCP 软件它已经做好接受连接的准备时，这个连接就开始了。这称为被动开通请求。这时认为服务器处于"开通"状态，并且准备接受来自任何与 Internet 相连的主机的连接。但是，服务器自己不能建立连接。客户程序必须通过通知它自己的 TCP 软件它希望连接到特定的服务器，来启动主动开通请求。这时，客户机将启动三次握手过程。

建立一个 TCP 连接的三次握手过程如下。

（1）客户机通过发送第一个段启动这个过程，这个段称为 SYN 段，因为会话标记符字段中的 SYN（同步序号）标记已经设置。设置 SYN 标志符的目的是通知服务器同步到客户机的 ISN（初始化序号），这个序号在源序号字段中。ISN 用来对从客户机发送到服务器的信息的后续字节进行编号。SYN 段还包括源和目的端口号。源端口号也许是临时端口号，目的端口号是公用端口号，它清楚地定义客户机要与之通信的服务器上的进程。SYN 段还能够用来建立客户机可以从服务器接收的 MSS（最大报文大小）。此外，如果客户机要求大窗口尺寸，它可以使用适当的选项定义窗口比例。这个 SYN 段中的确认序号是 0，这个段没有定义窗口大小，因为窗口大小在不包含确认号的段中没有意义。

（2）这个三次握手过程中的第二个传输由服务器发送，这个传输将连接建立序列的步骤（2）和（3）组合在一起。这个段称为 SYN 和 ACK，因为会话标记符字段中的 SYN 和 ACK 标记符都已经设置。ACK 标记符和确认号字段一起确认服务器已经同步到客户机的初始化序号，这个序号在源序号字段中。这个段还包含窗口比例选项（如果需要的话）以及服务器可以从客户机接收的 MSS。

（3）这个三次握手过程的第三个也是最后一个传输开始于客户机发送 ACK 段时，其中只设置了会话标志符字段中的 ACK 标志符。客户机还把服务器的源序号加 1，并将这个值放在它的确认序号字段中。

建立 TCP 连接的三次握手过程如图 6-22 所示。通过发送一个 ISN（初始化序号）为 1300、确认号为 0 的 SYN 段，客户机开始这个序列。服务器以一个 SYN 和 ACK 段进行响应，这个段包括初始化的序号 4500 和确认号 1301（它比客户机的源序号大 1）。客户机的 ACK 段中的最后一个段包括序号 1301 和确认号 4501。

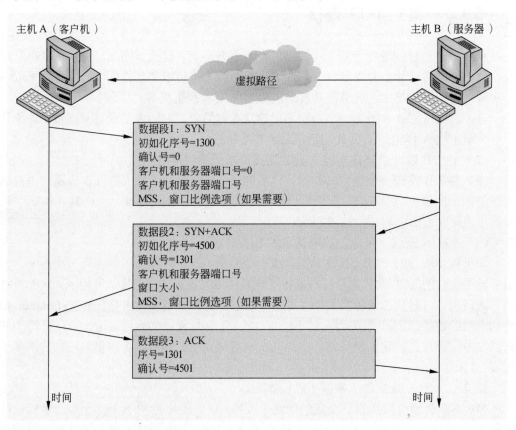

**图 6-22  TCP 三次握手连接**

如图 6-23 所示为使用 TCP 三次握手与服务器建立连接的客户机。客户机发送的第一个段（段 1）和服务器发送的第二个段（段 2）都有一个 24B 的题头（20B 的标准题头加上 4B 的选项）。这两个段中都有最大报文大小选项，它设置的最大限制是 1460B。客户机最初将它的窗口大小设置为 16 348B，但是它在段 3 中发送了一个更新的窗口大小为 17 520。服务器将它的窗口大小设置为 8760B。

这里需要注意每个段中的会话标志符，其中段 1 为 SYN，段 2 为 ACK 和 SYN，段 3 为 ACK。

图 6-24 给出了在每个方向上发送若干数据段的 TCP 会话。帧 1～3 是三步握手，帧 4～12 是客户机和服务器之间交换的数据段和确认。

| | 段1（客户机） | 段2（服务器） | 段3（客户机） |
|---|---|---|---|
| **以太网题头** | | | |
| 目的设备物理地址： | 00-A0-1C-84-51-B0 | 00-55-21-AA-42-DB | 00-A0-1C-84-51-B0 |
| 源设备物理地址： | 00-55-21-AA-42-DB | 00-A0-1C-84-51-B0 | 00-55-21-AA-42-DB |
| 协议： | IP（0800） | IP（0800） | IP（0800） |
| FCS： | AC2D469F(十六进制) | 2BB46348(十六进制) | A8925B2F(十六进制) |
| **IP题头** | | | |
| IP版本 | 4 | 4 | 4 |
| 题头长度 | 20 | 20 | 20 |
| 数据包长度 | 44 | 44 | 44 |
| ID | 3E2E(十六进制) | D7CF(十六进制) | 3E2F(十六进制) |
| 分段字段 | | | |
| 不能分段 | 1=true | 1=true | 1=true |
| 更多段 | 0=false | 0=false | 0=false |
| 分段偏移量 | 0000000000000 | 0000000000000 | 0000000000000 |
| TTL | 124 | 115 | 122 |
| 协议 | TCP(6) | TCP(6) | TCP(6) |
| 题头校验和 | A4BD(十六进制) | 5820(十六进制) | A4C4 |
| 源IP地址 | 192.168.0.50 | 202.102.224.68 | 192.168.0.50 |
| 目的IP地址 | 202.102.224.68 | 192.168.0.50 | 202.102.224.68 |
| **TCP题头** | | | |
| 源端口号 | 1025（21点） | FTP（21） | 1025（21点） |
| 目的端口号 | FTP（21） | 1025（21点） | FTP（21） |
| 序号 | 1379437769 | 2165615844 | 1379437769 |
| 确认号 | 0 | 1379437769 | 2165615844 |
| 数据偏移值 | 24 | 24 | 20 |
| 会话标记符 | 02（十六进制） | 12（十六进制） | 10（十六进制） |
| URG标记 | ..0..... False | ..0..... False | ..0..... False |
| ACK标记 | ...0.... False | ...1.... True | ...1.... True |
| PSH标记 | ....0.. False | ....0.. False | ....0.. False |
| RST标记 | .....0.. False | .....0.. False | .....0.. False |
| SYN标记 | ......1. True | ......1. True | ......0. False |
| FIN标记 | .......0 False | .......0 False | .......0 False |
| 窗口大小 | 16348 | 8760 | 17520 |
| 校验和 | 44F4(十六进制) | 49BF(十六进制) | 3F44(十六进制) |
| 紧急指针 | 00000000 | 00000000 | 00000000 |
| 选项类型2 | | | |
| MSS | 1460 | 1460 | 无选项 |

**图 6-23　TCP 三次握手示例**

| 帧号 | 主机 | 源端口号 | 目的端口号 | 源序号 | 确认号 | 数据段中的数据字节 | 消息中的数据字节 |
|---|---|---|---|---|---|---|---|
| 1 | C | 2513 | 80 | 246603657 | 0 | 0 | |
| 2 | S | 80 | 2513 | 692377068 | 246603658 | 0 | |
| 3 | C | 2513 | 80 | 246603658 | 692377069 | 0 | |
| 4 | S | 80 | 2513 | 692377069 | 246603658 | 400 | 总共400 |
| 5 | S | 80 | 2513 | 692377069 | 246603658 | 346 | 总共746 |
| 6 | C | 2513 | 80 | 246603658 | 692377815 | 0 | |
| 7 | S | 80 | 2513 | 692377815 | 246603659 | 1460 | 总共1460 |
| 8 | S | 80 | 2513 | 692379275 | 246603659 | 1460 | 总共2920 |
| 9 | C | 2513 | 80 | 246603659 | 692380735 | 0 | |
| 10 | S | 80 | 2513 | 692380735 | 246603660 | 1460 | 总共1460 |
| 11 | C | 2513 | 80 | 246603660 | 692382195 | 0 | |
| 12 | S | 80 | 2513 | 692382195 | 246603661 | ? | |

（注：S=服务器、C=客户机，帧1~3为3次TCP连接握手）

**图 6-24　客户机和服务器会话示例**

### 6.7.2　终止 TCP 连接

客户机或服务器都可以启动 TCP 连接的终止（关闭）。但是，终止一个方向上的连接不会自动关闭另一个方向上的连接。因此，可以在一个方向上关闭连接，而数据传输仍然可以在另一个方向上继续进行。

终止两台主机之间的 TCP 连接必须采取 4 个步骤。同样，为了简单起见，我们把这两台主机称为主机 A 和主机 B。

（1）主机 A 通过向主机 B 发送一个请求终止连接的段，开始这个终止过程。

（2）主机 B 发送一个确认主机终止请求的段，主机 A 和主机 B 之间的连接关闭。但是，主机 B 和主机 A 之间的连接仍然开通，主机 B 可以继续向主机 A 发送数据段。

（3）一旦主机 B 发送完数据段，它将向主机 A 发送一个表明希望关闭这个连接的段。

（4）主机 A 确认主机 B 的终止请求，这时连接关闭。

由于不能像在连接建立时那样把步骤（2）和步骤（3）组合在一起，所以终止两个方向上的连接需要 4 个步骤。因此，在此处描述的这个过程称为四次所到。但是，步骤（2）和步骤（3）未必同时发生，因为连接可以在一个方向处于关闭状态，而在另一个方向上处于连接状态。如果两个方向同时被终止，这种情况很有可能发生，那么就将这种情况称为三次断开连接。

终止连接的四次握手一般由客户机启动。这个过程开始于客户进程通知它的 TCP 软件它已经完成了数据传输并且希望终止连接。这称为主动关闭请求。但是，服务器和客户机之间的连接仍然保持开通，当在服务器的 TCP 软件上运行的进程完成向客户机的数据传输任务时，它将请求 TCP 软件关闭服务器到客户机方向上的连接，这称为被动关闭。

终止 TCP 连接的四次握手过程如下。

（1）客户机通过发送第一段启动终止序列，这个段称为 FIN 段，因为会话标志符字段中的 FIN 标记已经设置。设置 FIN 标记的目的是通知服务器，客户机希望终止客户机到服务器方向上的 TCP 会话。

（2）服务器中的 TCP 软件发送这个序列号中的第二段，确认收到了客户机发送的 FIN 段。这个段中的确认号仅仅是收到的 FIN 段中的序号加 1。这实际上关闭的是客户机到服务器方向上的连接。

（3）如果服务器中的 TCP 软件仍然有数据段要发送，它可以继续在服务器到客户机的方向上发送。在服务器发送完它的所有数据段以后，它将发送这个序列中的第三个段，它也称为 FIN 段。从服务器发往客户机的 FIN 段是一个终止服务器到客户机方向上的 TCP 会话的请求。

（4）这 4 步中最后一个段从客户 TCP 软件发到服务器 TCP 软件的 ACK 段，它确认收到了 FIN 段。这个 ACK 段中的确认号是从服务器收到的序号加 1。这时，两个方向上的连接都会终止。

这个终止 TCP 连接的四次握手过程如图 6-25 所示。客户机通过发送一个 ACK+FIN 段开始这个序列。这个段的序号是 3000，确认号等于客户机向服务器发送的最后一个确认号。服务器以一个 ACK 段进行响应，这个段的序号是 5000，确认号是 3001（比客户机的源序号大 1）；第 3 个段是服务器的 FIN 段，它的源序号是 5001，确认号仍然是 3001。
序列中最后一个段是客户机的 ACK 段，它包括的序号是 3001，确认号是 5002。

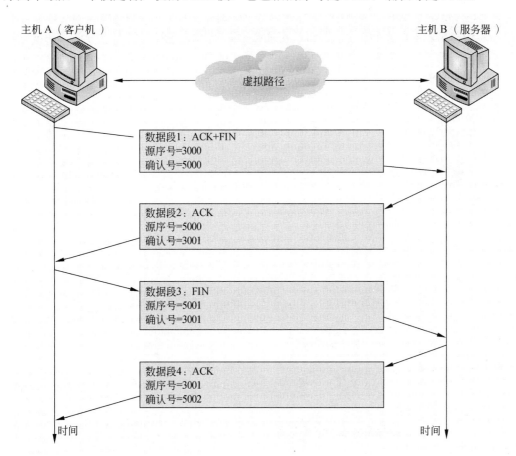

图 6-25　TCP 四次终止连接

# 6.8 TCP 错误控制机制

TCP 是 TCP/IP 协议族中唯一可靠的传输层协议。因此，当一个进程向 TCP 软件传
送数据流时，我们希望软件将整个消息正确、无误地传送给在目的主机上运行的进程，
并且这消息的任何部分都没有丢失或重复。

TCP 错误控制包括有损坏数据的段、遗漏段、无序接收的段、丢失段、重复段和重
复接收的丢失确认的机制。TCP 的错误控制还包括检测到错误后的纠错机制。

## 6.8.1　处理损坏段

TCP 使用三个相对简单的项执行检错：检验和、确认和超时。接收端使用校验和损
坏的数据。如果一个段包含损坏的数据，这个段将被丢弃。TCP 使用源序号和确认号确

认收到无损坏段。TCP 不使用消极的确认序列。相反，如果一个段在超时时间到期之前没有被确认，就认为这个段已损坏或丢失。

TCP 为每个发送的段都启动一个定时器。在确认段或者定时器超时以前，计数器将保持打开状态。每个打开的计数器将被定期检查，如果超时时间到期，将认为相应的段已损坏或丢失，将重新发送这个段。

下面将通过一个示例来说明 TCP 如何处理损坏的段，如图 6-26 所示。

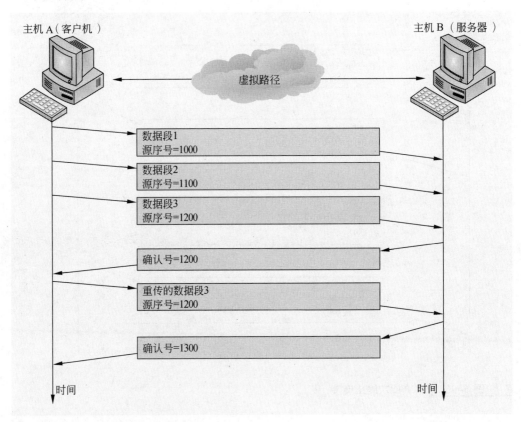

图 6-26  **TCP 处理损坏段**

（1）客户机发送三个段（段 1、2 和 3），每个段包含 100B 的数据，如表 6-4 所示为这三个段的信息。

表 6-4  **TCP 损坏段示例**

| 段 | 段中字节数 | 源序号 | 段中数据范围 |
| --- | --- | --- | --- |
| 1 | 100 | 1000 | 1000～1099 |
| 2 | 100 | 1100 | 1100～1199 |
| 3 | 100 | 100 | 1200～1299 |

（2）服务器无错地接收段 1 和 2。但是接收到的段 3 有损坏的数据。因此，服务器成功发接收到了 1000~1199 的数据字节。

（3）服务器将一个确认号为 1200 的段发回到客户机，说明它接收和接受了 200 个数据字节（1000~1199）。

（4）由于服务器没有确认段 3，所以客户机的定时器到期。同时，客户机认为段 3（1200~1299）要么被损坏要么丢失，因此它重新发送具有相同序号（1200）的段 3。

（5）服务器无错地接收到重新发送的段 3。因此，它以一个包含确认号 1300 的段进行响应，这个确认号确认段 3 字节（1200~1299）。

## 6.8.2 丢失、遗漏和重复段

图 6-27 说明了 TCP 如何处理丢失段。TCP 处理丢失或遗漏段的方法实际上与它处理损坏段的方法相同。目的主机丢弃损坏段，中间结点（如路由器）丢弃丢失段。因此，丢弃的段永远不会到达最终目的。

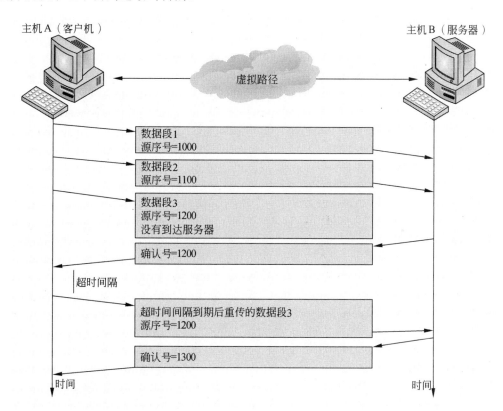

主机 A（客户机）　　　主机 B（服务器）

虚拟路径

数据段1
源序号=1000

数据段2
源序号=1100

数据段3
源序号=1200
没有到达服务器

确认号=1200

超时间隔

超时间间隔到期后重传的数据段3
源序号=1200

确认号=1300

时间　　　　　时间

图 6-27　TCP 处理丢失段

在图 6-27 中，客户机发送段 1、2 和 3。段 1 和 2 到达目的地，但是段 3 永远不会到达服务器。服务器向客户机发回一个 ACK 段，确认接收到了段 1 和段 2（字节1000~1199）。在客户机的超时时间到期以后，它将重新发送段 3，服务器将对这个段进行重新接收和确认。

如果一个 ACK 段没有在超时时间到期之前到达源主机，TCP 将会出现重复段。TCP软件的目的是希望接收连续的数据流。当到达的段具有和前面接收的段相同的序号时，

TCP 软件将丢弃第 2 个（重复）段。

### 6.8.3　无序接收和丢失确认段

　　TCP 使用 IP 将它传输到目的主机。由于 IP 是不可靠的无连接协议，所以每个数据报都被看作是独立的实体。网络和互联网路由器被允许通过它们选择的任何路由协议转发 IP 数据报。一个数据报可能会采用最快捷的路径，而一个数据报可能会采用吞吐量最高的路径。因此，数据报不必按照发送它们的顺序到达目的主机。

　　TCP 利用一个非常简单的方法处理无序接收的段。TCP 根据不确认无序接收的段，除非它接收到这个段之前的所有段。如果源主机在这个段到达目的主机之前超时，它将发送一个重复段，这个段将在接收端被丢弃。

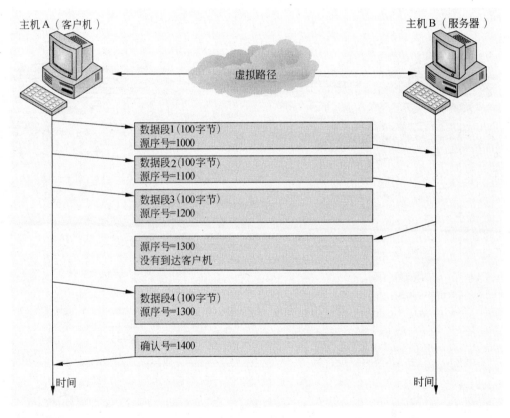

　　🔘　**图 6-28**　TCP 处理丢失确认段

　　图 6-28 说明了 TCP 如何处理丢失确认的段。由于 TCP 错误控制机制的本质，它将不通知或检测丢失确认。TCP 使用的是累积确认系统。因此，一个段中的确认号将确认所有在它的值以内的段（字节），而不管其中一个段是否已经被确认。例如在图 6-28 中，客户机发送了段 1、2 和 3（字节 1000~1299）。服务器发送的确认永远不会到达客户机。随后，客户机发送了段 4（1300~1399），它被服务器接收和确认。当服务器发送确认号 1400 时，它确认的是收到了一直到 1399 的字节，而不管它们是什么时候发送的。

# 思考与练习

## 一、填空题

1.＿＿＿＿＿＿＿主要在通信子网提供的服务基础上，为源计算机和目的计算机之间提供可靠、透明的数据传输。（传输层）

2. 传输层的面向连接服务与网络服务类似，都分为三个阶段：建立连接、＿＿＿＿＿＿＿和释放连接。（数据传输）

3.＿＿＿＿＿＿＿是在某个时间间隔内测得的每秒钟传输的用户数据的字节数。（吞吐率）

4.＿＿＿＿＿＿＿是传输层在两个结点间建立和释放连接所必须遵循的协议。（连接管理）

## 二、选择题

1. TCP 协议是＿＿＿＿＿＿的，而 UDP 协议是＿＿＿＿＿＿的。（A、C）

　　A．面向连接

　　B．传输

　　C．无连接

　　D．网络

2. 下列选项中，RIP 使用的端口为＿＿＿＿＿＿。（A）

　　A．520

　　B．21

　　C．80

　　D．20

3. UDP 题头有多少字节？（C）

　　A．2

　　B．4

　　C．8

　　D．16

4. TCP 的＿＿＿＿＿＿特征使它能够更好地满足可靠发送的要求。（C）

　　A．握手进程

　　B．错误修复

　　C．终端对终端的可靠性

　　D．排序

5. 用来维护两端之间活动连接的 TCP 进程名称为＿＿＿＿＿＿。（D）

　　A．TCP 启动连接

　　B．堵塞控制

　　C．TCP 连接终止

　　D．保持活跃

6. 建立一个 TCP 连接需要＿＿＿＿＿＿步。（B）

　　A．2

　　B．3

　　C．4

　　D．5

## 三、简答题

1. 传输层协议的主要功能是什么？

2. 描述 UDP 相比于 TCP 的优势。

3. 列出并描述 UDP 题头的字段。

4. 描述如何将 UDP 数据报封装和解封装。

5. TCP 的题头中包含哪些字段，其含义是什么？

# 第7章 应 用 层

应用层协议允许用户访问网络，提供了用户接口，并且支持许多服务，如电子邮件、共享的数据库管理、文件访问、文件传输等。这些服务是 TCP/IP 协议族的组成部分。

TCP/IP 应用层协议有很多，每一个协议都有与之相伴的服务，它们的相关文档保存在巨大的 RFC 库里。这里不一一探究，只介绍一些最基本的 TCP/IP 服务。

本章主要介绍应用层协议和服务的基本原理、文件传输协议（FTP）、远程登录（Telnet）、简单邮件传送协议（SMTP）、超文本传输协议（HTTP）、简单网络管理协议（SNMP）等多种基础的 TCP/IP 服务的功能及工作原理。

**本章学习要点：**

- ❏ 应用层的基本职能
- ❏ 万维网协议
- ❏ 文件传输协议
- ❏ 简单邮件传输协议
- ❏ 远程登录
- ❏ 超文本传输协议
- ❏ 简单网络管理协议
- ❏ 动态主机配置协议
- ❏ DNS 网站域名管理系统

## 7.1 认识应用层

应用层位于 TCP/IP 协议族的最高层。在这一层中，网络应用程序和服务通过前文所介绍的 TCP 和 UDP 端口与低层协议进行通信。常见的应用协议包括万维网（World Wide Web，WWW）、文件传输协议（File Transfer Protocol，FTP）、简单邮件传输协议（Simple Mail Transfer Protocol，SMTP）、远程登录（Telnet）、网站域名系统（Domain Name System，DNS）、简单网络管理协议（Simple Network Management Protocol，SNMP）和网络文件系统（Network File System，NFS）等。

Internet 和 TCP/IP 协议族的主要目的是为用户提供必要的服务，以便它们可以在遥远的地方执行各种应用程序。一种方法是为每种服务创建客户/服务器应用软件，但这种方法的效率非常低，而且实现的费用高昂，这是网络管理员最害怕的事情。可靠的流传输协议可以使远程机器通过使用发送信息然后读取响应的击键与服务器交互。

如图 7-1 所示的是应用层协议的常见协议，以及它们在 TCP/IP 协议族中相对于低层协议的位置。

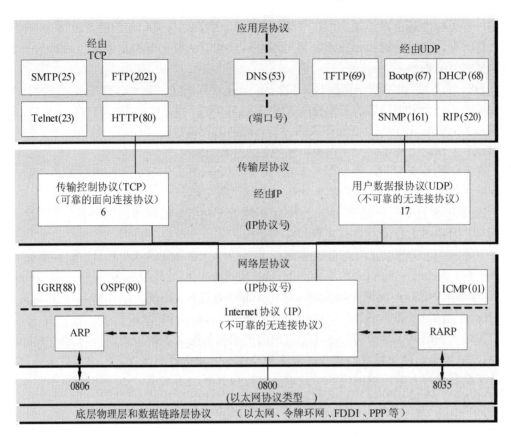

**图 7-1** **TCP/IP 协议栈和应用层协议**

通过图 7-1 可以看到，一些应用层协议通过 TCP 传输，另外一些则通过 UDP 传输。由于 TCP 是可靠的、面向连接的传输层协议，而 UDP 是不可靠的无连接协议，所以通过 TCP 传输的应用层协议通常比通过 UDP 传输的应用层协议可靠。因此，可靠性比较重要的应用，例如 FTP、SMTP 等是通过 TCP 传输的，而可靠性要求不那么重要的，例如变通文件传输协议（TFTP）则是通过 UDP 传输的。

## 7.2  万维网

WWW 是环球信息网（World Wide Web）的缩写，也可以简称为 Web，中文名字为"万维网"。它是一个资料空间。在这个空间中：一样有用的事物，称为一样"资源"；并且由一个全域"统一资源标识符"（URL）标识。这些资源通过超文本传输协议(Hypertext Transfer Protocol）传送给使用者，而后者通过单击链接来获得资源。可以把万维网理解为我们现在所使用的网络，即通过网页浏览器所展现在我们面前的东西。

### 7.2.1  万维网发展史

最早的网络构想可以追溯到遥远的 1980 年蒂姆·伯纳斯·李构建的 ENQUIRE 项目。

这是一个类似维基百科的超文本在线编辑数据库。尽管这与我们使用的万维网大不相同，但是它们有许多相同的核心思想，甚至还包括一些伯纳斯·李的万维网之后的下一个项目语义网中的构想。

1989 年 3 月，伯纳斯－李撰写了《关于信息化管理的建议》一文，文中提及 ENQUIRE 并且描述了一个更加精巧的管理模型。1990 年 11 月 12 日，他和罗伯特·卡里奥（Robert Cailliau）合作提出了一个更加正式的关于万维网的建议。在 1990 年 11 月 13 日他在一台 NeXT 工作站上写了第一个网页以实现他文中的想法。

在那年的圣诞假期，伯纳斯·李制作了要一个网络工作所必须的所有工具：第一个万维网浏览器（同时也是编辑器）和第一个网页服务器。

1991 年 8 月 6 日，他在 alt.hypertext 新闻组上贴了万维网项目简介的文章。这一天也标志着因特网上万维网公共服务的首次亮相。

万维网中至关重要的概念超文本起源于 20 世纪 60 年代的几个项目。譬如泰德·尼尔森（Ted Nelson）的仙那都项目（Project Xanadu）和道格拉斯·英格巴特（Douglas Engelbart）的 NLS。而这两个项目的灵感都来源于万尼瓦尔·布什在其 1945 年的论文《和我们想得一样》中为微缩胶片设计的"记忆延伸"（memex）系统。

蒂姆·伯纳斯·李的另一个才华横溢的突破是将超文本嫁接到因特网上。在他的书《编织网络》中，他解释说他曾一再向这两种技术的使用者们建议它们的结合是可行的，但是却没有任何人响应他的建议，他最后只好自己解决了这个计划。他发明了一个全球网络资源唯一认证的系统：统一资源标识符。

### 7.2.2 万维网基本概念

万维网中有很多重要的概念，这些概念和我们的使用有着密切的联系。本节将挑选一些重要的概念介绍。

#### 1. 网页

网页是网站的基本信息单位，是 WWW 的基本文档。它由文字、图片、动画、声音等多种媒体信息以及链接组成，是用 HTML 编写的，通过链接实现与其他网页或网站的关联和跳转。

#### 2. 网页文件

网页文件是用 HTML 编写的，可在 WWW 上传输，能被浏览器识别显示的文本文件，其扩展名是.htm 和.html。

#### 3. 网站

网站由众多不同内容的网页构成，网页的内容可体现网站的全部功能。通常把进入网站首先看到的网页称为首页或主页（homepage），例如，新浪、网易、搜狐就是国内比较知名的大型门户网站。

### 4．HTTP

HTTP 协议是 WWW 浏览器和 WWW 服务器之间的应用层通信协议。HTTP 协议是用于分布式协作超文本信息系统的、通用的、面向对象的协议。通过扩展命令，它可用于类似的任务，如域名服务或分布式面向对象系统。

HTTP 协议会话过程包括以下 4 个步骤。

（1）建立连接：客户端的浏览器向服务端发出建立连接的请求，服务端给出响应就可以建立连接了。

（2）发送请求：客户端按照协议的要求通过连接向服务端发送自己的请求。

（3）给出应答：服务端按照客户端的要求给出应答，把结果（HTML 文件）返回给客户端。

（4）关闭连接：客户端接到应答后关闭连接。

HTTP 协议是基于 TCP/IP 之上的协议，它不仅保证正确传输超文本文档，还确定传输文档中的哪一部分，以及哪部分内容首先显示（如文本先于图形）等。

### 5．FTP 协议

文件传输协议（FTP）是 Internet 中用于访问远程机器的一个协议，它使用户可以在本地机和远程机之间进行有关文件的操作。FTP 协议允许传输任意文件并且允许文件具有所有权与访问权限。也就是说，通过 FTP 协议，可以与 Internet 上的 FTP 服务器进行文件的上传或下载等动作。

### 6．超文本

超文本是把一些信息根据需要连接起来的信息管理技术，人们可以通过一个文本的链接指针打开另一个相关的文本。只要用鼠标单击文本中通常带下划线的条目，便可获得相关的信息。网页的出色之处在于能够把超链接嵌入到网页中，使用户能够从一个网页站点方便地转移到另一个相关的网页站点。

### 7．超链接

超链接是 WWW 上的一种链接技巧，它是内嵌在文本或图像中的。通过已定义好的关键字和图形，只要单击某个图标或某段文字，就可以自动连上相对应的其他文件。文本超链接在浏览器中通常带下划线，而图像超链接是看不到的。但如果用户的鼠标碰到它，鼠标的指标通常会变成手指状。

### 8．Internet 地址

Internet 地址又称 IP 地址，它能够唯一确定 Internet 上每台计算机、每个用户的位置。Internet 上主机与主机之间要实现通信，每一台主机都必须要有一个地址，而且这个地址应该是唯一的，不允许重复。依靠这个唯一的主机地址，就可以在 Internet 浩瀚的海洋里找到任意一台主机。

### 7.2.3  万维网的组成

万维网是由客户机和服务器组成的，客户机用于向服务器发送请求，而服务器则会响应客户机的请求，并执行相应的动作。本节将向大家介绍万维网的组成。

**1. 客户机**

客户机是一个需要某些东西的程序，而服务器则是提供某些东西的程序。一个客户机可以向许多不同的服务器请求。一个服务器也可以向多个不同的客户机提供服务。通常情况下，一个客户机启动与某个服务器的对话。服务器通常是等待客户机请求的一个自动程序。客户机通常是作为某个用户请求或类似于用户的每个程序提出的请求而运行的。协议是客户机请求服务器和服务器如何应答请求的各种方法的定义。WWW 客户机又可称为浏览器。

通常的环球信息网上的客户机主要包括 IE、Firefox，Safia、Opera、Chrome、搜狗浏览器等。

**2. 服务器**

服务器则负责接收请求，并通过接收到的请求向客户机传送相应的数据包，关于服务器的执行流程如下。

（1）接收请求；

（2）请求的合法性检查，包括安全性屏蔽；

（3）针对请求获取并制作数据，包括 Java 脚本和程序、CGI 脚本和程序、为文件设置适当的 MIME 类型来对数据进行前期处理和后期处理；

（4）审核信息的有效性；

（5）把信息发送给提出请求的客户机。

## 7.3  文件传输协议

文件传输协议（FTP）使得主机间可以共享文件。FTP 使用 TCP 生成一个虚拟连接用于控制信息，然后再生成一个单独的 TCP 连接用于数据传输。控制连接使用类似后面要介绍的 TELNET 协议在主机间交换命令和消息。

### 7.3.1  FTP 概述

FTP（文件传输协议）为通过可靠的面向连接的传输协议传输文件提供了一种方法。FTP 是 TCP/IP 协议族中将文件从一台主机传输到另一台主机的标准软件机制，文件传输也许是联网环境中最常见的执行任务。FTP 软件用于在本地硬盘驱动器和远程服务器之间传输文件。由于服务器是存储和分布 Web 页面的计算机，所以还可以使用 FTP 将 Web 浏览器文件从远程 Web 服务器传输到本地计算机上。从而在显示器上以图形方式显示

Web 信息。利用 FTP，可以上传、下载非常大的文件，并且可以在中继以后再开始时从停止的地方恢复传输，这样就提高了效率、节约了时间。FTP 可以用于基于文本的客户机或使用 GUI（图形用户界面）的客户软件。

### 1．FTP 功能概述

FTP 的主要功能如下：
（1）提供文件的共享；
（2）支持间接使用远程计算机；
（3）使用户不因各类主机文件存储器系统的差异而受影响；
（4）可靠且有效地传输数据。

所以当两个系统使用不同的文件命名约定、使用不同的方法显示文本和数据或者两个系统具有不同的目录结构时，FTP 非常适合在它们之间传输文件。

在使用 FTP 进行数据传输时，它在主机之间建立两条全双工（同时在两个方向上）连接。一条连接用于传输数据，另一条连接用于传输控制信息（即命令和响应）。将数据和控制功能分隔开是 FTP 比其他客户服务器文件传输应用程序更有效的原因所在。FTP 封装在 TCP 中，它使用端口 21 用于传输控制信息，端口 22 用于传输数据信息。如图 7-2 所示为承载了 FTP 的以太网帧，其中，FTP 数据包封装在 TCP 段中，TCP 段封装在 IP 数据包中，IP 数据包则封装在以太网帧中。

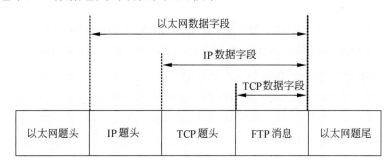

图 7-2　承载了 FTP 的以太网帧

### 2．FTP 基本模型

如图 7-3 所示给出了 FTP 的基本模型。客户机组件包括用户界面、客户控制进程软件、客户数据传输进程软件、文件系统和 FTP 命令集。服务器组件包括服务器控制进程软件和服务器数据传输进程软件。控制连接在这两台计算机中的控制进程软件之间，数据连接在这两台计算机中的数据进程软件之间。控制连接在整个 FTP 文件传输会话期间保持连接状态，而数据连接则在每次文件传输之前打开，而在文件传输完成以后关闭。每当使用与传输文件有关的命令时，数据连接打开，在文件传输完成以后即关闭。因此，当用户开始 FTP 会话时，控制连接打开并保持连通状态，而数据连接对每次文件传输都打开和关闭。

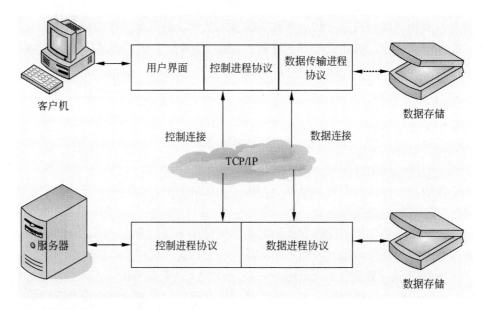

**图 7-3　FTP 基本模型**

## 7.3.2　FTP 连接

FTP 连接有数据传输和控制两种类型，它们使用不同的策略，并且连接到不同的端口。文件只通过数据连接传输，因为控制连接只用于传输命令和描述要执行的功能。

### 1. FTP 连接

建立 FTP 控制连接需要两个步骤，首先，控制连接以通常的客户服务器方式建立。服务器以被动方式打开 FTP 的端口 21，等待客户的连接。其次，客户以主动方式打开 TCP 端口 21，来建立连接。控制连接始终等待客户与服务器之间的通信。该连接将命令从客户传给服务器，并传回服务器的应答。由于命令通常是由用户输入的，所以 IP 对控制连接的服务类型就是"最大限度地减小迟延"。

在服务器上，数据连接使用端口 20。建立数据连接需要三个步骤，首先客户机使用临时端口发出被动打开，从而启动连接。客户机启动这个过程的原因在于客户机发出了传输文件所需要的命令。其次，客户机将临时端口号发送到使用 PORT 命令的服务器。最后，在服务器收到这个临时端口以后，它将使用端口 20 和客户机提供的临时端口号发出主动打开。在建立了初始数据传输连接以后，服务器进程将创建一个子进程，为使用临时端口的客户机提供服务的任务将分配给它。

控制信道通信通过交换命令和响应，FTP 使用 NVT（网络虚拟终端）ASCII 字符集通过控制连接进行通信。FTP 客户机发送命令，FTP 服务器发送响应。对于 FTP 来说，ASCII 字符被定义为 8 位扩展 ASCII 码集的下半部分，其中最高有效位是 0。ASCII 足够用于控制连接，因为命令和响应每次只发送一个。由于每个命令或响应都只由一个短消息组成，所以无需担心文件格式和结构。每个消息都以一个两字符的令牌结束序列结束，这个序列只是一个后跟换行字符的回车符。

由于数据连接用于在客户机和服务器之间传输数据文件而非控制信息，所以和控制连接相比，数据连接具有不同的目的，并且使用不同的实现方式。在传输文件以前，客户机必须指定它打算传输的文件类型、文件中数据的结构以及使用的传输模式。

### 2. FTP 传输类型

可以利用 FTP 传输的文件有三种类型：ASCII、EBCDIC 和图像，下面分别介绍。

1）ASCII 文件

ASCII 文件默认以 NVT ASCII 形式传输。这要求发送方将本地文本文件转换为 NVT ASCII 码，而接收方将 NVT ASCII 码再还原为本地文本文件。用 NVT ASVCII 码传输的每一行都以一个回车和一个换行结束。

2）EBCDIC 文件

如果两台主机在内部都使用 EBCDIC 码，那么就可以使用 EBCDIC 码直接传输文件。

3）图像文件

图像文件是传输连续位流的默认格式，位流在传输时将打包在 8 位字节中。因此，目的端必须将数据作为连续位存储。传输图像文件不需要使用任何类型的代码转换。图像文件类型主要用于二进制文件的有效存储和检索。

**提示**

　　FTP 能够使用文件、记录或页三种结构的任一种传输数据。其中，文件结构没有内部结构，数据是作为连续的数据字节流传输的；记录结构是将文件划分成连续的记录，但只能用于文本文件；页结构将文件划分成独立的带索引页，每一页都有一个编号和题头。设计页结构的目的是传输不连续的文件，所以可以对页进行随机或顺序存储或访问。

### 3. FTP 传输模式

FTP 有流、块和压缩三种传输模式用于定义如何通过数据连接在 FTP 软件和 TCP 软件之间传输数据。下面对这三种传输模式分别进行介绍。

1）流模式

利用流模式，数据将作为连续的字节流（即文件结构）从 FTP 软件传输到 TCP 软件。TCP 软件将数据流划分成称为段的数据组。因此，由于关闭数据连接即可结束文件，所以不需要文件结束序列。如果将记录结构用于传输数据，那么数据将被分成记录，每个记录都以 1B 的 EOR（记录结束）字符结束，文件以 EOF（文件结束）字符结束。

EOR 和 EOF 由两个字节的控制代码表示。控制代码的第一个字节是全 1，这是一个逃逸（ESC）字符。如果第二个字符是 EOR，它将具有低阶位设置（00000001），如果第二个字符是 EOF，它将具有另一个低阶位设置（00000010）。

2）块模式

利用块传输模式，数据将以称为块的数据组在 FTP 软件和 TCP 软件之间传输。每个块都以 3 个题头字节开始。这个题头中的第一个字节称为块描述符代码。如表 7-1 所示列出了 FTP 描述符代码。

**表 7-1　FTP 描述符代码**

| 二进制值 | 十进制值 | 代码说明 |
| --- | --- | --- |
| 00010000 | 16 | 数据块是重启动标记符 |
| 00100000 | 32 | 数据块中有可疑错误 |
| 01000000 | 64 | 文件结束块 |
| 10000000 | 128 | 记录结块 |

如果描述符是 EOF，就说明这是文件中的最后一块；如果描述符是 EOR，就说明这是记录中的最后一块。可疑数据代码表明正在传输的数据可能有错误，并且是不可靠的。重启动标记符代码防止用户遭受重大系统故障的影响，其中包括主机、FTP 进程或底层网络的故障。

题头的最后两个字节是记数字段，它以字节为单位说明数据块的总长度，从而标明下一个块的开始。最大块尺寸是 65 535。

3）压缩模式

如果文件过长，就可以使用压缩传输模式。压缩方法一般是运行长度编码方法。利用运行长度编码方法，如果一个数据单元（如空格字符）连续出现两次或多次，这个单元将被删除，而用一个具体值和一个表明重复次数的重复或填充符字符字节代替。

对于 NVT ASCII 码，120 有效字符的最高有效位都是 0。因此，当最高有效位中出现逻辑 1 这个无效 NVT ASCII 字符时，就可以很容易地检测到使用的是运行长度编码方法。和块模式一样，压缩传输模式在表示文件结束时不关闭连接。因此，使用块或压缩传输模式可以将数据连接用于多个文件传输。

## 7.3.3　常见 FTP 命令

在使用 FTP 时，可以根据不同的需要使用不同的命令来执行操作。本节将向读者介绍一些常用的 FTP 命令。

### 1．连接到远程主机

为了执行文件传输，用户必须首先登录到远程主机上。这是处理安全性的主要方法。用户必须有远程主机的用户 ID 和密码，否则使用匿名 FTP，匿名 FTP（关于匿名 FTP 的内容将在有关章节介绍）。其使用的命令如下。

（1）Open：选择远程主机，并启动登录会话。

（2）User：标识远程用户 ID。

（3）Pass：认证用户。

（4）Site：把信息发送到专门为远程主机提供服务的外部主机。

### 2．选择目录

建立控制链路后，用户能够使用 cd（Change Directory，改变目录）子命令选择一个远程目录。显然，用户只能访问远程用户 ID 有合适权限的目录。用户可以用 lcd（Local Change Directory，改变本地目录）命令选择一个本地目录。这些命令的语法信赖于操作系统。

### 3．列出可用于传输的文件

使用 dir 或者 ls 子命令执行这个任务。

### 4．定义传输模式

在不相同的系统间传输数据时，传输过程通常会要求数据转换。传输模式需要使用以下两个子命令来控制。

1）Model

规定是否把文件看成具有字节流格式的记录结构。其中，块表示保留文件的逻辑记录边界。流表示把文件看成一个字节流。这是默认结构，并提供了更加有效的传输，但是操作基于记录的系统时，不可能产生预期的效果。

2）Type

规定数据使用的字符集。其中，ASCII 指明两台主机都是基于 ASCII 的，否则，如果一个基于 ASCII 而另一个基于 EBCDIC，则必须执行 ASCII-EBCDIC 转换。EBCDIC 指明两台主机都使用 EBCDIC 数据表示。图像指明数据被看成以 8 位字节包装的连续位。

### 5．传输文件

在客户和服务器间拷贝文件可以使用如下命令。
（1）Get：将文件从远程主机上拷贝到本地主机上。
（2）Mget：将多个文件从远程主机上拷贝到本地主机上。
（3）Put：将文件从本地主机上拷贝到远程主机上。
（4）Mput：将多个文件从本地主机上拷贝到远程主机上。

### 6．使用被动模式

被动模式反转了数据传输的建立方向。远程主机上 FTP 服务器选择一个端口，并在客户连接到远程主机上的服务时，通知 FTP 客户程序使用哪个端口。因为被动模式允许 FTP 服务器为连接建立一个临时端口（Ephemeral Port），所以不必把一个服务侦听器放在一个固定的端口。此外，从同一端口（客户端）启动控制连接和数据连接使得配置防火墙的过滤规则更为容易。因此，这种模式也称为防火墙友好（Firewall-Friendly）的模式。

### 7．使用代理传输

代理传输允许具有慢速连接的客户使用两个远程服务器间的第三方传输。客户向与它们相联服务器发出 proxy open 命令，然后那个服务器打开与另一个服务器的 FTP 连接。例如，客户 A 想要下载服务 B 中的一个文件，但是连接的速度很慢，在这种情况下，客户 A 首先可以连接到服务器 C，然后发出 proxy open server_B 命令以登录到服务器 B。

客户 A 发出 proxy get filename 命令将文件从服务器 B 传输到服务器 C。

### 8．终止传输的会话

用于结束 FTP 会话的命令如下。

（1）Quit：断开与远程主机的连接，并终止 FTP。某些实现使用 BYE 子命令。

（2）Close：断开与远程主机的连接，但是 FTP 客户继续运行。要使用一个新主机，可以发送一个 open 命令。

关于 FTP 协议命令的完整列表，可参考 RFC 959 或者使用工具的帮助文件。如图 7-4 所示为 Windows XP 中 FTP 命令的列表，可以通过 help 或？将命令列表显示出来。

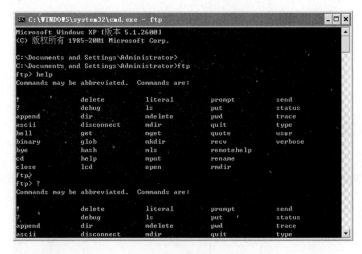

图 7-4　Windows XP 中 FTP 命令的列表

## 7.4　简单邮件传输协议

电子邮件可能是使用最广泛的 TCP/IP 应用，也是 Internet 提供的最流行的网络服务之一。对于大多数人来讲，电子邮件已经成为了日常生活中不可缺少的一部分。SMTP（简单邮件传输协议）是 TCP/IP 协议族用来支持电子邮件的标准协议。SMTP 使用 TCP 通过端口 25 建立连接和可靠地传输电子邮件消息。

### 7.4.1　SMTP 概述

SMTP（简单邮件传输协议）的目的是通过 Internet 在客户机和服务器之间可靠和有效地传输电子邮件 。但是，SMTP 没有规定邮件系统如何接收用户的邮件，或者用户界面如何响应用户显示收到的邮件。SMTP 与传输子系统无关，因为它只需要可靠的有序数据流通道。SMTP 没有规定如何存储邮件以及邮件系统尝试发送邮件消息的频率。SMTP 非常简单，因为客户机和服务器之间的通信是以人类容易阅读的 ASCII 文件的形式发生的。

SMTP 最重要的特性之一是它能够通过几乎任何传输服务环境转发电子邮件。传输服务提供 IPCE（进程间通信环境），这可以包括一个网络、几个网络、网络的子网或 Internet。传输系统不是一对一地利用网络进行操作，因为重要的是一个进程可以通过任何共有的 IPCE 直接与另一个进程进行通信。电子邮件只是进程间通信的许多应用之一。重要的是电子邮件能够在不同 IPCE 中的进程之间通信。因此，在两台运行于不同传输系统上的主机之间，可以由这两个系统共有的另一台主机转发电子邮件。

SMTP 是使用电子邮件地址把电子消息可靠和有效地传输给其他用户的系统。SMTP 提供了在两台使用相同类型计算机的主机之间或两台使用不同类型计算机的主机之间交换邮件的方法。SMTP 支持下列类型消息的传输：

（1）发送一个或多个接收端的单一消息。

（2）由文本、语音、视频和图形组成的消息。

（3）发送到位于 Internet 之外的网络上的用户的消息。

SMTP 模型将根据用户邮件请求进行启动，它基于下列特性：

（1）SMTP 发送端与 SMTP 接收端建立双向通道信道。

（2）SMTP 接收端可以是最终目的地或中间目的地。

（3）在响应命令时，SMTP 响应将从 SMTP 接收端发送到 SMTP 发送端。

## 7.4.2　SMTP 工作机制

SMTP 基于端到端传送，SMTP 客户机可以直接联系目的主机的 SMTP 服务器以传送邮件。它将一直传输邮件项目，直到已经成功地将邮件拷贝到接收方的 SMTP。这种机制不同于许多邮件系统中常见的保存和转发原则，在保存和转发原则中，邮件项目在发往目的的途中，可以通过同一个网络中的许多中间主机，并且发送方的成功传输只是表明邮件已经到达了第一个中间跳步。

在实现过程中，通常需要在 TCP/IP SMTP 邮件系统和本地所使用的邮件系统间交换邮件，这些应用称为邮件网关或者邮件网桥。通过邮件网关发送邮件能够改变端到端传送规范，因为 SMTP 仅仅保证传送到邮件网关主机，而不是真正的目的主机，真正的主机位于 TCP/IP 网络的另一端。使用邮件网关时，SMTP 端到端传输是一种主机到网关，网关到主机或网关到网关的传输，SMTP 并不定义网关另一端的行为。

在通过 SMTP 传送的邮件消息中包括以下内容。

（1）一个报文头，其结构在 RFC822 中进行了定义。邮件报文头以一空行结束，也就是在"回车换行"前没有任何内容的一行。然而，在某些实现中并不被支持，可能把一个空行解释为一个结束符。例如，VM 在文件中就不支持 0 长度记录。

（2）内容，空行后的所有内容都是消息，那是包含 ASCII 字符的文本行序列（即值小于十进制 128 的字符）。

在 RFC 821 中定义了一种客户机/服务器协议。通常情况下，客户 SMTP 是启动会话的一方（即发送方 SMTP），而服务器是响应会话请求的一方（即接收方 SMTP）。然而，因为客户 SMTP 通常担当用户邮件程序的服务器，所以把客户作为发送方 SMTP 而把服务器作为接收方 SMTP 通常要更简单一些。

### 1. 邮件报文头格式

RFC 822 包含完整的邮件报文头词法分析。语法采用一种称为增强的 BNF（Backus-NaurForm）的形式。RFC 822 包含一个增强的 BNF 的描述，而许多与 RFC 822 相关的 RFC 也使用这种语法格式。RFC 822 描述了如何把一个邮件报文解析为一种规范表示、展开连续行、删除无意义的空格、删除注释等。这种语法功能强大，但是很难解析。这里给出的是这种语法的基本描述，要深入了解 RFC 邮件程序的工作细节，请参见RFC 822。

简单地说，报文头是一个行列表，形式如下：

字段名：字段值

字段以第一列开始，以空白字符（SPACE 或者 TAB）开始的行是连续行，每行被展开以建立规范表示每个字段的一个单独行。ASCII 引号中包括的字符串表示单标记，其中的特殊字符，如冒号等是没有意义的。许多重要的字段值（如 To 或者 Form 字段值）都是邮箱。这些字段最常用的形式如下：

```
star@cybertang.com
The Star<star@cybertang.com>
```

其中，字符串 The Star 是邮箱所有者的名称。字符串 star@cybertang.com 是被网络协议认可的邮箱地址。可以看出这种编址形式类似于域名系统的概念。事实上，客户SMTP 就是使用域名系统来确定目的邮箱的 IP 地址。表 7-2 中列出了一些常用的邮件报文头字段。

**表 7–2  邮件报文头常用的字段**

| 关键字 | 描述 |
| --- | --- |
| To | 消息的主要接收方 |
| Cc | 消息的附属接收方 |
| From | 发送方身份 |
| reply-to | 接收响应的邮箱，这个字段由发送方填入 |
| return-path | 返回发送方的地址和路由，这个字段最后由传送邮件的传输系统填入 |
| Subject | 消息汇总，通常由用户提供 |

### 2. 邮件交换

如图 7-5 所示为设计 SMTP 所基于的通信模型。作来用户邮件请求的结果，发送方SMTP 建立一个与接收方 SMTP 的双向连接。接收方 SMTP 既可以是最终目的端，也可以是中间主机（邮件网关）。发送方 SMTP 将产生使接收方 SMTP 响应的命令。

## 7.4.3  SMTP 组成

发送方 SMTP 和接收方 SMTP 进程是支持 SMTP 功能的客户机或服务器应用程序。通常情况下是发送方 SMTP 在接收方 SMTP 服务器端口 25 发送一个初始化 SMTP 连接请求。一旦底层 TCP 连接建立起来，接收方 SMTP 就以数字代码 220 响应，表示服务器已经准备好接收 SMTP 命令和消息。客户机就发出一个 HELO 或 EHLO 命令，具体信赖于客户机是使用标准 SMTP 还是扩展 SMTP，更详细的说明可查阅 RFC 1869。

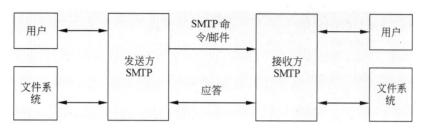

图 7-5　SMTP 通信模型

### 1. 发送方和接收方 SMTP

发送方 SMTP 和接收方 SMTP 是支持在 RFC 821（SMTP）和 RFC 1869（邮件服务扩展）列出的 SMTP 命令的进程。发送方 SMTP 发送邮件命令和邮件消息。接收方 SMTP 发送应答码，表示对发送的代码和消息的响应。

### 2. SMTP 命令

SMTP 将在 MTA（邮件传输代理）客户机和 MTA 服务器之间传输消息时交换命令和响应。所有命令和响应都是字符流，其中每一行都以两字符的令牌结束序列结束，这仅仅是回车和换行字符<CRLF>。命令代码本身是字母数字字符，如果命令包括附加参数的话，代码后面要有一个空格。命令由关键字（命令代码）以及可能的一个或多个参数和令牌结束序列（回车和换行）组成，SMTP 关键字由 4 个大写或小写字母组成，它和参数之间由一个或多个空格字符隔开。如：

> 关键字：参数<CRLF>

尽管 RFC 821 包括了最初的 SMTP 命令集，但是现在此命令集已经被 IANA 扩充了。表 7-3 列出了一个注册于 IANA 的 SMTP 命令。

表 7-3　SMTP 命令

| 关键字 | 描述 | 参考 |
| --- | --- | --- |
| HELO | 启动一个 SMTP 会话 | RFC 821 |
| EHLO | 从支持 SMTP 扩展邮件服务的发送方 SMTP 启动一个 SMTP 会话 | RFC 1869 |
| MAIL | 启动邮件传输，确定发送方 SMTP 的 E-mail 地址 | RFC 821 |
| RCPT | 确定邮件接收者 | RFC 821 |
| DATA | 启动邮件数据传输 | RFC 821 |
| VRFY | 核实接收者是否存在 | RFC 821 |
| RSET | 取消当前邮件事务 | RFC 821 |
| NOOP | 用于测试和服务器的连接 | RFC 821 |
| QUIT | 关闭 SMTP 通信 | RFC 821 |
| SEND | 发送至用户端 | RFC 821 |
| SOML | 发送至用户终端或信箱 | RFC 821 |

| 关键字 | 描述 | 参考 |
|---|---|---|
| SAML | 发送至用户终端或信箱 | RFC 821 |
| EXPN | 扩充邮件列表 | RFC 821 |
| HELP | 提供帮助信息 | RFC 821 |
| TURN | 使操作转向 | RFC 821 |
| 8BITMIME | 使用 8 位数据 | RFC 1652 |
| SIZE | 消息尺寸声明 | RFC 1870 |
| VERB | 冗长的 | Eric Allman |
| ONEX | 仅一个消息事务 | Eric Allman |
| CHUNKING | 成块的 | RFC 1830 |
| BINARYMIME | 使用二进制数据 | RFC 1830 |
| CHECKPOINT | 检查点/重新启动 | RFC 1845 |
| PIPELINING | 命令管道 | RFC 2197 |
| DSN | 发送状态通知 | RFC 1891 |
| ETRN | 扩展的变化 | RFC 1985 |
| ENHANCED- | 增强状态码 | RFC 2034 |
| STARTTLS | 开始 TLS | RFC 2487 |

下面对一些常用的 SMTP 命令进行介绍。

（1）HELO：该命令用于向 SMTP 接收端标识 SMTP 发送端。参数是后跟令牌结束序列（回车和换行）的发送主机的域名。其格式为：

HELO：<发送端的域名><CRLF>

例如，HELO：cybertang.com<CRLF>

其中，<CRLF>表示回车和换行字符，下同。

（2）MAIL：该命令是这个过程的第 1 步，因为它是标识消息的发送端。MAI 通常与 FROM 一起使用，它告诉 SMTP 接收端新的邮件事务将开始，并复位所有的状态表和缓冲区。参数是发送端的电子邮件（E-mail）地址，它包括本地部分和域名。其格式为：

MAIL<空格>FROM：<发送端的电子邮件地址><CRLF>

例如，MAIL FROM：star@cybertang.com<CRLF>

（3）RCPT：该命令是这个过程的第 2 步。客户机使用 RCPT（接收端）命令标识电子邮件的预期接收端，通常与 TO 一起使用。参数是接收端的电子邮件地址。在发送多个接收端时，这个命令对每个接收端都要重复一次。其格式为：

RCPT<空格>TO：<接收端的电子邮件地址><CRLF>

例如，RCPT TO Jacklong@cybertang.com<CRLF>

（4）DATA：该命令用于发送实际的消息以及备注题头，这个题头可能包括 Date（日期）、Subject（主题）、To（发送到）、Cc（抄送）、Form（来自）等。DATA 命令后面的所有行都被认为是邮件消息的一部分，它们可能包含 128 个 ASCII 字符代码中一个代码。消息以只包含一个句点的行结束。命令行的最大长度是 512 个字符，其中包括命令字和 CRLF。其格式为：

```
DATA<CRLF>
<备注题头和实际的邮件消息><CRLF>
```

（5）<CRLF>：如果没有规定数据透明性，字符序列 CRLF.CRLF 将结束邮件文本，并且用户不能发送这个序列。通常情况下，用户不知道这样的"禁止"序列。因此，要允许透明地发送所有用户文本，就需要实现下列过程。

① 发送端在发送一行邮件文本前必须检查一行的第一个字符。如果它是句点，一个附加的句点就将插入到这一行的开始。

② 接收端将检查邮件文本的第一行。如果这一行包含单个句点，那么它一定是邮件消息的结尾。如果第一个字符是句点，而且这一行包含另外的字符，第一个字符将被删除。

③ 所有数据字符都将传输到接收端的邮箱中，包括控制字符和格式控制符。如果传输信道提供的是 8 位数据流，那传输的 7 位 ASCII 码将以一个逻辑 0 对齐高阶位。

（6）QUIT：该命令终止消息，用于关闭 SMTP 连接。QUIT 命令要求接收端返回 OK 应答，然后关闭传输信道。QUIT 命令没有参数，其格式为：

```
QUIT<CRLF>
```

（7）REST：该命令将中止当前的事务并复位连接。存储的所有关于发送端、接收端或邮件数据的信息都被丢弃，所有缓冲区和状态表都被清除。接收端必须以 OK 应答。REST 命令没有参数，其格式为：

```
REST<CRLF>
```

（8）VRFY：客户机使用 VRFY（验证）命令验证接收端的地址。VRFY 命令要求接收端确认参数是否标识用户。如果它是用户名，将返回用户的全名和完全确定的邮箱。电子邮件地址参数，其格式如下：

```
VRFY: <接收端的地址><CRLF>
VRFY: jacklong@cybertang.com<CRLF>
```

（9）NOOP：客户机使用 NOOP（无操作）命令检查接收端的状态。NOOP 命令要求 OK 响应。NOOP 命令可以接受 SMTP 命令，但仅仅做 OK 应答，通常用于测试适用。NOOP 命令没有参数，其格式为：

```
NOOP<CRLF>
```

（10）TURN：该命令允许发送端和接收端交换位置，也就是发送端变成接收端、接收端变成发送端。但是，大多数 SMTP 实现不支持这个命令。TURN 没有参数，其格式为：

```
TURN<CRLF>
```

（11）EXPN：该命令要求接收主机扩充邮件列表并返回列表中接收端邮件地址。用户的全名和完全确定的邮箱将在多行应答中返回。其格式为：

```
EXPN: <x y z><CRLF>
```

（12）HELP：该命令要求接收端返回有关作为参数发送的命令的"帮助"信息。这个命令可以采用参数，参数可以是任何命令名，这个命令将把比较具体的信息作为响应返回。其格式为：

```
HELP: <邮件><CRLF>
```

（13）SEND：该命令通常与 FROM 一起使用，用于指定邮件是否只发送到接收端的终端，而不发送到邮箱。但是，如果接收端没有登录，邮件将被返回。参数是发送端的地址：

```
SEND FROM: <发送端的地址><CRLF>
SEND FROM: star@cybertang.com<CRLF>
```

（14）SMOL：该命令通常与 FROM 一起使用，用于指定在用户活动（打开）时发送到接收端的终端，还是在用户不活动时发送到接收端的邮箱。因此，如果接收端已经登录，邮件将发送到终端，如果接收端没有登录，邮件将发送到邮箱。参数是发送商的地址，其格式如下：

```
SMOL FROM: <发送端的地址><CRLF>
SMOL FROM: jacklong@cybertang.com<CRLF>
```

（15）SMAL：该命令也与 FROM 一起使用，用于指定是否将邮件传送到接收端的终端以及一个或多个邮箱。如果接收端登录，就将邮件传送到终端和邮箱。如果接收端未登录，则只把邮件传送到邮箱。参数是发送端的地址，其格式如下：

```
SMAL FROM: <发送端的地址><CRLF>
SMAL FROM: star@cybertang.com<CRLF>
```

使用 SMTP 命令的顺序有一些限制。会话中的第一个命令必须是 HELO，会话期间的任何时间可以使用 NOOP、HELP、EXPN 和 VRFY，而 MAIL、SEND、SMOL 和 SMAL 命令将开始事务。QUIT 命令必须是会话中的最后一个命令，其他任何时间都不能使用这个命令。

### 3．SMTP 应答码

接收方 SMTP 发送包括 3 位数字应答码的状态应答。表 7-4 列出了 SMTP 支持的应答码。

表 7-4　应答码

| SMTP 应答码 | 描述 |
| --- | --- |
| 211 | 系统状态或系统帮助应答 |
| 214 | 帮助消息 |
| 220 | <domain>服务就绪 |
| 221 | <domain>服务正在关闭传输通道 |
| 250 | 请求动作正确已完成 |
| 251 | 非本地用户，将转发到<forward-path> |

续表

| SMTP 应答码 | 描述 |
| --- | --- |
| 354 | 开始邮件输入,以<CRLF>.<CRLF>结束 |
| 421 | <domain>服务不可用,关闭连接 |
| 450 | 邮箱不存在,请求邮寄动作未执行 |
| 451 | 处理中内部错误,动作取消 |
| 452 | 系统容量不足,动作未执行 |
| 500 | 语法错误,未知命令 |
| 501 | 参数或变量中有语法错误 |
| 502 | 命令未完成 |
| 503 | 错误的命令序列 |
| 554 | 命令参数未完成 |
| 550 | 邮箱不存在,动作未执行 |
| 551 | 非本地用户,请试<forward-path> |
| 552 | 超出分配容量,动作取消 |
| 553 | 非法邮箱名,动作未执行 |
| 554 | 事务失败 |

## 7.5 远程登录

Telnet(远程登录)是一种标准协议,STD 号为 8,这是一种推荐标准,其描述见 RFC 845 以及 RFC 855。

Telnet 协议提供了一种标准接口,通过这个接口,一台主机(Telnet 客户)上的程序能够访问另一台主机(Telnet)上的资源,从而客户就像是与服务器直接相连的一个本地终端一样。

### 7.5.1　Telnet 概述

Telnet 提供一种面向字节的双向通信。最初设计为终端访问提供一种通信方法,它通常在服务器端使用端口 23(这个端口号是可以改变的),在客户端使用动态的端口号。Telnet 在通常情况下被认为是远程终端协议,它可以使计算机完成本地登录或者使用计算机使用本地 Telnet 程序通过 Internet 远程登录到其他计算机上。也许这是它最初的意图,但是现在它可以用于许多其他的目的。一台计算机中的 Telnet 客户程序将使用 Telnet 协议和 TCP/IP 与在另一台计算机上运行的服务器程序建立虚拟连接。Telnet 协议的服务端允许远程用户像直接连接到服务器的终端那样登录和操作,这样,终端就可以执行远程登录,并执行存储在使用 Telnet 服务器程序处理通信需要的服务器上的应用程序。Telnet 服务器可以把从客户机接收的数据传送给包括远程登录服务器在内的其他进程。

Telnet 提供了三种基本服务:它定义了网络虚拟终端;它包括允许客户机和服务器协商选项的机制;它提供了一组标准选项。如图 7-6 所示为 Telnet 客户机和服务器如何实现应用程序。当客户主机请求 Telnet 时,用户机器上的应用程序变成了客户程序。在客户与他希望通信的服务器建立了 TCP 连接以后,客户程序将接收来自用户键盘的击键，并通过 TCP 连接将它们发送到服务器。服务器接受数据，然后通过本地操作系统将它们转发到伪终端。

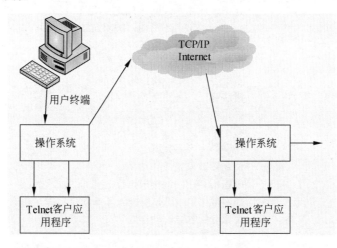

图 7-6 使用 TCP 连接建立 Internet 连接

当 Telnet 主机和另一台主机建立连接之后，它们互相交换关于所支持的选项信息。远程主机称为网络虚拟终端（NVT）或者虚拟普通主机。这些选项使用 DO、DON'T、WILL 和 WON'T 结构来定义它们支持的特征。如图 7-7 所示 Telnet 用 DO、DON'T、WILL 和 WON'T 来协商支持的选项。通常情况下，所有的 Telnet 通信使用服务器端口 23 来交换选项信息和 Telnet 数据。

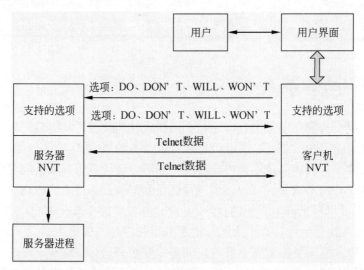

图 7-7 Telnet 用 **DO、DON'T、WILL 和 WON'T** 来协商支持的选项

## 7.5.2 网络虚拟终端 NVT

NVT（网络虚拟终端）有一个打印机或者显示器和一个键盘。键盘产生输出数据，

并通过 Telnet 连接发送数据。打印机接收输入数据。除非通过互相达成一致的选项修改了 NVT 的基本特征外，NVT 还有如下特征：

（1）数据表示是以 8 位字节传输的 7 位 ASCII。

（2）NVT 是一种以线性缓冲模式操作的半双工设备。

（3）NVT 提供了一种本地回应功能。

所有这些特征都可以通过这两台主机协商确定。例如，由于网络负荷较低而网络性能较高，回应功能将是一个优选的特征。

要访问在不同系统上运行的远程计算机，主机必须知道与之连接的计算机的类型，以便安装正确的终端仿真程序。例如，一些系统要求所有的文本行都以回车字符结束，而另外一些系统则要求两个字符的结束序列。Telnet 在解决这个问题时，使用称为 NVT 字符集的通用接口定义如何通过 Internet 发送数据、控制和命令信息。NVT 字符集是一种双向字符集。NVT 被定义为具有响应传入数据的打印机和生成传出数据的键盘。NVT 键盘具有键或键组合以及用于生成所有 128 个 US ASCII 码的序列，即使它们对 NVT 打印机不起作用。

利用 NVT，用户端或客户端的 Telnet 软件就可以将从本地终端接收的数据和命令字符转换成它们相应的 NVT 字符，然后把它们传输到网络上。Telnet 服务器接收 NVT 数据和命令字符，并把它们转换成远程计算机接受的形式，这可以与客户机上使用的字符集相同，也可能不同，在相反的方面上也必须执行类似的字符转换。

NVT 字符集包括两个子集，一个子集用于数据，另一个子集用于控制。NVT 数据字符使用 7 位代码，因为只要求显示设备显示，打印和处理标准的 U.S.ASCII 数据和控制字符，而它们都是 7 位代码。7 位的 NVT 字符将作为 8 位字节发送，每个字符中的最高有效位是 0，但是，只要客户和服务器同意，就可以通过 telnet 选项使用 8 位的扩展 ASCII 码。

所有 NVT 终端都必须理解三个 NVT 控制代码：空（NULL）、换行（LF）和回车（CR）。行结束将作为后跟换行的回车发送。实际的回车将作为后跟 NULL 字符的回车发送，此外还有其他的 NVT 控制代码，如表 7-5 所示列出了 NVT 控制代码。

表 7-5　NVT 控制代码

| 名称 | 助记符 | 十六进制值 | 十进制值 | 功能 |
| --- | --- | --- | --- | --- |
| 空 | NUL | 0 | 0 | 无操作 |
| 换行 | LF | 0A | 10 | 把打印头移到下一个打印行，并且保持水平位置不变 |
| 回车 | CR | 0D | 13 | 把打印头移动到当前打印行的左页边空白处 |
| 警铃 | BEL | 07 | 7 | 产生一个音频或可见信号 |
| 退格 | BS | 08 | 8 | 把打印头退回一格 |
| 水平制表符 | HT | 09 | 9 | 把打印头移动到下一个水平制表符停止位 |
| 垂直制表符 | VT | 0B | 11 | 把打印头移动到下一个垂直制表符停止位 |
| 换页 | FF | 0C | 12 | 把打印头移动到下一页的顶部，并且保持水平位置不变 |

Telnet 协议还规定了几个称为命令的远程控制字符，它们控制客户机和服务器之间

交互的方法和各种细节。命令被合并到据数流中，并且通过将最高有效位置为逻辑 1，与 NVT 数据字符区别开来，命令始终由一个具有十六进制代码 FF（十进制 255）的字符导入，这个字符称为解释命令字符。表 7-6 列出了 Telnet 命令代码。

**表 7-6** Telnet 命令代码

| 名称 | 助记符 | 十六进制值 | 十进制值 | 功能 |
|---|---|---|---|---|
| 文件结束 | EOF | EC | 236 | 标明文件结束 |
| 记录结束 | EOR | EF | 239 | 标明记录结束 |
| 子选项结束 | SE | F0 | 240 | 子选项或子协商参数结束 |
| 无操作 | NOP | F1 | 241 | 除作为时间填充符以外不执行任何功能 |
| 数据标志 | DM | F2 | 242 | 标明数据流内同步事件的位置，DM 应当始终伴随有 TCP 紧急通知 |
| 中断 | BRK | F3 | 243 | 标明按下了中断键和注意键 |
| 中断进程 | IP | F4 | 244 | 暂停、中断或中止 NVT 连接的进程 |
| 中止输出 | AO | F5 | 245 | 允许当前进程完成，但是不向用户发送它的输出 |
| 你在吗 | AYT | F6 | 246 | 将接收到 AYT 的一些可见证据发回 NAT |
| 擦除字符 | EC | F7 | 247 | 接收端应当从数据流中删除最后一个未删除的字符 |
| 擦除行 | EL | F8 | 248 | 接收端应当从数据流删除最后一个未被删除的行 |
| 前进 | GA | F9 | 249 | 在某些情况下，用来告诉另一端它现在可以发送 |
| 子协商开始 | SB | FA | 250 | 批示选项遵循的子协商 |
| Will | WILL | FB | 251 | 标明期望开始执行或确认你正在执行批示的选项 |
| Won't | WONT | FC | 252 | 标明拒绝执行或继续执行批示的选项 |
| Do | DO | FD | 253 | 标明请求另一方执行或者确认你希望另一方执行指示的选项 |
| Do't | DON'T | FE | 254 | 标明需要另一方停止执行或者确认你不再希望另一方执行指示的选项 |
| 翻译为命令 | IAC | FF | 255 | 解释为一条命令 |

## 7.5.3 Telnet 选项

Telnet 选项是具有比普通终端更高级的终端的用户可以使用的参数、约定以及额外的特性和能力。但是，具有不那么高级的终端的用户仍然可以使用 Telnet 的最少特性。Telnet 允许客户和服务器重新配置它们的连接。

Telnet 客户机和服务器通过一个协商的过程对选项达成一致意见。选项可以在使用服务之前或者使用服务期间建立。表 7-7 列出了 Telnet 选项。

**表 7-7** Telnet 选项

| 号码 | 名称 | 声明 | RFC |
|------|------|------|------|
| 0 | 二进制传输 | 标准 | 856 |
| 1 | 回应（Echo） | 标准 | 857 |
| 2 | 重新连接 | 建议 | |
| 3 | 控制前进 | 标准 | 858 |
| 4 | 近似信息大小协商 | 建议 | |
| 5 | 状态 | 标准 | 859 |
| 6 | 时标 | 标准 | 860 |
| 7 | 远程控制的传输和回应 | 建议 | 726 |
| 8 | 输出行宽度 | 建议 | |
| 9 | 输出页大小 | 建议 | |
| 10 | 输出回车配置 | 建议 | 652 |
| 11 | 输出横向制表位 | 建议 | 653 |
| 12 | 输出横向制表符配置 | 建议 | 654 |
| 13 | 输出换页配置 | 建议 | 655 |
| 14 | 输出纵向制表位 | 建议 | 656 |
| 15 | 输出纵向制表位配置 | 建议 | 657 |
| 16 | 输出输出换行配置 | 建议 | 658 |
| 17 | 扩展的 ASCII | 建议 | 698 |
| 18 | 注销 | 建议 | 727 |
| 19 | 字节宏 | 建议 | 735 |
| 20 | 数据项终端 | 建议 | 1043 |
| 21 | SUPDUP | 建议 | 736 |
| 22 | SUPDUP 输出 | 建议 | 749 |
| 23 | 发送位置 | 建议 | 779 |
| 24 | 终端类型 | 建议 | 1091 |
| 25 | 记录结束 | 建议 | 885 |
| 26 | TACACS 用户标识符 | 建议 | 927 |
| 27 | 输出标记 | 建议 | 933 |
| 28 | 终端位置号码 | 建议 | 947 |
| 29 | Telnet 3270 时段 | 建议 | 1041 |
| 30 | X.3 填充符 | 建议 | 1053 |
| 31 | 协商窗口大小 | 建议 | 1073 |
| 32 | 终端速度 | 建议 | 1079 |
| 33 | 远程流控 | 建议 | 1372 |
| 34 | 行模式 | 草案 | 1184 |
| 35 | X 显示位置 | 建议 | 1096 |
| 37 | Telnet 认证选项 | 实验 | 1416 |
| 39 | Telnet 环境选项 | 建议 | 1573 |
| 40 | TN3270 增强 | 建议 | 1647 |
| 41 | Telnet xauth | 实验 | |
| 42 | Telnet 字符集 | 实验 | 2066 |
| 43 | Telnet 远程串行端口 | 实验 | |
| 44 | Telnet COM 端口 | 实验 | 2217 |

表 7-7 中列出了 Telnet 选项，有的选项是推荐状态，有的选项是建议状态。有一个历史版本是选项 36，其定义可见 RFC 1408，现在已经不建议使用了。下面简要介绍几个比较常用的 Telnet 选项。

### 1. 二进制传输（号码 0）

除了 IAC 字符外，二进制传输选项允许接收端将所有数据字符作为 8 位二进制字符接收。在接收 IAC 字符时，后面的字符将被解释为 Telnet 命令。如果连续接收到 IAC 字符，第一个将被丢弃，第二个则被解释为数据。

### 2. 回应（号码 1）

回应选项一般由服务器启用，它允许服务器发回从客户机接收的数据。在使用回应选项时，客户机发送给服务器的每个字符都将发回客户机的屏幕。因此，当用户在客户端按下一个键时，这个字符将发送到服务器，但是在服务器将这个字符发回以前，它并不在客户机的屏幕上显示。回应选项的操作方式和旧的称为回送的检错技术相同。当一个击键显示在用户的屏幕上时，表示服务器已经接收到该字符。

### 3. 状态（号码 5）

利用状态选项，用户或者在客户机上运行的进程可以从服务器获取有关服务器已经启用什么 Telnet 选项的情况。

### 4. 时标（号码 6）

时标选项允许客户机出于同步的目的而请求将计时标志插入返回的数据流中。时标确认以前接收到的所有数据都已经被处理。

### 5. 终端类型（号码 24）

终端类型选项可以让客户机告诉服务器它正在使用的终端类型，如品牌和型号。这允许程序为特定类型的终端自定义它们的输出。

### 6. 记录结束（号码 25）

EOR（记录结束）选项利用一个 EOR 字符结束传输的数据。

### 7. 终端速度（号码 32）

终端速度选项可以让客户机将它的终端速度告诉服务器。

### 8. 行模式（号码 34）

行模式选项允许客户机切换到行模式，使用本地编辑，以及发送完整的行而不是单个字符。

关于 Telnet 选项的启用和禁用，有些选项只能由客户机启用或禁用，有些选项只能由服务器启用或禁止，而还有一些选项客户机和服务器都可以启用或禁用。所有选项都是通过提议或请求启用或禁用的。但是，Telnet 协议规定，对于有些选项，只有客户机有权提议或请求，而对于有些选项，则只有服务器有权提议或请求。

（1）启用提议：客户机或服务器可以提议启用选项，但是只有在协议赋予它这样做的权力时才可以，接收端可以同意或不同意提议。

（2）启用请求：客户机或服务器可以请求另一端启用选项，这个请求可以被接受或拒绝。

（3）禁用提议：客户机或服务器可以提议禁用选项，另一端必须同意这个提议。

（4）禁用请求：客户机或服务器可以请求另一端禁用一个选项，另一端不能拒绝这个提议。

### 7.5.4 操作模式

Telnet 有默认、字符和行三种操作模式，下面分别进行介绍。

#### 1．默认模式

默认模式非常简单。如果没通过选项协商指定其他模式，就认为使用的是默认模式。利用默认的操作模式，客户机将进行回送。用户输入一个字符，客户计算机把这个字符回送到屏幕或打印机，但是在输入一整行文本以前，它并不实际发送这个字符。在把一整行文本发送到服务器以后，客户机在允许用户输入另一行文本以前将等待前进命令。因此，默认的操作模式是半双工的，这不是使用 TCP 连接的有效方法。因为 TCP 能够进行全双工通信。

#### 2．字符模式

利用字符模式，在用户输入每个字符以后，客户机将立即把它发送到服务器，服务器通常把这个字符回送到客户机，这个字符在这里显示在屏幕上或打印机上，利用字符模式，字符可能不会立即回送，这样将产生额外的系统开销，其形式是用户在继续输入字符前要浪费时间等待回送。之所以会产生额外的系统开销，在于用户输入的每个字符在发送前都需要一个三步的 TCP 序列。

#### 3．行模式

利用行模式，编辑是由客户机执行的。在完成编辑以后，客户机将使用单条 TCP 连接把整行发送到服务器。行模式是一个相对较新的模式，它和默认模式非常相似。但是，对于行模式来说，通信是以全双工的方式发生的，客户机一行接一行地发送，而不必等待服务器的前进字符。

## 7.6 超文本传输协议

HTTP（超文本传输协议）是应用层协议，由于其简捷、快速的方式，适用于分布式和合作式超媒体信息系统。自 1990 年起，HTTP 就已经被应用于全球信息服务系统。

## 7.6.1　认识 HTTP 协议

超文本传输协议 (HTTP-Hypertext Transfer Protocol) 是分布式、协作式、超媒体系统应用之间的通信协议，是万维网（world wide web）交换信息的基础。HTTP 是 IETF（Internet Engineering Task Force）制定的国际化标准。在 HTTP 标准制定和实现的过程中，W3C 积极参与了其中的工作，并发挥了重要作用。

### 1．HTTP 的原理

它允许将超文本标记语言(HTML) 文档从 Web 服务器传送到 Web 浏览器。HTML 是一种用于创建文档的标记语言，这些文档包含到相关信息的链接。可以单击一个链接来访问其他文档、图像或多媒体对象，并获得关于链接项的附加信息。

HTTP 工作在 TCP/IP 协议体系中的 TCP 协议上。客户机和服务器必须都支持 HTTP，才能在万维网上发送和接收 HTML 文档并进行交互，如图 7-8 所示。

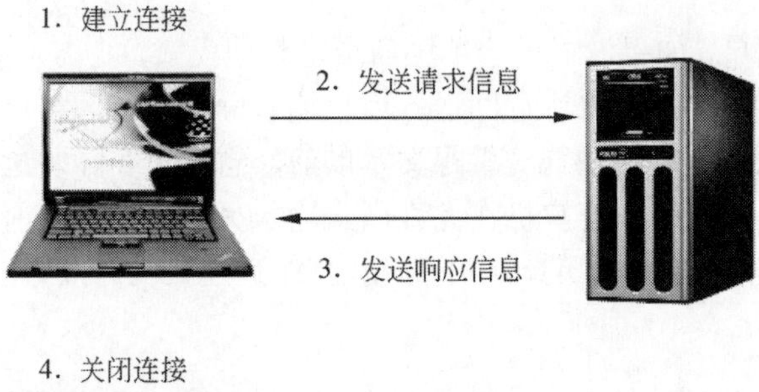

1．建立连接

2．发送请求信息

3．发送响应信息

4．关闭连接

图 7-8　HTTP 交互

现在 WWW 中使用的是 HTTP/1.1，它是由 RFCs(Requests For Comments)在 1990 年6 月制定的。目前交由 IETF(Internet Engineering Task Force) 和 W3C(World Wide Web)负责修改，但最终还是由 RFCs 对外发布。

### 2．HTTP 的特点

HTTP 协议的主要特点可概括如下。

（1）支持客户/服务器模式。

（2）简单快速：客户向服务器请求服务时，只需传送请求方法和路径。请求方法常用的有 GET、HEAD、POST。每种方法规定了客户与服务器联系的类型不同。由于 HTTP 协议简单，使得 HTTP 服务器的程序规模小，因而通信速度很快。如图 7-9 所示的是 HTTP 传输的示意图。

（3）灵活：HTTP 允许传输任意类型的数据对象。正在传输的类型由 Content-Type 加以标记。

（4）无连接：无连接的含义是限制每次连接只处理一个请求。服务器处理完客户的请求，并收到客户的应答后，即断开连接。采用这种方式可以节省传输时间。

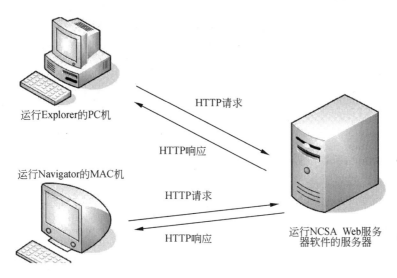

图 7-9 HTTP 传输示意图

（5）无状态：HTTP 协议是无状态协议。无状态是指协议对于事务处理没有记忆能力。缺少状态意味着如果后续处理需要前面的信息，则它必须重传，这样可能导致每次连接传送的数据量增大。

另一方面，在服务器不需要先前信息时它的应答就较快。

## 7.6.2 HTTP 消息模式

由于 HTTP 是无状态协议，所以客户机和服务器之间的事务只能使用 TCP 的服务，TCP 将使用端口 80 提供有保证的消息传输。HTTP 客户机发送包含一个表明客户机需要的方法或命令的 HTTP 请求，并且该请求也包含一个 URI 以指明目标资源，服务器将以响应进行应答。如图 7-10 所示为 HTTP 通信的交互过程。

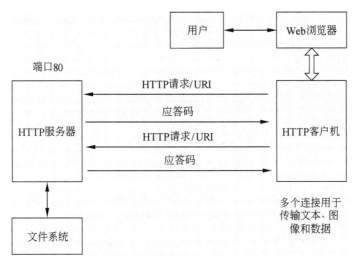

图 7-10 HTTP 通信的交互过程

客户机请求和服务器响应的通用格式实质上相同，它们可能包括下列内容：

（1）用于请求消息的通用开始行和用于响应消息的状态行；

（2）通用题头；

（3）消息题头；

（4）一个空行；

（5）消息主体。

### 1．请求消息的模式

如图 9-11 所示为请求消息的格式，它由请求行和题头组成，有时还会有正文主体。

┌─────────────────┐
│      请求行       │
├─────────────────┤
│     HTTP题头      │
├─────────────────┤
│     一个空行       │
├─────────────────┤
│     消息主体       │
│  （消息中可有可无）  │
└─────────────────┘

**图 7-11** 请求消息的格式

请求行由三个字段组成，它们定义请求的类型、统一资源定位器和正在使用的 HTTP 的版本，最后是回车和换行字字符（CRLF），如图 7-12 所示。

| 请求方法令牌 | 统一资源定位器 | HTTP版本 | 回车/换行 |
|---|---|---|---|

**图 7-12** HTTP 请求行的格式

在 1.1 版本的 HTTP 中定义了几个请求类型，它们将请求消息分成各种称为方法或方法令牌的消息。请求方法是客户机发送到服务器的实际命令或请求。表 7-8 中列出了 HTTP 方法和它们的描述。

**表 7-8** HTTP 方法及描述

| 方法 | 描述 |
|---|---|
| GET | 提取请求中包含的 URL 所标识的信息 |
| HEAD | 提取与目标 URL 相关的信息 |
| POST | 发送数据到 HTTP 服务器（数据应该作为请求中包含的 URL 所标识的源的一个新从属） |
| OPTIONS | 确定与资源相关的选项和要求或者服务器的功能 |
| PUT | 发送数据到 HTTP 服务器（数据应该存储于 POST 请求中指明的 URL） |
| PATCH | 只提供应当在现有文档中实现的不同之处的列表 |
| COPY | 将文档复制到另一个位置 |
| MOVE | 将文档移动到另一个位置 |
| DELETE | 删除 DELETE 请求中 URL 定义的资源 |

续表

| 方法 | 描述 |
|------|------|
| LINK | 创建从文档到另一个位置的链接 |
| UNLINK | 删除用 LINK 方法创建的链接 |
| TRACE | 调用请求消息的远程应用层回送，允许客户机看到是哪一个服务器从客户机接收 |
| OPTION | 请求有关可用选项的信息 |
| CONNECT | 用于连接到一个代理设备并且通过代理到达最终结点 |

下面对表 7-8 中列出的方法进行介绍。

1）GET

当客户机想从服务器检索文档（或者获得文件或资源）时，它将使用 GET 方法。文档的地址定义在 URL（统一资源定位器）中，关于 URL 的内容将在后面进行详细介绍。除非出现了错误，服务器一般都会答复 GET 请求，文档的内容包含在响应消息的主体中。

2）HEAD

当客户机想获得有关文档的信息，但是不实际需要资源时，它将使用 HEAD 方法。除服务器发送的响应消息不包含主体以后，HEAD 请求和 GET 请求相似。

3）POST

POST 方法由客户机用来向服务器提供信息（输入），例如，在服务器上创建新文档、将新消息发布到公告板上。

4）PUT

当客户机想提供新文档或替换现有的文档时，它将发送 PUT 方法。文档包括在请求的主体中，并存储在 URL 指定的位置。

5）PATCH

PATCH 方法类似于 PUT 方法，但有时请求中只包含应当在现在文件中实现的不同之处的列表。

6）COPY

当客户想把文档复制到另一个位置时，它将发送 COPY 方法。

7）MOVE

当客户机想把文档从服务器中的一个位置移动到另一个位置时，它将发送 MOVE 方法。源文档的位置在请求行（URL）中指定，目的地的位置在实体题头中指定。

8）DELETE

DELETE 方法由客户机发送，用来从服务器中删除文档。

9）LINK

LINK 方法由客户机发送，用来创建从文档到另一个位置的链接。文档的位置在请求行（URL）中指定，目的地位置在实体题头中指定。

10）UNLINK

当客户机想删除由 LINK 方法创建的链接时，它将发送 UNLINK 方法。

11）OPTION

当客户机向服务器请求可用选项时，它将发送 OPTION 方法。

12）CONNECT

CONNECT 方法由代理程序来设置隧道。

| 方案 | :// | 主机名 | : | 端口 | / | 路径 | [参数]<br>[? 查询] |
|------|-----|--------|---|------|---|------|----------------------|

图 7-13　URL 的格式

如图 7-13 所示的是 HTTP 的格式示意图。下面的格式是符合 HTTP 方案的 URL 格式：

HTTP: //主机名 [: 端口]/路径 [参数] [查询]

在上面的格式中，括号[ ]内的项是可选的。其中，主机名字符串指定驻留服务程序的计算机的域名或 IP 地址；端口选项是可选的协议端口号，只有在服务器不使用端口 80 时才使用这个项；路径是一个字符串，它定义存储信息的文件的路径名；路径本身包含将目录与子目录和文件分开的斜杠/。查询选项也是一个可选的字符串，浏览器发送问题时将使用它。

2．响应消息的模式

HTTP 的响应消息格式由 4 部分组成，分别是状态行、题头、空行、主体，如图 7-14 所示。

| 状态行 |
|--------|
| 题头 |
| 一个空行 |
| 消息主体<br>（消息中可有可无） |

图 7-14　HTTP 应答消息的格式

其中状态行由三个字段组成，它们定义正在使用的 HTTP 的版本、状态码和状态短语，最后是回车和换行字符（CRLR），如图 7-15 所示。

| 版本 | 状态码 | 状态短语 | 回车/换行 |
|------|--------|----------|-----------|

图 7-15　HTTP 状态行的格式

其中，版本字段指定所用的 HTTP 的版本。状态码字段由三个数字组成。表 7-9 列出了 HTTP 的状态码及定义说明。

**表 7-9　HTTP 的状态码**

| 状态码 | 定义说明 | 状态码 | 定义说明 |
| --- | --- | --- | --- |
| 1xx | 报告类 | 402 | 要求付费` |
| 100 | 继续 | 403 | 禁止 |
| 101 | 关闭协议 | 404 | 未找到 |
| 2xx | 成功类 | 405 | 方法不允许 |
| 200 | 认可，同意 | 406 | 未被接受 |
| 201 | 已建立 | 407 | 要求代理证明 |
| 202 | 已接受 | 408 | 请求超时 |
| 203 | 不可信信息 | 409 | 冲突 |
| 204 | 无内容 | 410 | 离开 |
| 205 | 复位内容 | 411 | 要求长度 |
| 206 | 部分内容 | 412 | 前提失败 |
| 3xx | 重定向类 | 413 | 请求实体太长 |
| 300 | 多重选择 | 414 | 请求 URL 太长 |
| 301` | 永久被移动 | 415 | 不支持的介质类型 |
| 302 | 已找到 | 416 | 请求的范围不满足 |
| 303 | 参见 | 417 | 预期失败 |
| 304 | 未修改 | 5xx | 服务器错误类 |
| 305 | 使用代理 | 500 | 服务器内部错 |
| 306 | 保留项 | 501 | 未执行 |
| 307 | 临时重定向 | 502 | 错误的网关 |
| 4xx | 客户机错误类 | 503 | 服务不可用 |
| 400 | 错误请求 | 504 | 网关超时 |
| 401 | 非授权的 | 505 | HTTP 版本不支持 |

## 7.6.3　HTTP 题头

HTTP 题头用于在服务器和客户机之间交换附加信息，如客户机请求以某种特殊的格式发送文档，或者服务器发送有关文档的附加信息。HTTP 题头可以是一个或多个题头行，其中每个题头行都由题头名、冒号、空格和题头值组成。

HTTP 题头分为通用、请求、响应和实体 4 个类别。请求消息允许包含通用、请求和实体题头。响应消息只允许包含通用、响应和实体题头。如图 7-16 所示为请求消息和响应消息的 HTTP 题头。

### 1．通用题头

所有的 HTTP 题头都以相同的通用题头开始,通用题头给出了有关消息的通用信息。下面介绍一些常用的通用题头。

（1）连接：指定是否应当打开或关闭连接。

（2）日期：包含请求或响应的当前日期和时间。

（3）MIME 版本：MIME 版本题头指定正在使用的 MIME 版本。

（4）升级：指定优先的通信协议。

(a) 请求消息题头　　　　　　　　(b) 响应消息题头

**图 7-16　　HTTP 题头**

（5）题尾：表明消息题尾中将有哪一组题头字段。

（6）升级：解决协议和版本类型的矛盾，以及解决通信设备之间的兼容问题。

（7）Pragma：定义在请求和响应链中应当包括一组可选供应商的什么批示。

（8）Via：支持代理和网关（中间设备）跟踪转发的消息，并支持它们的标识请求/应答链中涉及的所有设备实现的各种协议和功能。

（9）缓存控制：指定有关 HTTP 用户代理、中间媒介和服务器缓存操作的信息。缓存的目的是通过消除不必要的数据传输，提高效率，减少延迟和网络通信量。缓存控制通过请求/响应路径传送消息，并且指定何时缓存或存储发送或接收的数据，信息应当缓存多长时间，以及缓存的信息是否应当公开。

**2．请求题头**

请求题头只允许出现在请求消息中。请求题头允许客户机向服务器发送有关请求的附加信息。请求题头指定客户机首选的配置和文档格式。下面介绍一些常用的请求题头。

（1）接受：表示客户机能够接受的媒体格式。

（2）接受字符集：指定可以用于响应的字符集（即客户机可以处理的字符集）。

（3）接受编码：对内容编码值设置限制（即客户机可以处理的编码值）。

（4）接受语言：对集合中自然语言的数量设置限制（即客户机可以处理的自然语言）。

（5）授权：表明客户机具有的某些许可。

（6）来自：用户的电子邮件地址。

（7）主机：客户机的主机名和端口号。

（8）如果匹配：只在文档匹配给定标记时才发送文档。

（9）如果不匹配：只在文档不匹配给定标记时才发送文档。

（10）如果以后修改：通过发送比指定日期近的文档，确保缓存的信息是新的。

（11）如果以后不修改：发送自指定日期以后没有修改的文档。

（12）如果范围：只发送遗漏的文档部分。

（13）范围：定义资源。

（14）Referrer：标识链接文档的 URL。

（15）用户代理：指定客户机的程序。

### 3．响应题头

响应题头允许出现在响应消息中。响应题头指定配置和有关请求的其他特殊信息。下面介绍一些常用的响应题头。

（1）年龄：表明服务器是否接受客户机请求的范围。

（2）接受范围：指定服务器是否已接受客户机请求的范围。

（3）公用：说明支持的方法列表。

（4）以后重试：指定服务器可用的数据。

（5）服务器：给出服务器的名称和版本号。

### 4．实体题头

实体题头提供有关消息文档主体的信息。实体题头主要在响应消息中发送，但是请求消息也可以使用实体题头。下面介绍一些常用的响应题头。

（1）允许：表明 URL 可以支持什么方法（即什么方法有效）。

（2）内容编码：指定编码方案。

（3）内容语言：指定语言。

（4）内容长度：表明文档范围长度。

（5）内容范围：指定文档范围。

（6）内容类型：指定媒体类型。

（7）实体标记：提供实体标记。

（8）期满：指定可以修改内容的时间和日期。

（9）最后修改：指定最后进行修改的时间和日期。

（10）位置：指定已移动或创建的文档位置。

## 7.7 简单网络管理协议

Internet 的普及带动了整个网络的蓬勃发展，也使得网络的结构更加复杂。为了使网络更加易于管理，TCP/IP 提供了一套网络管理协议，称作简单网络管理协议（Simple Network Management Protocol，SNMP）。本节将详细介绍 SNMP 协议。

### 7.7.1 网络管理结构

早期的网络系统由于没有统一的管理协议，各个客户端拥有不同架构的网络管理系统，因此，给网络管理者带来了极大的不便。如果能够利用统一的网络管理接口，就可以使网络管理更有效率、更具兼容性。

如图 7-17 所示的是早期的网络管理方式，这里的网络元件可以是个人计算机、文件服务器、扫描服务器、终端、工作站等。

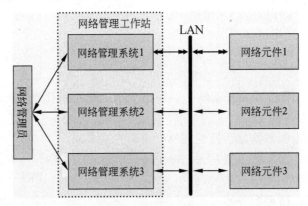

图 7-17　早期网络管理方式

对于网络管理员而言，要使用多种网络管理系统，十分不方便。因此必须通过通用的网络管理接口来解决这个问题，如图 7-18 所示。

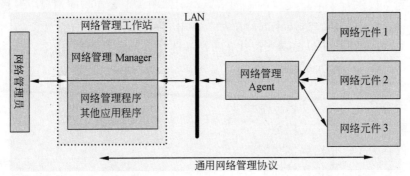

图 7-18　利用管理协议管理网络

在图 7-18 中，利用通用的网络管理协议，可以使网络管理者更容易掌握网络中的各管理元件，而这一管理方式则可以利用 TCP/IP 协议族中的 SNMP 服务实现。

## 7.7.2　SNMP 的指令架构

SNMP 在操作指令的设计方式上与其他网络管理协议有很大的不同。一般的网络管理，为了要完成一些特定的操作，会设计许多不同的指令例如 add（增加）、delete（删除）等。但 SNMP 没有定义大量的指令，而是利用了对数据项包容数值的访问来完成相同的功能。

SNMP 提供的指令包括以下 5 种类型。

### 1．Get-request

该类型表示 Manager 通过 Agent 向其所管理的网络元件要求回应相关的网络管理信息。

### 2．Get-next-request

该类型代表 Manager 通过 Agent 向其所管理的网络元件要求回应下一批相关的网络管理信息。

### 3．Get-response

该类型代表网络元件通过 Agent 回应 Manager 所要求的管理信息。

### 4．Set-request

该类型代表 Manager 通过 Agent 来设置其所管理的网络元件的属性。

### 5．Trap

当网络元件发生某个事件时，通过 Agent 向 Manager 报告。

## 7.7.3　SNMP 的管理架构

要对网路进行管理，首先必须要了解其管理的架构。相对于 SNMP 而言，其基本的组成单元可以大概分为 5 种基本类型，关于它们的简介如下。

### 1．Manager（管理者）

在网络管理上，Manager 通常采用主动的方式，经过执行一些应用程序，对 Agent 发出查询或命令，以便对各网络元件进行监控。

### 2．Agent（代理者）

Agent 可以作为各网络元件和 Manager 之间的代理人，以被动的方式听取来自 Manager 的查询或命令。这里所谓的网络元件包括个人计算机、文件服务器、打印服务器、网关等。在网络中，Manager 不能直接对个别的网络元件做监控，而是完全通过其各网络元件所对应的 Agent 来连接。

### 3．MIB（管理信息数据库）

MIB（Management Information Base，管理信息数据库）的主要目的就是定义那些网络元件可被管理，以及其所对应数据项的操作方式，包括名称、语法、类型、访问方式等。

### 4．SMI（管理信息结构）

SMI（Structure of Manager Information，管理信息结构）用来提供共同标准的管理结构，以及定义 MIB 变量的规则。通常用来规定数据的类型，包含其变量命名的规则、如何定义变量的类型等。

### 5．ANS.1

ANS.1 是一种格式化的语言。它的编码采用固定长度的方式，且使用树状层次式的命名 MIB 方式。ANS.1 完整地定义 MIB 变量名称与类型。但是，它不能使用人工方式进行解码。

## 7.8 DHCP 动态主机配置协议

动态主机设置协议（Dynamic Host Configuration Protocol，DHCP）是一个局域网的网络协议，使用 UDP 协议工作，主要有两个用途：给内部网络或网络服务供应商自动分配 IP 地址，给用户或者内部网络管理员作为对所有计算机做中央管理的手段。本节将介绍 DHCP 协议相关知识。

### 7.8.1 DHCP 结构简介

DHCP（Dynamic Host Configuration Protocol，动态主机配置协议）的前身是 BOOTP。BOOTP 原本是用于无磁盘主机连接的网络上面的：网络主机使用 BOOT ROM 而不是磁盘启动并连接上网络，BOOTP 则可以自动地为那些主机设定 TCP/IP 环境。

DHCP 可以说是 BOOTP 的增强版本，它分为两个部分：一个是服务器端，而另一个是客户端。所有的 IP 网络设定数据都由 DHCP 服务器集中管理，并负责处理客户端的 DHCP 要求；而客户端则会使用从服务器分配下来的 IP 环境数据。使用 DHCP，整个计算机的配置文件都可以在一条信息中获得。比较于 BOOTP，DHCP 透过"租约"的概念，有效且动态地分配客户端的 TCP/IP 设定，而且，作为兼容考虑，DHCP 也完全照顾了 BOOTP Client 的需求。

DHCP 必须要求至少有一台 DHCP 服务器工作在网络上面，它会监听网络的 DHCP 请求，并与客户端磋商 TCP/IP 的设定环境。它提供三种 IP 定位方式。

### 1．人工分配

人工分配，获得的 IP 也叫静态地址，网络管理员为某些少数特定的在网计算机或者网络设备绑定固定 IP 地址，且地址不会过期。

同一个路由器一般可以通过设置来划分静态地址和动态地址的 IP 段，例如一般家用 TP-LINK 路由器，常见的是从 192.168.1.100~192.168.1.254，这样如果计算机是自动获得 IP 的话，一般就是 192.168.1.100，下一台计算机就会由 DHCP 自动分配为 192.168.1.101。

而 192.168.1.2~192.168.1.99 为手动配置 IP 段。

### 2．自动分配

人工分配，获得的 IP 也叫静态地址，网络管理员为某些少数特定的在网计算机或者网络设备绑定固定 IP 地址，且地址不会过期。

同一个路由器一般可以通过设置来划分静态地址和动态地址的 IP 段，例如一般家用 TP-LINK 路由器，常见的是从 192.168.1.100~192.168.1.254，这样如果计算机是自动获得 IP 的话，一般就是 192.168.1.100，下一台计算机就会由 DHCP 自动分配为 192.168.1.101。而 192.168.1.2~192.168.1.99 为手动配置 IP 段。

### 3．动态分配

当 DHCP 客户端第一次从 DHCP 服务器端租用到 IP 地址之后，并非永久地使用该地址，只要租约到期，客户端就得释放(Release)这个 IP 地址，以给其他工作站使用。当然，客户端可以比其他主机更优先地更新（Renew)租约，或是租用其他的 IP 地址。

动态分配显然比手动分配更加灵活，尤其是当实际 IP 地址不足的时候，例如一家 ISP 只能提供 200 个 IP 地址用来给拨接客户，但并不意味着客户最多只能有 200 个。因为要知道，客户们不可能全部同一时间上网，除了他们各自的行为习惯的不同，也有可能是电话线路的限制。这样，就可以将这 200 个地址，轮流地租用给拨接上来的客户使用了。这也是为什么每次连接网络后，IP 地址不同的原因。

## 7.8.2　DHCP 的运作模式

那么在网络中，DHCP 究竟是如何运行的呢？本节将详细介绍其运作的模式。

假设多台计算机在同一个网域当中，也就是说，DHCP Server 与它的 Client 都在同一个网段之内，可以透过软件广播的方式来达到相互沟通的状态。其运作的流程可以归纳为以下几个步骤。

### 1．客户端计算机发送请求

若 Client 端计算机设定使用 DHCP 协议以取得网络参数时，则 Client 端计算机在开机的时候，或者是重新启动网卡的时候，会自动发出 DHCP Client 的需求给网域内的每台计算机。这个时候，由于发出的信息希望每部计算机都可以接收，所以该信息除了网卡的硬件地址（MAC）无法改变外，需要将该讯息的来源地址设定为 0.0.0.0，而目的地址则为 255.255.255.255（Linux 会自动设定，无需考虑这个问题）。网域内的其他没有提供 DHCP 服务的计算机，收到这个封包之后会自动地将该封包丢弃而不回应。

### 2．DHCP 主机响应信息

如果是 DHCP 主机收到这个 Client 的 DHCP 需求时，那么 DHCP 主机首先会针对该次需求的信息所携带的 MAC 与 DHCP 主机本身的设定值去比对，如果 DHCP 主机的设定有针对该 MAC 做静态 IP（每次都给予一个固定的 IP）的提供时，则提供 Client 端相关的固定 IP 与相关的网络参数；而如果该信息的 MAC 并不在 DHCP 主机的设定之内时，则 DHCP 主机会选取目前网域内没有使用的 IP 来发放给 Client 端使用。

### 3. Client 端接受来自 DHCP 主机的网络参数

当 Client 端接收响应的信息之后，首先会以 ARP 封包在网域内发出信息，以确定来自 DHCP 主机发放的 IP 并没有被占用。如果该 IP 已经被占用了，那么 Client 对于这次的 DHCP 信息将不接受，而将再次向网域内发出 DHCP 的需求广播封包；若该 IP 没有被占用，则 Client 可以接受 DHCP 主机所给的网络的参数，那么这些参数将会被使用于 Client 端的网络设定当中，同时 Client 端也会对 DHCP 主机发出确认封包，告诉 Server 这次的需求已经确认，而 Server 也会将该信息记录下来。

### 4. Client 端结束该 IP 的使用权

当 Client 开始使用这个 DHCP 发放的 IP 之后，有几个情况下它可能会失去这个 IP 的使用权。

1）Client 端离线

不论是关闭网络接口（ifdown）、重启（reboot）、关机（shutdown）等行为，皆算是离线状态，这个时候 Server 端就会将该 IP 回收，并放到 Server 自己的备用区中，等待未来的使用。

2）Client 端租约到期

前面提到 DHCP Server 端发放的 IP 有使用的期限，Client 使用这个 IP 到达期限规定的时间，就需要将 IP 缴回去。这个时候就会造成断线，而 Client 也可以再向 DHCP 主机要求再次分配 IP。

以上就是 DHCP 这个协议在 Server 端与 Client 端的运作状态，由上面这个运作状态来看，可以明白，只要 Server 端的设定没有问题，加上 Server 与 Client 在硬件联机上面确定是正确的，那么 Client 就可以直接藉由 Server 来取得上网的网络参数。

## 7.8.3 DHCP 的分组格式

如图 7-19 所示的是 DHCP 的分组格式，本节将详细讲解该格式的每个组成部分的功能。

关于 DHCP 分组各字段的说明如下。

（1）操作码：定义 DHCP 协议分组类型，请求为 1，回答为 2，长度为 8 B。

（2）硬件类型：定义物理网络类型，对于以太网为 1，长度为 8 B。

（3）硬件长度：定义物理地址以字节为单位的长度，长度为 8 B。

（4）跳数：定义分组可以经过的最大跳数，长度为 8 B。

（5）事务标示符：是一个携带整数的 4 B 字段，由客户设置，用来匹配对请求的回答，服务器在回答时返回同样的值。

（6）秒数：表示客户从开始请求起共经历多长时间，长度为 16 B。

| | | | |
|---|---|---|---|
| 操作码 | 硬件类型 | 硬件长度 | 跳数 |
| 事务标示符 | | | |
| 秒数 | | 标志 | |
| 客户IP地址 | | | |
| 自己的IP地址 | | | |
| 服务器IP地址 | | | |
| 网关地址 | | | |
| 客户硬件地址 | | | |
| 服务器名 | | | |
| 引导文件名 | | | |
| 选项 | | | |

图 7-19 DHCP 分组结构图

（7）标志：用来让客户指明一个从服务器的强制广播回答。

**提示**

如果标志的回答是单播的，则 IP 分组的目的 IP 地址就是指派给用户的地址，由于客户不知道地址，所以丢弃报文，但若数据报广播发送，则每个主机都接收/处理报文。

（8）客户 IP 地址：包含客户 IP 地址，若客户没有这个信息，该字段为 0，长度为 4 B。

（9）自己的 IP 地址：包含客户 IP 地址，这是服务器在客户请求下提供的，长度为 4 B。

（10）服务器 IP 地址：包含服务器 IP 地址，是服务器在回答报文中提供的，长度为 4 B。

（11）网关地址：包含一个路由器 IP 地址，是服务器回答时提供的，长度为 4 B。

（12）客户硬件地址：客户的硬件地址，一般由客户在请求报文中显示提供的这个地址。

（13）服务器名：可选 64 B 字段。由服务器在回答分组中提供，包含服务器的域名。

（14）引导文件名：可选 128 B 字节字段。由服务器在回答报文中提供，包含引导文件全路径名，客户可以根据路径读取其他引导信息。

（15）选项：在选项清单中增加了几个选项，其中标记为 53 的值定义客户与服务器之间的交互类型，其他选项定义租约时间。选项字段多达 312 B。

## 7.9 DNS 网站域名管理系统

DNS 是计算机域名系统(Domain Name System 或 Domain Name Service)的缩写，它是由解析器以及域名服务器组成的。域名服务器是指保存有该网络中所有主机的域名和对应 IP 地址，并具有将域名转换为 IP 地址功能的服务器。DNS 使用 TCP 与 UDP 端口号都是 53，主要使用 UDP，服务器之间备份使用 TCP。本节将介绍 DNS 的相关知识。

### 7.9.1 主机的命名

主机名，就类似于姓名一样，用于标记网络中的设备。但是，和姓名也有所不同，姓名是可以有重复的，但是在网络上的主机则不允许有这样的事情发生，即每台主机必须具有唯一的命名。

主机的命名方式可以分为两种，一种是层次化，一种是非层次化。

**1. 层次化命名**

层次化命名方式引入了"网站"的概念。网站代表的含义在于"分层管理"。如同在一个大家庭中，爷爷、父亲、自己、儿子这样的树形关系一样，子结点受根结点管理，而子结点又可以管理其子结点。

分层管理的好处在于可以减轻根结点的负荷，而且，还有一个重点，即上一层的命名不受下一层的影响。换而言之，只要同一层的命名不重复，不同层用了相同的名字是没有关系的。

**2. 非层次化命名**

非层次化主机的名称是由任意一串字符组成的。在 ARPANET 网络中，所有主机名称均放在 Hosts.txt 文件中，这个文件包含了网络上所有主机的 IP 地址及其对应的主机名称，每当网络中的数据有变动时，管理者必须负责将这个信息通知网络上的所有主机。

当然，在小型网络中，可以使用该方式进行命名。但是，由于 Internet 上的主机数量可以用千万台来形容，如果采取这种方式，将会产生一些问题。因此，目前采用较多的还是层次化命名方式。

### 7.9.2 DNS 的分层管理

DNS 主要应用了两个概念，一是层次化命名，二是采用了分布式数据库管理。使用 DNS 来表示网络上的主机，其表示的方式称为 FQDN（Fully Qualified Domain Name），即通过主机名称和网站名称的结合，来表示网络上的一台主机。例如，一台主机的主机名称为 leigong，其所在的网站为 itzcn.com，则其 FQDN 表示为 leigong.itzcn.com。

在 DNS 的分层中，其层次是以"."分开，层次是高低排列、从右至左。表 7-10 展示了 DNS 中一些常用的层次名称所代表的含义。

**表 7-10　DNS 层次含义**

| 域名后缀 | 表示含义 | 域名后缀 | 表示含义 |
| --- | --- | --- | --- |
| com | 商业机构 | edu | 教育机构 |
| gov | 政府机构 | mil | 军事机构 |
| net | 网络支持机构 | org | 非盈利组织 |
| int | 国际组织 | cn | 中国 |

其中，com、edu、gov、mil、net、org、int 等称为通用顶层域名。除此之外，还有

一些类似于 cn、jp 等则称为国家码。

在层次化的网站命名中，位于同一网站层次中的主机不可以出现重名现象，即不能有相同的名称。例如，在 itzcn.com 网站下，不可能同时将两台主机命名为 leigong。但是，如果另一台主机是在 king168.com 网站下，则可以出现命名为 leigong 的主机。

此外，DNS 还采用了分布式数据库管理，即通过委托的方式来分散整个网络名称的管理工作。

### 7.9.3 网站名称的解析

我们知道，DNS 所采用的主机命名方式是层次方式，这种方式通常是采用树形结构，其解析的主要方式是采取由上至下、由根至结点。名称服务器具有提供将主机网站名称对应到 IP 地址功能的软件，这个软件被称为名称解析器。

按照 DNS 的规则，各名称服务器必须具备其子网站服务器的地址，如图 7-20 所示。

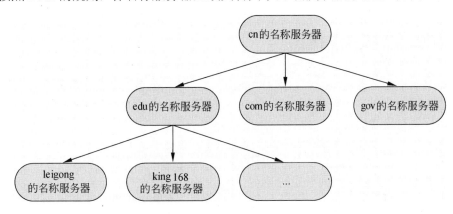

图 7-20　DNS 服务器及其子网站

DNS 可以采取两种方式解析网站名称，一种是每次只与一个名称服务器连接，另一种是直接要求名称服务器执行完整的转换工作。

无论采取哪一种方式，都是通过用户软件向名称服务器发出询问来完成，这个询问的内容包含要求解析的名称、名称类型、回应的类型，以及规定名称服务器是否要执行完整转换的程序代码等。

### 7.9.4 DNS 服务器类型

要管理网站的 DNS，则必须通过 DNS 服务器来完成。通常情况下，可以按照 DNS 服务器的工作特性将其分为三种类型，分别是主名称服务器、次名称服务器和高速缓存名称服务器。关于它们的详细介绍如下。

#### 1．主名称服务器

主名称服务器负责所辖网站的主要管理，存放了完整的网站主机数据，当网站内有任何主机发生变动时，该服务器的数据文件必须立即修改。

### 2．次名称服务器

次名称服务器主要用来作为主名称服务器的备份。如果主名称服务器出现问题而无法正常运行时，可以暂时由次名称服务器来为网站提供 DNS 服务。

### 3．高速缓存名称服务器

高速缓存名称服务器提供了 DNS 高速缓存查询服务，它主要的功能是利用高速缓存，来减轻主名称服务器的负担。

**提示**　高速缓存是指将经常查询的数据暂存在内存中，当有重复的查询出现时，可以立即做出反应，而不必重新再做查询步骤。

## 7.9.5　了解消息格式

当需要名称服务器对网站提供名称解析的功能时，就必须对名称服务器发出询问消息，当名称服务器收到该消息后，经过解析，将类似格式的消息返回给请求者。本节主要讲解这种消息格式的功能，如图 7-21 所示。

| 识别码 | 参数 |
|---|---|
| 问题数目 | 答案数目 |
| 管辖数目 | 额外信息 |
| 问题区... | |
| 答案区... | |
| 管辖区... | |
| 额外消息区... | |

图 7-21　消息格式

（1）识别码：用来识别其询问对应到哪个回应消息的编号。

（2）参数：表示特定的操作请求与其回应的编号，其长度为 16b。

（3）问题数目：表示在问题区内问题消息的数目。

（4）答案数目：表示在答案区内答案消息的数目，答案是指名称服务器对用户所提出的询问解析后所回应的消息。

（5）管辖数目：表示在管理区内管理消息的数目。

（6）额外消息区：表示在额外消息区内额外消息的数目。

## 7.10　其他的 TCP/IP 服务

完整的 TCP/IP 协议族包括大量增强基本 TCP/IP 协议栈功能的应用程序。除了上面介绍过的，还有下面一些比较常见：

（1）Finger；

（2）Whois；

（3）TFTP（次要文件传输协议）；

（4）Echo；

（5）QOD（每日语录）。

除了上面列出的服务外还有许多，读者可查询相关书籍。下面对上面几项进行简单介绍。

### 7.10.1　Finger

Finger 既是协议名也是应用程序名，它允许我们查询互联网上的主机或用户的状态。它最典型的应用为查询互联网用户是否登录或定位他们的邮件地址、用户名等。Finger 使用 TCP 端口 79。

作为较简单的 TCP/IP 服务，Finger 客户/服务器会话过程如下：

（1）Finger 客户端向 Finger 服务器发送请求。

（2）服务器打开到客户端的连接。

（3）客户方发送查询。

（4）服务器查找本地用户账号文件，返回结果。

（5）服务器关闭连接。

Finger 在 RFC 1288 中进行了描述。UDP Finger 进程使用 UDP 端口 79，TCP Finger 进程使用 TCP 端口 79。Finger 命令从 Windows 命令行启动，不过它经常关闭，这限制了它的价值和使用。

### 7.10.2　Whois

Whois 是 TCP/IP 协议和服务，用于获取互联网主机和域的信息。它最初在互联网"白皮书"中设计，用于连接大型个人数据库。但是随着互联网的增长，不可能维护包含所有主机、域信息的数据库。因此，Whois 信息被限制在特定的主机和域内。今天，流行的 Whois 数据库包含诸如主机、域、组织和地址等信息。Whois 也用于在注册一个域时判断域是否已被使用。

Whois 协议运行于 TCP 端口 43，协议内容在 RFC 954 中描述。它接受客户的连接请求，客户向服务器发送一个在线的查询。服务器响应以任何可用的信息，然后关闭连接。请求和应答都以 NVT ASCII 来传输。除了请求和应答所包含的信息不一样，Whois 服务器和 Finger 服务器几乎是一样的。

最常用的 UNIX 客户程序是 whois 程序，尽管可以使用 Telent 自己手工输入命令。开始的命令是只包含一个问号的请求，服务器会返回所支持的客户请求的具体信息。

### 7.10.3　TFTP

TFTP（简单文件传输协议）基于 UDP 协议而实现，但是也不能确定有些 TFTP 协议是基于其他传输协议完成的。此协议设计的时候是进行小文件传输的。因此它不具备通常的 FTP 的许多功能，它只能从文件服务器上获得或写入文件，不能列出目录，不进行认证，它传输 8 位数据。传输中有三种模式：netascii，这是 8 位的 ASCII 码形式；另一种是 octet，这是 8 位源数据类型；最后一种 mail 已经不再支持，它将返回的数据直接返回给用户而不是保存为文件。

任何传输起自一个读取或写入文件的请求，这个请求也是连接请求。如果服务器批准此请求，则服务器打开连接，数据以定长 512B 传输。每个数据包括一块数据，服务器发出下一个数据包以前必须得到客户对上一个数据包的确认。如果一个数据包的大小小于 512B，则表示传输结构。如果数据包在传输过程中丢失，发出方会在超时后重新传输最后一个未被确认的数据包。通信的双方都是数据的发出者与接收者，一方传输数据接收应答，另一方发出应答接收数据。大部分的错误会导致连接中断，错误由一个错误的数据包引起。这个包不会被确认，也不会被重新发送，因此另一方无法接收到。如果错误包丢失，则使用超时机制。错误主要是由下面三种情况引起的：不能满足请求；收到的数据包内容错误，而这种错误不能由延时或重发解释；对需要资源的访问丢失（如硬盘满）。TFTP 只在一种情况下不中断连接，这种情况是源端口不正确，在这种情况下，指示错误的包会被发送到源机。这个协议限制很多，这些都是为了实现起来比较方便而进行的。

### 7.10.4　Echo

Echo 是一种将在侦听端口收到的所有字符回显到发送方的 TCP 或者 UDP 服务。因为某些路由设置为拒绝接收的 ICMP Echo 请求，所以可以使用 UDP 或者 TCP Echo 命令以确定路由是不是活动。Echo 还通常用于调试网络应用程序以确保它们能正确地发送输出（通过接收方返回的针对 Echo 请求的应答判断）。

UDP 端口 7 分配给 UDP Echo 进程，TCP 端口 7 也分配给 TCP Echo 进程。TCP 和 UDP 的 Echo 服务的内容均在 RFC 862 中描述。

## 思考与练习

**一、填空题**

1. TCP/IP 应用层服务会发生两种形式的通信，一种通信形式可被描述为客户机/服务器通信，另一种通信形式可以被描述为_____。（服务器对服务器通信）

2. _____协议提供了一种标准接口，通过这个接口，一台主机上的程序能够访问另一台主机上的资源，从而客户就像是与服务器直接相连的一个本地终端一样。（Telnet）

3. _____是 TCP/IP 协议族用来支持电子邮件的标准协议。SMTP 使用 TCP 通过端口 25

建立连接和可靠地传输电子邮件消息。（SMTP（简单邮件传输协议））

4．HTTP 主要用于访问 Web 上各种形式的数据，其中包括纯文本、超文本、音频、_____ 和其他许多形式的数据。（视频）

5．传输中有三种模式：_____，这是 8 位的 ASCII 码形式；另一种是 octet，这是 8 位源数据类型；最后一种是 mail，它将返回的数据直接返回给用户而不是保存为文件。（netascii）

6．_____是一种将在侦听端口收到的所有字符回显到发送方的 TCP 或者 UDP 服务。（Echo）

7．顶级域分为两大类：分别是国家域和_____。（通用域）

8．在任何给定的 DNS 子域名中，可能会遇到以下三种 DNS 服务器，分别是_____、次 DNS 服务器和高速缓存服务器。（主 DNS 服务器）

二、选择题

1．下列哪一种消息体系结构支持所有的 TCP/IP 应用层协议及服务？（A）

　　A．客户机/服务器

　　B．点对点

　　C．请求/应答

　　D．推拉

2．哪一种形式的 FTP 客户机作为一种流行的独立软件应用程序操作？（D）

　　A．命令行 FTP 程序

　　B．嵌入 FTP 代码

　　C．基于 Web 的 FTP 访问

　　D．图形化 FTP 程序

3．标识 Web 资源常用的名称是（A）

　　A．统一资源定位器（URL）

　　B．统一资源名称（URN）

　　C．统一资源标识符（URI）

　　D．通用命名惯例

4．安全 HTTP 实现的缩写是（B）

　　A．SHTTP

　　B．SSL

　　C．HTTP

　　D．SSH

5．_____域长度为 1 位，用以表示它是 DNS 查询（设置为 0），还是 DNS 响应（设置 1）。（B）

　　A．Opcode

　　B．QR

　　C．RD

　　D．域

6．_____域长度为 4 位，用于 DNS 响应中，表示是否出现错误。C

　　A．QR

　　B．TC

　　C．Opcode

　　D．TTL

三、简答题

1．列出并描述应用层协议提供的服务。

2．FTP 提供了什么？请概述 FTP 的内容。

3．请列出 Telnet 提供的三种基本服务。

4．SMTP 的作用是什么？

5．HTTP 的作用是什么？

6．什么是 URL？它有什么作用？

# 第 8 章　常见网络类型

本章主要介绍应用 TCP/IP 协议的几种常见的网络结构，包括以太网、光纤分布式数据接口、综合业务数字网、串行线路接口、X.25、帧中继、异步传输等。这些网络结构在全球网络发展的过程中起着至关重要的作用。本章将逐一介绍它们的特点及其相关知识。

**本章学习要点：**

- ❑　以太网
- ❑　光纤分布式数据接口（FDDI）
- ❑　综合业务数字网（ISDN）
- ❑　串行线路接口协议（SLIP）
- ❑　X.25 网络
- ❑　帧中继网络
- ❑　异步传输模式（ATM）

## 8.1　以太网

以太网（Ethernet）是一种著名的，使用方便的，应用总线拓扑的网络技术。它的第一个版本是由施乐公司（Xerox Corporation）、英特尔公司（Intel Corporation）和数字设备公司（Digital Equipment Corporation）于 1980 年发布的，称为以太网蓝皮书 DIX1.0，或者以太网Ⅰ。本节将向读者介绍关于以太网的相关知识。

### 8.1.1　以太网的发展

以太网是在 1972 年由 Xerox Palo Alto 研究中心的 Robert Metcalfe 和 David Boggs 设计的基带传输系统。Metcalfe 后来成立了 3COM 公司，而他在 Xerox 的同事开发了第一个试验性的以太网系统，用以将 Xerox Alto 的个人工作站互连起来，以及把工作站连接到服务器和激光打印机。本节将向读者介绍以太网发展的几个阶段。

#### 1. 第一阶段

Metcalfe 的第一个以太网称为 Alto Aloha 网络，但是，1973 年，Metcalfe 将其命名为以太网，以强调系统能够支持任何计算机，而不仅是 Alto 的计算机，还强调他的新网络的能力很好地超过了原来的 Aloha 系统。Metcalfe 的名字基于单词 ether，意思是空气、大气或者天空，间接地描述了系统的重要特定：物理介质（即电缆）。物理介质载送数据位到所有站，就和以太曾经被相信在空间可以传输电磁波一样。

### 2．第二阶段

以太网Ⅰ在1982年被第二个版本以太网Ⅱ（DIX 2.0）代替，该版本保留了当前标准。1983年，IEEE的802工作组发布了以太网技术的第一个标准。标准的正式名称是IEEE 802.3带有冲突检测的载波侦听多路访问（CSMA/CD）的访问方法和物理层规范。IEEE随后修改了原始标准几个部分，尤其是帧格式定义一处，并于1985年发布了802.3a标准，被称为瘦以太网、廉价网络或者10Base2以太网。1985年，IEEE还发布了IEEE 802.3b 10Broad-36标准，它定义了宽带传输系统，其在同轴电缆系统上的传输速度是10Mb/s。

1987年发布了两个额外的标准：IEEE802.3d和IEEE 802.3e。802.3d标准定义光纤中继器间的链路（FOIRL），使用两条光缆，将10Mb/s中继器之间的最大距离扩展到1000m。IEEE 802.3e标准定义了1Mb/s标准，它基于双绞线电缆，但是没有被广泛接受。1990年，IEEE在以太网标准中引入了主要的发展：IEEE 802.3i标准。它定义了10Base-T，允许在简单的三类非屏蔽双绞线（UTP）上达到10Mb/s的传输速率。在盖好的建筑物中广泛使用UTP铺设电缆，产生了对10Base-T技术的大量需求。10Base-T还促进了星状拓扑结构，使它更易于安装、管理和查找故障。这些优点导致对以太网使用的大量增长。

1993年，IEEE发布了10Base-F（FP、FB和FL）的802.3j标准，允许通过两条光缆延伸更长的距离到2000m。该标准更新和扩充了早期的FOIRL标准。1995年，IEEE发布了100Mb/s 803.3u 100Base-T标准，经通过把速度提高10倍而改善了以太网技术的性能。以太网的这个版本就是通常所说的快速以太网。快速以太网支持如下三种介质：

（1）100Base-TX，工作在两对5类双绞线上；

（2）100Base-T4，工作在4对5类双绞线上；

（3）100Base-FX，工作在两条多模光纤上。

1997年，IEEE发布了802.3x标准，定义了全双工以太网操作。全双工以太网绕过了普通的CSMA/CD协议，允许两个站在点到点链路上通信，从而通过允许每个站同时发送和接收分开的数据流，有效地把传输速率提高了一倍。1997年，IEEE还发布了IEEE 802.3y 100Base-T2标准，用于在两对3类平衡传输线路上的100Mb/s操作。

1998年，IEEE发布了1Gb/s 802.3z 1000Base-X标准，它通过把传输速率提高10倍再次改善了以太网技术的性能，该标准通常称为千兆位以太网。千兆位以太网支持如下三种介质：

（1）1000Base-SX，在多模光纤上使用850nm激光工作；

（2）1000Base-LX，在单模和多模光纤上使用1300nm激光工作；

（3）1000Base-CX，工作在短程铜屏蔽双绞线电缆（STP）上。

1998年，IEEE还发布了802.3ac标准，扩展定义以支持以太网的虚拟局域网（VLAN）标志。1999年，发布了802.3ab 1000Base-T标准，定义在4对5类UTP电缆上的1Gb/s操作。

以太网拓扑结构的选择可以是线性总线或者星状，所有以太网系统都使用CSMA/CD作为访问方法。

## ● 8.1.2　以太网标准符号

为了区别多种不同的可用的以太网的实现，IEEE 802.3 委员会开发了简洁的包含以太网系统信息的符号格式，包括的项目有比特率、传输模式、传输介质和网段升序。IEEE 802.3 格式为：

&lt;数据速率，以 Mb/s 为单位&gt;&lt;传输模式&gt;&lt;最大网段长度，以百米为单位&gt;

或者

&lt;数据速率，以 Mb/s 为单位&gt;&lt;传输模式&gt;&lt;传输介质&gt;

指定用于以太网的传输速率是 10Mb/s、100Mb/s 和 1Gb/s。只有两种传输模式：基带（基础）或宽带（宽阔）。网段长度可以不同，取决于传输介质的类型，包括同轴电缆（不指定）、双绞线电缆（T）或者光纤（F）。例如，符号 10Base-5 的意思是 10Mb/s 的传输速率、基带传输模式、最大网段长度是 500m；符号 100Base-T 指定 100Mb/s 的传输速度、基带传输模式、双绞线传输介质；符号 100Base-F 的意思是 100Mb/s 的传输速率、基带传输模式和光纤传输介质。

IEEE 现在支持 9 种 10Mb/s 标准，6 种 100Mb/s 标准，5 种 1Gb/s 标准。表 8-1 列出了一些常用的以太网类型、电缆选择、支持长度和拓扑结构。

表 8-1　IEEE 以太网标准

| 传输速度 | 以太网类型 | 传国介质 | 最大网段长度 |
| --- | --- | --- | --- |
| 10Mb/s | 10Base-5 | 同轴电缆（RG-8 或 RG-11） | 500m |
| | 10Base-2 | 同轴电缆（RG-58） | 185m |
| | 10Base-T | UTP/STP 3 类或者更好 | 100m |
| | 10Broad-36 | 同轴电缆（75ohm） | 变化 |
| | 10Base-FL | 光纤 | 2000m |
| | 10Base-FB | 光纤 | 2000m |
| | 10Base-FP | 光纤 | 2000m |
| 100Mb/s | 100Base-T | UTP/STP 5 类或者更好 | 100m |
| | 100Base-TX | UTP/STP 5 类或者更好 | 100m |
| | 100Base-FX | 光纤 | 400~2000m |
| | 100Base-T4 | UTP/STP 5 类或者更好 | 100m |
| 1000Mb/s | 1000Base-LX | 长波光纤 | 变化 |
| | 1000Base-SX | 短波光纤 | 变化 |
| | 1000Base-CX | 短铜跳线 | 变化 |
| | 1000Base-T | UTP/STP 5 类或者更好 | 变化 |

## ● 8.1.3　以太网拓扑结构

以太网根据其链接结构的不同，可以分为多种类型，其中最为重要的有两种，分别是总线结构和星型结构。本节将介绍这两种结构的特点。

### 1．总线结构

所需的电缆较少、价格便宜、管理成本高，不易隔离故障点、采用共享的访问机制，易造成网络拥塞，其结构如图 8-1 所示。早期以太网多使用总线型的拓扑结构，采用同轴电缆作为传输介质，连接简单，通常在小规模的网络中不需要专用的网络设备，但由于它存在的固有缺陷，已经逐渐被以集线器和交换机为核心的星型网络所代替。

### 2．星型结构

管理方便、容易扩展、需要专用的网络设备作为网络的核心结点、需要更多的网线、对核心设备的可靠性要求高，其结构如图 8-2 所示。采用专用的网络设备（如集线器或交换机）作为核心结点，通过双绞线将局域网中的各台主机连接到核心结点上，这就形成了星型结构。星型网络虽然需要的线缆比总线型多，但布线和连接器比总线型的要便宜。此外，星型拓扑可以通过级联的方式很方便地将网络扩展到很大的规模，因此得到了广泛的应用，被绝大部分的以太网所采用。

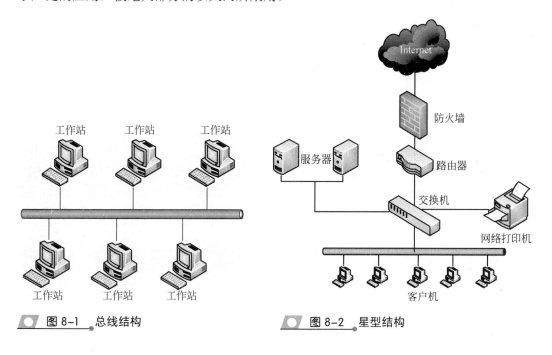

图 8-1　总线结构　　　　图 8-2　星型结构

## 8.1.4　以太网帧格式

在以太网发展过程中，出现了 4 种 10Mb/s 以太网帧格式。网络环境一般指明特定局域网的实现格式。网络环境包括拓扑结构、设备配置、应用和上层协议。关于这 4 种以太网帧格式简介如下。

（1）以太网 II：DIX 使用的原始格式，包括两个 8 位字节类型域，表示帧的数据字段中载送的高层协议。

（2）IEEE 802.3：第一代 IEEE 标准委员会，通常称为原始 IEEE 802.3 帧。Novell

是唯一使用这种格式的软件制造商。

（3）带有 802.2 LLC 的 IEEE 802.3：为 IEEE 802.2 LLC 提供支持。

（4）带有 SNAP 的 IEEE 802.3：类似于 IEEE 802.3，但是为 802.2 提供了向后兼容以太网 II 格式的协议。

在上面介绍的以太网帧格式中，以太网 II 和带有 802.2 LLC 的 IEEE 802.3 是现在以太网使用中最流行的两种格式。尽管有时候它们被认为是同一事物，实际上以太网 II 和 IEEE 802.3 是不同的。但是，术语以太网一般用于表示 IEEE 802.3 兼容的网络。以太网 II 和 IEEE 802.3 指定了从一台设备发送到另一台设备的数据是以帧的成组数据的形式发送的。以太网 II 和 IEEE 802.3 的格式非常类似，并且一般都用在相同的局域网中，只不过用于不同的应用。

10Mb/s 以太网 II 帧格式如图 8-3 所示。帧由 7 个字段组成：前同步码、帧首定界符、目的地址、源地址类型字段、数据字段协议和帧校验字段。以太网 II 指定类型字段代替长度字段。类型字段是 2B 字段，包含封装在数据字段中指定上层协议的数字，代替 IEEE 802.2 LLC PDU。

| 前同步码<br>10101010<br>（7字节） | 帧首定界符<br>10101011<br>（1字节） | 目的MAC<br>地址<br>DDDDDD<br>（6字节） | 源MAC地址<br>SSSSSS<br>（6字节） | 类型字段<br>0600~FFFF<br>（2字节） | 数据字段协议<br>（IP、TCP、<br>UDP等）<br>（46~1500字节） | 帧校验字段<br>CRC-32<br>XXXX<br>（4字节） |
|---|---|---|---|---|---|---|

图 8-3 以太网 II 帧格式

类型字段中 0600 以下的十六进制标识帧是 IEEE 802.3 兼容的帧，在数据字段中载送 IEEE 802.2 LLC PDU。在这种情况下，十六进制值指定 LLC PDU 的长度，为 1500B。十六进制的 0600 或者更高的类型字段指定了封装在数据字段中的上层协议，代替 LLC PDU。表 8-2 列出了以太网 II 指定的协议类型。

表 8-2 以太网 II 协议类型

| 十六进制代码 | 协议 |
|---|---|
| 0000-05DC | IEEE 802.3 LLC PDU |
| 0600 | Xerox XNS IDP |
| 0800 | 国防部 IP（IPv4） |
| 0801 | X.75 Internet |
| 0802 | NBS Internet |
| 0803 | ECMA Internet |
| 0804 | CHAOSnet |
| 0805 | X.25 级别 3 |
| 0806 | 地址解析协议（ARP，用于 IP 和 CHAOSnet） |
| 6001 | DEC MOP 哑/加载辅助 |
| 6002 | DEC MOP 远程控制台 |
| 6003 | DEC DECnet 第IV阶段 |
| 6004 | DEC LAT |
| 6005 | DEC DECnet 诊断 |

常见网络类型

| 十六进制代码 | 协议 |
| --- | --- |
| 6010～6014 | 3COM 公司 |
| 7000～7002 | Ungermann-Bass 下载 |
| 7030 | Proteon |
| 7034 | Cabletron |
| 8035 | 反向 ARP（RARP，用于 IP 和 CHAOSnet） |
| 8046～8047 | 美国电话电报公司（AT&T） |
| 8088～808A | Xyplex |
| 809B | Kinetics Ethertalk 以太网上的 Appletalk |
| 80C0～80C3 | 数字通信联合会 |
| 80D5 | 以太网上的 IBM SNA 服务 |
| 80F2 | Retix |
| 80F3～80F5 | Kinetics |
| 80F7 | Applo 计算机 |
| 80FF～8103 | Wellfleet 通信 |
| 8137～8138 | Novell |
| 8600 | IPv6 |
| 8808 | MAC 控制 |

## 8.1.5 标准以太网

标准以太网指的就是 10Mb/s 以太网。从 20 世纪 80 年代中期到 20 世纪 90 年代后期，这种以太网已经成为总线拓扑结构的以太局域网的标准传输速率。尽管以太网的改革促进了具有更高传输速率的新型局域网拓扑结构的发展，但是 10Mb/s 局域网仍然十分受欢迎，它包括 10Base-5、10Base-2、10Base-T、10Broad-36 和 10Base-F。

### 1. 10Base-5 以太网

10Base-5 以太网支持的网段的最大数量是 5，使用 4 个中继器或集线器连接。但是只有其中 3 个网段可以增加结点（计算机），这就是 5-4-3 以太网配置规则：4 个中继器连接的 5 个网段，但是只有 3 个网段可以增加结点，如图 8-4 所示。

10Base-5 以太网中，最多 5 个网段的最大网段长度是 500m。利用 CSMA/CD 要求的最大网段长度正确操作。这种限制考虑了以太网帧的大小、在指定传输介质上的传播速率和中继器延迟时间，以确保能够检测到网络上发生的冲突。

1）传输距离

在 10Base-5 以太网中，任意两个结点（计算机）之间的最大距离是 5×500=2500m。最坏情况下的冲突检测是，当网络一端的计算机完成传输的同时，网络另一远端的计算机开始发送。在这种情况下，首先发送的计算机不知道已经发生了冲突。为了避免这种情况发生，在以太网上利用最小帧长度。

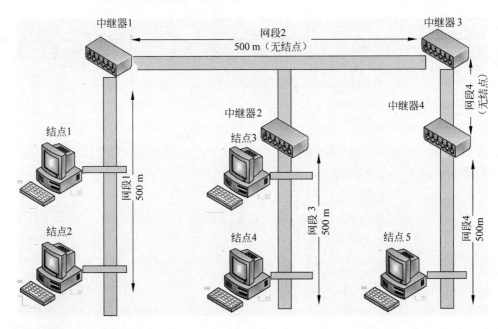

**图 8-4** 以太网网段

2）帧长度

以太网的最小帧长度是 64B，这是在 10Mb/s 传输速率的基础上的最小传输时间。64 字节的最小帧长度是 1518B，其中包括 18B 的头和 1500B 的数据。短于 64B 的以太网帧称为超短传输，超过 518B 的以太网帧称为超长传输。在传输的第一个 5l.2μs（512b 或者 64B）内发生的冲突称为早期冲突，发生在这之后的冲突称为后期冲突。当检测到冲突时，检测设备发送特定的 32b 人为干扰信号，来确保网络上的所有设备知道发生了冲突。

3）传输介质与接口

10Base-5 指定传输介质为 50ohm 双屏蔽 RG-11 同轴同缆的原始以太网。所以，这个版本有时候称为精电缆网或者粗电缆以太网。10Base-5 以太网使用带有称为介质访问单元（MAU）的外部设备的总线拓扑结构，把终端连接到电缆。每条链接称为分接，连接 MAU 到终端的电缆称为附件单元接口（AUI），或者有时候称为插口。在每个 MAU 中，数字收发器在插口和同轴传输介质之间传送电信号。10Base-5 支持每个网段最多 100 个结点。中继器算作结点，所以，10Base-5 以太网的最大容量是 297 个结点。

### 2. 10Base-2 以太网

10Base-5 以太网使用 50ohm RG-11 同轴电缆，这种电缆很粗，具有很高的抗扰度，所以非常适合实验室和工业应用。但是 RG-11 电缆安装非常昂贵。所以，实现 10Base-5 以太网系统的初始费用太高，不适合一些小型企业。为了降低费用，Internation Computer Ltd、HewlettPackard 和 3COM Corporation 开发了另一种以太网，它使用较细的、费用较少的 50ohm RG-58 同轴电缆。RG-58 购买和安装比 RG-11 要便宜。1985 年，IEEE802.3 标准委员会采用新的以太网版本，命名为 10Base-2，有时候称为廉价网络或者细线以太网。

10Base-2 以太网使用总线拓扑结构，允许最多 5 个网段，但是只有其中 3 个可以增加结点。每个网段的最大长度是 185m 并且不超过 30 个结点。10Base-2 网络的容量限制为 96 个结点。10Base-2 消息除了 MAC 因为数字收发器是位于终端内部的，BNC-T 连接器把 NIC 直接连接到同轴电缆。这消除了昂贵的电缆，并且不需要 MAU。

把 10Base-5 和 10Base-2 网段合并到相同的网络中是可能的，可以通过使用中继器把一端的 10Base-5 和另一端的 10Base-2 相融合。唯一的限制是 10Base-2 网段不能用于桥接两个 10Base-5 网段，因为干线网段应该和它连接的网段具有相同的抗扰度。

### 3. 10Base-T 以太网

10Base-T 以太网是通常基于计算机的局域网环境下最流行的 10Mb/s 以太网，它使用星型或者总线型拓扑结构。因为可以通过内部的收发器连接到网络的集线器，所以，不需要 AUI。T 表示无屏蔽双绞线电缆。10Base-T 可以使用现有的语音级电话线来载送以太网信号。标准模块 RJ-45 电话插座和四线 UTP 电话线在标准中指定用于把结点直接互联到局域网，而不需要外部 AUI。RJ-45 连接插头直接插入到计算机的 NIC 中。10Base-T 以 10Mb/s 的传输速率工作，并且使用 CSMA/CD；但是，它在网络中心使用多端口集线器来连接设备。这实际上把每个网段转换为局域网中的点到点连接。最大网段长度是 100m，每个网段不超过两个结点。

### 4. 10Base-F 以太网

对于 10Base-F 以太网，F 表示光纤链路，这是用于所有基于 F 的以太网的传输介质。10Base-F 是包含三个子规范的光纤介质规范：10Base-FP、10Base-FL 和 10Base-FB。

1）10Base-FP

无源星型拓扑结构，用于连接 33 个站和中继器到中心无源集线器。站可以从集线器延伸 1000m。10Base-FP 使用异步传输。

2）10Base-FL

这是使用光纤作为传输介质的最常见的 10Mb/s 以太网。10Base-FL 使用星型拓扑结构，站通过外部 AUI 电缆和称为光纤 MAU 的外部收发器，使用点到点的链路直接连接到网络。每个连接到集线器的收发器都有两对光缆，允许全双工操作。电缆指定使用具有直径 62.5μm 的变缓折射率多模电缆，站和中心集线器之间的最大距离是 2000m。10Base-FL 使用同步数据传输。

3）10Base-FB

使用点到点链路作为干线来串接最多 15 个中继器，它们之间的最大距离可达 2000米。每个连接到集线器的收发器具有两对光缆，允许全双工操作。

## 8.1.6　快速以太网

随着信息技术的快速发展，特别是 Internet 和多媒体技术的发展，网络数据流量迅速增加，原有的 10Mb/s 速率 LAN 已难以满足通信要求，从而对更高速率的 LAN 产品提出了迫切需求。

### 1．认识快速以太网

数据传输速率为 100Mb/s 的快速以太网是一种高速局域网技术，能够为用户以及服务器或者服务器集群等提供更高的网络带宽。

电气和电子工程师协会（IEEE）专门成立了快速以太网研究组评估以太网传输速率提升到 100Mb/s 的可行性。该研究组织为快速以太网的发展确立了重要目标，但是在采用哪一种媒体访问方法的问题上却产生了严重的分歧，最终导致研究小组分化为快速以太网联盟和 100VG-AnyLAN 论坛两个不同的组织。两个组织都制定了自己的以太网高速运行规范，即 100BaseT 和 100VG-AnyLAN（适用于令牌环网）。

100Base-T 是 IEEE 正式接受的 100 Mb/s 以太网规范，采用非屏蔽双绞线（UTP）或屏蔽双绞线（STP）作为网络介质，媒体访问控制（MAC）层与 IEEE 802.3 协议所规定的 MAC 层兼容，被 IEEE 作为 802.3 规范的补充标准 802.3u 公布。

100VG-AnyLAN 是 100Mb/s 令牌环网和采用 4 对 UTP 作为网络介质的以太网的技术规范，MAC 层与 IEEE 802.3 标准的 MAC 层并不兼容。100VG-AnyLAN 由 HP 公司开发，主要是为那些对网络时延要求较高的应用，例如多媒体信息的传输等提供支持，IEEE 将其作为 802.12 规范公布。

100Base-T 沿用了 IEEE 802.3 规范所采用的 CSMA/CD 技术。无论是帧的结构、长度还是错误检测机制等都没有做任何的改动。此外，100BaseT 支持所有能够在 IEEE 802.3 网络环境下运行的软件和应用。100Base-T 提供了 10Mb/s 和 100Mb/s 两种网络传输速率的自适应功能，网络设备之间可以通过发送快速链路脉冲（FLP）进行自动协商，从而 100Base-T 和 100Base-T 两种不同网络环境的共存和平滑过渡。

100Mb/s 以太网安装和 10Mb/s 以太网的设计规则不同，10Mb/s 允许在相同网段（冲突域）集线器之间有几条连接，而 100Mb/s 以太网不允许这种灵活性。实际上，集线器必须连接到网际互联设备，例如交换机或者路由器。这称为 2-1 规则：每个交换机最少带两个集线器。这样要求的原因是为了在域中执行冲突检测。传输速率以 10 的倍数增长，所以，帧尺寸、电缆传播和集线器延迟更加关键。

### 2．快速以太网 MAC 子层

IEEE 802.3 项目目的的目的是为了发展局域网的 MAC 子层，这和所有传输速率在 10～100Mb/s 的以太局域网相同。但是，在全双工交换式以太网中，实现 CSMA/CD 是不必要的，除了确保局域网向后兼容早期的以太网系统。10Mb/s 帧格式和 100Mb/s 以太网的相同，最大和最小帧长度以及寻址方法也一样。10Mb/s 和 100Mb/s 局域网实现的唯一不同之处是时隙。

10Mb/s 和 100Mb/s 以太网的时隙位数相同，即 512 位，等于以太网帧的最小长度（64B）。但是，因为 100Mb/s 的传输速率是 10Mb/s 的 10 倍，所以，100Mb/s 时隙的秒数是 10Mb/s 的 1/10。10Mb/s 传输时隙的秒数是 512μs。所以，100Mb/s 的时隙是 51.2μs。

较短的时隙可以把发生冲突的可能性减少 10 倍。另外，降低时隙也减少了局域网端到端的最大距离。在 100Mb/s 中，以太网网段的最大距离是 250m。

### 3．100Mb/s 快速以太网分类

IEEE 802.3 标准描述了 100Base-T 网络的操作。100Base-T 有三种特定介质的物理层标准：100Base-TX、100Base-T4 和 100Base-FX。

1）100Base-TX

100Base-TX 是一种使用 5 类数据级无屏蔽双绞线或屏蔽双绞线的快速以太网技术。它使用两对双绞线，一对用于发送数据，一对用于接收数据。在传输中使用 4B/5B 编码方式，信号频率为 125MHz。符合 EIA586 的 5 类布线标准和 IBM 的 SPT 1 类布线标准。使用同 10BASE-T 相同的 RJ-45 连接器。它的最大网段长度为 100m。它支持全双工的数据传输。

2）100Base-T4

100BASE-T4 是一种可使用 3、4、5 类无屏蔽双绞线或屏蔽双绞线的快速以太网技术。它使用 4 对双绞线，3 对用于传送数据，1 对用于检测冲突信号。在传输中使用 8B/6T 编码方式，信号频率为 25MHz。符合 EIA586 结构化布线标准。使用同 10BASE-T 相同的 RJ-45 连接器。它的最大网段长度为 100m。

3）100Base-FX

100Base-FX 是一种使用光缆的快速以太网技术，可使用单模和多模光纤（62.5 和 125um）。在传输中使用 4B/5B 编码方式，信号频率为 125MHz。它使用 MIC/FDDI 连接器、ST 连接器或 SC 连接器。它的最大网段长度为 150m、412m、2000m 或更长至 10km，这与所使用的光纤类型和工作模式有关。它支持全双工的数据传输。100BASE-FX 特别适合于有电气干扰的环境、较大距离连接，或高保密环境等情况下的使用。

## 8.1.7　千兆位以太网

随着网络通信流量的不断增加，传统 10 兆以太网在客户 / 服务器计算环境中已很不适应。通信的拥塞推进了对高速网络的需求。在当今现有的高速局域网技术中，快速以太网或称 100Base-T 已成为首选。快速以太网建立在广泛接受的 10BASE-T 以太网基础之上，提供向 100Mb/s 的平滑、连续性的网络升级。然而为服务器和台式机提供 100Base-T 速率的发展，又显然产生了对主干网和服务器更高网络速率的要求。这种更高速率的技术应能提供平滑的升级方式，具有较好的性能价格比。

### 1．认识千兆位以太网

从目前的发展来看，最合适的解决方案是千兆以太网。千兆以太网可以为园区网络提供 1Gb/s 的通信带宽，而且具有以太网简易性，以及和其他类似速率的通信技术比较价格低廉的特点。千兆以太网在当前以太网基础之上平滑过渡，综合平衡了现有的端点工作站、管理工具和培训基础等各种因素。

千兆以太网采用同样的 CSMA/CD 协议，同样的帧格式和同样的帧长。对于广大的网络用户来说，这就意味着现有的投资可以在合理的初始开销上延续到千兆以太网，不

223

需要对技术支持人员和用户进行重新培训，不需要做另外的协议和中间件的投资。结果是用户较低的总体开销。

由于上述特点和对全双工操作的支持，千兆以太网将成为 10／100Base-T 交换器、连接高性能服务器的理想主干网互联技术，成为需要未来高于 100Base-T 带宽的台式计算机升级的理想技术。

与以太网和快速以太网一样，千兆位以太网（Gigabit Ethernet）只定义了物理层和介质访问控制子层。实际上，物理层是千兆位以太网的关键组成，在 IEEE802.3z 中定义了三种传输介质：多模光纤、单模光纤、同轴电缆。IEEE 802.3ab 则定义了非屏蔽双绞线介质。除了以上几种传输介质外，还有一种多厂商定义的标准 1000Base-LH，它也是一种光纤标准，传输距离最长可达到 100km。千兆位以太网物理层的另外一个特点就是采用 8B／10B 编码方式，这与光纤信道技术（Fiber Channel）相同，由此带来的好处是，网络设备厂商可以采用已有的 8B／10B 编码／解码芯片，这无疑会缩短产品的开发周期，并且降低成本。

### 2．千兆以太网的特性

由于以太网所支持的简易网络升级，以及对新应用和数据类型处理的灵活性、网络的可伸缩性，使得千兆以太网成为高速、高带宽网络的战略性选择。它主要具有以下几个特性。

（1）简便，直接性的高性能升级，而且无网络崩溃危险。

网络管理员所面临的一个重要问题是如何获得更高网络带宽，而不至于使现存的网络瘫痪。千兆以太网采用和以前的 10 兆、100 兆以太网相同的格式，执行同样功能。这样，向更高速度网络发展时，升级就成为直接性的和增加性的。所有的三种以太网都采用同样的 IEEE 802.3 帧格式，同样的双工操作和流控机制。单工操作模式中，千兆以太网采用同样的基本 CSMA／CD 访问方式解决共享介质的冲突问题。而且千兆以太网使用同样的、由 IEEE 802.3 小组定义的管理对象。千兆以太网还是以太网，只是更快。

（2）总体性的低开销，包括购置和维护开销。

总体开销是评价新型网络技术的一个重要的因素。总体开销不仅包括购买设备的开销，还应包括培训、维护和纠错的开销。竞争和经济发展已经将以太网的连接开销大大降低了。虽然快速以太网产品只是从 1994 年开始供货，至今其产品价格已经显著降低。千兆以太网将延续同样的发展过程。甚至早期产品就能提供较好的性能价格比。IEEE 的目标是以 100Base-FX 连接价格的 2～3 倍提供千兆以太网的连接。随着产品数量的增加，IC 生产线会简化，低价光电设备会被研究出来，千兆以太网端口价格将不断降低。交换式千兆以太网连接开销低于 622Mb/s ATM（假定物理介质相同），这是因为产品相对简单、产品数量更大。千兆以太网中继器接口大大低于 622Mb/s ATM。为用户提供性能价格比优越的数据中心主干网络和服务器连接的解决方案。最后，由于现有系统的用户早已熟悉了以太网技术、以太网的维护和纠错工具，以太网的支持开销将远远低于其他的技术。千兆以太网只需要对人员的进一步培训，附加性购置维护和纠错工具。除此之外，千兆以太网将比其他技术更快。一旦升级培训和升级工具完成之后，网络支持人员可以有充分信心做千兆以太网的安装和纠错工作。

（3）可支持新应用和新数据类型的能力。

INTRANET 新应用的出现预示着新数据类型发展，包括视频和音频。在过去，人们认为视频需要一种新的、专为多媒体设计的技术，但是如今由于下列因素，将数据和视频综合在以太网上已经成为可能：快速以太网和千兆以太网所增大的网络带宽，和由局域网交换所增强的性能；新型协议的出现，诸如提供资源预留功能的资源预留协议（RSVP）；新标准的出现，如 802.1Q 和 802.1P，它们可支持虚拟网络（VLAN）和网络中传输数据包的优先级功能；广泛传播的先进视频压缩技术，如 MPEG-2 等。这些技术和协议综合，使千兆以太网成为视频和多媒体通信的极其诱人的解决方案。

（4）网络设计的灵活性。

网络管理员当今面临着无数个网络互联的选择，和网络设计的各种解决方案。这些抉择包括各种路由和交换网络，包括建立规模不断增长的内部网络。基于带宽要求和经费情况，以太网可为共享式的（使用中继器）或交换式的网络。然而高速网络的抉择应当不受互联方式和网络拓扑的限制。千兆以太网可以是交换、路由和共享式的。所有当今的网络互联技术，包括正在发展的如 IP 相关技术和第三层交换技术和千兆以太网都是兼容的，这和以太网和快速以太网的情况相同。

（5）仍然不能保证服务质量。

千兆以太网提供高速连接能力，但本身不提供完整的服务功能如服务质量（QoS）、自动冗余容错，或式高层寻径功能。这些功能在其他开放标准中定义。如同所有的以太网描述，千兆以太网定义 OSI 协议模型的数据链路层（第二层），TCP 和 IP 分别在传送层（第四层）和网络层（第三层）部分中定义，允许在应用之间的可靠通信服务。QoS 等问题在最初的千兆以太网描述中未曾涉及，但是必须在此类标准的几种中加以定义。

千兆以太网的最初应用将是园区和建筑中要求更高带宽的各种设备之间的通信，包括路由器、交换器、集线器、中继器和服务器等。例如交换器到路由器、交换器到交换器、交换器到服务器，和中继器到交换器连接。在早期阶段，千兆以太网预计不会广泛用于台式环境。例如，网络操作系统（NOS），台式机的应用和 NIC 驱动程序都会保持不变。MIS 管理员不仅可以继续使用现有多模光纤，而且也可以考虑当前的网络管理、网络应用和工具的投资，在原有投资和新投资上取得平衡。

## 8.2 光纤分布式数据接口

光纤分布式数据接口（Fiber Distributed Data Interface，FDDI）是 80 年代中期发展起来的一项局域网技术，它提供的高速数据通信能力要高于当时的以太网（10Mb/s）和令牌网（4 或 16Mb/s）的能力。FDDI 标准由 ANSI X3T9.5 标准委员会制订，为繁忙网络上的高容量输入输出提供了一种访问方法。FDDI 技术同 IBM 的 Tokenring 技术相似，并具有 LAN 和 Tokenring 所缺乏的管理、控制和可靠性措施，FDDI 支持长达 2km 的多模光纤。FDDI 网络的主要缺点是价格同前面所介绍的"快速以太网"相比贵许多，且因为它只支持光缆和 5 类电缆，所以使用环境受到限制，从以太网升级更是面临大量移植问题。图 8-5 所示的是该网络形式的拓扑结构。

当数据以 100Mb/s 的速度输入输出时，在当时 FDDI 与 10Mb/s 的以太网和令牌环网相比性能有相当大的改进。但是随着快速以太网和千兆以太网技术的发展，用 FDDI 的人就越来越少了。因为 FDDI 使用的通信介质是光纤，这一点它比快速以太网及现在的 100Mb/s 令牌网的传输介质要贵许多，然而 FDDI 最常见的应用只是提供对网络服务器的快速访问，所以在目前 FDDI 技术并没有得到充分的认可和广泛的应用。

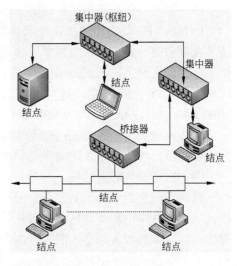

**图 8-5　FDDI 拓扑结构**

### 1. FDDI 的特性

FDDI 有以下主要特性：

（1）使用 802.2LLC 协议，与 802 局域网兼容。

（2）使用基于 IEEE802.5 的 MAC 协议。

（3）使用双环拓扑结构。

（4）使用多模、单模光纤或双绞线作为传输媒体。

（5）数据率为 100Mb/s。

（6）连接站数小于等于 1000 个，若都是双连接站，为 500 站。

（7）最大站距离为 2000m，环路长 100km，光纤总长 200km。

（8）具有动态分配带宽的能力，能同时支持同步和异步数据服务。

（9）最大分组长度 4500B。

### 2. 数据访问方法

FDDI 的访问方法与令牌环网的访问方法类似，在网络通信中均采用"令牌"传递。它与标准的令牌环又有所不同，主要在于 FDDI 使用定时的令牌访问方法。FDDI 令牌沿网络环路从一个结点向另一个结点移动，如果某结点不需要传输数据，FDDI 将获取令牌并将其发送到下一个结点中。如果处理令牌的结点需要传输，那么在指定的称为"目标令牌循环时间"（Target Token Rotation Time，TTRT）的时间内，它可以按照用户的需求来发送尽可能多的帧。因为 FDDI 采用的是定时的令牌方法，所以在给定时间中，来自多个结点的多个帧可能都在网络上，以为用户提供高容量的通信。

FDDI 可以发送两种类型的包：同步的和异步的。同步通信用于要求连续进行且对时间敏感的传输（如音频、视频和多媒体通信）；异步通信用于不要求连续脉冲串的普通的数据传输。在给定的网络中，TTRT 等于某结点同步传输需要的总时间加上最大的帧在网络上沿环路进行传输的时间。FDDI 使用两条环路，所以当其中一条出现故障时，数据可以从另一条环路上到达目的地。连接到 FDDI 的结点主要有两类，即 A 类和 B 类。A 类结点与两个环路都有连接，由网络设备如集线器等组成，并具备重新配置环路结构以在网络崩溃时使用单个环路的能力；B 类结点通过 A 类结点的设备连接在 FDDI 网络上，B 类结点包括服务器或工作站等。

226

### 3．LAN 技术

光纤分布数据接口(FDDI)是目前成熟的 LAN 技术中传输速率最高的一种。这种传输速率高达 100Mb/s 的网络技术所依据的标准是 ANSIX3T9.5。该网络具有定时令牌协议的特性，支持多种拓扑结构，传输媒体为光纤。使用光纤作为传输媒体具有多种优点介绍如下。

（1）较长的传输距离，相邻站间的最大长度可达 2km，最大站间距离为 200km。

（2）具有较大的带宽，FDDI 的设计带宽为 100Mb/s。

（3）具有对电磁和射频干扰抑制能力，在传输过程中不受电磁和射频噪声的影响，也不影响其设备。

（4）光纤可防止传输过程中被分接偷听，也杜绝了辐射波的窃听，因而是最安全的传输媒体。

由光纤构成的 FDDI，其基本结构为逆向双环。一个环为主环，另一个环为备用环。一个顺时针传送信息，另一个则是逆时针。当主环上的设备失效或光缆发生故障时，通过从主环向备用环的切换可继续维持 FDDI 的正常工作。这种故障容错能力是其他网络所没有的。

FDDI 使用了比令牌环更复杂的方法访问网络。和令牌环一样，也需在环内传递一个令牌，而且允许令牌的持有者发送 FDDI 帧。和令牌环不同，FDDI 网络可在环内传送几个帧。这可能是由于令牌持有者同时发出了多个帧，而非在等到第一个帧完成环内的一圈循环后再发出第二个帧。

令牌接受了传送数据帧的任务以后，FDDI 令牌持有者可以立即释放令牌，把它传给环内的下一个站点，无需等待数据帧完成在环内的全部循环。这意味着，第一个站点发出的数据帧仍在环内循环的时候，下一个站点可以立即开始发送自己的数据。FDDI 标准和令牌环介质访问控制标准 IEEE 802.5 十分接近。

## 8.3 综合业务数字网

产生于 20 世纪 80 年代的综合业务数字网（ISDN），是基于单一通信网络的能提供包括语音、文字、数据、图像等综合业务的数据网。在此之前，各类不同的公众网同时并存，分别提供不同的业务，造成相对独立的割裂状态。例如，电话网提供语音业务、用户电报网提供文字通信业务、电路交换和分组交换网提供数据传输业务等。ISDN 的目的就是应用单一网络向公众提供不同的业务。

### 8.3.1 ISDN 简介

ISDN 从字面上解释是 Integrated Services Digital Network 的缩写，译作综合业务数字网。现代社会需要一种社会的、经济的、快速存取信息的手段，ISDN 正是在这种需求的背景下，以及计算机技术、通信技术、VLSI 技术飞速发展的前提下产生的。ISDN 的目标是提供经济有效的端的数字连接标准，就可在很大的区域范围，甚至全球范围内存取网络的信息。目前，窄带 ISDN（N-ISDN）技术在很多发达国家已进入实用阶段。我国也自 1995 年起，开始在一些主要城市实现了 N-ISDN 的商业应用。

### 1. ISDN 的特性

从上述 ISDN 的定义中，可以看出其所具有的三个基本特性：端到端的数字连接、综合的业务和标准的入网接口。下面分别进行介绍。

1）端到端的数字连接

ISDN 是一个数字网，网上所有的信息均以数字形式进行传输和交换，无论是语音、文字、数据，还是图像，事先都在终端设备中被转换成数字信号，经 ISDN 网的数字信息传输到接收方的终端设备后，再还原成原来的语言、文字、数据或图像。

2）综合的业务

从理论上说，任何形式的原始数据，只要能转换成数字信号，都可以通过 ISDN 进行传输和交换。其典型业务有语音电话、电路交换数据、分组交换数据、信息检索、电子信箱、智能电报、可视电话、电视会议、传真及监视等。数据传输速率不超过 $N \times 64\text{kb/s}$（N 为 1～30）的业务，可以采用窄带 ISDN（N-ISDN）；对于需要更高数据传输速率的业务，则应采用宽带 ISDN（B-ISDN）。

3）标准的入网接口

ISDN 向用户提供一组标准的多用途网络接口，所谓"多用途"是指入网接口对各类业务都是通用的，即不同的终端可以经过同一个接口接入网络。

### 2. ISDN 的技术基础

ISDN 是在数据网技术的基础上发展起来的。所以数字网的基本技术包括数字传输、数字交换、网同步和公共信令。

1）数字传输

数字传输技术可以采用脉码调制（PCM）、差分脉码调制（DPCM）、自适应差分脉调制（ADPCM）、增量调制（FM）等多种方式。其中最常用的是 8b 的 PCM 技术。PCM 是时分多路通信中的主要技术，它的操作包括采样、量化、编码三个过程。数字传输系统可以采用大规模集成电路实现，使设备小型化，而且经济可靠。长距离传输时，可以使用中继器消除噪声的积累作用。

2）数字交换

数字交换系统由硬件、软件和交换网共同组成。硬件包括控制系统、话路系统、输入/输出系统等处理机系统；软件包括操作系统、应用程序、用户数据及控制数据。交换网主要由时分交换和空分交换构成。

3）公共信令

公共信令利用一个公共信道传输多个其他信息的信令。公共信令利用一个公共信道传输多个其他信息的信令。公共信道信令系统除了具有呼叫监视、选择和运行功能外，还具有控制各种信息交换的功能。

4）同步网技术

同步网向网内所有数字交换设备提供时钟同步控制信号，使它们的时钟频率保持相同的速度。

## 8.3.2  ISDN 的接口

ISDN 系统结构主要讨论用户和网络之间的接口，该接口也称为数字位管道。用户—网络接口是用户和 ISDN 交换系统之间通过比特流的"管道"，无论数字位来自数字电话、数字终端、数字传真还是任何其他设备，它们都能通过接口双向传输。

用户网络接口用比特流的时分和复用技术多个独立的通道。在接口规范中定义了比特流的确切格式及比特流的复用。CCITT 定义了两种用户—网络接口的标准，它们是基本速率接口 BRI（Basic Rate Interface，ISDN）和一次群（基群）速率接口 PRI（Primary Rate Interface，ISDN）。

基本速率接口 BRI 是将现有电话网的普通用户线作为 ISDN 用户线而规定的接口，是最常用的 ISDN 用户—网络接口。BRI 接口提供了两路 64kb/s 的 B（载荷）和一路 16kb/s 的 D（信令）通道，即 2B+D，用户能利用的最高传输速率为 64×2+6=144kb/s。B 信道用于传输语音和数据，可以与任何电话线一样连接。D 信道用于发送 B 信道使用的信号（即信令）或用于低速的分组数据传输。BRI 一般用于较低速率的系统中。

一次群速率接口 PRI 有两种：一种 PRI 接口提供 30 路 64kb/s 的 B 信道和一路 64kb/s 的 D 信道，即 30B+D，其传输速率与 2.048Mb/s 的脉码调制（PCM）的基群相对应；另一种 PRI 接口提供 23 路 64kb/s 的 B 信道和一路 64kb/s 的 D 信道，即 23B+D，其传输速率与 1.544Mb/s 的 PCM 基群相对应。同样，B 信道用于传输语音和数据。D 信道用于发送 B 信道使用的控制信号或用于用户分组数据传输。PRI 一般用于需要更高速率的系统中。

通过用于家庭或小型企事业单位的配置，在用户设备和 ISDN 交换系统之间设置一个网络终端设备 NT1。NT1 设置在靠近用户设备一边，利用电话线与数公里外的 ISDN 交换系统相连。NT1 装有一个连接器，无源总线电缆可插入连接器，最多可接 8 个 ISDN 电话、终端或其他设备，连接方法与接入总线局域网的方法相同。NT1 上的连接器是用户和网络的界面。NT1 不仅起连接器的作用，它还包括网络管理、测试、维护和性能监视等功能。在无源总线上的每个设备有一个唯一的地址，NT1 还要解决争用问题，即几个设备同时访问总线时，NT1 决定哪个设备获得总线访问权。从 OSI（开放系统互连）参考模型来看，NT1 是一个物理设备。

对于大的企事业单位，因为要同时进行很多电话对话，总线无法及时处理，所以需要用另一种配置。在这种配置中有一个网络终端设备 NT2（实际上 NT2 和 NT1 就是指计算机交换机 Computer Branch eXchange，CBX），NT2 与 NT1 连接，并对各种电话、终端以及其他设备提供真正的接口。NT2 与 ISDN 交换系统没有本质上的差别，只是规模比较小。在单位内部通电话或数字通信只需拨 4 位数字的分机号码，与 ISDN 交换系统无关。CBX 专门分配一个通道与数字位管道连接，拨一个"9"，就能和外线相连。

### 8.3.3　宽带 ISDN

当今人们对通信的要求越来越高，除原有的语音、数据、传真业务外，还要求综合传输高清晰度电视、广播电视、高速数据传真等宽带业务。计算机技术、微电子技术、宽带通信技术和光纤传输的发展，为满足这些迅猛增长的通信需求提供了基础。

早在 1985 年 1 月，CCITT 第 18 研究组就成立了专门小组着手研究宽带 ISDN（B-ISDN），并提出了关于 B-ISDN 的建设性框架。此后，就采用同步时分方式（Synchromous Transfer Mode，STM）还是异步传输模式（Asynchronous Transfer Mode，ATM）进行了多年讨论，到 1989 年，由于解决了 ATM 存在的许多问题，才一致同意采用 ATM 方式，并要求 CCITT 加速制定 ATM 标准，以促进 B-ISDN 的发展。由此在 1990 年 11 月召开的第 18 研究组全体会议上通过了关于 B-ISDN 的 I 系列建议草案。

由窄带 ISDN 向宽带 ISDN 的发展，可分为如下三个阶段。

#### 1. 多媒体综合阶段

第一阶段是进一步实现话音、数据和图像等业务的综合。由 ATM 构成的宽带交换网实现话音、高速数据和活动图像的综合传输。

#### 2. 网络接口标准化阶段

第二阶段的主要特征是 B-ISDN 和用户—网络接口已经标准化，光纤已进入家庭，光交换技术已广泛应用，因此它能提供包括具有多频道的高清晰度电视（High Definition Television，HDTV）在内的宽带业务。

#### 3. 接入智能管理阶段

第三阶段的主要特征是在宽带 ISDN 中引入了智能管理网，由智能网控制中心来管理三个基本网。智能网也可称作智能宽带 ISDN，其中可能引入智能电话、智能交换机及用于工程设计或故障检测与诊断的各种智能专家系统。

目前 B-ISDN 采用的传输模式主要有高速分组交换、高速电路交换、异步传输模式和光交换方式 4 种。

（1）高速分组交换是利用分组交换的基本技术，简化了 X.25 协议，采用面向连接的服务，在链路上无流量控制、无差错控制，集中了分组交换和同步时分交换的优点，已有多个试验网投入运行。

（2）高速电路交换主要采用多速时分交换方式（TDSM），这种方式允许信道按时间分配，其带宽可为基本速率的整数倍。由于这是快速电路交换，其信道的管理和控制十分复杂，尚有许多问题需要继续研究。

（3）光交换技术的主要设备是光交换机，它将光技术引入传输回路，实现数字信号的高速传输和交换。

（4）异步传输模式 ATM 是一种新的体系结构，采用面向连接的交换方式，下文将详细介绍。

### 8.3.4  ISDN 封装

当配置远程访问解决方案时，有数种封装选择可以使用。最常用的两种封装为 PPP（点到点协议）和 HDLC（高端数据链路控制协议）。ISDN 的预设为 HDLC。然而 PPP 较 HDLC 强健许多，因为它能提供绝佳的认证机制，以及协商兼容链接和协议组态。其他端点对端点 ISDN 的封装之一为 LAPB（平衡式链接存取程序）。

ISDN 接口仅允许单一封装类型。一旦建立 ISDN 呼叫后，路由器便可以使用 ISDN 网络来传送任何所需的网络层协议，如 IP 到多个目的地等。

PPP 是由 RFC 1661 所指定的开放式标准。PPP 中设计了许多功能，并且特别适用于远程访问应用程序。PPP 最初使用链接控制协议（LCP）来建立链接及同意组态。该协议中有内建的安全性功能，密码验证协议（PAP）和 CHAP 使安全性的设计变得轻而易举。查问式握手验证协议（CHAP）是呼叫筛选中常用的认证协议。

PPP 是由以下几种组件所组成。

#### 1．PPP 帧

当链接的一端使用同步 PPP（如 ISDN 路由器）、而另一端使用异步的 PPP（如连接至计算机串行端口的 ISDN TA）时，有两种技巧可使帧彼此兼容。较好的方法是在 ISDN TA 中激活同步对异步 PPP 帧转换。

#### 2．LCP

PPP LCP（链接控制协议）提供可建立、设定、维护和终止点对点连接的方法。在可以交换任何网络层图表（如 IP）前，LCP 必须先开启连接并协商组态参数。当组态确认帧传送及接收后，这个阶段便算完成。

#### 3．PPP 认证

PPP 在 ISDN 和其他 PPP 封装链接上可用来提供主要安全性。PPP 认证协议（PAP 和 CHAP）定义于 RFC 1334 中。当 LCP 建立好 PPP 连接之后，可以在进行协商和建立网络控制程序之前，执行选择性的认证协议。如果需要认证，则必须在 LCP 建立阶段以选项模式来协商认证。认证可以是双向（两端皆认证另一端—CHAP）或单向（某一端，通常是受话方，认证另一端——PAP）。

### 8.3.5  ISDN 的应用

ISDN 在网络中有许多种用法，下面将介绍常见的 ISDN 用法。

#### 1．远程访问

远程访问包含透过拨号连接，连接位在远程位置的使用者。远程位置可能是远距上班族的住家、行动使用者的旅馆房间，或小型的远程办公室。可以透过使用基本电话服务的模拟式连接或 ISDN 进行拨号连接。连接会受到速度、费用、距离和可用性的影响。

远程访问连接一般是代表企业中速度最慢的链接。速度是越快越好。远程访问的费用相对较低，特别是使用基本电话服务时。ISDN 服务费用的差距极大，而且通常会因地理区域、服务可用性和缴费方式而改变。而其中可能会有一些距离限制，例如离开某地理范围时，便不能使用该区的拨号服务，特别是 ISDN。

### 2．远程结点

使用者能够在呼叫期间，透过公共交换电话网络（PSTN）连接位于中央位置的区域 LAN。除了低速的连接外，使用者会看到与区域使用者相同的环境。一般连接 LAN 时皆需透过存取服务器。这项设备通常组合了调制解调器和路由器的功能。当远程使用者登入后，便可以如同是区域服务器一般存取位于区域 LAN 中的服务器。

### 3．小型办公室/家庭办公室连接

小型办公室或家庭办公室（SOHO）是由数字使用者所组成的，这些使用者需要能提供比模拟式拨号连接更快速、更可靠的连接。在该系统中，在远程位置的使用者皆能透过 ISDN 路由器存取企业办公室中的服务。这使得业余或全时的 SOHO 网站，能以比电话线或调制解调器所能提供更快的速度，连接至企业网站或网际网络。

SOHO 设计一般只包含拨号（SOHO 发出的连接），并且可以利用合并地址转译技术简化设计和支持。使用这些功能，SOHO 网站便可以支持多项设备、但只显示成一个 IP 地址。

## 8.4  串行线路接口协议

SLIP（Serial Line Internet Protocol，串行线路网际协议），该协议是 Windows 远程访问的一种旧工业标准，主要在 UNIX 远程访问服务器中使用，现今仍然用于连接某些 ISP。因为 SLIP 协议是面向低速串行线路的，可以用于专用线路，也可以用于拨号线路，Modem 的传输速率在 1200～19200b/s。

SLIP 是以前为了应用需要设计的一种非常简单的协议，并且仅仅是一种消息成帧协议。它定义了一条串行线路上组成 IP 消息的字符序列，而没有定义任何其他内容。它不提供下面所示的任何功能。

### 1．寻址

在一条 SLIP 链路上的两台计算机必须知道各自的 IP 地址才能进行消息路由。SLIP 只定义封装协议，没有定义任何形式的信息交换技术或者链路控制。链路用人工进行连接和配置，包括 IP 地址的规范。

### 2. 消息类型标识符

SLIP 不支持一条链路上的多种协议，因此，在一个 SLIP 连接上只能运行一种协议。

### 3. 差错检测/纠正

SLIP 没有任何形式的帧差错检测功能。高层协议应当检测噪音线路上由于错误而被破坏的消息（仅仅检测 IP 题头和 UDP/TCP 检验和就足够了）。因为发送一个被更改过的消息要花费很长的时间，所以说如果 SLIP 本身能够提供某种简单的差错纠正机制的话，那将会提高发送的效率。

### 4. 压缩

SLIP 没有为频繁使用的 IP 题头字段提供压缩机制。慢速串行链路上的许多应用趋向于单用户交互式 TCP 流量，诸如 Telnet。这通常涉及较小的消息和相对较大的 TCP 和 IP 题头的额外代价，这些消息题头在数据报之间变化不大，但对于交互响应时间有着显著的影响。

然而，现在许多 SLIP 实现使用 Van Jacobsen 消息头压缩（Van Jacobsen Header Compression）技术，用来减少 IP 和 TCP 组合消息头的大小，把它从 40B 减少到 8B。通过在链路的每一端上记录一系列 TCP 连接的状态，并且正常情况下的编码更新替换整个消息头，在一个会话的连续 IP 消息之间，消息中的许多字段的大小保持不变或者稍微有所增加。这种压缩技术在 RFC 1144 中进行了描述。现在的 SLIP 协议基本上已经被点到点协议（Point-to-Point Protocol，PPP）取代了。

## 8.5　X.25

X.25 是一个使用电话或者 ISDN 设备作为网络硬件设备来架构广域网的 ITU-T 网络协议。它的物理层、数据链路层和网络层（1～3 层）都是按照 OSI 体系模型来架构的。在国际上 X.25 的提供者通常称 X.25 为分组交换网（Packet Switched Network），尤其是那些国营的电话公司。它们的复合网络从 20 世纪 80 年代到 90 年代覆盖全球，现仍然应用于交易系统中。

### 8.5.1　认识 X.25

X.25 协议是 CCITT（ITU）建议的一种协议，它定义终端和计算机到分组交换网络的连接。分组交换网络在一个网络上为数据分组选择到达目的地的路由，其结构如图 8-6 所示。X.25 是一种很好实现的分组交换服务，传统上它是用于将远程终端连接到主机系统的。这种服务为同时使用的用户提供任意点对任意点的连接。来自一个网络的多个用户的信号，可以通过多路选择通过 X.25 接口而进入分组交换网络，并且被分发到不同的远程地点。一种称为虚电路的通信信道在一条预定义的路径上连接端点站点通过网络。虽然 X.25 吞吐率的主要部分是用于错误检查开销的，X.25 接口可支持高达 64 kb/s 的线路，CCITT 在 1992 年重新制定了这个标准，并将速率提高到 2.048 Mb/s。

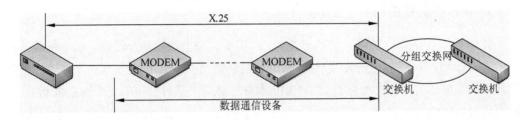

**图 8-6  X.25 网络示意图**

X.25 的分组交换体系结构具有一些优点和缺陷。信息分组通过散列网络的路由是根据这个分组头中的目的地址信息进行选择的。用户可以与多个不同的地点进行连接，而不像面向电路的网络那样在任何两点之间仅仅存在一条专用线路。由于分组可以通过路由器的共享端口进行传输，所以就存在一定的分发延迟。虽然许多网络能够通过选择回避拥挤区域的路由来支持过载的通信量，但是随着访问网络人数的增多，用户还是可以感觉到性能变慢了。与此相反，面向电路的网络在两个地点之间提供一个固定的带宽，它不能适应超过这个带宽的传输的要求。

X.25 的开销比帧中继要高许多。例如，在 X.25 中，在一个分组的传输路径上的每个结点都必须完整地接收一个分组，并且在发送之前还必须完成错误检查。帧中继结点只是简单地查看分组头中的目的地址信息，并立即转发该分组，在一些情况下，甚至在它完整地接收一个分组之前就开始转发。帧中继不需要 X.25 中必须在每个中间结点中存在的用于处理管理、流控和错误检查的状态表。端点结点必须对丢失的帧进行检查，并请求重发。

X.25 受到了低性能的影响，它不能适应许多实时 LAN 对 LAN 应用的要求。然而，X.25 很容易建立、很容易理解，并且已被远程终端或计算机访问，以及传输量较低的许多情况所接收。X.25 可能是电话系统网络不可靠的国家建立可靠网络链路的唯一途径。许多国家使用 X.25 服务。与此不同，在一些国家获得可靠的专用线路并不是不可能的。

在美国，大多数电讯公司和增值电信局（VAC）都提供 X.25 服务，这些公司包括 AT&T、US Sprint、compuserve、Ameritech、Pacific Bell 和其他公司。还可以通过在用户所在地安装 X.25 交换设备，并用租用线路将这些地点连接起来，来建立专用的 X.25 分组交换网络。

X.25 是在开放式系统互连（OSI）协议模型之前提出的，所以一些用来解释 X.25 的专用术语是不同的。这种标准在三个层定义协议，它和 OSI 协议栈的底下三层是紧密相关的。

## 8.5.2 X.25 的结构

X.25 网络的结构可以分为 4 层，除了我们接触的用户层外，还包括物理层、链路访问层、分组层，如图 8-7 所示。本节将详细介绍这三层的功能。

### 1. 物理层

物理层称为 X.21 接口，定义从计算机/终端（数据终端设备，DTE）到 X.25 分组交换网络中的附件结点的物理/电气接口。RS－232－C 通常用于 X.21 接口。

### 2. 链路访问层

链路访问层定义像帧序列那样的数据传输。使用的协议是平衡式链路访问规程（LAP－B），它是高级数据链路控制（HDLC）协议的一部分。LAP－B 的设计是为了点对点连接。它为异步平

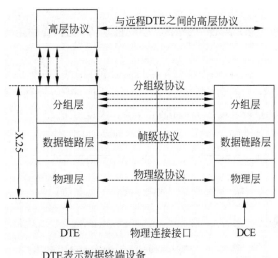

DTE表示数据终端设备
DCE表示数据通信设备

图 8-7 X.25 结构

衡模式会话提供帧结构、错误检查和流控机制。LAP－B 为确信一个分组已经抵达网络的每个链路提供了一条途径。

### 3. 分组层

分组层定义通过分组交换网络的可靠虚电路。这样，X.25 就提供了点对点数据发送，而不是一点对多点发送。

在 X.25 中，虚电路的概念是非常重要的。一条虚电路在穿越分组交换网络的两个地点之间建立一条临时性或永久性的"逻辑"通信信道。使用一条电路使用可以保证分组是按照顺序抵达的，这是因为它们都按照同一条路径进行传输。它为数据在网络上进行传输提供了可靠的方式。在 X．25 中有以下两种类型的虚电路。

（1）临时性虚电路：将建立基于呼叫的虚电路，然后在数据传输会话结束时拆除。

（2）永久性虚电路：是网络指定的固定虚电路，像专线一样，无需建立和清除连接，可直接传送数据。

无论是交换虚电路或是永久虚电路，都是由几条"虚拟"连接共享一条物理信道. 一对分组交换机之间至少有一条物理链路，几条虚电路可以共享该物理链路。每一条虚电路由相邻结点之间的一对缓冲区实现,这些缓冲区被分配给不同的虚电路代号以示区别。建立虚电路的过程就是在沿线各结点上分配缓冲区和虚电路代号的过程。

分组中的虚电路代号用 12 位二进制数字表示（4 位组号和 8 位信道号）。除代号 0 为诊断分组保留之外，建立虚电路时可以使用其余的 4095 个代号，因而理论上说，一个 DTE 最多建立 4095 条虚电路。这些虚电路多路复用 DTE-DCE 之间的物理链路，进行全双工通信。

### 8.5.3 X.25 分组级分组格式

在分组级上，所有的信息都以分组为基本单位进行传输和处理，无论是 DTE 之间所要传输的数据，还是交换网所用的控制信息，都以分组形式来表示，并按照链路协议穿越 DTE-DCE 界面进行传输。因此在链路层上传输时，分组应嵌入到信息帧（I 帧）的信息字段中，表示成如图 8-8 所示的格式。

| 标记字段 | 地址字段 | 控制字段 | （分组） | 帧校验序列FCS | 标记字段 |
| --- | --- | --- | --- | --- | --- |

**图 8-8** 信息字段的 I 帧中嵌入分组的格式

每个分组均由分组头和数据信息两部分组成，其一般格式如图 8-9 所示。

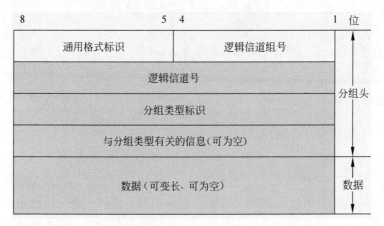

**图 8-9** X.25 分组的一般格式

分组格式中的数据部分（可以为空）通常被递交给高层协议或用户程序去处理，所以分组协议中不对它做进一步规定。分组头用于网络控制，主要包括 DTE-DCE 的局部控制信息，其长度随分组类型不同有所不同，但至少要包含前三个字节作为通用格式标识、逻辑信道标识和分组类型标识，它们的含义如下。

（1）通用格式标识（GFI）：由分组中第一个字节的前 4 位组成，用于标志分组头中其余部分的格式。第一位（b8）称作 Q 位或限定位，只用于数据分组中。这是为了对分组中的数据进行特殊处理而设置的，可用于区分数据正常数据，还是控制信息。对于其他类型的分组，该位恒置为 0。第二位（b7）称 D 位或传送确认位，设置该位的目的是用来指出 DTE 是否希望用分组接收序号 P（R）来对它所接收的数据做端—端确认。在呼叫建立时，DTE 之间可通过 D 位来商定虚呼叫期间是否将使用 D 位来商定虚呼叫期间是否将使用 D 位规程。第三、四位（b6、b5）用以指示数据分组的序号是用 3 位（即模 8，B5 置 1）还是 7 位（即模 128，b6 置 1），这两位或者取 10，或者取 01，一旦选定，相应的分组格式也有所变化。

（2）逻辑信道标识：由第一个字节中和剩余 4 位（b4、b3、b2、b1）所做的逻辑信道组号（LCGN）和第二个字节所做的逻辑信道号（LCN）两部分组成，用以标识逻辑信道。

（3）分组类型标识　由第三个字节组，用于区分分组的类型和功能。若该字节的最后一位（B1）为 0，则表示分组为数据分组；若该位为"1"，则表示分组为控制分组，可以用作呼叫请求或指示分组、释放请求或指示分组。若该字节末三位（b3、b2、b1）全为 1，则表示该分组是某个确认或接受分组。

第 4 个字节及其后续字节将依据分组类型的不同而有不同的定义。

X.25 分组级协议规定了多种类型的分组。由于 DTE 与 DCE 的不对称性，所以具有相同类型编码的同类型分组，因其传输方向的不同的含义和解释，具体实现时也有所不同。为此，分组协议从本地 DTE 的角度出发，为它们取了不同的名称以示区别。一般来说，从 DTE 到 DCE 的分组表示本地 DTE 经 DCE 向远地 DTE 发送的命令请求或应答响应；反之，从 DCE 到 DTE 的分组表示 DCE 代表远地 DTE 向本地 DTE 发送的命令或应答响应。表 8-3 中列出了这些分组的名称、分组类型编号及参数。表 8-3 中列出的分组类型可归纳为如图 8-10 所示的 6 种格式。

表 8-3　分组级分组类型

| | 分组类型名称 | | 分组类型编号（位） | 格式编号 |
|---|---|---|---|---|
| | DTE—>DCE | DCE—>DTE | 8 7 6 5 4 3 2 1 | |
| 呼叫建立和请求 | 呼叫请求 | 呼叫指示 | 0 0 0 0 1 0 1 1 | ① |
| | 呼叫接受 | 呼叫接通 | 0 0 0 0 1 1 1 1 | ⑥ |
| | 释放请求 | 释放指示 | 0 0 0 1 0 0 1 1 | ④ |
| | DTE 释放确认 | DCE 释放确认 | 0 0 0 1 0 1 1 1 | ⑥ |
| 数据和中断 | DTE 数据 | DCE 数据 | P(R) M P(S) 0 | ② |
| | DTE 中断请求 | DCE 中断请求 | 0 0 1 0 0 0 1 1 | ④ |
| | DTE 中断确认 | DCE 中断确认 | 0 0 1 0 0 1 1 1 | ⑥ |
| 流量控制和复位 | DTE RR | DCE RR | P(R) 0 0 0 0 1 | ③ |
| | DTE RNR | DCE RNR | P(R) 0 0 1 0 1 | ③ |
| | 复位请求 | 复位请求 | 0 0 0 1 1 0 1 1 | ⑤ |
| | DTE 复位确认 | DCE 复位确认 | 0 0 0 1 1 1 1 1 | ⑥ |
| 重启动 | 重启动请求 | 重启动指示 | 1 1 1 1 1 0 1 1 | ④ |
| | DTE 重启动确认 | DCE 重启动确认 | 1 1 1 1 1 1 1 1 | ⑥ |
| 任选 | DTE REJ | DCE REJ | P(R) 0 1 0 0 1 | ③ |

238

**图 8-10** X.25 分组格式

数据分组中的数据类型编码部分，除了用 M 位代替 I 帧中的 P/F 位外，其他内容与数据链路级的 HDLC 帧格式中的控制字段 C 非常类似，最末位的 0 是数据类型分组的特征位。M(More Data)位置 1，代表还有后续的数据，即当前数据分组中的数据将以同一逻辑信道上的下一数据分组中的数据作为逻辑继续。P(S)和 P(R)分别称为分组发送顺序号和接收顺序号，它们的作用大致与帧格式中的 N(S)和 N(R)相当。但是，它们的主要作用是控制每条逻辑道上向分组交换网发送或从交换网接收的数据流，而不只为站点之间提供确认手段。其目的是为了调节每个逻辑信道上的流量，以防止对分组交换网的压力过重。实际上，P(S)或 P(R)的值用以确定一个给定的逻辑信道上的"窗口"，表示信道上允许传送多少个未被响应的分组。能传输未响应分组的最大值称为窗口尺寸，每条虚电路的窗口尺寸是在立户或呼叫建立时分配的，但序号采用 3 位时最大不能超过 7 个分组，序号采用 7 位时最大不能超过 127 个分组。

与数据链路级帧格式一样,分组级也包括 RR、RNR 和 REJ 三种分组,它们被称为流量控制分组,这些分组中的类型字段只包括接收顺序号 P(R),而无发送顺序号 P(S)。RR

用于告知对方本方正在准备从给定逻辑信道上接收顺序号为 P(S)的分组；RNR 用于向对方表示本方目前不能在给定的逻辑信道上接收数据分组。RNR 可以通过同一方向上发送的 RR 分组加以清除。

另外，分组级也包括一些无编号的分组。如果是中断请求分组，它不需要等待事先已发送的其他分组而能立即向外发送，甚至在对方不能接收数据时也能发送。中断请求分组只能携带一个字节的用户数据，放在原因字段中用以向对方传送中断信息或原因。

X.25 中还定义了很多其他类型的分组，包括释放请求/指示、复位请求/指示、重启动请求/指示等。其中除复位请求/指示分组下多个诊断代码外，其他均与中断请求分组格式相同。这些分组都包括一个"原因"字段，用以存入引入相应动作的原因。这里需要说明复位与重启动之间的差别：复位请求是为了在数据传输状态中对虚电路进行重初始准备而设置的；而重启动则为同时释放 DTE-DCE 界面上所有虚呼叫以及复位所有永久虚电路而设置的。

各类确认分组仅包含三个字节，它们分别用作对呼叫、释放、中断、复位及重启动的请求或指示的确认。

## 8.6　帧中继

239

帧中继是在用户—网络接口之间提供用户信息流的双向传送，并保持顺序不变的一种承载业务。用户信息以帧为单位进行传输，并对用户信息流进行统计复用。帧中继是综合业务数字网标准化过程中产生的一种重要技术，它是用数字光纤传输线路逐渐代替原有的模拟线路的技术。

### 8.6.1　帧中继概述

帧中继是继 X.25 后发展起来的数据通信方式。从原理上看，帧中继与 X.25 及 ATM 都同属分组交换一类。但由于 X.25 带宽较窄，而帧中继和 ATM 带宽较宽，所以常将帧中继和 ATM 称为快速分组交换。

帧中继保留了 X.25 链路层的 HDLC 帧格式但不采用 HDLC 的平衡链路接入规程 LAPB（Link Access Procedure Balanced），而采用 D 通道链路接入规程 LAPD（Link Access Procedure on the D-Channel）。LAPD 规程能在链路层实现链路的复用和转接，所以帧中继的层次结构中只有物理层和链路层。

与 X.25 相比，帧中继在操作处理上做了大量的简化。帧中继不考虑传输差错问题，其中结点只做帧的转发操作，不需要执行接收确认和请求重发等操作，差错控制和流量控制均交由高层端系统完成，所以大大缩短了结点的时延，提高了网内数据的传输速率。

帧中继和分组交换类似，但却以比分组容量大的帧为单位而不是以分组为单位进行数据传输；而且，它在网络上的中间结点对数据不进行误码纠错。帧中继技术在保持了分组交换技术的灵活及较低的费用的同时，缩短了传输时延，提高了传输速度。因此，它成为了当今实现局域网（LAN）互连、局域网与广域网（WAN）连接等应用的理想解决方案。其有如下优点。

（1）按需分配带宽，网络资源利用率高，网络费用低廉。

（2）采用虚电路技术，适用于突发性业务的使用。

（3）不采用存储转发技术，时延小、传输速率高、数据吞吐量大。

（4）兼容 X.25、SNA、DECNET、TCP/IP 等多种网络协议，可为各种网络提供快速、稳定的连接。

帧中继对物理层传输线路的性能要求较高，基本上达到无误码传输；在数据链路层，帧中继采用统计复用方式，通过不同编号的 DLCI（Data Line Connection Identifier，数据链路连接识别符）建立逻辑电路。一般来讲，同一条物理链路层可以承载多条逻辑虚电路，而且网络可以根据实际流量动态调配虚电路的可用带宽。

电路的逻辑部分包括 PVC（永久虚电路），其带宽控制通过 CIR（承诺的信息速率）、Bc（承诺的突发大小）和 Be（超过的突发大小）三个参数设定完成。Tc（承诺时间间隔）和 EIR（超过的信息速率）与此三个参数的关系是：

$$Tc=Bc/CIR$$

$$EIR=Be/Tc$$

帧中继网络是由许多帧中继交换机通过中继电路连接组成的。用户路由器和帧中继网络之间通过周期性的消息互通确认链接，帧中继结点机和路由器的链接管理协议设置必须一致，很多路由器厂商如 Cisco，将默认协议设为 LMI（Local Management Interface，本地管理接口）。

通常情况下，FR（Frame Relay）路由器（或 Frame Relay Access Device，FRAD）放在离局域网靠近的地方，路由器可以通过专线电路（DDN、HDSL、光纤）连接到电信运营商的交换机。用户如果具备带帧中继封装功能的路由器，再向电信运营商申请一条长途帧中继专线电路，就可以借助电信运营商的帧中继网进行业务的拓展。

帧中继的带宽控制技术既是帧中继技术的特点，更是帧中继技术的优点。在传统的数据通信业务中，特别像 DDN，用户申请了一条 64k 的电路，那么他只能以 64kb/s 的速率来传送数据；而在帧中继技术中，用户向帧中继业务运营商申请的是承诺的信息速率（CIR），而实际使用过程中用户可以以高于 CIR 的速率发送数据，却不必承担额外的费用。举例来说，某用户申请了 CIR 为 64kb/s 的帧中继电路，并且与电信运营商签订了另外两个指标 Bc（承诺突发量）、Be（超过的突发量），当用户以等于或低于 64kb/s 的速率发送数据时，网络将确保以此速率传送，当用户以大于 64kb/s 的速率发送数据时，只要网络不拥塞，且用户在承诺时间间隔（Tc）内发送的突发量小于 Bc+Be 时，网络还会传送，当突发量大于 Bc+Be 时，网络将丢弃帧。所以帧中继用户虽然支付了 64kb/s 的信息速率费（收费依 CIR 来定），却可以传送高于 64kb/s 的数据，这是帧中继吸引用户的主要原因之一。

目前，国内帧中继所采用的连接主要是永久虚电路（PVC），另外一种逻辑电路是交换虚电路（SVC）。帧中继协议是对 X.25 协议的简化，因此处理效率较高、网络吞吐量高、通信时延低，帧中继用户的接入速率在 64kb/s～2Mb/s，甚至可达到 34Mb/s。

## 8.6.2  帧中继的应用

帧中继既可作为公用网络的接口，也可作为专用网络的接口。专用网络接口的典型实现方式是，为所有的数据设备安装带有帧中继网络接口的 T1 多路选择器，而其他如语音传输、电话会议等应用则仅需安装非帧中继的接口。这两类网络中，连接用户设备和网络装置的电缆可以用不同速率传输数据，一般速率在 56kb/s 到 E1 速率（2.048Mb/s）之间。

帧中继的常见应用简介如下。

### 1．局域网的互连

由于帧中继具有支持不同数据速率的能力，使其非常适于处理局域网—局域网的突发数据流量。传统的局域网互连，每增一条端—端线路，就要在用户的路由器上增加一个端口。基于帧中继的局域网互连，只要局域网内每个用户至网络间有一条带宽足够的线路，则既不用增加物理线路也不占用物理端口，就可增加端—端线路，而不致于对用户性能产生影响。

### 2．语音传输

帧中继不仅适用于对时延不敏感的局域网，还可以应用于对时延要求较高的低档语音的通信。

### 3．文件传输

帧中继既可保证用户所需的带宽，又有实际满意的传输时延，非常适合大流量文件的传输。

帧中继技术首先在美国和欧洲得到应用。1991 年末，美国第一个帧中继网——Wilpac网投入运行，它覆盖全美 91 个城市。在北欧，芬兰、丹麦、瑞典、挪威等国，在 20 世纪 90 年代初联合建立了北欧帧中继网 WORDFRAME，之后英国等许多欧洲国家也开始了帧中继网的建设和运行。在我国，国家帧中继骨干网于 1997 年初初步建成，覆盖了各省会城市；从 1998 年以来，各省根据本省实际情况，逐步搭建了省 ATM/帧中继网，上海是提供国际帧中继业务的出口局。

帧中继业务是在用户与网络接口（UNI）之间提供用户信息流的双向传送，并保持原顺序不变的一种承载业务。用户信息流以帧为单位在网络内传送，用户与网络接口之间以虚电路进行连接，对用户信息流进行统计复用。

经过近几年的发展，我国已经在全国绝大部分重要城镇建立了帧中继网结点，并与Internet 实现了互联。和其他广域网通信手段相比，通过帧中继网实现异地网络互联，具有可靠性高、协议透明传输、高速廉价的优点。因此，帧中继是目前企业建设信息网最有效的通信方式。

241

## 8.7  异步传输模式

异步传输模式（ATM），又叫信源中继。ATM 是一种新的体系结构，采用面向连接的交换方式，它以信元为单位。每个信元长 53B，其中报头占了 5B。ATM 能够比较理想地实现各种 QoS，既能够支持有连接的业务，又能支持无连接的业务，是宽带 ISDN（B-ISDN）技术的典范。

### 8.7.1  ATM 概述

异步传输模式（ATM）在 ATM 参考模式下由一个协议集组成，用来建立一个在固定 53B 的数据包（信元）流上传输所有通信流量的机制。固定大小的包可以确保快速且容易地实现交换和多路复用。ATM 是一种面向连接的技术，也就是说，两个网络系统要建立相互间的通信，需要通知中间介质服务需求和流量参数。

ATM 参考模式分为三层：ATM 适配层（AAL）、ATM 层和物理层。AAL 连接更高层协议到 ATM 层，其主要负责上层与 ATM 层交换 ATM 信元。当从上层收到信息后，AAL 将数据分割成 ATM 信元；当从 ATM 层收到信息后，AAL 必须重新组合数据形成一个上层能够辨识的格式，上述过程称为分段与重组（SAR）。不同的 AAL 用于支持在 ATM 网络上使用不同的流量或服务类型。

ATM 层主要负责将信元从 AAL 转发给物理层便于传输和将信元从物理层转发给 AAL 便于其在终端系统的使用。ATM 层能够决定进来的信元应该被转发至哪里；重新设置相应的连接标识符并且转发信元给下一个链接、缓冲信元以及处理各种流量管理功能，如信元丢失优先权标记、拥塞标注和通用流控制访问。此外 ATM 层还负责监控传输率和服从服务约定（流量策略）。

ATM 的物理层定义了位定时及其他特征，将数据编码并解码为适当的电波或光波形式，用于在特定物理媒体上传输和接收。此外它还提供了帧适配功能，包括信元描绘、信头错误校验（HEC）的生成和处理、性能监控以及不同传输格式的负载率匹配。物理层通常使用的介质有 SONET、DS3 、光纤、双绞线等。

### 8.7.2  ATM 的信元

信元实际上就是分组，只是为了区别于 X.25 的分组，才将 ATM 的信息单元称为单元。ATM 的信元具有固定的长度，即总是 53B。其中 5 个字节是信头(Header)，48 个字节是信息段。信头包含各种控制信息，主要是表示信元去向的逻辑地址，另外还有一些维护信息、优先级及信头的纠错码。信息段中包含来自各种不同业务的用户数据，这些数据透明地穿越网络。新元的格式与业务类型无关，任何业务的信息都同样被切割封装成统一格式的单元。

ATM 的信头有两种格式，分别对应用户—网络接口 UNI 和网络结点接口 NNI。ATM 的信头有两种格式，分别对应用户-网络接口 UNI 和网络节点接口 NNI。下面介绍 NI 信头中每个字段的功能：

（1）一般流量控制字段(Generic Flow Control，GPC)，又称接入控制字段。当多个信元等待传输时，用以确定发送顺序的优先级。

（2）虚通道标识字段(Virtual Path Identifier，VPI)和虚通路标识字段(Virtual Channel Identifier，VCI)用做路由选择。

（3）负荷类型字段(Payload Type，PT)用以标识信元数据字段所携带的数据的类型。

（4）信元丢失优先级字段(Cell Loss Priority，CLP)用于阻塞控制，若网络出现阻塞时，首先丢弃 CLP 置位的信元。

（5）信头差错控制字段(Head Error Control，HEC)用以检测信头中的差错，并可纠正其中的 1 比特错。HEC 的功能在物理层实现。

## 8.7.3 ATM 的工作方式

ATM 采用异步时分复用方式工作，来自不同信息源的信元汇集到一起，在一个缓冲器内排队，队列中的信元逐个输出到传输线路，在传输线路上形成首尾相接的信元流。信元的信头中写有信息的标志(如 A 和 B)，说明该信元去往的地址，网络根据信头中的标志来转移信元。

信息源随机地产生信息，因为信元到达队列也是随机的。高速的业务信元来得十分频繁、集中，低速的业务信元来得很稀疏。这些信元都按先来后到在队列中排队，然后按输出次序复用到传输线上。具有同样标志的信元在传输线上并不对应某个固定的时间间隙，也不是按周期出现的，即信息和它在时域的位置之间没有关系，信息只是按信息头中的标志来区分的。这种复用方式称为异步时分复用(Asynchronous Time Division Multiplex)，又称统计复用(Statistic Multiplex)。而在同步时分复用方式(如 PCM 复用方式)中，信息以它在一帧中的时间位置(时隙)来区分，一个时隙对应着一条信道，不需要另外的信息头来标识信息的身份。

异步时分复用方式使 ATM 具有很大的灵活性，任何业务也都可以按实际需要来占用资源。对于特定的业务，传送速率可随信息到达的速率而变化，因此网络资源得到了最大限度的利用。ATM 网络可以适用于任何业务，不论其特性如何(速率高低、突发性大小、质量和实时性要求等)，网络都按同时的模式来处理，真正做到了完全的业务综合。

若某个时刻队列中没有等待发送的信元，此时线路上就出现未分配信元(信头中含有标志 φ)；反之，若某个时刻传输线路上找不到可以传送新元的机会(信云都已排满)，而队列已经充满缓冲区，此时为了尽量减少对业务质量的影响，将优先级别低的信元丢弃。缓冲区的容量必须根据信息流量来计算。

为了提高处理速度和降低延迟，ATM 以面向连接器的方式工作。网络的处理工作十分简单：通信开始时建立虚电路，以后用户将虚电路标志写入信头(即地址信息)，网络根据虚电路标志将信元送往目的地。

经过 ATM 网络中的结点提供信元的交换。其实，ATM 网络的结点完成的只是虚电路的交换，因为同一虚电路上的所有信元都选择同样的路由，经过同样的通路到达目的地。在接收段，这些信元到达的次序总是和发送次序相同。

ATM 交换结点的工作比 X.25 分组交换网中的结点要简单得多。ATM 结点只做信头的 CRC 检验，对于信息的传输差错根本不过问。ATM 结点不做差错控制(信头中根本没有信元的编号)，也不参与流量控制，这些工作都留给终端去做。ATM 结点的主要工作就是读信头，并根据信头的内容快速地将信元送往要去的地方，这件工作在很大的程度上依靠硬件来完成，所以 ATM 交换的速度非常快，可以和光纤的传输速度相匹配。

## 8.7.4　ATM 上的经典 IP

异步传输模式上经典 IP 实现的定义在 RFC 2225 中进行了描述，RFC 2225 是一个建议的标准，根据 RFC 2400（STD 1），这是一种可选的标准。这个 RFC 只考虑 ATM 直接取代"导线（Wire）"、连接 IP 端站点（Endstation）（成员）的本地 LAN 网段，以及在基于 LAN 的经典环境中运行的路由器，它没有充分考虑 MAC 层的桥接和 LAN 仿真引起的问题。

ATM 的最初部署提供了 LAN 网段以取代如下网络：

（1）以太网、令牌网或者 FDDI 网。

（2）已有的（非 ATM）LAN 间的局域主干网。

（3）IP 路由器间帧中继 PVC 的专用电路。

这个 RFC 还描述了 ARP 协议（RFC 826）的扩展，使它能够在 ATM 上工作。

ATM 逻辑 IP 子网中的地址解析由基于 RFC 826r ATM 地址解析协议（ATM Address Resolution Protocol，ATMARP）和基于 RFC 1293 的反向 ATM 地址解析协议（Inverse ATM Address Resolution，InATMARP）（在 RFC 2390 中进行了更新）来完成。ATNARP 是与 ARP 协议相同的协议，它扩展了单播服务器在 ATM 环境中支持 ARP 所需的功能。InATMARP 是与原来的 InARP 协议相同的协议，但是应用于 ATM 网络。这些协议的使用随使用永久虚连接（Permanet Virtual Connection，PVC）还是使用交换虚连接（Switched Virtual Connection，SVC）而不同。

### 1．逻辑 IP 子网

引入 LIS（Logic IP Subnetwork，逻辑 IP 子网）术语的目的是把逻辑 IP 结构映射到 ATM 网络。在 LIS 环境中，每个不同的管理实体在一个封闭的逻辑 IP 子网（相同的 IP 网络/子网号码和地址掩码）中配置它的主机和路由器。每个 LIS 在运行和通信时独立于同一个 ATM 网络上的其他 LIS。与一个 ATM 网络连接的主机直接与相同 LIS 中的其他主机通信。这意味着 LIS 的所有成员都能够通过 ATM 与所有其他成员进行通信（VC 拓扑结构是全互联的）。与本地 LIS 外的主机通信通过 IP 路由器提供。路由器是连接到 ATM 网络的一个 ATM 终端，把它配置为一个或多个 LIS 的成员。这一配置可能导致许多不同的 LIS 在相同的 ATM 网络上运行。不同 IP 子网的主机必须通过一个中介 IP 路由器进行通信，即使有可能在 ATM 网络上的两个 IP 成员之间打开一个直接 VC，也必须通过中介路由器进行通信。

### 2．多协议封装

如果需要在一个物理网络上并发地使用多种网络协议（IP、IPX 等），则需要多路复用不同协议的方法。在 ATM 环境中，这种方法既可以通过基于 VC 的多路复用技术实现，也可以通过 LLC 封闭实现。如果选择基于 VC 的多路复用技术，则两台主机间的每个不同协议也必须有一个 VC。LLC 封装在 LLC 层提供了多路复用功能，因此只需要一个 VC。根据 RFC 2225 和 1483，TCP/IP 使用第二种方法，因为这种多路复用技术已经在 RFC 1042 中为所有其他 LAN 类型定义了，诸如以太网、令牌环网和 FDDI。根据这个定义，IP 仅仅把 ATM 作为 LAN 的替代。ATM 必须提供的所有其他功能，诸如同步流量的传输等，都没有得到使用。IETF 工作小组负责改善 IP 实现以及与 ATM 论坛进行交流，以表达 Internet 对于未来标准的兴趣。

为了实现正确的传输，TCP/IP PDU 被封装在一个 IEEE 802.2 LLC 消息头中，后面跟着一个 IEEE 802.1a 子网附加点（SubNetwork Attachment Point，SNAP）消息头，以及一个 AAL5 CPCS-PDU（Common Part Convergence Sublayer）的净荷字段进行承载。如图 8-11 所示为 AAL5 CPCS-PDU 格式。

0                                                                          31

| CPCS-PDU 净荷<br>（最大 64 KB-1） | | |
|---|---|---|
| 填充（0～47B） | | |
| CCPS-UU | CPI | 长度 |
| CRC | | |

◆ 图 8-11　AAL5 CPCS-PDU

下面对图 8-11 中的各域进行介绍。

（1）CPCS-PDU 净荷：CPCS-PDU 净荷如图 8-12 所示。

0                                                                          31

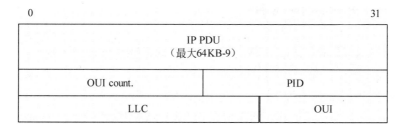

| IP PDU<br>（最大 64 KB-9） | |
|---|---|
| OUI count. | PID |
| LLC | OUI |

◆ 图 8-12　IP PDU 的 CPCS-PDU 净荷格式

（2）填充：填充字段填补 CPCS-PDU 以正好适合 ATM 单元。

（3）CPCS-UU：CPCS-UU（User-to-User Identification，用户到用户标识符）字段用来透明地传输 CPCS 用户到用户信息。这个字段没有封装功能，并且可以把它设为任何值。

（4）CPI：CPI（Common Part Indicator，通用部分指示器）字段把 CPCS-PDU 尾部调整为 64 位。

（5）长度：长度字段是以字节为单位的净荷字段的长度，最大值为 65 535，正好是 64KB-1。

（6）CRC：CRC 字段保护除了 CRC 字段本身以外的整个 CPCS-PDU。

下面对图 8-12 中的各域进行介绍。

（1）IP PDU：常规 IP 数据报，以 IIP 消息头开始。

（2）LLC：DSAP-SSAP-Ctrl 格式的三字节 LLC 消息头。对于 IP 数据，把它设为 0xAA-AA-03，指示存在 SNAP 消息头。Ctrl 字段始终保持值 0x03，规定未编号的信息命令 PDU（Unnumbered Information Command PDU）。

（3）OUI：三字节，机构唯一的标识符（Organizationally Unique Identifier，OUI）标识一个管理机构，它管理随后的两字节协议标识符（Protocol Identifier，PID）的含义。当在 PID 中规定一个 EtherType 时，OUI 必须设为 0x00-00-00。

（4）PID：协议标识符（Protocol Identifier，PID）字段规定随后的 PDU 的协议类型。对于 IP 数据报，分配的 EtherTypeh 或者 PID 是 0x08-00。

ATM 网络中 IP 成员的默认 MTU 大小在 RFC 1626 中进行了描述，并被定义为 9180字节。LLC/SNAP 消息头 8 字节，因此，默认的 ATM AAL5 PDU 的大小为 9188 字节。可能值可以在 0～65535 之间。允许改变 MTU 大小，但是若那样的话 LIS 的所有成员也必须跟着改变，以使它们有相同的值。RFC 1755 建议所有的实现都必须支持最大为 64KB（包括 64KB）的 MTU 大小。

ATM 网络中的地址解析被认为是 ARP 协议的扩展。不存在从 IP 广播或者组播地址到 ATM 广播或者组播地址的映像。但是，对于规定 RFC 1122 中描述的所有 4 种标准 IP 广播地址形式的 IP 数据报，传输或者接收它们没有任何限制。在接收一个 IP 广播或者它们的 LIS 的 IP 子网广播时，成员必须像连接到那个站点那样处理消息。

## 8.7.5  ATM LAN 仿真

最初在 RFC 1577 中定义的 ATM 上的经典 IP and ARP 是第一次尝试着在 ATM 提供的面向连接的服务之上映射一个无连接网络层协议。这一尝试由 IETP 发起和执行，自然仅仅从 IP 的角度来解决问题。但数据联网的世界不是也永远不会是由单一协议构成的。除 IP 以外，还有大量基于其他网络协议如 SNA/高级对等联网（Advanced Peer-to-Peer Networking，APPN）、NetBIOS、IPX、AppleTalk 等的老式 LAN 应用。如果 ATM 会成为数据网络应用的一个有用的传输手段，那么它必须能够适应包括 IP 在内的其他协议。

ATM 论坛解决了这一问题并开发了 ATM 上的 LAN 仿真（LAN Emulation，LANE）规范。LANE 仿真了一个物理 ATM 网络之上的一个典型广播 LAN 的功能和行为。不加修改的 LAN 应用能够在一个 ATM 网络上运行。老式 LAN 工作站和应用能够与它们连接到 ATM 上的对等端通信，如同它们通过一个 LAN 的网桥通信。正如同任何老式的 LAN 一样，LANE 能够支持 IP 及其他网络协议。

LAN 是对局域网的媒体访问控制子层（MAC 层）进行仿真，LANE 的协议栈如图 8-13 所示。

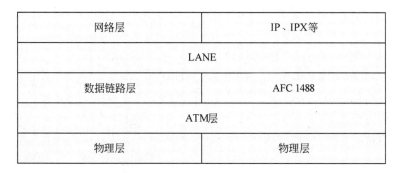

| 网络层 | IP、IPX等 |
| --- | --- |
| LANE | |
| 数据链路层 | AFC 1488 |
| ATM层 | |
| 物理层 | 物理层 |

**图 8-13　LANE 的协议栈**

由 ATM 层替代传统 LAN 的 MAC 子层，成为物理层和逻辑链路之间的一层，因此局域网逻辑链路层以上的软件可以不做任何改动。LANE 可以支持任何局域网的高层协议（如 IP、IPX 等）。

LANE 的服务体系是基于 Client/Server 的查询和响应模型。在一个仿真的局域网络（ELAN）中，需要配置局域网仿真客户机（LEC）、局域网仿真配置服务器（LECS）、局域网仿真服务器（LES）和广播/未知服务器（BUS）。LEC 是所仿真的局域网的端系统，它向现有局域网提供 MAC 层的服务接口，代理原局域网中的所有终端向 ATM 网络传输数据，完成地址解析，实现整个 ELAN 中的所有终端间的通信。LECS 负责保存仿真局域网中的局域网仿真客户机（LEC）配置信息，并向新安装的 LEC 发送 LES 的 ATM 地址，每个管理域只有一个 LECS，它可为一个或多个仿真局域网（ELAN）提供服务。LES 负责实现 MAC 地址与 ATM 地址的映像功能，每个 ELAN 只有一个 LES，每个 LES 有一个专有的 ATM 地址来标识。BUS 负责处理广播及未知的 MAC 地址，在仿真局域网内提供广播和组播传送功能。

LEC 是如何与 LES 进行通信完成地址解析并把用户数据通过 ATM 数据直达链路传送给另一个真地址解析协议（LE-ARP）请求，并询问收端的 ATM 地址的呢？如果收端已在 LES 上注册，则 LES 就在 LE-ARP 应答中将收端 ATM 地址返回给发 ARP 请求转发给 ELAN 上的所有 LEC，收端 LEC 收到该请求后，就在 LE-ARP 应答中将自己的 ATM 地址返回给 LES，再由 LES 返回就通过 ATM SVC 呼叫建立到收端的虚连接，并在其上进行数据传送。

LANE 对局域网从 MAC 层进行仿真，屏蔽了网络层以及其上的高层协议，从而使

ATM 网络可以支持多种协议的传送。这既是它的优点，也是它的缺点。优点是为 LAN 用户的互连创造了便利条件，缺点是无法利用 ATM 的多业务及相应的特性，网络层的 QoS（如 IP 协议中的 RSVP）也无法对应到 ATM 交换结构中，同时由于最大帧长度的限制，网络规模的扩展也受到限制；而且两个 ELAN 内的用户进行通信时要经过路由器，仍不能完全解决路由器瓶颈问题；最后，一个 ELAN 目前只能同时仿真一种局域网，不能完成异种局域网的转换问题。

## 8.7.6　ATM 上的多协议

为了克服 LANE 和 CIPOA 的局限性，ATM 论坛推出了 ATM 上的多协议规范（MPOA）。MPOA 集成了 LANE、CIPOA、NHRP 和 Mars 规范的功能，同时还引入了虚拟路由器的概念。MPOA 是一个功能强大的网络层路由解决方案，使任何具有 MPOA 功能的设备都可以和另一台设备通过 ATM 交换建立直接连接，不必再经过中间的路由器。这种直接跨越 ATM 网络建立直接连接的技术有时也称为"直通"或"零跳"路由。

MPOA 实际上采用了三种互补的技术来构成其基本功能：ATM 论坛的局域网仿真（LANE）协议、IETF 的下一跳解析协议（NHRP）以及虚拟路由器的概念。LANE 是在 ATM 上仿真第二层的局域网技术，使得 ATM 透明于上层应用，是 MPOA 的一个内部组成部分，适用于子网内部的通信。NHRP 提供了一种扩展的地址解析协议，是基于网络层的寻址技术，允许下一跳的客户在不同的逻辑子网间发送查询，从而允许子网间直接建立 ATM 连接，让确定的数据流不需使用中间的路由器。虚拟路由器是指将传统路由器的功能分离到网络中各个不同的组成部分中去，也就是说，将网络中一系列设备集合共同完成传统路由器在网络中的功能，从而降低了成本，提高了效率。

MPOA 标准模型包括三个部分：边界设备、ATM 直连主机和路由服务器。边界设备使用网络层和 MAC 层目的地址在传统的局域网与 ATM 接口间传送数据包，以使传统的局域网能够通过 ATM 进行高效传输。ATM 直连主机具有能够实现多协议信息传输标准功能的 ATM 网络接口卡，它允许 ATM 直连主机间的相互通信，并允许 ATM 直连主机通过边界设备与传统局域网进行通信。路由服务器是一组功能的集合体，它既可作为单个产品实现，也可在现有路由器和交换机中构建，它使用某些路由协议算法和构造响应 MPOA 系统的请求。它完成网络层对 ATM 层地址的映像，对未知的服务器的多路广播以及对网络层、MAC 层和 ATM 地址的维护功能。

MPOA 系统规定了具体实现某种功能的逻辑组成部件：MPOA 客户（MPC）和 MPOA 服务器（MPS），它们可以在不同的硬件配置上实现。

MPC 检测通信流，一旦发现就请求 MPS 为其提供收端的 ATM 地址，得到该地址后通过 SVC 呼叫建立到收端的 ATM 连接，并在其上传送数据；MPS 负责维护本地的网络层、MAC 层和 ATM 地址信息以及路由表，MPS 处理来自 MPC 的地址解析请求并做出应答，MPS 之间通过 NHRP 进行联络，以解决跨子网的地址解析问题。

MPOA 的实质是虚拟路由技术，即使用边界设备完成大部分交换功能，使用路由服务器建立路由表，为边界设备提供路由。它的优点是不仅能在一个子网内建立 ATM 虚通道连接，而且能够在不同的子网间建立直接的 ATM 虚通道连接，跨子网的通信不再经过路由器，解决了路由器瓶颈问题。缺点是系统结构比较复杂，具体实现比较困难，而且仍存在一些问题需要解决，如基于 NHRP 协议的地址解析、响应时间延迟较大等。

## 8.7.7　ATM 基本术语

下面介绍 ATM 的基本术语。

### 1．路由（Routing）

信息流沿着作为指针所建立的路径（称为虚信道（Virtual Channel））流经网络。信元的消息=头包含一个标识符，它把这个信元链接到正确的路径，通过它到达目的端。

### 2．基于硬件的交换（Hardware-Based Switching）

ATM 设计使得在每个结点上可以利用简单的基于硬件的逻辑元素来执行交换。在一个 1Gb/s 的链路上，每隔 0.43μs 一个新的信元到达，而同时一个信元被发送。因此，没有太多时间考虑如何处理一个到达的消息。

### 3．虚连接（Virtual Connection，VC）

ATM 提供了一个虚连接交换环境。即可以在一个永久虚连接的基础上建立 VC，也可以在一个动态的交换虚连接上建立 VC。SVC 呼叫通过 Q.93B 协议的实现管理。

### 4．终端用户接口（End-user Interface）

列高层协议在 ATM 网络上进行通信的唯一途径是通过执行协议数据单元（Protocol Data Unit，PDU）向 ATM 信元的信息字段映像，以及从 ATM 信元的信息字段向协议字段映射。有 4 种 AAL 类型：AAL1、AAL2、AAL3/4 以及 AAL5。这些 AAL 为更高层协议提供了不同的服务。下面列出了 AAL5 的特征，它们用于 TCP/IP：

（1）消息模式和流模式（Streaming Mode）；
（2）有保证的发送（Assured Delivery）；
（3）没有保证的发送（Non-assured Delivery）（由 TCP/IP 使用）；
（4）数据的分块和分段（Blocking and Segmentation of Data）；
（5）多点操作（Multipoint Operation）。

AAL5 提供了与 LAN 在介质访问控制（Medium Access Control，MAC）层上相同的功能。通过信源建立机制，VC 端点可以知道 AAL 的类型，并且 ATM 信源的消息头没有携带 AAL 类型。对于 PVC，连接（电路）被建立时，AAL 在终端上按照可管理的方式进行配置。对于 SVC，AAL 类型通过作为呼叫设置建立的一部分的 Q.93B 沿着 VC

路径进行通信，并且终端使用发出的信息进行配置。ATM 交换机通常不考虑 VC 的 AAL 类型。AAL5 格式规定了一种消息格式，最大为 64KB，其中用户数据 1B。

### 5. 编址（Addressing）

ATM 论坛（ATM Forum）是一个世界性组织，旨在促进 ATM 在工业界和用户团体中的应用。成员不仅包括 500 多家涉及通信和计算机行业的企业，而且还包括了许多政府机构、研究机构和用户。ATM 论坛终端地址要么被编码为一个 20B 的基于 OSI NSAP 的地址（用于专用网络编址），要么是一个 E.164 公用 UNI 地址（Public UNI Address，公用 ATM 网络使用的电话号码样式的地址）。

### 6. 广播（Broadcast）、组播（Multicast）

ATM 当前没有提供类似于 LAN 的广播功能，但是提供了一种组播功能。ATM 组播其实是点到多点连接（Point-to-Multipoint Connection）。

# 思考与练习

## 一、填空题

1．快速以太网支持三种介质，分别为 100Base-T、100Base-T4、_____。(100Base-FX)

2．_____是 20 世纪 80 年代中期发展起来一项局域网技术，它提供的高速数据通信能力要高于当时的以太网（10Mb/s）和令牌网（4 或 16Mb/s）的能力。（光纤分布式数据接口）

3．_____是基于单一通信网络的能提供包括语音、图像、数据、文字等综合业务的数据网。（综合业务数字网）

4．在 ISDN 的定义中具有的三个基本特性分别为端到端的数字连接、_____和标准的入网接口。（综合的业务）

5．CCITT 定义了两种用户－网络接口的标准，它们是基本速率接口 BRI 和_____。（一次群（基群）速率接口 PRI）

6．帧中继可作为两种网络接口使用，一种是公用网络的接口，一种是_____。（专用网络的接口）

7．ATM 是一种新的体系结构，采用面向连接的交换方式，它以_____为单位。每个信元长 53B。（信元）

## 二、选择题

1．下列哪一个不是快速以太网支持的三种介质之一？（D）

A．100Base-T　　　　B．100Base-T4

C．100Base-FX　　　　D．100Base-TX

2．以太网系统都使用_____作为访问方法。（A）

A．CSMA/CD　　　　B．PPP

C．SLIP　　　　　　D．C/S

3．以太网帧的最小长度是_____字节。（A）

A．64　　　　　　　B．128

C．256　　　　　　　D．512

4．下列哪一项不是目前 B-ISDN 采用的主要传输模式？（D）

A．高速分组交换

B．高速电路交换

C．异步传输模式 ATM

D．同步报文交换

5．在 X.25 分组的一般格式中可以不包含以下哪个字段？（D）

A．通用格式标识

B．逻辑信道标识

C．分组类型标识

D．数据字段

6．_____是综合业务数字网标准化过程中产生的一种重要技术，它是在数字光纤传输线路中逐渐代替原有的模拟线路的技术。（A）

A．帧中继　　　　B．PPP

C．X.25　　　　　D．ATM LAN 仿真

### 三、简答题

1．简要概述以太网的发展。

2．以太网有几种传输模式？列出这几种传输模式。

3．简要描述 FDDI，并列出它的主要特性。

4．描述 ISDN 的发展。

5．什么是 X.25，它有什么优点？

6．简要描述异步传输模式 ATM。

# 第 9 章　TCP/IP 连网

在前面的章节中，我们学习了 TCP/IP 的结构，以及它在网络中运行的原理。那么，在物理结构、位、字节、端口、协议层以及包等概念的背后，究竟需要怎么将网络设备或者网段连接到 Internet 这个大家庭上呢？本节将讲解这些知识。

**本章要点：**

❑ 了解拨号连接
❑ 掌握电缆宽带
❑ 掌握 DSL 网络
❑ 掌握无线网络连接
❑ 掌握常见网络设备的功能

## 9.1　拨号连接

拨号连接是指经由交换网向数据网提供语音或数据承载电路的连接。通俗地讲，就是使用电话线经由调制解调器连接网络的形式。这种形式在几年前我国网络发展初期曾经风行一时。虽然，现在的网络仍然使用调制解调器，但是大多数已经开始逐渐脱离了电话线，因此已经不再完全是拨号连接了。尽管如此，本章仍然讲解拨号连接的相关知识，因为它是其他连接方式的基础。

### 9.1.1　点对点连接

通过前面的学习我们已经知道，以太网使用精致的访问策略让计算机共享网络介质。但是，通过电话线连接到 Internet 时，两台计算机之间不需要与其他计算机争用传输介质，它们只需要在彼此之间共享介质就可以了。这种连接方式，就被称为点到点连接（A Point-to-Point Connection），如图 9-1 所示。

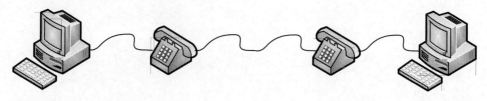

图 9-1　点到点连接

点到点连接比基于局域网的配置更简单一些。因为它不需要具备让多台计算机共享传输介质的方法。但是，通过电话线的连接也有一些局限性，最大的局限之一就是电话连接的传输速率太低，无法与现在的宽带、光纤相比。

### 9.1.2 调制解调协议

在网络发展初期，调制解调器协议只不过是一种在电话线上传输信息的方法，在这种情况下，不需要使用 TCP/IP 的逻辑寻址和网间错误控制。随着局域网和 Internet 技术的不断成熟，网络工程师开始考虑让拨号连接作为提供网络访问的一种方式。这种远程网络访问概念的第一个实现是对早期调制解调器协议的扩展，在这种最初的主机拨号方案中，连接到网络的计算机负责为网络准备数据。无论是显式还是隐式的，远程计算机都类似一个终端，通过一个完全独立的过程让互联网利用调制解调器线路执行联网任务、发送和接收数据，如图 9-2 所示。

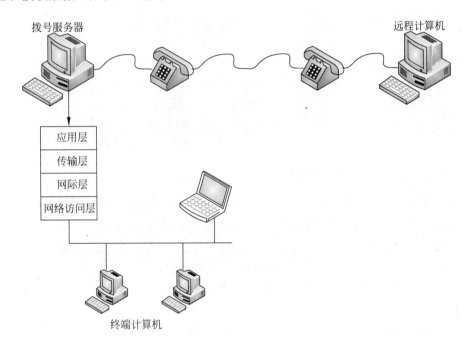

**图 9-2** 早期的拨号

虽然，这种网络看似很简单，但是它却具有很大的局限性。最重要的一点则是这样的网络对于计算机的中心化计算要求太高，对提供网络连接的计算机要求过多，而且不能充分发挥远程计算机的处理能力。这可能不太好理解，我们可以借助图 9-2 进行理解，假设现在网络中不仅有一台计算机要求连接到拨号服务器，而是几十台、几百台乃至更多计算机要求连接到拨号服务器，那将会产生怎么样的结果，这台服务器是否能够承受这么多请求，而不会崩溃？

随着 TCP/IP 和其他可路由协议的出现，网络工程师构想出了一种较为高级的解决方案，即让远程计算机负责更多的连网服务，而让拨号服务器充分发挥类似于路由器的作用，如图 9-3 所示。

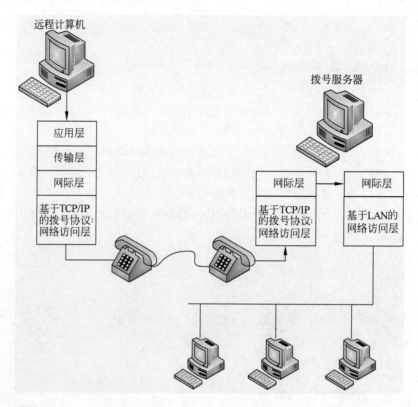

图 9-3 优化后的方案

通过图 9-3 所示的结构形式，可以使远程计算机运行自己的协议栈，让调制解调器协议工作于网络层，拨号服务器接收数据并路由到更大的网络中。

通过上面的优化后，拨号协议就可以直接与 TCP/IP 协议栈配合运行，并成为了 TCP/IP 协议的一部分，运行在网络中的调制解调器协议有两种。

（1）串行线路网际协议（SLIP）：基于 TCP/IP 的早期调制解调器协议，这种协议局限性较强。

（2）点到点协议（PPP）：这是应用在调制解调器连接中最为流行的协议之一，是对 SLIP 的优化，具有 SLIP 所不具备的很多特性。

在现在的网络中，PPP 已经取代了 SLIP，并得到了推广。在本章后面的讲解中还将详细介绍 PPP。

## 9.1.3 点到点协议

PPP 的出现主要是为了解决 SLIP 存在的缺点。利用该协议能够在连接建立初期进行动态协商配置，并且能够在会话过程中管理通信计算机之间的链路。

### 1. PPP 组件

实际上，PPP 是一组具有交互作用的协议，实现基于调制解调器连网所需的全部功能。PPP 的设计经历了一系列的 RFC，目前使用的标准为 RFC 1661。该标准将 PPP 组件划分为三大类。

1）封装多协议数据报的方法

SLIP 和 PPP 都能接收数据报，转换为适合 Internet 的形式。但 PPP 与 SLIP 不同的是，它必须准备接收来自不同协议系统的数据报。

2）建立、配置和测试连接的链接控制协议（LCP）

PPP 能够通过协商方式进行配置，从而消除了 SLIP 连接遇到的兼容问题。

3）支持高层协议系统的网络控制协议族（NCP）

PPP 可以包含不同的子层，从而为 TCP/IP 和其他网络协议提供单独的接口。

### 2. PPP 数据

PPP 的主要作用是转发数据报，这就意味着它必须能够转发多种类型的数据报。这个数据报的范围比较广，例如 IP 数据报或者 OSI 模型中网络层的其他数据报。

在转发过程中，PPP 也要转发与自己协议相关的信息，这些协议可以建立和管理调制解调器连接。通信设备在 PPP 连接过程中，会交换多种类型的信息和请求。通信计算机必须交换用于建立、管理和关闭连接的 LCP 数据包，支持 PPP 身份验证功能的验证数据包，与各种协议族通信的 NCP 数据包。在连接初期交换的 LCP 数据配置用于全部协议通过的连接参数，NCP 协议配置与特定协议族相关的参数。PPP 的数据格式如图 9-4 所示。

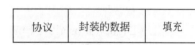

| 协议 | 封装的数据 | 填充 |

**图 9-4　PPP 数据格式**

1）协议

协议部分用来提供代表被封装数据包协议类型的标示号，占用 1～2B。被封装的协议类型包括 LCP 数据包、NCP 数据包、IP 数据包和 OSI 模型网络层协议数据包。

2）封装的数据

该部分用来存放帧中传输的控制数据包或者高层数据报。

3）填充

该部分用来存放协议部分指定的协议所需要的额外字节，每个协议自己负责区分填充字节与被封装的数据报。

### 3. PPP 连接

了解了 PPP 的功能以及数据格式后，下面要学习 PPP 是如何连接、转发数据包的。其具体过程如下。

（1）使用 LCP 协商过程建立连接。

（2）如果步骤（1）的协商过程指定了身份验证要求，通信计算机就进入身份验证阶段。

**提　示**

RFC 1661 提供了密码验证协议（PAP）和挑战握手验证协议（CHAP）两个可选的验证选项。另外，PPP 还支持其他身份验证协议。

（3）PPP 利用 NCP 数据包指定与特定协议相关的配置信息。

（4）PPP 传输从高层协议接收数据。如果第（1）步的协商过程指定了链接质量监视，监视协议就会传输监视信息。

（5）PPP 交换 LCP 终止数据包来关闭连接。

## 9.2 数组用户线路

DSL（数字用户线路）是以电话线为传输介质的传输技术组合。DSL 技术在的公用电话网络的用户环路上支持对称和非对称传输模式，解决了经常发生在网络服务供应商和最终用户间的"最后一公里"的传输瓶颈问题。由于电话用户环路已经被大量铺设，如何充分利用现有的铜缆资源，通过铜质双绞线实现高速接入就成为业界的研究重点，因此 DSL 技术很快就得到重视，并在一些国家和地区得到大量应用。本节将讲解 DSL 的相关知识。

### 9.2.1 DSL 的分类

DSL（Digital Subscriber Line，数字用户专线）技术是基于普通电话线的宽带接入技术，它在同一铜线上分别传送数据和语音信号，数据信号并不通过电话交换机设备，减轻了电话交换机的负载。图 9-5 所示的是 DSL 网络的物理结构。

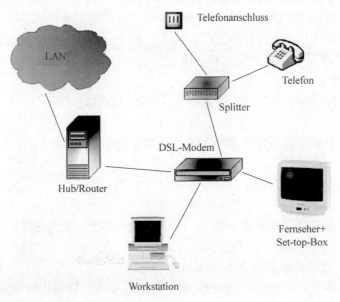

**图 9-5 DSL 网络物理结构**

DSL 包括 HDSL、SDSL、VDSL、ADSL 和 RADSL 等，一般称为 xDSL。它们主要的区别就是体现在信号传输速度和距离的不同以及上行速率和下行速率对称性的不同两个方面。

### 1．HDSL

HDSL（High-Data-Rate Digital Subscriber Line，高速率数字用户线路）技术以现有的电话网为传输媒介，利用其先进的数字信号处理技术和调制解调技术来提高传输速率和距离，为铜线接入技术在计算机网络上的广泛应用提供了一条重要的途径。在进行企业计算机网络系统（简称企业网）设计时，应根据网络结点具体的地理位置和业务需求，利用 HDSL 技术的特点，可以选择 HDSL 技术作为企业网的一种接入方式。

### 2．SDSL

SDSL（Symmetric DSL，对称 DSL）是 HDSL 的一种变化形式，SDSL 指上、下行最高传输速率相同的数字用户线路，也指只需一对铜线的单线 DSL。它只使用一条电缆线对，可提供从 144kb/s～1.5 Mb/s 的速度。

SDSL 是速率自适应技术，和 HDSL 一样，SDSL 也不能同模拟电话共用线路。

### 3．ADSL

ADSL（Asymmetric DSL，非对称 DSL）和电话共用一条线，但它使用的频带比话音频带高。不过必须在用户端安装 POTS 分路器来隔离话音和 ADSL。

### 4．VDSL

VDSL（Very-High-Bit-Rate Digital Subscriber Loop）是甚高速数字用户环路，简单地说，VDSL 就是 DSL 的快速版本。使用 VDSL，短距离内的最大下传速率可达 55Mb/s，上传速率可达 19.2Mb/s，甚至更高。

## 9.2.2 DSL 的特点

Keynote 公司最近发表了一份调查报告，把线缆调制解调器跟高速 DSL 访问技术在宽带表现方面进行了比较，发现甚至最低级的 DSL 也比线缆调制解调器技术的速度快12%，至少在晚上访问网络的高峰时间是这样。

该公司用一个月时间追踪了线缆调制解调器和 DSL 访问速度，下载速度等级为384kb/s，用了 4 条高速 T1 线路。Keynote 的分析人员发现，线缆调制解调器更多的是销售给家庭用户，它在白天比较容易达到性能顶峰，而在晚上多数当家庭用户使用网络时，性能则下降。DSL 系统更多的是用在商业环境，当晚上雇员基本下班时，它的性能表现就比较出色。

利用一个标准设置的网页作为评测标准，Keynote 公司发现，太平洋 Bell 公司的 DSL系统，在下午 5 点到 11 点之间下载一个页面平均需要花 3.55s，而在白天上班时间平均需要 4.30s。线缆调制解调器系统在晚上下载评测页面的平均时间为 3.97s，而白天为3.68s。这意味着 DSL 在晚上比线缆调制解调器快 12%，而在白天上班时间比后者慢 17%。

专家指出，在 DSL 的速度快过线缆调制解调器的网络连接中，性能的不同也还可能要归结为不同系统的不同架构。线缆调制解调器基于共享式网络，在这种网络环境中，每个在一定的近距离范围内的用户都共享通向同一个线缆网络流的路径。而 DSL 系统则不同，每一个用户有一个专线连接到电话公司的中心机房。

由于覆盖面的问题，有人认为 DSL 的最佳应用领域是商用市场，而 Cable Modem 主要针对家庭市场。但 DSL 的支持者认为，DSL 照样可以实现家庭办公。这主要因为以下几点。

### 1．DSL 安装简单

铜线是现成的，本地电话交换公司可以帮用户接入。而在用户家中安装双向 Cable Modem 则要求附近已经铺设了光纤主干道。

### 2．DSL 可以保证带宽

Ca-ble Modem 的带宽需要共享，而且没有服务等级保证。电信公司则可以通过 DSL 线路向每一位客户提供特定的带宽服务。

### 3．DSL 性能优于电缆

电缆似乎性能更好，但在负载比较重的分支，每位 Cable Modem 用户享有的带宽会迅速下降。

### 4．连网方便

对于构建家庭局域网的场合，如果用户家里拥有一台以上的 PC，可能需要把它们全部连接起来。Cable Modem 并不具备分地址和局域网功能。而有些 DSL 解决方案可以使用户拥有多条虚拟线路，不必增加连线就能实现打印和文件共享。此外，如果使用 DSL，用户可以建立一个虚拟专用网，完全避开 Internet，并可以拥有一个固定或动态的 IP 地址，而电缆只能提供动态分配地址。

## 9.2.3 DSL 的应用

随着 DSL 技术的日趋成熟，这种网络结构已经逐渐普及。那么，它主要都应用在什么方面呢？本节将详细给予读者解答。

（1）DSL 用作移动基站传送技术能显著降低成本。

在以移动语音业务和低速 GPRS 业务为主的阶段，移动基站对带宽需求较小，所以移动运营商在基站回传方案上，选择 E1/T1 租用线路或自建微波传送设备的方式基本能够满足业务需求。但随着移动用户数持续增长，特别是随着 3G 时代的到来，人们对移动数据和视频业务的需求日益增强，同时用户对于移动宽带的体验也更重视，这些促使移动网络对覆盖和带宽的需求持续增长。

然而带宽的增长速度远高于收入的增长速度，给运营商带来增量不增收的矛盾。在运营商的 OPEX 总成本中，回传租用线约占 45%。对于传统语音业务而言，2G 基站传输 1～2 个 E1/T1 已基本上可以满足需求，带宽与收入的矛盾还不突出；但是对于 3G 基站，通常需要 4～5 个 E1 接口；而支持 HSDPA 的基站就可能需要 8～16 个 E1/T1，如果租用 E1/T1 或采用微波等传统传送方式，其网络的 Opex 将因为带宽需求的增长而不断上升，这就迫使运营商不得不寻找为基站提供易于实现、有业务安全和质量保证且价格低廉的移动基站承载方式的解决办法。

随着网络技术的发展，IP 逐渐取代 TDM/ATM 成为电信网络技术发展的主流，基于 IP 的宽带接入 DSL 技术，一方面可以提供足够的带宽，另一方面能够利用已经广泛分布的铜缆提供宽带接入，方便地实现进一步扩展 IP 网络的目的。如果采用同等带宽的 DSL 线路的话，租用费就能降到 E1 的 1/5～1/10，从而显著降低运营成本。

（2）DSL 满足移动基站传送多业务、多场景和时钟同步需求。

移动网从 2G 向 3G 演进是个长期的过程，DSL 作为移动基站传送模式，在满足低成本、高带宽的同时，还能满足 E1 接口回传、E1 和 FE 分路回传、纯 FE 接口回传等多种业务应用场景，满足基站的时钟同步需求。

（3）多线对捆绑技术满足远距离高带宽传送需求。

目前主流的 DSL 技术有 ADSL2+、VDSL2 和 G.SHDSL 及由其衍生的 ADSL2+AnnexM、G.SHDSL.bis、M-PairBonding 等技术。这些技术在短距离应用时能提供比较高的速率，随着距离增大，传输速率也会有所下降。对 8～16Mbit/s 的单基站，可以通过 DSL 多线对绑定技术来解决远距离传送带宽需求。目前 G.SHDSL 提供 4-Pairs 绑定、ADSL2+和 VDSL2 提供 2-Pairs 绑定都能够满足运营商现实的带宽需求。

（4）DSL 不同线路技术满足多场景传送需求。

在向 3G 演进过程中，运营商网络中 GSM/GPRS/EDGE/UMTS 等多种基站设备往往同时存在，接口类型包括 E1、ATM 和 FE 等。针对 2G/3G 网络基站的不同接口，DSL 不同线路技术可以提供基站的语音业务和数据业务的分路传送。对于 TDM/ATME1 接口可以采用对称速率的 G.SHDSL、G.SHDSL.bis、M-pairbondedSHDSL.bis、ADSL2+ Annex M 技术承载；而 FE 接口（HSDPA 等数据业务）则可以采用非对称的 ADSL2+、VDSL2 技术承载。

（5）统一的 PWE3 技术满足多业务传送需求。

对于专注移动业务的运营商来说，简化传送层面可以大幅降低网络的建设成本和运维费用，网络故障概率也随之下降。IPDSLAM 不仅提供多种 DSL 线路技术，而且能利用统一的 PWE3 机制很好地实现 TDM/ATM/IP 报文在 IP 网络中的统一承载，再通过完善的 MPLS 协议保证业务的 QoS 和安全。例如 MPLS 的 OAM 功能可以实现 50ms 电信级网络接口倒换恢复，降低运营商的 OPEX，保证业务安全。

（6）内外部时钟方案满足时钟同步需求。

无论 2G 网络还是 3G 网络，都需要时钟同步能力，当前在 DSL 方面有外部时钟和内部时钟两种时钟同步方案。外部时钟方案是通过 SDH、BITS、GPS 等网络引入外部时钟源到 IPDSLAM 或基站，实现基站与 RNC/BSC 的时钟同步，这种方式实现简单且时钟精度高。内部时钟方案则是由 IPDSLAM 从 IP 网络上获取时钟信息，适用于无法获取外部时钟源的结点，但是时钟精度相对低，受 IP 包交换网络时延抖动影响大，当前尚不实用。

（7）宽带 DSL 技术将成为 3G 时代重要的移动传输模式。

移动领域数据业务需求的高速增长使移动基站的带宽需求也随之快速增长，传统的 TDM/TME1 传送方式带来高 TCO 和带宽拓展性不好等问题。DSL 技术具有建设成本低、布放灵活、易于维护等优点，进一步丰富了移动业务承载的接入手段。在当前移动业务迅速发展、竞争日趋激烈、成本压力不断增大的情况下，采用宽带接入技术对移动网络接入侧的 IP 化工作来说也是一个合理的选择。

当前 DSL 技术在多线路绑定技术、业务承载技术和时钟同步技术上都已经成熟并达到商用水准，欧洲已经开始规模试验和商用 DSL 用于基站传送。低成本、高效能和易获得的 DSL 传送方案在降低移动运营商 TCO 的同时，也顺应了网络 AllIP 转型的需要，受到越来越多的运营商的青睐和认可，成为移动传送的重要方式。

### 9.2.4　DSL 编码格式

就像任何一项技术都有其赖以存在的技术基础一样，编码技术是 DSL 的"灵魂"，是 DSL 赖以存在和发展的基础，了解它能帮助我们更好地认识 DSL。DSL 所采用的编码技术较多，但被广泛应用的编码技术主要有以下几种。

#### 1．2B1Q

该编码形式是由 AMI 技术发展出来的基带调制技术，能够利用 AMI 的一半频带达到 AMI 一样的传输速率，由于降低了频带要求、提高了传输距离，主要应用于 H/SDSL 技术中。

#### 2．QAM

传统的拨号 Modem 所用的技术，MVL 将其扩展到高频段，并综合了复用技术，以支持多 Modem 共享同一线路。与其他调制技术相比，QAM 编码具有能充分利用带宽、抗噪声能力强等优点。

#### 3．CAP-CAP

CAP-CAP 调制技术是以 QAM 调制技术为基础发展而来的，是 QAM 技术的一个变种，主要应用于 H/SDSL、RADSL、ADSL 中。

#### 4．DMT

DMT 将高频段划分为多个频率窗口，每个频率窗口分别调制一路信道，由于频段间的干扰，传输距离相对短。在 DMT 调制解调技术中一对铜质电话线上 0～4kHz 频段用来传输电话音频，用 26kHz～1.1MHz 频段传送数据，并把它以一定频宽划分为若干个上行子通道和若干个下行子通道。DMT 具有良好的抗干扰能力，它可以根据实际中线路及外界环境干扰的情况动态地调整子通道的传输速率，这样既保证了传输数据的高速性又保证了其完整性，主要应用于 RADSL、ADSL、G.LITE 中。

# 9.3 广域网

广域网（Wide Area Network，WAN）是一种用来实现不同地区的局域网或城域网的互连，可提供不同地区、城市和国家之间的计算机通信的远程计算机网。本节将介绍广域网的相关知识。

## 9.3.1 认识广域网

广域网也称远程网。通常跨接很大的物理范围，所覆盖的范围从几十到几千公里，它能连接多个城市或国家，或横跨几个洲并能提供远距离通信，形成国际性的远程网络。

### 1．特点

覆盖的范围比局域网（LAN）和城域网（MAN）都广。广域网的通信子网主要使用分组交换技术。广域网的通信子网可以利用公用分组交换网、卫星通信网和无线分组交换网，它将分布在不同地区的局域网或计算机系统互连起来，达到资源共享的目的。广域网具有如下特点。

（1）适应大容量与突发性通信的要求；

（2）适应综合业务服务的要求；

（3）开放的设备接口与规范化的协议；

（4）完善的通信服务与网络管理。

通常广域网的数据传输速率比局域网低，而信号的传播延迟却比局域网要大得多。广域网的典型速率是 56kb/s～155Mb/s，已有 622Mb/s、2.4 Gb/s 甚至更高速率的广域网，传播延迟可从几到几百毫秒（使用卫星信道时）。

### 2．设备

根据定义，广域网连接相隔较远的设备，这些设备包括如下几种。

（1）路由器（Routers）：提供诸如局域网互连、广域网接口等多种服务。

（2）交换机（Switches）：连接到广域网上，进行语音、数据及视频通信。

（3）调制解调器（Modems）：提供话音级服务的接口，信道服务单元是 T1/E2 服务的接口，终端适配器是综合业务数字网的接口。

（4）通信服务器（Communication Server）：汇集用户拨入和拨出的连接。

### 3．结构

广域网是由许多交换机组成的，交换机之间采用点到点线路连接，几乎所有的点到点通信方式都可以用来建立广域网，包括租用线路、光纤、微波、卫星信道。而广域网交换机实际上就是一台计算机，有处理器和输入/输出设备进行数据包的收发处理。图 9-6 所示的就是组成广域网的子网结构。

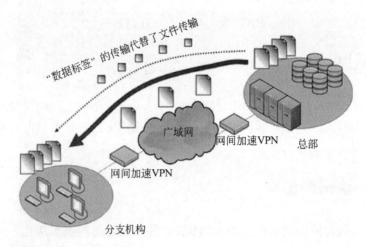

"数据标签"的传输代替了文件传输

图 9-6　子网结构

广域网 WAN 一般最多只包含 OSI 参考模型的下面三层，而且大部分广域网都采用存储转发方式进行数据交换，也就是说，广域网是基于报文交换或分组交换技术的（传统的公用电话交换网除外）。广域网中的交换机先将发送给它的数据包完整接收下来，然后经过路径选择找出一条输出线路，最后交换机将接收到的数据包发送到该线路上去，以此类推，直到将数据包发送到目的结点。

## 9.3.2　组网方式

广域网可以提供面向连接和无连接两种服务模式，对应于两种服务模式，广域网有两种组网方式：虚电路（Virtual Circuit）方式和数据报（Data Gram）方式，下面将分别讨论广域网的两种组网方式，并对它们进行比较。

### 1. 虚电路

对于采用虚电路方式的广域网，源结点要与目的结点进行通信之前，首先必须建立一条从源结点到目的结点的虚电路，然后通过该虚电路进行数据传送，最后当数据传输结束时，释放该虚电路。在虚电路方式中，每个交换机都维持一个虚电路表，用于记录经过该交换机的所有虚电路的情况，每条虚电路占据其中的一项。在虚电路方式中，其数据报文在其报头中除了序号、校验和以及其他字段外，还必须包含一个虚电路号。

在虚电路方式中，当某台机器试图与另一台机器建立一条虚电路时，首先选择本机还未使用的虚电路号作为该虚电路的标识，同时在该机器的虚电路表中填上一项。由于每台机器独立选择虚电路号，所以虚电路号仅仅具有局部意义，也就是说报文在通过虚电路传送的过程中，报文头中的虚电路号会发生变化。

一旦源结点与目的结点建立了一条虚电路，就意味着在所有交换机的虚电路表上都登记了该条虚电路的信息。当两台建立了虚电路的机器相互通信时，可以根据数据报文中的虚电路号，通过查找交换机的虚电路表而得到它的输出线路，进而将数据传送到目的端。

当数据传输结束时，必须释放所占用的虚电路表空间，具体做法是由任一方发送一个撤除虚电路的报文，清除沿途交换机虚电路表中的相关项。

虚电路技术的主要特点是，在数据传送以前必须在源端和目的端之间建立一条虚电路。

值得注意的是，虚电路的概念不同于前面电路交换技术中电路的概念。后者对应着一条实实在在的物理线路，该线路的带宽是预先分配好的，是通信双方的物理连接。而虚电路的概念是指在通信双方建立了一条逻辑连接，该连接的物理含义是指明收发双方的数据通信应按虚电路指示的路径进行。虚电路的建立并不表明通信双方拥有一条专用通路，即不能独占信道带宽，到来的数据报文在每个交换机上仍需要缓存，并在线路上进行输出排队。

虚电路方式主要的特点如下。

（1）在每次分组传输前，都需要在源结点和目的结点之间建立一条逻辑连接。由于连接源结点与目的结点的物理链路已经存在，因此不需要真正建立一条物理链路。

（2）一次通信的所有分组都通过虚电路顺序传送，因此分组不必自带目的地址、源地址等信息。分组到达结点时不会出现丢失、重复与乱序的现象。

（3）分组通过虚电路上的每个结点时，结点只需要进行差错检测，而不需要进行路由选择。

（4）通信子网中每个结点可以与任何结点建立多条虚电路连接。

### 2．数据报

广域网另一种组网方式是数据报方式（Datagram），数据报是报文分组存储转发的一种形式。原理是：分组传输前不需要预先在源主机与目的主机之间建立"线路连接"。源主机发送的每个分组都可以独立选择一条传输路径，每个分组在通信子网中可能通过不同的传输路径到达目的主机。即交换机不必登记每条打开的虚电路，它们只需要用一张表来指明到达所有可能的目的端交换机的输出线路。由于数据报方式中每个报文都要单独寻址，因此要求每个数据报包含完整的目的地址。

数据报方式的主要特点如下。

（1）同一报文的不同分组可以经过不同的传输路径通过通信子网。

（2）同一报文的不同分组到达目的结点时可能出现乱序、重复与丢失现象。

（3）每个分组在传输过程中都必须带有目的地址与源地址。

（4）数据报方式的传输过程延迟大，适用于突发性通信，不适用于长报文、会话式通信。

虚电路方式与数据报方式之间的最大差别在于：虚电路方式为每一对结点之间的通信预先建立一条虚电路，后续的数据通信沿着建立好的虚电路进行，交换机不必为每个报文进行路由选择；而在数据报方式中，每一个交换机为每一个进入的报文进行一次路由选择，也就是说，每个报文的路由选择独立于其他报文。而且数据报方式不能保证分组报文的丢失，发送报文分组的顺序性和对时间的限制。

### 9.3.3 广域网类型

本节主要介绍广域网的类型，以及我国目前应用的广域网按照其通信方式的不同所分的不同类型。

#### 1．广域网的分类

广域网可以分为公共传输网络、专用传输网络和无线传输网络。

1）公共传输网络

一般是由政府电信部门组建、管理和控制，网络内的传输和交换装置可以提供（或租用）给任何部门和单位使用。公共传输网络大体可以分为以下两类。

（1）电路交换网络、主要包括公共交换电话网（PSTN）和综合业务数字网（ISDN）；

（2）分组交换网络、主要包括 X.25 分组交换网、帧中继和交换式多兆位数据服务（SMDS）。

2）专用传输网络

专用传输网络是由一个组织或团体自己建立、使用、控制和维护的私有通信网络。一个专用网络起码要拥有自己的通信和交换设备，它可以建立自己的线路服务，也可以向公用网络或其他专用网络进行租用。

专用传输网络主要是数字数据网(DDN)。DDN 可以在两个端点之间建立一条永久的、专用的数字通道。它的特点是在租用该专用线路期间，用户独占该线路的带宽。

3）无线传输网络：主要是移动无线网，典型的有 GSM 和 GPRS 技术等。

#### 2．我国广域网分类

目前，我国的广域网包括以下几种类型通信网。

1）公用电话网

用电话网传输数据，用户终端从连接到切断，要占用一条线路，所以又称电路交换方式，其收费按照用户占用线路的时间而决定。在数据网普及以前，电路交换方式是最主要的数据传输手段。

2）公用分组交换数据网

分组交换数据网将信息分"组"，按规定路径由发送者将分组的信息传送给接收者，数据分组的工作可在发送终端进行，也可在交换机进行。每一组信息都含有信息目的的"地址"。分组交换网可对信息的不同部分采取不同的路径传输，以便最有效地使用通信网络。在接收点上，必须对各类数据组进行分类、监测以及重新组装。

3）数字数据网

它是利用光纤（或数字微波和卫星）数字电路和数字交叉连接设备组成的数字数据业务网，主要为用户提供永久、半永久型出租业务。数字数据网可根据需要定时租用或定时专用，一条专线既可通话与发传真，也可以传送数据，且传输质量高。

### 9.3.4 广域网连接方案

广域网实际上就是由无数个局域网组建而成的，那么局域网的连接方案实际上就是广域网的连接方案。局域网连接方案可分为点对点、点对多和无线接力方案，下面就简单地讲解下这三种比较常见的方式。

#### 1．点对点

当两个局域网之间采用光纤或双绞线等有线方式难以连接时，可采用点对点的无线连接方式。只需在每个网段中都安装一个 AP，即可实现网段之间的点到点连接，也可以实现有线主干的扩展。在点对点连接方式中，一个 AP 设置为 Master，一个 AP 设置为 Slave。在点对点连接方式中，无线天线最好全部采用定向天线。

#### 2．点对多点

当三个或三个以上的局域网之间采用光纤或双绞线等有线方式难以连接时，可采用点对多点的无线连接方式。只需在每个网段中都安装一个 AP，即可实现网段之间的点到点连接，也可以实现有线主干的扩展。在点对多点连接方式中，一个 AP 设置为 Master，其他 AP 则全部设置为 Slave。在点对多点连接方式中，Master 必须采用全向天线，Slave 则最好采用定向天线。

#### 3．无线接力

当两个局域网络间的距离已经超过无线网络产品所允许的最大传输距离时，或者，虽然两个网络间的距离并不遥远，在两个网络之间有较高的阻挡物时，可以在两个网络之间或在阻挡物上架设一个户外无线 AP，实现传输信号的接力。

### 9.3.5 广域网应用实例

在了解了广域网的特点及功能后，下面介绍几种常见的广域网应用结构，其实这些结构在第 8 章中都曾经详细讲解过，它们都是基于 TCP/IP 协议下工作的主要网络。在此，再简单介绍一下。

#### 1．PSTN

公共电话交换网（Public Switched Telephone Network，PSTN）是以电路交换技术为基础的用于传输模拟话音的网络。全世界的电话数目早已达几亿部，并且还在不断增长。

要将如此之多的电话连在一起并能很好地工作，唯一可行的办法就是采用分级交换方式。

电话网概括起来主要由三个部分组成：本地回路、干线和交换机。其中干线和交换机一般采用数字传输和交换技术，而本地回路（也称用户环路）基本上采用模拟线路。由于 PSTN 的本地回路是模拟的，因此当两台计算机想通过 PSTN 传输数据时，中间必须经双方 Modem 实现计算机数字信号与模拟信号的相互转换。

PSTN 是一种电路交换的网络，可看作是物理层的一个延伸，在 PSTN 内部并没有上层协议进行差错控制。在通信双方建立连接后电路交换方式独占一条信道，当通信双方无信息时，该信道也不能被其他用户所利用。

> **提 示**
>
> 使用这种网络形式时，用户可以使用普通拨号电话线或租用一条电话专线进行数据传输，使用 PSTN 实现计算机之间的数据通信是最廉价的，但由于 PSTN 线路的传输质量较差，而且带宽有限，再加上 PSTN 交换机没有存储功能，因此 PSTN 只能用于对通信质量要求不高的场合。

### 2. X.25

X.25 是在 20 世纪 70 年代由国际电报电话咨询委员会 CCITT 制定的"在公用数据网上以分组方式工作的数据终端设备 DTE 和数据电路设备 DCE 之间的接口"。X.25 于 1976 年 3 月正式成为国际标准，1980 年和 1984 年又经过补充修订。从 ISO/OSI 体系结构的观点看，X.25 对应于 OSI 参考模型下面三层，分别为物理层、数据链路层和网络层。关于该网络结构形式请翻阅第 8 章相关介绍。

### 3. DDN

数字数据网（Digital Data Network，DDN）是一种利用数字信道提供数据通信的传输网，它主要提供点到点及点到多点的数字专线或专网。

DDN 由数字通道、DDN 结点、网管系统和用户环路组成。DDN 的传输介质主要有光纤、数字微波、卫星信道等。DDN 采用了计算机管理的数字交叉连接（Data CrossConnection，DXC）技术，为用户提供半永久性连接电路，即 DDN 提供的信道是非交换、用户独占的永久虚电路（PVC）。一旦用户提出申请，网络管理员便可以通过软件命令改变用户专线的路由或专网结构，而无需经过物理线路的改造扩建工程，因此 DDN 极易根据用户的需要，在约定的时间内接通所需带宽的线路。

DDN 为用户提供的基本业务是点到点的专线。从用户角度来看，租用一条点到点的专线就是租用了一条高质量、高带宽的数字信道。用户在 DDN 上租用一条点到点数字专线与租用一条电话专线十分类似。DDN 专线与电话专线的区别在于：电话专线是固定的物理连接，而且电话专线是模拟信道，带宽窄、质量差、数据传输率低；而 DDN 专线是半固定连接，其数据传输率和路由可随时根据需要申请改变。另外，DDN 专线是数字信道，其质量高、带宽宽，并且采用热冗余技术，具有路由故障自动迂回功能。

> **提 示**
>
> X2.5 和 DDN 的区别就在于：X.25 是一个分组交换网，X.25 网本身具有三层协议，用呼叫建立临时虚电路。X.25 具有协议转换、速度匹配等功能，适合于不同通信规程、不同速率的用户设备之间的相互通信。而 DDN 是一个全透明的网络，它不具备交换功能，利用 DDN 的主要方式是定期或不定期地租用专线。

### 4．帧中继

帧中继（Frame Relay，FR）技术是由 X.25 分组交换技术演变而来的。FR 的引入是由于过去 20 年来通信技术的改变。20 年前，人们使用慢速、模拟和不可靠的电话线路进行通信，当时计算机的处理速度很慢且价格比较昂贵。结果是在网络内部使用很复杂的协议来处理传输差错，以避免用户计算机来处理差错恢复工作。关于该网络结构形式请翻阅第 8 章中的相关介绍。

### 5．SMDS

交换式多兆位数据服务（Switched Multimegabit Data Service，SMDS）被设计用来连接多个局域网。它是由 Bellcore 在 20 世纪 80 年代开发的，到 90 年代早期开始在一些地区实施。

## 9.4　无线网络连接

随着网络技术的不断发展，无线网络技术已经逐渐普及起来，甚至已经进入了普通的家庭应用中。本节将介绍无线网络连接的相关知识。

### 9.4.1　认识无线网络

所谓无线网络，既包括允许用户建立远距离无线连接的全球语音和数据网络，也包括为近距离无线连接进行优化的红外线技术及射频技术，与有线网络的用途十分类似，最大的不同在于传输媒介的不同，利用无线电技术取代网线，可以和有线网络互为备份。

### 1．802.11 与无线网络

对无线网络最简单的理解就是在网络访问层使用无线方式连接的普通网络。IEEE 802.11 规范为网络访问层进行无线网络连接提供了一个模型。

图 9-7 所示的是 802.11 协议栈的结构。网络访问层的无线组件与其他网络体系是同等的。由于 802.11 与 IEEE 802.3 以太网标准的相似性和兼容性，所以又被称为无线以太网。这也是"无线以太网"的由来。

**图 9-7　802.11 协议栈结构**

从图可以看出，802.11 规范位于 OSI 参考模型的 MAC 子层。MAC 子层属于 OSI

模型的数据链路层。通过前面的学习我们知道，OSI 模型数据链路层和物理层对应于 TCP/IP 的网络访问层。物理层的各种选项分别代表了不同的无线广播形式，包括跳频扩频（FHSS）、直接序列扩频（DSSS）、正交频分复用（OFDM）和高速率直接序列复用（HR/DSSS）。

无线网络与有线网络的主要区别在于无线网络的结点是移动的。也就是说，无线网络必须能够适应设备位置的变化。

### 2．独立网络与基础网络

无线网络最简单的形式就是两台或多台具有无线网卡的设备直接相互通信，如图 9-8 所示。这种网络实际上就是通常所说的独立基本服务集（独立 BBS 或 IBBS），通常被称为 ad hoc 网络。

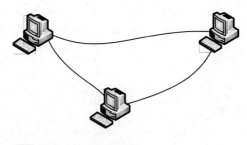

独立 BBS 对于小范围内少量计算机来说就够用了。独立 BBS 的典型应用就是可以将手机通过 WIFI 连接到 Internet。通过这种连接和异地好友聊天、传送文件、发微博、视频等，就构成了独立 BBS 网络。

图 9-8 独立 BBS

> **提示**
>
> 独立 BBS 网络具有一定的局限性，因为它主要依赖参与连网的计算机或连网设备，没有提供管理连接的基础设备。

另一种无线网络被称为基础服务集（基础 BBS），在公司网络和其他机构是很常见的，而且由于新一代廉价无线路由设备的出现，它在家庭和公共场合环境中已经十分流行。基础 BBS 依赖于一个被称为访问点（Access Point，AP）的固定设备与无线设备实现通信，如图 9-9 所示。

AP 利用无线广播与无线网络通信，它还通过传统连接方式连接到普通以太网。无线设备通过 AP 进行通信。如果一台无线设备需要与同一区域中的其他无线设备进行通信，它把帧发送给 AP，让 AP 把消息转发给目的。对于与传统网络的通信，AP 就充当网桥的作用，把发给传统网络上设备的帧进行转发，并且把无线网络的通信隔离在无线区域中。

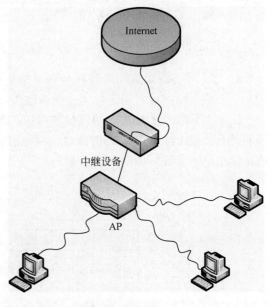

图 9-9 基础 BBS 结构

268

802.11 的设计目的就是为了满足如图 9-10 所示的网络需求。其设计理念就是为了让移动设备在网络服务区域中漫游时保持连接。

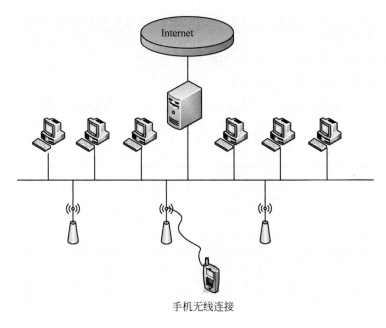

手机无线连接

图 9-10　**多个 AP 基础 BBS**

在这里需要说明的是，如果设备需要接收全部网络传输，网络必须知道通过哪个 AP 能到达该设备，这当然要考虑到设备是可移动的，而且适合的 AP 也可能在未加提示的情况下发生改变。这样，无线网络传输数据的地址就显得非常重要，802.11 提供了 4 种地址，详细介绍如下。

（1）目的地址：帧传输的目的设备。

（2）源地址：发送帧的设备。

（3）接收者地址：需要处理这个 802.11 帧的无线设备。

**提 示**

　　如果帧要传输到无线设备，接收者地址就与目的地址是一致的。如果帧要传输到无线网络之外，接收者地址就是某个 AP 的地址，该 AP 会接收这个帧而且把它转发到以太网络。

（4）发射者地址：把帧转发给无线网络的设备地址。

讲解了 802.11 的寻址后，下面介绍一下 802.11 的帧格式，如图 9-11 所示。

| 帧控制<br>（2字节） | 期限/ID<br>（2字节） | 地址1<br>（6字节） | 地址2<br>（6字节） | 地址3<br>（6字节） | 序列控制<br>（6字节） | 地址4<br>（6字节） | 帧主体<br>（0-2304字节） | 帧校验序列<br>（6字节） |
|---|---|---|---|---|---|---|---|---|

图 9-11　**802.11 帧格式**

（1）帧控制：一些较小字段的集合，描述了协议版本、帧类型和解释帧内容所需要的其他值。

（1）期限/ID：设置传输大致应该持续的时间。

（2）地址字段：该字段是一个 48 位的物理地址。第 1 个字段是接收者地址，第 2 个地址字段是发射者地址。

（3）序列控制：片段序号以及帧的序列号。

（4）帧主体：帧中传输的数据。

（5）帧校验序列（FCS）：一个循环冗余校验值，用于检查传输错误并验证帧在传输过程中没有被改变。

**提 示**

由于 802.11 是一个网络访问层的协议集，所以 802.11 帧中使用的地址是 48 位物理地址，而不是 IP 地址。当设备在无线网络中移动时，它会向最近可用的 AP 进行注册。这个注册过程被称为关联。当设备漫游到另一个访问点附近时，它会重新关联到新的 AP。这个关联过程让网络能够知道到达任何一个设备应该使用哪个 AP。

### 3．802.11 安全

假如无线网络没有保护措施，那么传输的信息就有可能被窃听。这是因为，在对传统网络进行窃听时，至少需要连接到传输介质上才可以窃听。而对于无线网络来说，只要在其广播范围内都可以进行窃听。

为了有效保护传输数据的安全，IEEE 制定了一个可选的安全协议标准用于 802.11，即有线等效保密标准（Wired Equivalent Privacy，WEP），其目的是提供与传统有线网络大概一致的保密级别。WEP 的目标在于解决以下三个问题。

（1）机密性：防止窃听。

（2）完整性：防止数据被篡改。

（3）身份验证：对连接团体进行验证，确保它们有操作网络的必要权限。

WEP 使用 RC4 算法进行加密来实现机密性和完整性的目的。发送设备会生成一个完整性校验值（Integrity Check Value，ICV），这个值是基于帧内容进行标准计算而得到的，它使用 RC4 算法进行加密，传输给接收方。接收设备对帧进行解密，计算 ICV 的值，如果计算后的 ICV 值与帧中传输的数值相同，就确定帧没有被修改。

但是，WEP 也存在其自身无法修正的缺陷，导致一些专家认为 WEP 在安全方面存在很大的隐患。这是因为 WEP 在理论上使用 64 位密钥，但其中 24 位是用于初始化的，只有 40 位用作共享密钥。专家认为 40 位的密钥太短了，所以 WEP 不能实现有效的保护。

在这种前提下，WEP2 又被开发出来了。WEP2 把初始化矢量增加到 128 位，并且使用 Kerberos 身份验证来管理密钥的使用与分发。然而，WEP2 并没有解决 WEP 的全部问题，因此出现了其他一些协议，例如可扩展身份验证协议（Extensible Authentication

Protocol, EAP), 可以解决 WEP 面临的难题。

## 9.4.2　无线网的关键——移动 IP

移动 IP 应用于所有基于 TCP/IP 的网络环境中，它为人们提供了无线广阔的网络漫游服务。譬如：在用户离开北京总公司，出差到上海分公司时，只要简单地将移动结点（例如笔记本电脑、PDA 设备）连接至上海分公司网络上，那么用户就可以享受到跟在北京总公司里一样的所有操作。用户依旧能使用北京总公司的共享打印机，或者依旧可以访问北京总公司同事计算机里的共享文件及相关数据库资源。诸如此类的种种操作，让用户感觉不到自己身在外地，同事也感觉不到你已经出差到外地了。换句话说，移动 IP 的应用让用户的"家"网络随处可以安"家"，不再忍受移动结点因"出差"带来的所有不便之苦等。

移动 IP 的关键技术包括以下 4 点。

（1）代理搜索：是计算结点来判断自己是否处于漫游状态。

（2）转交地址：是移动结点到外网时从外代理处得到的临时地址。

（3）登录：是移动结点到外网时进行一系列认证、注册、建立隧道的过程。

（4）隧道：是家乡代理与外代理之间临时建立的双向数据通道。

移动 IP 的标准由 IETF 制定，分为两个版本，分别为移动 IPv4（RFC 3344，取代了 RFC 3220、RFC 2002）和移动 IPv6（RFC 3775）。

那么移动 IP 技术是基于什么原理呢？在互联网中，数据包要发送到哪个计算机或者其他终端设备，依靠 IP 地址。在每个数据包的头部，都标有这个数据包的目的 IP 地址。在互联网设计之初，终端设备（主要是计算机）都是无法移动的，所以其 IP 地址也都被设计为和网络的拓扑相关，无法在设备移动到一个新的网络中继续标识这个终端设备的地址。这样，一个终端设备在移动到一个新的网络接入后，无法继续使用其原有的 IP 地址继续通信。

随着技术的进步，越来越多的终端设备都有了移动需求，例如笔记本电脑、手机等。为了在原有的互联网上支持终端设备的 IP 地址不随接入网络的不同而改变，设计了移动 IP。

为了支持移动 IP，需要在所有的接入网络中部署代理路由器。终端设备需要在一个接入网络的代理路由器上注册，这个代理路由器就被称为家乡代理（Home Agent，HA），终端设备获得一个归属于此网络的 IP 地址。所有数据包都可以以这个 IP 地址作为目的地址到达这个终端设备。当终端设备移动到外地网络时，终端设备需通知家乡代理以及所在网络的代理路由器，这个代理路由器称为外地代理（FA）。家乡代理和外地代理之间将建立一个隧道，如图 9-12 所示。这时，其他的数据包仍然将目的地址填为终端设备的原地址，首先到达家乡代理。家乡代理根据终端设备的记录，通过隧道，将这个数据包转发给外地代理。外地代理再转发给处于外地网络中的终端设备。

271

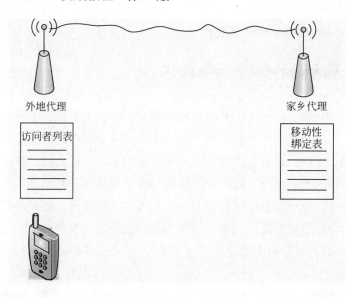

图 9-12　移动 IP 技术结构图

可能上面的过程对于大部分没有计算机专业知识的网友来说比较晦涩，下面让我们举一个生活中送信的例子来说明这个过程。你原来和父母一起住在北京的家里，所有的朋友都按照你北京家的住址寄信给你。你可能经常需要出差在外，朋友们的信就无法送达了。这时候最简单的办法就是，你每到一个新的地方，就把你的新地址通知你父母，因为他们一直会在北京的家里。当有新的信件按照你北京家的住址到达时，你父母直接把信装进一个新的信封，按照你最新的外地地址转寄出去，就能到达你在外地的新住址了。这就是移动 IP 最基本的设计原理。

> **注 意**
>
> 移动 IP 目前最大的问题是三角路由。就是当终端设备移动到外地网络时，数据包始终需要通过家乡代理的转交。这样降低了数据包路由转发的效率。最极端的一种情况就是：发送数据包的终端 A 与接收数据包的终端 B 位于同一个外地网络中，这时最优路优显然是直接在本地网络内发送，但是在移动 IP 中，数据包需要先发往家乡代理再由家乡代理转发回来。

## 9.4.3　蓝牙技术

蓝牙，是一种支持设备短距离通信（一般 10m 内）的无线电技术。能在包括移动电话、PDA、无线耳机、笔记本电脑等相关外设之间进行无线信息交换。利用"蓝牙"技术，能够有效地简化移动通信终端设备之间的通信，也能够成功地简化设备与 Internet 之间的通信，从而使数据传输变得更加迅速高效，为无线通信拓宽道路。

### 1．认识蓝牙技术

蓝牙采用分散式网络结构以及快跳频和短包技术，支持点对点及点对多点通信，工作在全球通用的 2.4GHz ISM（即工业、科学、医学）频段，其数据速率为 1Mb/s。采用时分双工传输方案实现全双工传输。

蓝牙技术是一种无线数据与语音通信的开放性全球规范，它以低成本的近距离无线连接为基础，为固定与移动设备通信环境建立一个特别连接，其程序写在一个 9mm×9mm 的微芯片中。

例如，如果把蓝牙技术引入到移动电话和膝上型电脑中，就可以去掉移动电话与膝上型电脑之间的令人讨厌的连接电缆而通过无线使其建立通信。打印机、PDA、桌上型电脑、传真机、键盘、游戏操纵杆以及所有其他的数字设备都可以成为蓝牙系统的一部分。除此之外，蓝牙无线技术还为已存在的数字网络和外设提供通用接口以组建一个远离固定网络的个人特别连接设备群。

蓝牙工作在全球通用的 2.4GHzISM(即工业、科学、医学）频段。蓝牙的数据速率为1Mb/s。时分双工传输方案被用来实现全双工传输。使用 IEEE802.15 协议。

ISM 频带是对所有无线电系统都开放的频带，因此使用其中的某个频段都会遇到不可预测的干扰源。例如某些家电、无绳电话、汽车开门器、微波炉等，都可能是干扰。为此，蓝牙特别设计了快速确认和跳频方案以确保链路稳定。跳频技术是把频带分成若干个跳频信道（Hop Channel），在一次连接中，无线电收发器按一定的码序列（即一定的规律，技术上称为"伪随机码"，就是"假"的随机码)不断地从一个信道"跳"到另一个信道，只有收发双方是按这个规律进行通信的，而其他的干扰不可能按同样的规律进行干扰；跳频的瞬时带宽是很窄的，但通过扩展频谱技术使这个窄带宽成百倍地扩展成宽频带，使干扰可能的影响变得很小。

与其他工作在相同频段的系统相比，蓝牙跳频更快、数据包更短，这使蓝牙比其他系统更稳定。FEC（Forward Error Correction，前向纠错）的使用抑制了长距离链路的随机噪音。应用了二进制调频（FM）技术的跳频收发器被用来抑制干扰和防止衰落。

蓝牙基带协议是电路交换与分组交换的结合。在被保留的时隙中可以传输同步数据包，每个数据包以不同的频率发送。一个数据包名义上占用一个时隙，但实际上可以被扩展到占用 5 个时隙。蓝牙可以支持异步数据信道、多达三个的同时进行的同步话音信道，还可以用一个信道同时传送异步数据和同步话音。每个话音信道支持 64kb/s 同步话音链路。异步信道可以支持一端最大速率为 721kb/s，而另一端速率为 57.6kb/s 的不对称连接，也可以支持 433.9kb/s 的对称连接。

### 2．蓝牙的优势

Bluetooth 无线技术是在两个设备间进行无线短距离通信的最简单、最便捷的方法。它广泛应用于世界各地，可以无线连接手机、便携式计算机、汽车、立体声耳机、MP3 播放器等多种设备。由于有了"配置文件"这一独特概念，Bluetooth 产品不再需要安装驱动程序软件。此技术现已推出第四版规格，并在保持其固有优势的基础上继续发展、低功率、低成本、内置安全性、稳固、易于使用并具有即时联网功能的小型化无线电。其周出货量已超过五百万件，已安装基站数超过 5 亿个。

1）应用范围广

全球可用。Bluetooth 无线技术规格供全球的成员公司免费使用。许多行业的制造商都积极地在其产品中实施此技术，以减少使用零乱的电线，实现无缝连接、流传输立体声、传输数据或进行语音通信。

2）设备应用局限性小

Bluetooth 技术得到了空前广泛的应用，集成该技术的产品从手机、汽车到医疗设备，使用该技术的用户从消费者、工业市场到企业等，不一而足。低功耗、小体积以及低成本的芯片解决方案使得 Bluetooth 技术甚至可以应用于极微小的设备中。可以在 Bluetooth 产品目录和组件产品列表中查看成员提供的各类产品大全。

3）易于使用

Bluetooth 技术是一项即时技术，它不要求固定的基础设施，且易于安装和设置。不需要电缆即可实现连接。只需拥有 Bluetooth 品牌产品，检查可用的配置文件，将其连接至使用同一配置文件的另一 Bluetooth 设备即可。

### 3. 蓝牙应用举例

1）居家

现代家庭与以往的家庭有许多不同之处。在现代技术的帮助下，越来越多的人开始了居家办公，生活更加随意而高效。他们还将技术融入居家办公以外的领域，将技术应用扩展到家庭生活的其他方面。

通过使用 Bluetooth 技术产品，人们可以免除居家办公电缆缠绕的苦恼。鼠标、键盘、打印机、膝上型计算机、耳机和扬声器等均可以在计算机环境中无线使用，这不但增加了办公区域的美感，还为室内装饰提供了更多创意和自由。此外，通过在移动设备和家用计算机之间同步联系人和日历信息，用户可以随时随地存取最新的信息。如图 9-13 所示的就是蓝牙耳机。

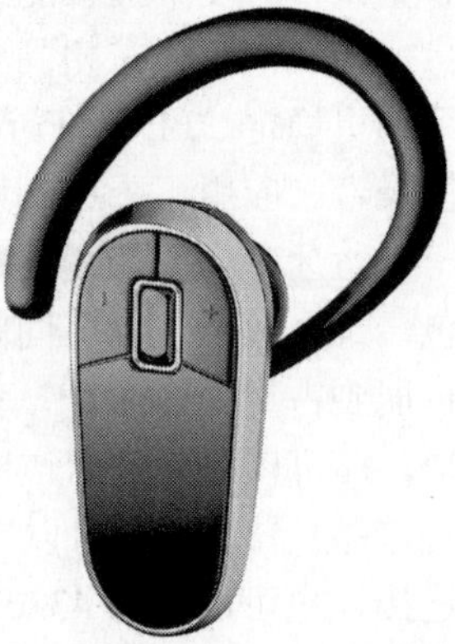

Bluetooth 设备不仅可以使居家办公更加轻松，还能使家庭娱乐更加便利：用户可以在 30 英尺以内无线控制存储在计算机或 Apple iPod 上的音频文件。Bluetooth 技术还可以用在适配器中，允许人们从相机、手机、膝上型计算机向电视发送照片以与朋友共享。

2）工作

过去的办公室因各种电线纠缠不清而非常混乱。从为设备供电的电线到连接计算机至键盘、打印机、鼠标和 PDA 的电

图 9-13　蓝牙耳机

缆，无不造成了一个杂乱无序的工作环境。在某些情况下，这会增加办公室的危险，如员工可能会被电线绊倒或被电缆缠绕。通过 Bluetooth 无线技术，办公室里再也看不到凌乱的电线，整个办公室也像一台机器一样有条不紊地高效运作。PDA 可与计算机同步以共享日历和联系人列表，外围设备可直接与计算机通信，员工可通过 Bluetooth 耳机在整个办公室内行走时接听电话，所有这些都无需电线连接，如图 9-14 所示。

Bluetooth 技术的用途不仅限于解决办公室环境的杂乱情况。启用 Bluetooth 的设备能够创建自己的即时网络，让用户能够共享演示稿或其他文件，不受兼容性或电子邮件访问的限制。Bluetooth 设备能方便地召开小组会议，通过无线网络与其他办公室进行对话，并将干擦白板上的构思传送到计算机。

3）驾驶

开车接听或者拨打电话的情况在街头并不少见,这种行为不但违反交通法规,还存在安全隐患。特别是自从 2013 年 1 月 1 日起中国新交通规则启用,其中明确规定:机动车驾驶人驾驶机动车有拨打、接听手机等妨碍安全驾驶的行为的,一次记 2 分,有些地区根据情况将对驾驶员在驾驶过程中的接打电话行为处以经济处罚。那么, 蓝牙技术在安全驾驶上的应用也就应运而生,图 9-15 所示的就是一种车载蓝牙设备。

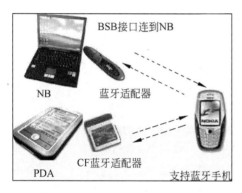

图 9-14 蓝牙技术在无线网络中的应用

图 9-15 车载蓝牙

## 9.5 常见网络连接设备

通过前面几节的介绍,我们已经学习了应用 TCP/IP 连接网络的几种常用的方式。本节将讲解一些常用在网络连接中的硬件设备。

### 9.5.1 网桥

网桥(Bridge)是一种在链路层实现中继,常用于连接两个或更多个局域网的网络互连设备,如图 9-16 所示。工作于网络的数据链路层。用于连接两个或两个以上具有相同通信协议、传输介质及寻址结构的局域网。网桥的工作过程是先接收帧并送到数据链路层进行差错校验,然后送到物理层再经物理传输介质送到另一个子网。

图 9-16 网桥

### 1．网桥与路由的不同

网桥工作在数据链路层，将两个 LAN 连起来，根据 MAC 地址来转发帧，可以看作一个"低层的路由器"（路由器工作在网络层，根据网络地址如 IP 地址进行转发）。

网桥并不了解其转发帧中高层协议的信息，这使它可以同时以同种方式处理 IP、IPX 等协议，它还提供了将无路由协议的网络（如 NetBEUI）分段的功能。

由于路由器处理网络层的数据，因此它们更容易互连不同的数据链路层，如令牌环网段和以太网段。网桥通常比路由器难控制。像 IP 等协议有复杂的路由协议，使网管易于管理路由；IP 等协议还提供了较多的网络如何分段的信息（即使其地址也提供了此类信息）。而网桥则只用 MAC 地址和物理拓扑进行工作。因此网桥一般适于小型较简单的网络。

### 2．网桥的类型

根据网桥的数据传输方式的不同，可以将网桥分为两种类型，即透明网桥和源路由选择网桥，它们的简介如下。

#### 1）透明网桥

透明网桥（Transparent Bridge）只需把连接插头插入网桥，就万事大吉。透明网桥以混杂方式工作，它接收与之连接的所有 LAN 传送的每一帧。当一帧到达时，网桥必须决定将其丢弃还是转发。如果要转发，则必须决定发往哪个 LAN。这需要通过查询网桥中一张大型散列表里的目的地址而作出决定。该表可列出每个可能的目的地，以及它属于哪一条输出线路（LAN）。在插入网桥之初，所有的散列表均为空。由于网桥不知道任何目的地的位置，因而采用扩散算法（Flooding Algorithm）：把每个到来的、目的地不明的帧输出到连在此网桥的所有 LAN 中（除了发送该帧的 LAN）。随着时间的推移，网桥将了解每个目的地的位置。一旦知道了目的地位置，发往该处的帧就只放到适当的 LAN 上，而不再散发。

透明网桥采用的算法是逆向学习法(Backward Learning)。网桥按混杂的方式工作，故它能看见所连接的任一 LAN 上传送的帧。查看源地址即可知道在哪个 LAN 上可访问哪台机器，于是在散列表中添上一项。

#### 2）源路由选择网桥

透明网桥的优点是易于安装，只需插进电缆即大功告成。但是从另一方面来说，这种网桥并没有最佳地利用带宽，因为它们仅仅用到了拓扑结构的一个子集（生成树）。这两个（或其他）因素的相对重要性导致了 802 委员会内部的分裂。支持 CSMA/CD 和令牌总线的人选择了透明网桥，而令牌环的支持者则偏爱一种称为源路由选择（Source Routing）的网桥（受到 IBM 的鼓励）。

源路由选择的核心思想是假定每个帧的发送者都知道接收者是否在同一 LAN 上。当发送一帧到另外的 LAN 时，源机器将目的地址的高位设置成 1 作为标记。另外，它还在帧头加进此帧应走的实际路径。

源路由选择网桥只关心那些目的地址高位为 1 的帧，当见到这样的帧时，它扫描帧头中的路由，寻找发来此帧的那个 LAN 的编号。如果发来此帧的那个 LAN 编号后跟的是本网桥的编号，则将此帧转发到路由表中自己后面的那个 LAN。如果该 LAN 编号后跟的不是本网桥，则不转发此帧。这一算法有三种可能的具体实现：软件、硬件、混合。这三种具体实现的价格和性能各不相同。第一种没有接口硬件开销，但需要速度很快的CPU 处理所有到来的帧。最后一种实现需要特殊的 VLSI 芯片，该芯片分担了网桥的许多工作，因此，网桥可以采用速度较慢的 CPU，或者可以连接更多的 LAN。

### 9.5.2 HUB

HUB（集线器）是一个多端口的转发器，当以 HUB 为中心设备时，网络中某条线路产生了故障，并不影响其他线路的工作，如图 9-17 所示。所以 HUB 在局域网中得到了广泛的应用。大多数的时候他用在星型与树型网络拓扑结构中，以 RJ45 接口与各主机相连（也有 BNC 接口），HUB 按照不同的说法有很多种类。HUB 按照对输入信号的处理方式，可以分为无源 HUB、有源 HUB、智能 HUB。

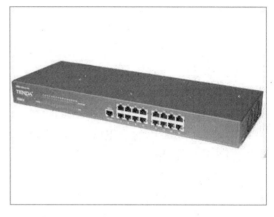

**1. HUB 的特点**

根据 IEEE 802.2 协议，集线器功能是随机选出某一端口的设备，并让它独占全

图 9-17　集线器

部带宽，与集线器的上联设备（交换机、路由器或服务器等）进行通信。由此可以看出，集线器在工作时具有以下两个特点。

首先是 HUB 只是一个多端口的信号放大设备，工作中当一个端口接收到数据信号时，由于信号在从源端口到 HUB 的传输过程中已有了衰减，所以 HUB 便将该信号进行整形放大，使被衰减的信号再生（恢复）到发送时的状态，紧接着转发到其他所有处于工作状态的端口上。从 HUB 的工作方式可以看出，它在网络中只起到信号放大和重发作用，其目的是扩大网络的传输范围，而不具备信号的定向传送能力，是一个标准的共享式设备。因此有人称集线器为"傻 HUB"或"哑 HUB"。

其次是 HUB 只与它的上联设备（如上层 HUB、交换机或服务器）进行通信，同层的各端口之间不会直接进行通信，而是通过上联设备再将信息广播到所有端口上。由此可见，即使是在同一 HUB 的不同两个端口之间进行通信，都必须要经过两步操作：第一步是将信息上传到上联设备；第二步是上联设备再将该信息广播到所有端口上。

不过，随着技术的发展和需求的变化，现在的许多 HUB 在功能上进行了拓宽，不再受这种工作机制的影响。由 HUB 组成的网络是共享式网络，同时 HUB 也只能够在半双工下工作。

HUB 主要用于共享网络的组建，是解决从服务器直接到桌面最经济的方案。在交换式网络中，HUB 直接与交换机相连，将交换机端口的数据送到桌面。使用 HUB 组网灵活，它是处于网络的一个星型结点，对结点相连的工作站进行集中管理，不让出问题的工作站影响整个网络的正常运行，并且用户的加入和退出也很自由。

### 2．HUB 的分类

集线器根据其用途的不同或者接入方式的不同可以分为多种类型，下面简单介绍一下集线器的分类。

1）按结构和功能分类

按结构和功能分类，集线器可分为未管理的集线器、堆叠式集线器和底盘集线器三类。

（1）未管理的集线器

最简单的集线器通过以太网总线提供中央网络连接，以星型的形式连接起来。这称为未管理的集线器，只用于很小型的至多 12 个结点的网络中。

（2）堆叠式集线器

堆叠式集线器是稍微复杂一些的集线器。堆叠式集线器最显著的特征是 8 个转发器可以直接彼此相连。这样只需简单地添加集线器并将其连接到已经安装的集线器上就可以扩展网络，这种方法不仅成本低，而且简单易行。

（3）底盘集线器

底盘集线器是一种模块化的设备，在其底板电路板上可以插入多种类型的模块。有些集线器带有冗余的底板和电源。

2）按局域网的类型分类

从局域网角度来区分，集线器可分为 5 种不同类型。

（1）单中继网段集线器

最简单的集线器，是一类用于最简单的中继式 LAN 网段的集线器，与堆叠式以太网集线器或令牌环网多站访问部件(MAU)等类似。

（2）多网段集线器

从单中继网段集线器直接派生而来，采用集线器背板，这种集线器带有多个中继网段。其主要优点是可以将用户分布于多个中继网段上，以减少每个网段的信息流量负载，网段之间的信息流量一般要求独立的网桥或路由器。

（3）端口交换式集线器

该集线器是在多网段集线器基础上，将用户端口和多个背板网段之间的连接过程自动化，并通过增加端口交换矩阵（PSM）来实现的集线器。

**提示**

> PSM 可提供一种自动工具，用于将任何外来用户端口连接到集线器背板上的任何中继网段上。端口交换式集线器的主要优点是可实现移动、增加和修改的自动化特点。

（4）网络互联集线器

端口交换式集线器注重端口交换，而网络互联集线器在背板的多个网段之间可提供一些类型的集成连接，该功能通过一台综合网桥、路由器或 LAN 交换机来完成。

（5）交换式集线器

交换式集线器有一个核心交换式背板，采用一个纯粹的交换系统代替传统的共享介质中继网段。

### 3．如何选择 HUB

随着技术的发展，在局域网尤其是一些大中型局域网中，集线器已逐渐退出应用，而被交换机代替。目前，集线器主要应用于一些中小型网络或大中型网络的边缘部分。下面以中小型局域网的应用为特点，介绍其选择方法。

1）以速度为标准

（1）上联设备带宽

如果上联设备带宽为 100Mb/s，自然可购买 100Mb/s 集线器，否则 10Mb/s 集线器应是理想选择。对于网络连接设备数较少，而且通信流量不是很大的网络来说，10Mb/s 集线器就可以满足应用需要。

（2）提供的连接端口数

由于连接在集线器上的所有站点均争用同一个上行总线，所以连接的端口数目越多，就越容易造成冲突。同时，发往集线器任一端口的数据将被发送至与集线器相连的所有端口上，端口数过多将降低设备有效利用率。

> **提示**
>
> 依据实践经验，一个 10Mb/s 集线器所管理的计算机数不宜超过 15 个，100Mb/s 的不宜超过 25 个。如果超过，应使用交换机来代替集线器。

（3）应用需求

传输的内容不涉及语音、图像，传输量相对较小时，选择 10Mb/s 即可。如果传输量较大，且有可能涉及多媒体应用时，应当选择 100Mb/s 或 10/100Mb/s 自适应集线器。10/100Mb/s 自适应集线器的价格一般要比 100Mb/s 的高。

2）以能否满足拓展为标准

当一个集线器提供的端口不够时，一般有以下两种拓展用户数目的方法。

（1）堆叠

堆叠是解决单个集线器端口不足的一种方法，但是因为堆叠在一起的多个集线器还是工作在同一个环境下，所以堆叠的层数也不能太多。堆叠示意图如图 9-18 所示。

然而，市面上许多集线器以其堆叠层数比其他品牌的多而作为卖点，如果遇到这种情况，要区别对待：一方面可堆叠层数越多，一般说明集线器的稳定性越高；另一方面可堆叠层数越多，每个用户实际可享有的带宽则越小。

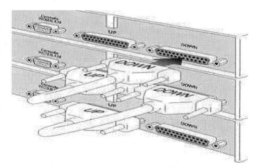

**图 9-18　堆叠集线器**

（2）级连

级连是在网络中增加用户数的另一种方法，但是此项功能的使用一般是有条件的，即 HUB 必须提供可级连的端口，此端口上常标有 Uplink 或 MDI 的字样，用此端口与其他的 HUB 进行级连。如果没有提供专门的端口而必须要进行级连时，连接两个集线器的双绞线在制作时必须要进行错线。

### 9.5.3 交换机

交换机（Switch，意为"开关"）是一种用于电信号转发的网络设备，如图 9-19 所示。它可以为接入交换机的任意两个网络结点提供独享的电信号通路。最常见的交换机是以太网交换机。其他常见的还有电话语音交换机、光纤交换机等。

图 9-19　交换机

#### 1．交换机的功能

交换机的主要功能包括物理编址、网络拓扑结构、错误校验、帧序列以及流控。交换机还具备了一些新的功能，如对 VLAN（虚拟局域网）的支持、对链路汇聚的支持，甚至有的还具有防火墙的功能。

1）编制

以太网交换机了解每一端口相连设备的 MAC 地址，并将地址同相应的端口映射起来存放在交换机缓存中的 MAC 地址表中。

2）转发/过滤

当一个数据帧的目的地址在 MAC 地址表中有映射时，它被转发到连接目的结点的端口而不是所有端口。

3）消除回路

当交换机包括一个冗余回路时，以太网交换机通过生成树协议避免回路的产生，同时允许存在后备路径。

交换机除了能够连接同种类型的网络之外，还可以在不同类型的网络之间起到互连作用。如今许多交换机都能够提供支持快速以太网或 FDDI 等的高速连接端口，用于连接网络中的其他交换机或者为带宽占用量大的关键服务器提供附加带宽。

> **提 示**
>
> 一般来说，交换机的每个端口都用来连接一个独立的网段，但是有时为了提供更快的接入速度，可以把一些重要的网络计算机直接连接到交换机的端口上。这样，网络的关键服务器和重要用户就拥有更快的接入速度、支持更大的信息流量。

### 2．交换方式

现在的交换方式有很多种，不过常见的却只有两种方式，分别是直通式和存储转发式。

1）直通式

直通方式的以太网交换机可以理解为在各端口间是纵横交叉的线路矩阵电话交换机。它在输入端口检测到一个数据包时，检查该包的包头，获取包的目的地址，启动内部的动态查找表转换成相应的输出端口，在输入与输出交叉处接通，把数据包直通到相应的端口，实现交换功能。由于不需要存储，延迟非常小、交换非常快，这是它的优点。

它的缺点是：因为数据包内容并没有被以太网交换机保存下来，所以无法检查所传送的数据包是否有误，不能提供错误检测能力。由于没有缓存，不能将具有不同速率的输入/输出端口直接接通，而且容易丢包。

2）存储转发

存储转发方式是计算机网络领域应用最为广泛的方式。它把输入端口的数据包先存储起来，然后进行 CRC 检查，在对错误包进行处理后才取出数据包的目的地址，通过查找表转换成输出端口送出包。正因如此，存储转发方式在数据处理时延时大，这是它的不足，但是它可以对进入交换机的数据包进行错误检测，有效地改善网络性能。尤其重要的是它可以支持不同速度的端口间的转换，保持高速端口与低速端口间的协同工作。

# 思考与练习

### 一、填空题

1．DSL 包括 HDSL、SDSL、VDSL、ADSL 和 RADSL 等，一般称为_____。（xDSL）

2．_____的出现主要是为了解决 SLIP 存在的缺点。利用该协议能够在连接建立初期进行动态协商配置，并且能够在会话过程中管理通信计算机之间的链路。（PPP）

3．_____也称远程网。通常跨接很大的物理范围，所覆盖的范围从几十到几千公里，它能连接多个城市或国家，或横跨几个洲并能提供远距离通信，形成国际性的远程网络。（广域网）

4．_____，既包括允许用户建立远距

离无线连接的全球语音和数据网络。（无线网络）

### 二、选择题

1．_____是指经由交换网向数据网提供语音或数据承载电路的连接。（A）

    A．拨号连接     B．电缆宽带

    C．数字用户线路     D．广域网

2．_____是一种支持设备短距离通信（一般 10m 内）的无线电技术。（D）

    A．点到点连接     B．帧中继

    C．移动 IP     D．蓝牙

3．_____技术是基于普通电话线的宽

带接入技术，它在同一铜线上分别传送数据和语音信号，数据信号并不通过电话交换机设备，减轻了电话交换机的负载。（C）

    A．拨号连接　　　　B．电缆宽带

    C．数字用户线路　　D．广域网

4．下列计算机设备中，不属于广域网设备的是_____。（D）

    A．路由器　　　　　B．交换机

    C．调制解调器　　　D．视频采集卡

5．_____是一种在链路层实现中继，常用于连接两个或更多个局域网的网络互连设备。（A）

    A．网桥　　　　　　B．路由器

    C．集线器　　　　　D．交换机

### 三、简答题

1．什么是广域网，它有几种组网方式，分别是什么？

2．描述一下无线网络中的蓝牙技术，及其主要应用。

3．说说 HUB 和路由、交换机的区别。

# 第 10 章　认识流、播与云

随着网络的技术的逐步发展，以及人们对网络的认知的不断成熟，很多新生的概念出现在了我们的眼前，甚至已经改变了人们使用计算机的方式。其中，流媒体、播客以及云计算是佼佼者，它们为我们的生活带来了很大的变化，也带来了很多的网络商机。为此，本章将介绍这三个概念。

**本章要点：**

- ❑ 掌握流媒体
- ❑ 掌握播客
- ❑ 掌握云计算

## 10.1　流媒体

所谓流媒体是指采用流式传输的方式在 Internet 播放的媒体格式。流媒体又叫流式媒体，它是指商家用一个视频传送服务器把节目当成数据包发出，传送到网络上。用户通过解压设备对这些数据进行解压后，节目就会像发送前那样显示出来。本节将介绍流的相关知识。

### 10.1.1　认识流媒体

流媒体是指以流的方式在网络中传输音频、视频和多媒体文件的形式。流媒体文件格式是支持采用流式传输及播放的媒体格式。流式传输方式是将视频和音频等多媒体文件经过特殊的压缩方式分成一个个压缩包，由服务器向用户计算机连续、实时传送。在采用流式传输方式的系统中，用户不必像非流式播放那样等到整个文件全部下载完毕后才能看到当中的内容，而是只需要经过几秒钟或几十秒的启动延时即可在用户计算机上利用相应的播放器对压缩的视频或音频等流式媒体文件进行播放，剩余的部分将继续进行下载，直至播放完毕。

这个过程的一系列相关的包称为"流"。流媒体实际指的是一种新的媒体传送方式，而非一种新的媒体。流媒体技术全面应用后，人们在网上聊天可直接语音输入；如果想彼此看见对方的容貌、表情，只要双方各有一个摄像头就可以了；在网上看到感兴趣的商品，选择以后，讲解员和商品的影像就会跳出来；更有真实感的影像新闻也会出现。

流媒体技术发端于美国。在美国，目前流媒体的应用已很普遍，例如惠普公司的产品发布和销售人员培训都用网络视频进行。

流式传输方式则是将整个 A/V 及 3D 等多媒体文件经过特殊的压缩方式分成一个个压缩包，由视频服务器向用户计算机连续、实时传送。在采用流式传输方式的系统中，用户不必像采用下载方式那样等到整个文件全部下载完毕，而是只需经过几秒或几十秒的启动延时即可在用户的计算机上利用解压设备（硬件或软件）对压缩的 A/V、3D 等多媒体文件解压后进行播放和观看。此时多媒体文件的剩余部分将在后台的服务器内继续下载。

## 10.1.2　数据传输方式

在网络上传输音/视频等多媒体信息，目前主要有下载和流式传输两种方案。A/V 文件一般都较大，所以需要的存储容量也较大；同时由于网络带宽的限制，下载常常要花数分钟甚至数小时，所以这种处理方法延迟也很大。流式传输时，声音、影像或动画等时基媒体由音视频服务器向用户计算机连续、实时传送，用户不必等到整个文件全部下载完毕，而只需经过几秒或十数秒的启动延时即可进行观看。

流媒体指在 Internet/Intranet 中使用流式传输技术的连续时基媒体，如音频、视频或多媒体文件。流式媒体在播放前并不下载整个文件，只将开始部分内容存入内存，流式媒体的数据流随时传送随时播放，只是在开始时有一些延迟。流媒体实现的关键技术就是流式传输。

流式传输的定义很广泛，现在主要指通过网络传送媒体（如视频、音频）的技术总称。其特定含义为通过 Internet 将影视节目传送到 PC。实现流式传输有两种方法：实时流式传输（Real Time Streaming）和顺序流式传输（Progressive Streaming）。

### 1．实时流式传输

实时流式传输是指保证媒体信号带宽与网络连接匹配，使媒体可被实时观看到。实时流与 HTTP 流式传输不同，它需要专用的流媒体服务器与传输协议。实时流式传输总是实时传送，特别适合现场事件，也支持随机访问，用户可快进或后退以观看前面或后面的内容。理论上，实时流一经播放就可不停止，但实际上，可能发生周期暂停。

实时流式传输必须匹配连接带宽，这意味着在以调制解调器速度连接时图像质量较差。而且，由于出错丢失的信息被忽略掉，网络拥挤或出现问题时，视频质量很差。如欲保证视频质量，顺序流式传输也许更好。实时流式传输需要特定服务器，如 QuickTime Streaming Server、RealServer 与 Windows Media Server。这些服务器允许用户对媒体发送进行更多级别的控制，因而系统设置、管理比标准 HTTP 服务器更复杂。实时流式传输还需要特殊网络协议，如 RTSP（Realtime Streaming Protocol）或 MMS（Microsoft Media Server）。这些协议在有防火墙时有时会出现问题，导致用户不能看到一些地点的实时内容。

### 2．顺序流失传输

顺序流式传输是顺序下载，在下载文件的同时用户可观看在线媒体，在给定时刻，用户只能观看已下载的部分，而不能跳到还未下载的前头部分，顺序流式传输不像实时流式传输在传输期间根据用户连接的速度做调整。由于标准的 HTTP 服务器可发送这种形式的文件，也不需要其他特殊协议，它经常被称作 HTTP 流式传输。

顺序流式传输比较适合高质量的短片段，如片头、片尾和广告，由于该文件在播放前观看的部分是无损下载的，这种方法保证电影播放的最终质量。这意味着用户在观看前，必须经历延迟，对较慢的连接尤其如此。对通过调制解调器发布短片段，顺序流式传输显得很实用，它允许用比调制解调器更高的数据速率创建视频片段。尽管有延迟，毕竟可以发布较高质量的视频片段。

顺序流式文件是放在标准 HTTP 或 FTP 服务器上的，易于管理，基本上与防火墙无关。顺序流式传输不适合长片段和有随机访问要求的视频，如讲座、演说与演示。它也不支持现场广播，严格说来，它是一种点播技术。

## 10.1.3　流媒体的组成

流媒体，实际上就是一款即时播放系统，它由软件、硬件等多个组成部分协调完成操作，如图 10-1 所示。本节将介绍组成流媒体的各个组件的功能。

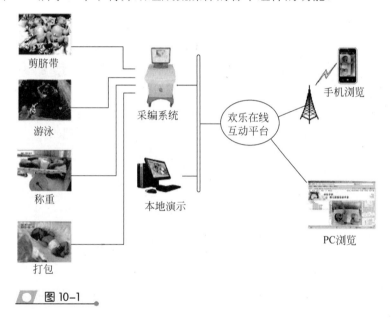

剪脐带

游泳

称重

打包

采编系统

本地演示

欢乐在线
互动平台

手机浏览

PC浏览

图 10-1

### 1. 编码器

它由一台普通计算机、一块 Microvision 高清视频采集卡（如图 10-2 所示）和流媒体编码软件组成。Microvision 流媒体采集卡负责将音视频信息源输入计算机，供编码软件处理；编码软件负责将流媒体采集卡传送过来的数字音视频信号压缩成流媒体格式。如果做直播，它还负责实时地将压缩好的流媒体信号上传给流媒体服务器。

### 2. 服务器

由流媒体软件系统的服务器部分和一台硬件服务器组成。这部分负责管理、存储、分发编码器传上来的流媒体节目。

### 3．终端播放器

终端播放器也叫解码器，这部分由流媒体系统的播放软件和一台普通 PC 组成，用它来播放用户想要收看的流媒体服务器上的视频节目。

## 10.1.4 传输协议

本书讲解 TCP/IP 的传输协议，那肯定少不了讲解流所使用的传输协议。本节主要讲解 RTP、RTCP、RTSP 以及 RSVP 等协议。

图 10-2 视频采集卡

### 1．实时传输协议

RTP（Real-timeTransport Protocol）是用于 Internet 上针对多媒体数据流的一种传输协议。RTP 被定义为在一对一或一对多的传输情况下工作，其目的是提供时间信息和实现流同步。RTP 通常使用 UDP 来传送数据，但 RTP 也可以在 TCP 或 ATM 等其他协议之上工作。当应用程序开始一个 RTP 会话时将使用两个端口：一个给 RTP，一个给 RTCP。RTP 本身并不能为按顺序传送数据包提供可靠的传送机制，也不提供流量控制或拥塞控制，它依靠 RTCP 提供这些服务。通常 RTP 算法并不作为一个独立的网络层来实现，而是作为应用程序代码的一部分。

### 2．实时传输控制协议

RTCP（Real-timeTransport Control Protocol）和 RTP 一起提供流量控制和拥塞控制服务。在 RTP 会话期间，各参与者周期性地传送 RTCP 包。RTCP 包中含有已发送的数据包的数量、丢失的数据包的数量等统计资料，因此，服务器可以利用这些信息动态地改变 传输速率，甚至改变有效载荷类型。RTP 和 RTCP 配合使用，它们能以有效的反馈和最小的开销使传输效率最佳化，因而特别适合传送网上的实时数据。

### 3．实时流协议

实时流协议 RTSP（Real Time Streaming Protocol）是由 RealNetworks 和 Netscape 共同提出的，该协议定义了一对多应用程序如何有效地通过 IP 网络传送多媒体数据。RTSP 在体系结构上位于 RTP 和 RTCP 之上，它使用 TCP 或 RTP 完成数据传输。HTTP 与 RTSP 相比，HTTP 传送 HTML，而 RTP 传送的是多媒体数据。HTTP 请求由客户机发出，服务器做出响应；使用 RTSP 时，客户机和服务器都可以发出请求，即 RTSP 可以是双向的。

### 4．RSVP

RSVP（Resource Reserved Protocol）是正在开发的 Internet 上的资源预订协议，使用

286

RSVP 能在一定程度上为流媒体的传输提供 QoS。在某些试验性的系统如网络视频会议工具 VIC 中就集成了 RSVP。

### 10.1.5 播放方式

在讲解了流媒体的核心技术以后，本节将利用一定的篇幅讲解流媒体的播放方式。根据实现技术的不同，可以将流媒体的播放方式分为单播、组播、点播、广播等形式。

#### 1. 单播

在客户端与媒体服务器之间需要建立一个单独的数据通道，从一台服务器送出的每个数据包只能传送给一个客户机，这种传送方式称为单播。每个用户必须分别对媒体服务器发送单独的查询，而媒体服务器必须向每个用户发送所申请的数据包拷贝。这种巨大冗余首先造成服务器沉重的负担，响应需要很长时间，甚至停止播放；管理人员也被迫购买硬件和带宽来保证一定的服务质量。

#### 2. 组播

IP 组播技术构建一种具有组播能力的网络，允许路由器一次将数据包复制到多个通道上。采用组播方式，单台服务器能够对几十万台客户机同时发送连续数据流而无延时。媒体服务器只需要发送一个信息包，而不是多个；所有发出请求的客户端共享同一信息包。信息可以发送到任意地址的客户机，减少网络上传输的信息包的总量。网络利用效率大大提高，成本大为下降。

#### 3. 点播

点播连接是客户端与服务器之间的主动的连接。在点播连接中，用户通过选择内容项目来初始化客户端连接。用户可以开始、停止、后退、快进或暂停流。点播连接提供了对流的最大控制，但这种方式由于每个客户端各自连接服务器，会迅速用完网络带宽。

#### 4. 广播

广播指的是用户被动接收流。在广播过程中，客户端接收流，但不能控制流。例如，用户不能暂停、快进或后退该流。广播方式中数据包的单独一个拷贝将发送给网络上的所有用户。使用单播发送时，需要将数据包复制多个拷贝，以多个点对点的方式分别发送到需要它的那些用户，而使用广播方式发送，数据包的单独一个拷贝将发送给网络上的所有用户，而不管用户是否需要，上述两种传输方式会非常浪费网络带宽。组播吸收了上述两种发送方式的长处，克服了上述两种发送方式的弱点，将数据包的单独一个拷贝发送给需要的那些客户。组播不会复制数据包的多个拷贝传输到网络上，也不会将数据包发送给不需要它的那些客户，保证了网络上多媒体应用占用网络的最小带宽。

### 10.1.6  技术应用

互联网的迅猛发展和普及为流媒体业务发展提供了强大市场动力，流媒体业务正变得日益流行。流媒体技术广泛用于多媒体新闻发布、在线直播、网络广告、电子商务、视频点播、远程教育、远程医疗、网络电台、实时视频会议等互联网信息服务的方方面面。

流媒体技术的应用将为网络信息交流带来革命性的变化，对人们的工作和生活将产生深远的影响。一个完整的流媒体解决方案应是相关软硬件的完美集成，它大致包括下面几个方面的内容：内容采集、视音频捕获和压缩编码、内容编辑、内容存储和播放、应用服务器内容管理发布及用户管理等，如图 10-3 所示。

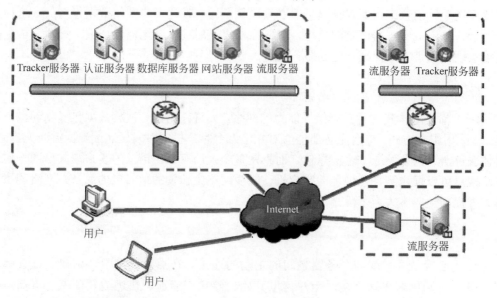

**图 10-3**　某单位流媒体服务平台网络拓扑图

流媒体技术是将声音信息经过压缩处理后放在网站服务器上，让用户一边下载一边观看、收听，而不要等整个压缩文件下载到自己的计算机上才可以观看的网络传输技术。该技术先在使用者端的计算机上创建一个缓冲区，在播放前预先下一段数据作为缓冲，在网路实际连线速度小于播放所耗的速度时，播放程序就会取用一小段缓冲区内的数据，这样可以避免播放的中断，也使得播放品质得以保证。

#### 1．传输过程

在流式传输的实现方案中，一般采用 HTTP/TCP 来传输控制信息，而用 RTP/UDP 来传输实时声音数据。具体的传输流程如下。

（1）Web 浏览器与 Web 服务器之间使用 HTTP/TCP 交换控制信息，以便把需要传输的实时数据从原始信息中检索出来。

（2）用 HTTP 从 Web 服务器检索相关数据，由 A/V 播放器进行初始化。

（3）从 Web 服务器检索出来的相关服务器的地址定位 A/V 服务器。

（4）A/V 播放器与 A/V 服务器之间交换 A/V 传输所需要的实时控制协议。

（5）一旦 A/V 数据抵达客户端，A/V 播放器就可播放。

## 2．技术方式

目前主流的流媒体技术有三种，分别是 RealNetworks 公司的 RealMedia、Microsoft 公司的 WindowsMediaTechnology 和 Apple 公司的 QuickTime。这三家的技术都有自己的专利算法、专利文件格式甚至专利传输控制协议。

1）Apple 公司的 QuickTime

QuickTime 是一个非常老牌的媒体技术集成，是数字媒体领域事实上的工业标准。之所以说集成这个词是因为 QuickTime 实际上是一个开放式的架构，包含了各种各样的流式或者非流式的媒体技术。

QuickTime 是最早的视频工业标准，1999 年发布的 QuickTime 4.0 版本开始支持真正的流式播放。由于 QuickTime 本身也存在着平台的便利（MacOS），因此也拥有不少的用户。QuickTime 在视频压缩上采用的是 SorensonVideo 技术，音频部分则采用 QDesignMusic 技术。QuickTime 最大的特点是其本身所具有的包容性，使得它是一个完整的多媒体平台，因此基于 QuickTime 可以使用多种媒体技术来共同制作媒体内容。

同时，它在交互性方面是三者之中最好的。例如，在一个 QuickTime 文件中可以同时包含 midi、动画 gif、flash 和 smil 等格式的文件，配合 QuickTime 的 WiredSprites 互动格式，可设计出各种互动界面和动画。QuickTime 流媒体技术实现的基础是需要三个软件的支持：QuickTime 播放器、QuickTime 编辑制作、QuickTimeStreaming 服务器。

2）RealNetworks 公司的 RealMedia

RealMedia 发展的时间比较长，因此具有很多先进的设计，例如，ScalableVideoTechnology 可伸缩视频技术可以根据用户计算机的速度和连接质量而自动调整媒体的播放质素。Two—passEncoding 两次编码技术可通过对媒体内容进行预扫描，再根据扫描的结果来编码从而提高编码质量。特别是 SureStream 自适应流技术，可通过一个编码流提供自动适合不同带宽用户的流播放。RealMedia 音频部分采用的是 RealAudio，该编码在低带宽环境下的传输性能非常突出。RealMedia 通过基于 smil 并结合自己的 RealPix 和 RealText 技术来达到一定的交互能力和媒体控制能力。Real 流媒体技术需要三个软件的支持、RealPlayer 播放器、RealProducer 编辑制作、RealServer 服务器。

3）Microsoft 公司的 WindowsMedia

WindowsMedia 是三家之中最后进入这个市场的，但凭借其操作系统的便利很快便取得了较大的市场份额。WindowsMediaVideo 采用的是 mpeg-4 视频压缩技术，音频方面采用的是 WindowsMediaAudio 技术。WindowsMedia 的关键核心是 MMS 协议和 ASF 数据格式，MMS 用于网络传输控制，ASF 则用于媒体内容和编码方案的打包。目前 WindowsMedia 在交互能力方面是三者之中最弱的，自己的 ASF 格式交互能力不强，除了通过 IE 支持 smil 之外就没有什么其他的交互能力了。

WindowsMedia 流媒体技术的实现需要三个软件的支持：WindowsMedia 播放器、

WindowsMedia 工具和 WindowsMedia 服务器，如图 10-4 所示。总的来说，如果使用 Windows 服务器平台，WindowsMedia 的费用最少。虽然在现阶段其功能并不是最好的，用户也不是最多的。

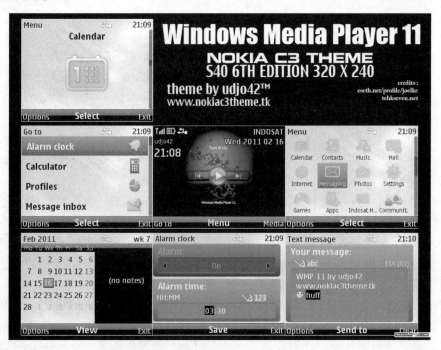

图 10-4　WindowsMedia 播放器

### 3．存在问题

流媒体技术不是一种单一的技术，它是网络技术及视/音频技术的有机结合。在网络上实现流媒体技术，需要解决流媒体的制作、发布、传输及播放等方面的问题，而这些问题则需要利用视音频技术及网络技术来解决，具体如下。

1）流媒体制作技术方面解决的问题

在网上进行流媒体传输，所传输的文件必须制作成适合流媒体传输的流媒体格式文件。因这种格式存储的多媒体文件容量十分大，若要在现有的窄带网络上传输则需要花费十分长的时间，若遇网络繁忙，还将造成传输中断。

> **提 示**
>
> 通常格式的流媒体也不能按流媒体传输协议进行传输。因此，对需要进行流媒体格式传输的文件应进行预处理，将文件压缩生成流媒体格式文件。这里应注意两点：一是选用适当的压缩算法进行压缩，这样生成的文件容量较小；二是需要向文件中添加流式信息。

2）流媒体传输方面需解决的问题

流媒体的传输需要合适的传输协议，目前在 Internet 上的文件传输大部分都是建立在 TCP 协议的基础上的，也有一些是以 FTP 传输协议的方式进行传输，但采用这些传输协议都不能实现实时方式的传输。随着流媒体技术的深入研究，目前比较成熟的流媒体传输一般都是采用建立在 UDP 协议上的 RTP/RTSP 实时传输协议。

3）流媒体的传输过程中需要缓存的支持

因为 Interent 是以包为单位进行异步传输的，因此多媒体数据在传输中要被分解成许多包，由于网络传输的不稳定性，各个包选择的路由不同，所以到达客户端的时间次序可能发生改变，甚至产生丢包的现象。为此，必须采用缓存技术来纠正由于数据到达次序发生改变而产生的混乱状况，利用缓存对到达的数据包进行正确排序，从而使视/音频数据能连续正确地播放。缓存中存储的是某一段时间内的数据，数据在缓存中存放的时间是暂时的，缓存中的数据也是动态的，不断更新的。流媒体在播放时不断读取缓存中的数据进行播放，播放完后该数据便被立即清除，新的数据将存入到缓存中。因此，在播放流媒体文件时并不需占用太大的缓存空间。

4）流媒体播放方面需解决的问题

流媒体播放需要浏览器的支持。通常情况下，浏览器采用 MIME 来识别各种不同的简单文件格式，所有的 Web 浏览器都是基于 HTTP 协议，而 HTTP 协议都内建有 MIME。所以 Web 浏览器能够通过 HTTP 协议中内建的 MIME 来标记 Web 上众多的多媒体文件格式，包括各种流媒体格式。

## 10.2 播客

Podcast，中文译名尚未统一，但最多的是将其翻译为"播客"。播客是 Ipod+Broadcasting。它是数字广播技术的一种，出现初期借助一个叫 iPodder 的软件与一些便携播放器相结合而实现。Podcasting 录制的是网络广播或类似的网络声讯节目，网友可将网上的广播节目下载到自己的 iPod、MP3 播放器或其他便携式数码声讯播放器中随身收听，不必端坐电脑前，也不必实时收听，享受随时随地的自由。更有意义的是，用户还可以自己制作声音节目，并将其上传到网上与广大网友分享。

### 10.2.1 实现技术

Podcast 节目订阅者可以通过多个来源订阅他们希望收听或观赏的节目。与之对比的是，传统广播只能在一个时刻内提供单一来源，广播依照节目时间表进行。Internet 上的"流媒体"文档相对来说解放了受众的时间限制。通过不同来源"新闻聚合"得到节目是 Podcast 收听的特色和主要吸引力。

任何数字音频播放器或拥有适当软件的计算机都可以播放 Podcasting 节目。相同的技术亦可用来传送视频文件、照片、文本档案之类的其他媒体文档。但单词 Cast 最广泛的含义仍然是指大范围的音频传送。事实上 RSS 允许与任何文档格式联合，从 PDF 格式到 MP3 格式等都可以产生 URL。

与流媒体比较而言，Podcast 不能在 Internet 上进行现场广播。这并不是技术限制造成的，而是应用程序的一个先天缺陷。Podcast 被设计用来订阅非现场信息，媒体文档被以如 MP3 等格式的文件形式发向订阅者，以便订阅者可以离线收听。使用在线联合应用程序订阅一般流媒体源也是可能的。

当订阅后程序提示发现新项目——你就可以如同其他网络上的流媒体一样选择收听了。这样做的优点是不必在每一台使用的电脑中重新下载 Podcast 文档。一旦接受了订阅，就可以把文件放入类 iPod 的可移动音频设备中。当然直接使用台式电脑收听也是常见的。现代的网络技术使得通过新闻聚合选择以后的 Podcasts 节目变得异常方便。

2005 年，Podcast 节目并不如流媒体文档那样是瞬时的。流媒体必须瞬时接收抓捕到的信息，而一场 podcast 节目已经以固定的形式存在在介质上。

## 10.2.2 播客与博客

在国内，博客最早出现，所以部分人往往以为博客和播客是一回事，事实上，从根本上说它们是一个概念，但它们有表现形式的区别。播客（Podcasts 或 Podcasting）与博客(BLOG)是同义词，都是个人通过互联网发布信息的方式，并且都需要借助于博客/播客发布程序（通常为第三方提供的博客托管服务，也可以是独立的个人博客/播客网站）进行信息发布和管理。博客与播客的主要区别在于，博客所传播的信息以文字和图片为主，而播客是以音频和视频信息（目前播客是以音频信息为主）方式传递的。

### 1．传播方式

"播客"这一概念来源自苹果电脑的 iPod 与广播（Broadcast）的合成词，其指的是一种在互联网上发布文件并允许用户订阅以自动接收新文件的方法，或用此方法来制作的电台节目。2004 年 9 月，美国苹果公司发布 iPodder，这一事件被看作是播客（Podcast）出现的标志。

博客是把自己的思想通过文字和图片的方式在互联网上广为传播，而播客则是通过制作音频甚至视频节目的方式。从某种意义上来说，播客就是一个以互联网为载体的个人电台和电视台，但就目前而言，播客主要还是以音频为主。

### 2．播客便携式音乐播放器

2005 年 6 月 28 日，苹果公司 iTunes 4.9 的推出掀起了一场播客的高潮，一些播客网站甚至因为访问量过大而暂时瘫痪。

iTunes 4.9 是一款优秀的播客客户端软件，或者称为播客浏览器。通过它，可以在互联网上浏览、查找、试听并订阅播客节目。同主流媒体音频所不同的是，播客节目不是实时收听的，而是独立的可以下载并复制的媒体文件，故而用户可以自行选择收听的时间与方式。正如苹果公司所宣传的那样，播客是"自由度极高的广播"，人人可以制作，随时可以收听，这就是播客。

播客与其他音频内容传送的区别在于其订阅模式，它使用 RSS 2.0 文件格式传送信息。该技术允许个人进行创建与发布，这种新的传播方式使得人人可以说出他们想说的话。订阅播客节目可以使用相应的播客软件。这种软件可以定期检查并下载新内容，并与用户的便携式音乐播放器同步内容。播客并不强求使用 iPod 或 iTunes，任何数字音频播放器或拥有适当软件的计算机都可以播放播客节目。相同的技术亦可用来传送视频文件，在 2005 年，已经有一些播客软件可以像播放音频一样播放视频了。

# 10.3 云

云计算（Cloud Computing）是基于互联网的相关服务的增加、使用和交付模式，通常涉及通过互联网来提供动态易扩展且经常是虚拟化的资源。云是网络、互联网的一种比喻说法。狭义的云计算指 IT 基础设施的交付和使用模式，即通过网络以按需、易扩展的方式获得所需资源；广义云计算指服务的交付和使用模式，即通过网络以按需、易扩展的方式获得所需服务。本节将介绍云的相关知识。

## 10.3.1 认识云

云计算是一种通过 Internet 以服务的方式提供动态可伸缩的虚拟化的资源的计算模式。云计算是一种按使用量付费的模式，这种模式提供可用的、便捷的、按需的网络访问，进入可配置的计算资源共享池（资源包括网络、服务器、存储、应用软件、服务），这些资源能够被快速提供，只需投入很少的管理工作，或与服务供应商进行很少的交互。"云计算"概念被大量运用到生产环境中，国内的"阿里云"与云谷公司的 XenSystem，以及在国外已经非常成熟的 Intel 和 IBM，各种"云计算"的应用服务范围正日渐扩大，影响力也无可估量。

### 1．产生背景

云计算由一系列可以动态升级和被虚拟化的资源组成，这些资源被所有云计算的用户共享并且可以方便地通过网络访问，用户无需掌握云计算的技术，只需要按照个人或者团体的需要租赁云计算的资源，如图 10-5 所示。

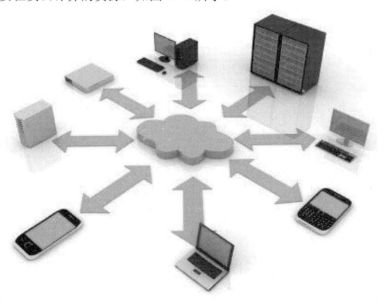

图 10-5　云计算简图

云计算是继 20 世纪 80 年代大型计算机到客户端-服务器的大转变之后的又一种巨变。云计算的出现并非偶然，早在 20 世纪 60 年代，麦卡锡就提出了把计算能力作为一种像水和电一样的公用事业提供给用户的理念，这成为云计算思想的起源。在 20 世纪 80 年代网格计算、90 年代公用计算，21 世纪初虚拟化技术、SOA、SaaS 应用的支撑下，云计算作为一种新兴的资源使用和交付模式逐渐为学界和产业界所熟知。中国云发展创新产业联盟评价云计算为"信息时代商业模式上的创新"。

继个人计算机变革、互联网变革之后，云计算被看作第三次 IT 浪潮，是中国战略性新兴产业的重要组成部分。它将带来生活、生产方式和商业模式的根本性改变，云计算将成为当前全社会关注的热点。

云计算是分布式计算（Distributed Computing）、并行计算（Parallel Computing）、效用计算（Utility Computing）、网络存储（Network Storage Technologies）、虚拟化（Virtualization）、负载均衡（Load Balance）等传统计算机和网络技术发展融合的产物。

### 2．云计算的发展

云计算是当前一个热门的技术名词，很多专家认为，云计算会改变互联网的技术基础，甚至会影响整个产业的格局。正因为如此，很多大型企业都在研究云计算技术和基于云计算的服务，亚马逊、谷歌、微软、戴尔、IBM 等 IT 国际巨头以及百度、阿里、著云台等国内业界顶尖公司都在其中。几年之内,云计算已从新兴技术发展成为当今的热点技术。从 2003 年 Google 公开发布的核心文件到 2006 年 Amazon EC2（亚马逊弹性计算云）的商业化应用，再到美国电信巨头 AT&T（美国电话电报公司）推出的 Synaptic Hosting（动态托管）服务，云计算从节约成本的工具到盈利的推动器，从 ISP（网络服务提供商）到电信企业，已然成功地从内置的 IT 系统演变成公共的服务。云计算是一个产生于 IT 领域的概念，IT（Information Technology），即信息技术，包括感测技术、通信技术、计算机技术和控制技术等。在技术发展的历程中，类似于电子商务，云计算也是一个比较模糊的技术术语。这其中一个原因是云计算可以在很多应用程序场景中运用，另外就是大量公司的商业炒作推动了这种趋势。Gartner 公司是全球最权威的技术咨询机构,它的技术成熟曲线就是根据技术发展周期理论来分析新技术的发展周期曲线(从 1995 年开始每年均有报告），以便帮助人们判断某种新技术是否采用。这个曲线将技术成熟的过程划分为以下 5 个阶段。

1）萌芽期

萌芽期（Technology Trigger）又称感知期，人们对新技术产品和概念开始感知，并且表现出兴趣。

2）过热期

过热期(Peak of Inflated Expectations)，人们一拥而上，纷纷采用这种新技术，讨论这种新技术。典型成功的案例往往会把人们的这种热情加上把催化剂。

3）低谷期

低谷期(Trough of Disillusionment)，又称幻想破灭期。过度的预期，严峻的现实，往往会把人们心理的一把火浇灭。

4）复苏期

复苏期(Slope of Enlightenment)，又称恢复期。人们开始反思问题，并从实际出发考虑技术的价值。相比之前冷静不少。

5）成熟期

成熟期(Plateau ofProductivity)，又称高原期。该技术已经成为一种平常。从著云台2011 年的技术成熟度报告，可以看到云计算已经绕过了应用上的瓶颈，开始真正"落地"。云计算如一阵飓风席卷整个 IT 界，伴之而来的优势是非常明显的。2012 年更是云计算快速发展的一年，各种云技术、云方案陆续出台，无论是早期亚马逊的 Cloud Drive，还是 2011 年苹果公司推出的 iCloud，抑或是 2012 年 4 月微软推出的 System Center 系统等，都把目标盯紧了云计算这块大"肥肉"。

### 3．云计算的演变

云计算主要经历了 4 个阶段才发展到现在这样比较成熟的水平，这 4 个阶段依次是电厂模式、效用计算、网格计算和云计算。

1）电厂模式阶段

电厂模式就好比是利用电厂的规模效应，来降低电力的价格，并让用户使用起来更方便，且无需维护和购买任何发电设备。

2）效用计算阶段

在 1960 年左右，当时计算设备的价格是非常高昂的，远非普通企业、学校和机构所能承受，所以很多人产生了共享计算资源的想法。1961 年，人工智能之父麦肯锡在一次会议上提出了"效用计算"这个概念，其核心借鉴了电厂模式，具体目标是整合分散在各地的服务器、存储系统以及应用程序来共享给多个用户，让用户能够像把灯泡插入灯座一样来使用计算机资源，并且根据其所使用的量来付费。但由于当时整个 IT 产业还处于发展初期，很多强大的技术还未诞生，例如互联网等，所以虽然这个想法一直为人称道，但是总体而言"叫好不叫座"。

3）网格计算阶段

网格计算研究如何把一个需要非常巨大的计算能力才能解决的问题分成许多小的部分，然后把这些部分分配给许多低性能的计算机来处理，最后把这些计算结果综合起来攻克大问题。可惜的是，由于网格计算在商业模式、技术和安全性方面的不足，使得其并没有在工程界和商业界取得预期的成功。

4）云计算阶段

云计算的核心与效用计算和网格计算非常类似，也是希望 IT 技术能像使用电力那样方便，并且成本低廉。但与效用计算和网格计算不同的是，在需求方面已经有了一定的规模，同时在技术方面也已经基本成熟了。

## 10.3.2  云计算的特点

通过使计算分布在大量的分布式计算机上，而非本地计算机或远程服务器中，企业数据中心的运行将与互联网更相似。这使得企业能够将资源切换到需要的应用上，根据需求访问计算机和存储系统。

好比是从古老的单台发电机模式转向了电厂集中供电的模式。它意味着计算能力也可以作为一种商品进行流通，就像煤气、水电一样，取用方便，费用低廉。最大的不同在于，它是通过互联网进行传输的。

云计算具有以下几个主要特征。

### 1．资源配置动态化

根据消费者的需求动态划分或释放不同的物理和虚拟资源，当增加一个需求时，可通过增加可用的资源进行匹配，实现资源的快速弹性提供；如果用户不再使用这部分资源时，可释放这些资源。云计算为客户提供的这种能力是无限的，实现了 IT 资源利用的可扩展性。

### 2．需求服务自助化

云计算为客户提供自助化的资源服务，用户无需同提供商交互就可自动得到自助的计算资源能力。同时云系统为客户提供一定的应用服务目录，客户可采用自助方式选择满足自身需求的服务项目和内容。

### 3．以网络为中心

云计算的组件和整体构架由网络连接在一起并存在于网络中，同时通过网络向用户提供服务。而客户可借助不同的终端设备，通过标准的应用实现对网络的访问，从而使得云计算的服务无处不在。

### 4．服务可计量化

在提供云服务过程中，针对客户不同的服务类型，通过计量的方法来自动控制和优化资源配置。即资源的使用可被监测和控制，是一种即付即用的服务模式。

### 5．资源的池化和透明化

对云服务的提供者而言，各种底层资源（计算、存储、网络、资源逻辑等）的异构性被屏蔽，边界被打破，所有的资源可以被统一管理和调度，成为所谓的"资源池"，从而为用户提供按需服务。对用户而言，这些资源是透明的，无限大的，用户无需了解内部结构，只关心自己的需求是否得到满足即可。

## 10.3.3　云计算的服务

云计算可以认为包括以下几个层次的服务：基础设施即服务（IaaS），平台即服务（PaaS）和软件即服务（SaaS）。这里所谓的层次，是分层体系架构意义上的"层次"。IaaS、PaaS、SaaS 分别在基础设施层，软件开放运行平台层，应用软件层实现。

### 1．基础设施即服务 IaaS

Iaas（Infrastructure-as-a-Service）通过网络向用户提供计算机（物理机和虚拟机）、

存储空间、网络连接、负载均衡和防火墙等基本计算资源；用户在此基础上部署和运行
各种软件，包括操作系统和应用程序。

Iaas 平台产品主要包括以下两种：

（1）华胜天成 Iaas 管理平台；

（2）OPENStack，Cloudstack，Rackspace 和 NASA 联手推出的云计算平台。

### 2．软件级服务 PaaS

PaaS（Platform-as-a- Service）是指将软件研发的平台作为一种服务，以 SaaS 的模式
提交给用户。因此，PaaS 也是 SaaS 模式
的一种应用，如图 10-6 所示。但是，PaaS
的出现可以加快 SaaS 的发展，尤其是加
快 SaaS 应用的开发速度。

平台通常包括操作系统、编程语言的
运行环境、数据库和 Web 服务器，用户
在此平台上部署和运行自己的应用。用户
不能管理和控制底层的基础设施，只能控
制自己部署的应用。

### 3．门禁级服务 ACaaS

ACaaS（Access Control as a Service），
是基于云技术的门禁控制，当今市场有两

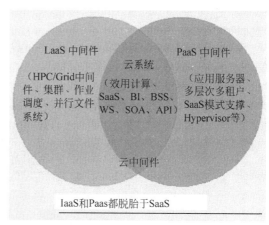

**图 10-6** **Paas 脱胎于 Saas**

种典型的门禁即服务：真正的云服务与机架服务器托管。真正的云服务具备多租户、可
扩展及冗余特点的服务，需要构建专用的数据中心，而提供多租户解决方案也是一项复
杂工程，因此会导致高昂的成本，所以大部分的门禁级服务仍属于机架服务器托管，而
非真正的云服务。想要在门禁级服务市场中寻找新机会的厂商首先需要确定提供哪一种
主机解决方案、销售许可的方式以及收费模式。

## 10.3.4 云计算的应用

智慧的云计算正在改变着传统商业模式，也逐渐在改变着人们对网络、乃至计算机
应用的认识。那么，云计算究竟都可以在什么领域应用呢？本节将给出详细的答案。

### 1．云物联

云计算和物联网之间的关系可以用一个形象的比喻来说明："云计算"是"互联网"
中的神经系统的雏形，"物联网"是"互联网"正在出现的末梢神经系统的萌芽。

"物联网就是物物相连的互联网"。这有两层意思：第一，物联网的核心和基础仍然
是互联网，是在互联网基础上的延伸和扩展的网络；第二，其用户端延伸和扩展到了任
何物品与物品之间，进行信息交换和通信。

物联网的以下两种业务模式：

（1）MAI（M2M Application Integration），内部 MaaS。

（2）MaaS（M2M As A Service），MMO，Multi-Tenants（多租户模型）。

随着物联网业务量的增加，对数据存储和计算量的需求将带来对"云计算"能力的要求。

（1）云计算：从计算中心到数据中心在物联网的初级阶段，PoP 即可满足需求。

（2）在物联网高级阶段，可能出现 MVNO/MMO 营运商（国外已存在多年），需要虚拟化云计算、SOA 等技术的结合实现互联网的泛在服务 TaaS（everyThing As A Service）。

### 2．云安全

云安全（Cloud Security）是一个从"云计算"演变而来的新名词。云安全的策略构想是：使用者越多，每个使用者就越安全，因为如此庞大的用户群，足以覆盖互联网的每个角落，只要某个网站被挂马或某个新木马病毒出现，就会立刻被截获。例如 360 杀毒软件的云计算功能，如图 10-7 所示。

图 10-7　云计算在安全领域中的应用

"云安全"通过网状的大量客户端对网络中软件行为的异常监测，获取互联网中木马、恶意程序的最新信息，推送到 Server 端进行自动分析和处理，再把病毒和木马的解决方案分发到每一个客户端。

### 3．云存储

云存储是在云计算（Cloud Computing）概念上延伸和发展出来的一个新的概念，是指通过集群应用、网格技术或分布式文件系统等功能，将网络中大量各种不同类型的存储设备通过应用软件集合起来协同工作，共同对外提供数据存储和业务访问功能的一个系统。

当云计算系统运算和处理的核心是大量数据的存储和管理时，云计算系统中就需要配置大量的存储设备，那么云计算系统就转变成为一个云存储系统，所以云存储是一个以数据存储和管理为核心的云计算系统。图 10-8 所示的就是一个典型的云存储应用。

快来上传照片，汇聚你的幸福时光

**图 10-8**　云存储应用

### 4．云呼叫

云呼叫中心是基于云计算技术而搭建的呼叫中心系统，企业无需购买任何软、硬件系统，只需具备人员、场地等基本条件，就可以快速拥有属于自己的呼叫中心，软硬件平台、通信资源、日常维护与服务由服务器商提供。具有建设周期短、投入少、风险低、部署灵活、系统容量伸缩性强、运营维护成本低等众多特点。无论是电话营销中心、客户服务中心，企业只需按需租用服务，便可建立一套功能全面、稳定、可靠、座席可分布全国各地，全国呼叫接入的呼叫中心系统。

讯鸟云呼叫中心产品通过分布部署和集中管理能力、大数据采集和分析能力，帮助企业提高人均产值，提高资源利用率，改善客户体验，通过公云、混合云、私云满足不同客户的需求。公云用户无需任何设备、安装即可快速运行，起到立竿见影的效果；混合云在解决大集中、小分散上发挥作用；私云在个性化、高性能、私密性上发挥作用。

### 5．私有云

私有云（Private Cloud）是将云基础设施与软硬件资源创建在防火墙内，以供机构或企业内各部门共享数据中心内的资源。创建私有云，除了硬件资源外，一般还有云设备（IaaS）软件。现在商业软件有 VMware vSphere 和 Platform Computing 的 ISF，开放源代码的云设备软件主要有 Eucalyptus 和 OpenStack。

### 6．云游戏

云游戏是以云计算为基础的游戏方式，在云游戏的运行模式下，所有游戏都在服务器端运行，并将渲染完毕后的游戏画面压缩后通过网络传送给用户。在客户端，用户的游戏设备不需要任何高端处理器和显卡，只需要基本的视频解压能力就可以了。

就现今来说，云游戏还并没有成为家用机和掌机界的联网模式，因为至今 X360 仍然在使用 LIVE，PS 是 PS NETWORK，wii 是 WI-FI。但是几年后或十几年后，云计算取代这些东西成为其网络发展的终极方向的可能性非常大。如果这种构想能够成为现实，那么主机厂商将变成网络运营商，他们不需要不断投入巨额的新主机研发费用，而只需要拿这笔钱中的很小一部分去升级自己的服务器就行了，但是达到的效果却是相差无几的。

对于用户来说，他们可以省下购买主机的开支，但是得到的确是顶尖的游戏画面（当然对于视频输出方面的硬件必须过硬）。可以想象一台掌机和一台家用机拥有同样的画面，家用机和我们今天用的机顶盒一样简单，甚至家用机可以取代电视的机顶盒而成为次时代的电视收看方式。

### 7. 云教育

视频云计算应用在教育行业的实例：流媒体平台采用分布式架构部署，分为 Web 服务器、数据库服务器、直播服务器和流服务器，如有必要可在信息中心架设采集工作站搭建网络电视或实况直播应用，在各个学校已经部署录播系统或直播系统的教室配置流媒体功能组件，这样录播实况可以实时传送到流媒体平台管理中心的全局直播服务器上，同时录播的学校也可以上传存储到信息中心的流存储服务器上，方便今后的检索、点播、评估等各种应用，如图 10-9 所示。

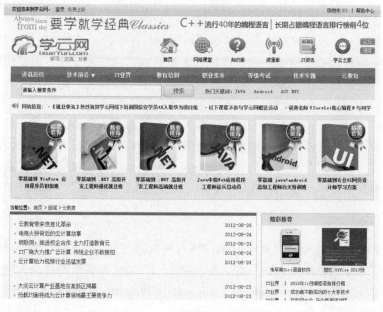

图 10-9　云教育应用

### 8. 云会议

云会议是基于云计算技术的一种高效、便捷、低成本的会议形式。使用者只需要通过互联网界面，进行简单易用的操作，便可快速高效地与全球各地团队及客户同步分享语音、数据文件及视频，而会议中数据的传输、处理等复杂技术由云会议服务商帮助使用者进行操作。

目前国内云会议主要集中在以 SAAS（软件即服务）模式为主体的服务内容，包括电话、网络、视频等服务形式，基于云计算的视频会议就叫云会议。云会议是视频会议与云计算的完美结合，带来了最便捷的远程会议体验。及时语移动云电话会议是云计算技术与移动互联网技术的完美融合，通过移动终端进行简单的操作，提供随时随地高效的召集和管理会议，如图 10-10 所示。

图 10-10　云会议应用

### 9．云社交

云社交（Cloud Social）是一种物联网、云计算和移动互联网交互应用的虚拟社交应用模式，以建立著名的"资源分享关系图谱"为目的，进而开展网络社交，云社交的主要特征，就是把大量的社会资源统一整合和评测，构成一个资源有效池向用户按需提供服务。参与分享的用户越多，能够创造的利用价值就越大。

## 10.3.5　中国云计算的未来

中国云计算产业分为市场准备期、起飞期和成熟期三个阶段。当前，中国云计算产业尚处于导入和准备阶段，处于大规模爆发的前夜。

### 1. 准备阶段

准备阶段（2007—2010）：主要是技术储备和概念推广阶段，解决方案和商业模式尚在尝试中。用户对云计算认知度仍然较低，成功案例较少。初期以政府公共云建设为主。

### 2. 起飞阶段

起飞阶段（2010—2015）：产业高速发展，生态环境建设和商业模式构建成为这一时期的关键词，进入云计算产业的"黄金机遇期"。此时期，成功案例逐渐丰富，用户了解和认可程度不断提高。越来越多的厂商开始介入，出现大量的应用解决方案，用户主动考虑将自身业务融入云。公共云、私有云、混合云建设齐头并进。

### 3. 成熟阶段

成熟阶段（2015—？）：云计算产业链、行业生态环境基本稳定；各厂商解决方案更加成熟稳定，提供丰富的 XaaS 产品。用户云计算应用取得良好的绩效，并成为 IT 系统不可或缺的组成部分，云计算成为一项基础设施。

云计算的发展时间表如图 10-11 所示。

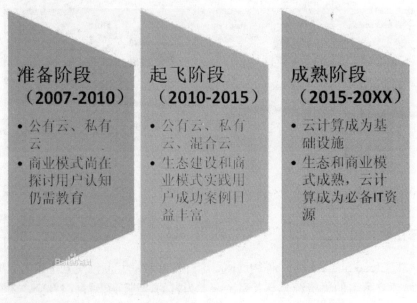

图 10-11　云计算发展时间表

## 思考与练习

一、填空题

1. _____是指以流的方式在网络中传输音频、视频和多媒体文件的形式。（流媒体）

2. _____传输是指保证媒体信号带宽

与网络连接匹配，使媒体可被实时观看到。实时流式

3. ＿＿＿＿＿＿是数字广播技术的一种，出现初期借助一个叫 iPodder 的软件与一些便携播放器相结合而实现。（播客）

4. ＿＿＿＿＿＿是一种通过 Internet 以服务的方式提供动态可伸缩的虚拟化的资源的计算模式。（云计算）

5. 中国云计算产业分为市场准备期、起飞期和＿＿＿＿＿＿三个阶段。（成熟期）

**二、选择题**

1. 云计算是对＿＿＿＿＿＿技术的发展与运用。（D）

    A．并行计算     B．网格计算

    C．分布式计算    D．三个选项都是

2. ＿＿＿＿＿＿通过网络向用户提供计算机

（物理机和虚拟机）、存储空间、网络连接、负载均衡和防火墙等基本计算资源。（A）

    A．Iaas         B．PaaS

    C．ACaaS       D．A 和 C

3. ＿＿＿＿＿＿是指在 Internet/Intranet 中使用流式传输技术的连续时基媒体。（A）

    A．流媒体     B．播客

    C．播客       D．云计算

4. 下列各选项中，不属于流媒体传输协议的一项是＿＿＿＿＿＿。（C）

    A．RTP        B．RTSP

    C．RSAP      D．RTCP

**三、问答题**

1. 什么是流，它的主要功能是什么？

2. 什么是播客，它与博客的区别是什么？

3. 说一说云的功能，以及其主要应用。

303

# 第 11 章   认识 IPv6 协议

IP 最新版本，即 Internet 协议版本（IPv6）是为了克服 IPv4 版本提供的 32 位的 IP 地址不足而设计的，它与 IPv4 版本相比具有许多内在的优点。本章将介绍为什么要引入 Internet 协议和新的 IPv6 地址空间、IPv6 的数据包格式以及 IPv6 新增特性。

**本章学习要点：**

- ❑  开发 IPv6 的原因
- ❑  IPv6 所具有的优点
- ❑  IPv6 地址空间的结构功能及用法
- ❑  理解 IPv6 数据包格式
- ❑  IPv6 的新增特性
- ❑  理解 IPv4 是如何向 IPv6 过渡

## 11.1   IPv6 概述

在 TCP/IP 协议族中，最初的网络层协议是 IPv4（网际协议第 4 版），它设计用于提供 Internet 上的主机到主机的通信。但是，随着 Internet 的迅猛发展，IPv4 暴露出一些内在的缺点，已不能满足 Internet 的发展需要。为了克服 IPv4 的缺点，1994 年 7 月 25 日，Internet 工程任务组在多伦多 IETF 会议上创建了新一代 IP 寻址技术 IPv6（网际协议第 6 版），有时又将它称为 IPng(IP 下一代)。

### 11.1.1　IPv6 产生的原因

因特网源于美国国防部的 ARPANET。在 20 世纪 60 年代中期，正是冷战的高峰，美国国防部希望有一个命令和控制网络能够在核战争的条件下幸免于难，而传统的电路交换的电话网络则显得太脆弱。国防部指定其下属的高级研究计划局（ARPA）解决这个问题，此后诞生的一个新型网络便称为 ARPANET。1983 年，TCP/IP 协议成为 ARPANET 上唯一的正式协议以后，ARPANET 上连接的网络、机器和用户数得到了快速的增长。当 ARPANET 与美国国家科学基金会（NSF）建成的 NSFNET 互联以后，其上的用户数以指数级增长，并且开始与加拿大、欧洲和太平洋地区的网络连接。到了 80 年代中期，人们开始把互联的网络称为互联网。互联网在 1994 年进入商业化应用后得到了飞速的发展，1998 年，因特网全球用户人数已激增到 1.47 亿。

20 世纪 70 年代中期，ARPA 为了实现异种网之间的互联与互通，开始制定 TCP/IP 体系结构和协议规范。时至今日，TCP/IP 协议也成为最流行的网际互联协议。它不是国际标准化组织制定的，却已成为网际互联事实上的标准，并由单纯的 TCP/IP 协议发展成为一系列以 IP 为基础的 TCP/IP 协议族。TCP／IP 协议族为互联网提供了基本的通信机制。随着互联网的指数级增长，其体系结构也由 ARPANET 基于集中控制模型的网络体系结构演变为由 ISP 运营的分散的基于自治系统（Autonomous Systems，AS）模型的体系结构。互联网目前几乎覆盖了全球的每一个角落，其飞速发展充分说明了 TCP/IP 协议取得了巨大的成功。

但是互联网发展的速度和规模，也远远出乎于二十多年前互联网的先驱们制定 TCP/IP 协议时的意料之外，他们从未想过互联网会发展到如此大的规模，并且仍在飞速增长。随着互联网的普及，网络同人们的生活和工作已经密切相关。同时伴随互联网用户数膨胀所出现的问题也越来越严重。

另外，目前占有互联网地址的主要设备早已由 20 年前的大型机变为 PC，并且在将来，越来越多的其他设备也会连接到互联网上，包括 PDA、汽车、手机、各种家用电器等。特别是手机，为了向第三代移动通信标准靠拢，几乎所有的手机厂商都在向国际因特网地址管理机构 ICANN 申请，要给他们生产的每一台手机都分配一个 IP 地址。而竞争激烈的家电企业也要给每一台带有联网功能的电视、空调、微波炉等设置一个 IP 地址。IPv4 显然已经无法满足这些要求。

为了缓解地址危机的发生，产生了两种新的技术，即无类域间路由技术 CIDR 和网络地址翻译技术 NAT。其中，关于 CIDR 的内容可以查阅前面的章节，而另一个延缓 IPv4 地址耗尽的方法是网络地址翻译（Network Address Translation，NAT）。简单地说，NAT 就是在内部网络中使用内部地址，而当内部结点要与外部网络进行通信时，就在边缘网关处，将内部地址替换成全局地址，从而在外部公共网上正常使用（如图 11-1 所示）。所谓内部地址，是指在内部网络中分配给结点的私有 IP 地址（关于 IP 地址的内容可以查阅前面的章节），这个地址只能在内部网络中使用，不能被路由。NAT 将这些无法在互联网上使用的保留 IP 地址翻译成可以在互联网上使用的合法 IP 地址。而全局地址，是指合法的 IP 地址，它是由 NIC 或者网络服务提供商 ISP 分配的地址，对外代表一个或多个内部局部地址，是全球统一的可寻址的地址。

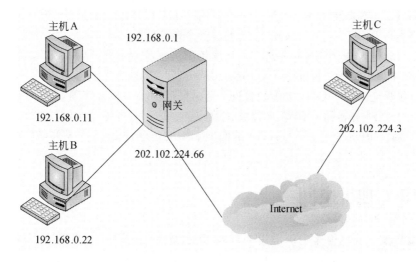

图 11-1　使用 NAT 技术的网络

虽然 CIDR 和 NAT 技术在一定程度上缓解了 IP 地址缺乏情况，但这并不是真正地把问题解决了。为了更好地解决这个问题，Internet 工程任务组在 20 世纪 90 年代就开始着手开发新的解决方案。通过不断的实验和研究最终确定了下一代 Internet 协议 IPv6。

## 11.1.2　IPv6 优点及现状

虽然地址缺乏一直是从 IPv4 到 IPv6 升级的驱动因素，但在 IPv6 中也解决了一些其他的问题。例如，IPv6 在 IP 处理安全、自动配置和 QoS 的方法上做了重要修改、并且提高了路由选择和处理移动用户的效率、修改 IP 还修改了有关的协议。所以，与 IPv4 相比，IPv6 具有一些内在的优点，如：

（1）通过将 IP 地址的长度从 32 位增加到 128 位，使用地址更长；

（2）扩展了地址层次结构；

（3）灵活的、功能得到改善的题头格式；

（4）提供了协议扩展；

（5）支持自动配置和重新编号；

（6）改进了对资源分配的支持；

（7）合并了扩展选项；

（8）改进了对选项的支持；

（9）具有加密和解密能力；

（10）提供了一种称为任播地址的新地址类型；

（11）在多播地址中添加了作用域字短，提高了多播路由的可伸缩性；

（12）简化了基题头；

（13）提高了服务能力的质量，能够将数据报标明为属于发送端请求特殊处理的特定通信流；

（14）提高了身份验证和隐私保护能力。

作为向下一代互联网络协议过渡的重要步骤，IETF 于 1996 年建立了全球范围的 IPv6 试验床（Testbed）6Bone。6Bone 是一个虚拟的网络，以隧道（tunnel）的方式通过基于 IPv4 的网络实现互联。现在，6bone 已经扩展到全球 50 多个国家和地区，超过 400 个网络与 6bone 网相连，成为 IPv6 研究者、开发者和实践者的主要平台。1998 年 6 月我国国家教育科研网 CERNET 也加入了 6Bone，并于同年 12 月成为其骨干成员。在 1999 年下半年，诺基亚与 CERNET（中国教育网）建立了 Internet-6 合作项目，在全国范围内使用诺基亚的 IP 路由器和 IPv6 软件建立试验网络。这一国内首个全国性的 IPv6 试验网络已经开始运行。1998 年底，基于 ATM 的面向实用的全球性 IPv6 研究和教育网（6REN）开始启动。

## 11.2　IPv6 地址空间

IPv4 最严重的缺点就是全球通用的有效 IP 地址不足。IP 地址的缺乏在很大程度上制约了 Internet 的快速发展，而且限制了移动用户的增加和家庭及小型办公室内设备与 Internet 连接的本地网络的快速发展。

为了解决这一问题，IPv6 创建了一个比 IPv4 的地址空间大的多于 20 个次序的地址空间。在这样大的地址空间中进行路由传输，没有一些层级观念是不可以的。IPv6 地址空间以一种为将来发展准备充足空间的、灵活的和良好衔接的方式提供层次。

## 11.2.1 IPv6 地址格式

IPv6 地址长度为 128 位。IPv6 地址可以看作是唯一标识全球 Internet 上单独网络接口的字符串。另一方面，128 位的字符串也可以理解为由网络部分和主机部分组成的地址。每个部分占地址中的几位取决于谁使用它，以及与拥有这个地址的主机相比它们在什么位置。如果实体与主机在同一个子网上，这个实体与主机共享大部分的地址，只有地址是接近的最后一部分必须计算用来标识一个特定的主机。如果做计算的实体靠近主干，而且地址是接近 Internet 边界的主机的地址，那么只有地址前面一小部分需要在前往主机的途中发送一个数据包。

IPv6 和 IPv4 版本中的地址都是二进制数。也就是说，它们都是由代表每一位的 0 或 1 组成的字符串。IPv4 地址是 32 位，而 IPv6 地址是 128 位，如果用二进制表示 IPv6 版本的 IP 地址是较为麻烦的。因此，一种称为十六进制冒号表示法的新表示法方案将用于 IPv6，即将 IPv6 的地址用冒号（：）分割成 8 个 16 位的数，而不是用圆点或句号分割成 4 个由十进制表示的 8 位数。例如下面的三个字符串就是有效的 IPv6 网络地址：

FF0D：BB46：689C：DD20：AB56：8907：36BF：90DE

9088：DDDF：EEFC：0007：2334F：ADCF：9986：3420：

1108：A：9：10：912：AB：3690：A1

IPv6 地址构造和分配方式决定了在这样一个地址中通常有很多 0，但是，与在 IPv4 中一样，地址最前面的 0 没有用。IPv6 允许使用"："的意义是"用足够的 16 位 0 集填充地址的这个部分，使整个地址为 128 位"的一个特殊符号。在地址中有几个连续的 16 位段都是 0 时，使用这个符号。例如，可以将下面的 IPv6 地址：

69DE：0000：0000：0000：DE28：0912：0009：2678

表示为：

69DE：：DE28：912：9：2678

连续的两个冒号（：：）表示为正确的 128 位 IPv6 地址所需要的填充的连续的 16 位 0 组的数目。只能在任意一个地址中使用一次这种符号，否则，就不能确定添加了几组"：0000："，以及添加在字符串的哪个地方。

## 11.2.2 IPv6 地址类型

IPv6 地址是独立接口的标识符，所有的 IPv6 地址都被分配到接口，而非结点。由于每个接口都属于某个特定结点，因此结点的任意一个接口地址都可用来标识一个结点。IPv6 有以下三种类型地址。

### 1. 单点传送（单播）地址

一个 IPv6 单点传送地址与单个接口相关联。发给单播地址的包传送到由该地址标识的单接口上。但是为了满足负载平衡系统，在 RFC 2373 中允许多个接口使用同一地址，只要在实现中这些接口看起来形同一个接口。IPv6 单点传送地址包括基于提供商的地址、特殊地址（包括环回、未指定和支持 IPv4）、本地地址（包括链路本地使用和站点本地使用）和可聚集全球地址。

**2. 多点传送（多播）地址**

多点传送地址只能用作目的地址。多点传送地址标明一组接口，其中每个接口还有一个唯一的单点传送地址。多点传送地址不一定具有相同的前缀，并且接口不必在相同的物理网络上。发往一个多点传送地址的数据报必须传输到接口组中的所有接口上。多点传送地址可以用于视频会议或路由器更新。

**3. 任意点传送（任播）地址**

任意点传送地址标识一组接口（通常属于不同的结点），发送给任播地址的包传送到该地址标识的一组接口中根据路由算法度量距离为最近的一个接口。如果说多点传送地址适用于 one-to-many 的通信场合，接收方为多个接口的话，那么任意点传送地址则适用于 one-to-one-of-many 的通信场合，接收方是一组接口中的任意一个。

**308**

### 11.2.3　IPv6 地址分配

IP 地址分成两个部分。第一部分称为类型前缀，类型前缀是一个可变长度的地址，它定义了地址的目的。类型前缀设计用于确保任何两个地址都不会以相同的二进制序列开始。因此，地址不会有任务歧义，因为类型前缀可以轻松地辨认出来。图 11-2 给出了 IPv6 的地址格式。

**图 11-2　IPv6 地址格式**

如上图所示，所有地址都以一个可变长度的类型前缀开始，以一个代表 IP 地址其余部分的可变长度的代码结束。表 11-1 给出了每类 IP 地址的类型前缀，并列出了前缀、类型和每个类型表示总 IP 地址分配的多少分之一。

**表 11-1　IP 地址的类型前缀**

| 前缀 | 类型 | 在 IPv6 地址中所占的比例 |
| --- | --- | --- |
| 0000 0000 | 保留 | 1/256 |
| 0000 0001 | 保留 | 1/256 |
| 0000 001 | NSAP（网络服务拉入点） | 1/128 |

| 前缀 | 类型 | 在 IPv6 地址中所占的比例 |
| --- | --- | --- |
| 0000 010 | IPX（Novel） | 1/128 |
| 0000 011 | 保留 | 1/128 |
| 0000 100 | 保留 | 1/128 |
| 0000 101 | 保留 | 1/128 |
| 0000 110 | 保留 | 1/128 |
| 0000 111 | 保留 | 1/128 |
| 0001 | 保留 | 1/16 |
| 001 | 保留 | 1/8 |
| 010 | 基于提供商的单播地址 | 1/8 |
| 011 | 保留 | 1/8 |
| 100 | 地址单播地址 | 1/8 |
| 101 | 保留 | 1/8 |
| 110 | 保留 | 1/8 |
| 1110 | 保留 | 1/16 |
| 1111 0 | 保留 | 1/32 |
| 1111 10 | 保留 | 1/64 |
| 1111 110 | 保留 | 1/128 |
| 1111 1110 0 | 保留 | 1/512 |
| 1111 1110 10 | 链路本地地址 | 1/1024 |
| 1111 1110 11 | 站点本地地址 | 1/1024 |
| 1111 1111 | 多播地址 | 1/256 |

## 11.2.4　IPv6 单播地址

上面在介绍 IPv6 单播地址时介绍了几种 IPv6 单播地址分配，下面将对这几种单播地址分配进行详细介绍。

### 1．基于提供商的单播地址

基于提供商的单播地址用于 Internet 上的全球通信，其功能与使用 CIDR 的无类 IPv4 地址相似。基于提供商的单播地址是普通设备用来作为它们的全球唯一 IP 地址的地址类型。基于提供商的单播地址的格式由 6 个字段组成，如图 11-3 所示。

| 类型字段<br>（3位） | 注册字段<br>（5位） | 提供商标识符字段<br>（2B即16位） | 订户标识符字段<br>（3B即24位） | 子网标识符字段<br>（4B即32位） | 结点标识符字段<br>（6B即48位） |
| --- | --- | --- | --- | --- | --- |

图 11-3　基于提供商的地址格式

下面对基于提供商的单播地址字段的 6 个组成部分分别进行介绍。

1）类型标识符字段

类型标识符是一个三位的类型字段，它把这个地址标识为具有 3 位前缀 010 的基于提供商的单播地址，如图 11-4 所示。

| 类型标识符字段<br>（3位） | 注册标识符字段<br>（5位） |
|---|---|
| 010<br>基于提供商标识符代码 | 11000 -INTERNIC<br>01000 -RIPNIC<br>10100 -APNIC |

**图 11-4** 类型标识符和注册标识符字段

2）注册标识符字段

注册标识符是一个 5 位字段，它指定注册这个地址的 Internet 地址机构。Internet 地址机构向 ISP（Internet 服务提供商）分配提供商标识符，ISP 再把分配给它们的地址空间的一部分重新分配给它们的订户。至今世界上已有三个注册中心，如图 11-4 所示。

在注册标识字符段中，INTERNIC（11000）表示北美中心、RIPNIC（01000）表示欧洲注册中心、APNIC（10100）表示亚太中心。

3）提供商标识符字段

提供商标识符字段是一个可变长度的字段，但是，建议使用 16 位，这是公认的长度。Internet 地址机构向每个 ISP 分配一个提供商标识号。

4）订户标识符字段

所有预定 Internet 服务的组织都分配有 24 位的订户标识号。ISP 利用订户标识号唯一地区别它们的每个订户。

5）子网标识符字段

子网标识符是一个 32 位字段。子网标识符定义订户范围内的特定物理网络。由于一个订户可以有多个子网，并且每个子网都可以有它自己的子网标识代码，所以子网标识符是必要的。特定的子网不能跨越多条物理链路。

6）结点标识符字段

结点标识符（有时称为接口标识符或接口 ID）在一组与子网连接并且由相同子网标识符标识的接口中指定单个设备接口。IPv6 规定接口标识符要符合 IEEE EUI-64 格式，这种格式推荐的长度是 64 位。对于以太局域网（LAN）来说，将使用内嵌在网络接口卡的唯一性。通过在这个 48 位 MAC 地址两个部分之间添加 16 位（十六进制的 FFFE），将这个 MAC 地址转换成 64 位的结点标识符。

基于提供商的地址是由 7 个前缘组成的一个分层标识，其中每个前缀定义这个层次结构的一层，如图 11-5 所示。类型前缀定义地址类型，注册前缀唯一地定义地址的注册机构，提供商前缀唯一地定义 ISP，订户前缀唯一地定义订户，子网前缀唯一地定义子网。

### 2．特殊地址

特殊地址是保留地址，它们在类型和注册字段中的前缀以 8 个连续的逻辑 0（00000000）开始。特殊地址包括环回地址、未指定地址和 IPv4 地址。

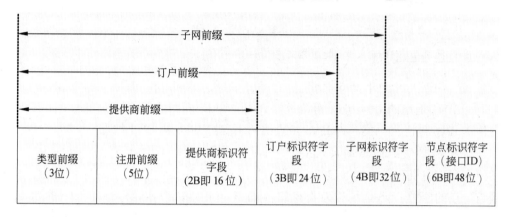

图 11-5　IPv6 地址层次结构

#### 1）环回地址

关于环回地址，对于 IPv4 来说，整个 A 类地址 127.x.x.x（$2^{24}$ 个地址）的环回特性都是相同的。对于 IPv6 来说，只有一个环回地址，它由后跟一个逻辑 1 的 127 个逻辑 0 组成，如图 11-6 所示。这个环回地址由两个冒号和一个 1 的十六进制冒号表示法表示（::1）。这个环回地址由一台设置发给自己，以测试它自己的 TCP/IP 软件，而不用实际连接到本地网络上。环回消息永远不会离开发送它的设备。测试消息在应用层创建，并在协议栈中向下传送，然后向上返回，它永远不会到达本地网络。环回地址是作为诊断工具使用的，它们不能用作源地址或目的地址。

| 类型和注册字段<br><br>8位<br>（全部为逻辑0）<br><br>00000000 | 提供商、订户、子网和结点标识符<br><br>120位<br>（119个逻辑0和0个逻辑1）<br><br>0000000000000000 ………………………………………………00000001 |
|---|---|

图 11-6　IPv6 环回地址格式

#### 2）未指定地址

未指定地址是一个由 128 个逻辑 0 组成的地址，当没有有效地址时，可采用该地址。例如当一个主机从网络第一次启动时，它尚未得到一个 IPv6 地址，就可以用这个地址，即当发出配置信息请求时，在 IPv6 包的源地址中填入该地址。该地址可表示为 0.0.0.0.0.0.0.0，，也可以由具有两冒号的十六进制冒号表示法表示（::）。在发送查询时，发送主机必须指定它的地址，由于发送主机不知道它的地址，所以它将使用未指定地址。未指定地址不能用作目的地址。如图 11-7 所示为 11-7 未指定地址格式。

| 类型和注册字段 | 提供商、订户、子网和结点标识符 |
|---|---|
| 8位<br>（全部为逻辑0） | 120位<br>（全部为逻辑0） |
| 00000000 | 0000000000000000 ...............................00000000 |

**图11-7　IPv6 未指定地址格式**

3）嵌有 IPv4 地址的 IPv6 地址

嵌有 IPv4 地址的 IPv6 地址有两类，一类允许 IPv6 路由器用隧道方式，在 IPv4 网络上传送 IPv6 包，另一类允许 IPv6 结点访问不支持 IPv6 的 IPv4 结点。

在从 IPv4 转变到 IPv6 时，一台设备可以把它的 IPv4 地址内嵌在 IPv6 地址中。IPv6 包括两个允许主机和路由器通过 IPv4 路由基础设施动态传递 IPv6 数据报的机制。能够做到这一点的一种 IPv6 地址称为兼容 IPv4 的 IPv6 地址（或者简称为兼容 IP 的地址）。另一种 IPv6 地址能够传送只表示 IPv4 结点（即不支持 IPv6 的结点）地址的 IPv4 地址。这种地址称为映射 IPv4 的 IPv6 地址（或者称为映射 IP 的地址）。这两种地址具有相似性，因为它们的前 80 位都复位成逻辑 0，并且它们的最后 32 位都包含 IPv4 的 IP 地址。

兼容地址由后跟 32 位 IPv4 地址的 96 个逻辑 0 组成。当一个 IPv6 设备向另一个 IPv6 设备发送数据报，并且数据报必须通过一个或多个 IPv4 网络时，使用兼容地址。例如，IPv4 地址 4.12.18.14 将被转变成十六进制冒号表示法中的 0：：040C：120E。IPv4 地址前面有 96 个逻辑 0，如图 11-8 所示。

| 类型和注册字段 | 88位 | IPv4地址 |
|---|---|---|
| 8位<br>（全部为逻辑0） | （全部为逻辑0） | 32位 |
| 00000000 | 0000000000000000 ..............................00000000 | 4.12.18.14 |

**图11-8　兼容 IPv6 的地址格式**

映射地址由 80 个逻辑 0、16 个逻辑 1 和 32 位的 IPv4 地址组成。当数据报必须通过一个或多个 IPv6 网络到达数据报发送到目的设备的 IPv4 网络时，IPv6 设备将使用映射地址向另一个使用 IPv4 的设备发送数据报。例如，IPv4 地址 4.12.18.14 将被变成十六进制冒号表示法中的 0：：FFFF：040C：120E。IPv4 地址前面有 80 个逻辑 0 和 16 个逻辑 1，如图 11-9 所示。

3．本地地址

本地地址是保留的单播地址，它们在类型和注册字段中以 7 个逻辑 1 和 1 个逻辑 0（11111110）开始。本地地址是只有一个本地路由作用域（即在一个子网或订户网络内）

的单播地址。其目的是在特定网络内使用本地地址进行本地计算活动。本地地址包括链路本地地址和站点本地地址。与 IPv4 的 10.x.x.x 或 192.168.x.x 地址相似，这些本地地址不能在它们自己的区域之外传输，但是与其他单播地址一样，使用同样的 128 位地址长度和同样的接口 ID 格式。

| 类型和注册字段 | | | IPv4地址 |
|---|---|---|---|
| 8位<br>（全部为逻辑0） | 72位<br>（全部为逻辑0） | 16位<br>（全部为逻辑1） | 32位 |
| 00000000 | 0000000000000000 ………… 0000000<br>0 | 1111111111111111 | 4.12.18.14 |

图 11-9　映射 IPv6 的地址格式

本地应用地址允许没有与全球 Internet 连接的组织利用本地应用地址工作，而不必从全球 Internet 地址空间取得地址前缀。当使用本地地址的组织决定与全球 Internet 连接时，它可以使用它的子网 ID 和接口 ID 以及全球前缀（即注册 ID+提供商 ID+订户 ID）创建一个全球地址，这是对 IPv4 的一个巨大改进，当使用专门（非全球）IP 地址与网络连接的设备与 Internet 连接时，IPv4 要求它们以手工方式重新分配全球 IP 地址。对于 IPv6 来说，号码重新分配是自动进行的。

链路本地地址用于单网络链路上给主机编号。前缀的前 10 位标识的地址即链路本地地址。路由器在它们的源端和目的端对具有链路本地地址的包不予处理，因为永远也不会转发这些包。该地址的中间 54 位置成 0。而 64 位接口标识符同样用如前所述的 IEEE 结构，地址空间的这部分允许个别网络连接多达$(2^{64}-1)$个主机。如图 11-10 所示为 IPv6 链路本地地址格式。

| 10位<br>（7个逻辑1，1个<br>逻辑0，1个逻辑<br>1，1个逻辑0） | 54位<br>（全部为逻辑0） | 64位<br>（16位填充位和48位MAC地址）<br><br>（结点地址） |
|---|---|---|
| 1111111010 | 0000000000000000 …………………………00000000 | |

图 11-10　IPv6 链路本地地址格式

如果说链路本地地址只用于单个网络链路的话，那么站点本地地址则可用于站点。这意味着站点本地地址能用在内联网中传送数据，但不允许从站点直接选路到全球 Internet。站点内的路由器只能在站点内转发包，而不能把包转发到站点外去。站点本地地址的 10 位前缀与链路本地地址的 10 位前缀略有区别，然后后面紧跟一连串"0"。站点本地地址的子网标识符为 16 位，而接口标识符同样是 64 位基于 IEEE 地址。如图 11-11 所示为 IPv6 站点本地地址格式。

| 10位<br>（7个逻辑1，1个逻辑0，2个逻辑1，）<br><br>1111111011 | 38位<br>（全部为逻辑0）<br><br>00000000 …………………00000000 | 16位<br><br>（子网地址） | 64位<br>（MAC地址）<br><br>（节点地址） |
|---|---|---|---|

**图11-11** IPv6 站点本地地址格式

### 4．可聚集全球单播地址

可聚集全球单播地址，顾名思义是可以在全球范围内进行路由转发的地址，格式前缀为 001，相当于 IPv4 公共地址。全球地址的设计有助于构架一个基于层次的路由基础设施。与目前 IPv4 所采用的平面与层次混合型路由机制不同，IPv6 支持更高效的层次寻址和路由机制。可聚集全球单播地址格式如图 11-12 所示。

| 格式前缀字段<br>（3位）<br><br>001 | 顶级聚集标识字段<br><br>（13位） | 预留字段<br><br>（8位）1 | 下一级聚集标识字段<br><br>（24位） | 站点级聚集字段<br><br>（16位） | 接口标识字段<br><br>（64位） |
|---|---|---|---|---|---|

**图11-12** 可聚集全球单播地址格式

1）格式前缀字段

格式前缀（Format Prefix，PF）字段是一个用于显示这个地址属于 IPv6 地址空间哪一部分的三位的标识符。目前，所有可聚集地址的这个字段中都必须有 001（二进制）。

2）顶级聚集标识字段

顶级聚集标识（Top-level Aggregation ID，TLA ID）字段是一个 13 位的字段，它允许有 213 个顶级路由或者大约 8000 个最高层地址组。

3）预留字段

预留字段包含 8 个逻辑 0，此字段保留以备将来使用。

4）下一级聚集标识字段

下一级聚集标识（Next-level Aggregation ID，NLA ID）字段的长度是 24 位，它允许控制任意一个 TLA 的实体将它们的地址块分割成它们希望的任意大小。这些实体可能比 ISP 或其他很大的 Internet 实体大。它们可以与其他实体共享某些地址空间。它们可能只为自己保留一半的位，例如，允许较小的 ISP 分配很大的地址。然后，如果在 NLA 字段中没有足够的空间，这些较小的 ISP 可以进一步划分这些地址块。

5）站点聚集字段

站点聚集字段（Site-level Aggregation ID，SLA ID）是一个 16 位字段，它允许作为平面地址空间创建 65 535 个地址。另一方面，用户可以按层次设置，并用地址的这一部分创建 255 个子网，其中每个都有 255 个地址。如它名字的含义，期望单独站点将被分配一个这一规格的地址块。

6）接口标识字段

接口标识字段使用前面曾介绍的 IEEE EUI-64 格式。

## 11.2.5  任播地址

IPv6 任播地址是指分配给通常属于不同结点的多个接口的地址。发往一个任播地址的数据报将被路由到具有该任播地址的最近接口（最新接口由路由协议确定）。

任播地址可以作为允许设备选择传送其数据报的 ISP 的路由序列的一部分。这种能力有时称为源选择策略。源选择可以通过配置标识一组属于特定 ISP 的路由器的任播地址来实现，其中每个任播地址都标识一个服务提供商。任播地址在 IPv6 路由题头中用作中间地址，IPv6 路由题头将使数据报通过特定提供商（或提供商序列）的路由传输。任播地址还可以用来标识一组与特定子网或子网组相连的路由器，从而提供进入预定路由域的入口。

任播地址是使用规定的单播寻址格式从单播地址空间中分配的。因此，在语法上无法区别任播地址和单播地址。每当把一个单播地址分配给多个接口时，它就变成了一个任播地址，并且必须显式地配置分配有该地址的结点，否则将无法辨别出它是一个任播地址。

## 11.2.6  多播地址

IPv6 中的多播地址用来将同一条信息发送到多个主机。在本地以太网上，主机可以侦听发送到它们订阅的多播的通信。在其他类型的网络上，多播通信必须以另一种方式处理，有时通过将多播转发到每个单独订阅服务器的专用服务器。

多播的重点是，它是基于订阅的。结点必须宣布它们希望接收往特定多播地址的多播通信。起源于本地链接的多播通信，连接路由器必须订阅代表连接结点的相同的多播通信。

如图 11-13 所示为 IPv6 多播地址格式。第一个前缀字节被设置为全 1（0xFF），表示一个多播地址。第二个是标志字段，它的第 4 位是 T 位（T 表示"暂时"）。当 T 位是逻辑 0 时（标志符=0000），将永久地分配这个多播地址；当 T 位是逻辑 1 时（标志符=0001），这个多播地址的分配就不是永久性的。永久性多播地址由 Internet 机构规定，并且可以随时访问。暂时性组地址只能临时使用，如在远程会议期间使用。

| 前缀字段<br>（8位）<br><br>11111111 | 标志字段<br>（4位）<br>000T<br>0000 永久<br>0001 临时 | 作用域<br>（4位）<br><br>（XXXX） | 组ID<br><br>（112位） |
|---|---|---|---|

图11-13　IPv6 多播地址格式

可以想象，如果没有限制多播通信传输范围的方法，整个 Internet 很容易屈服。多播地址的作用域字段限制了多播订阅服务器组有效的地址范围。如表 11-2 所示列出了作用域字段可能的值。

表11-2　作用域字段可能的值

| 十六进制 | 十进制 | 指派的作用域 |
| --- | --- | --- |
| 0 | 0 | 预留 |
| 1 | 1 | 本地接口作用域 |
| 2 | 2 | 链路本地作用域 |
| 3 | 3 | 计划用于本地管理员 |
| 4 | 4 | 本地站点作用域 |
| 5 | 5 | 未指定 |
| 6 | 6 | 未指定 |
| 7 | 7 | 地区本地作用域 |
| 8 | 8 | 未指定 |
| 9 | 9 | 未指定 |
| A | 10 | 未指定 |
| B | 11 | 未指定 |
| C | 12 | 未指定 |
| D | 13 | 未指定 |
| E | 14 | 全局作用域 |
| F | 15 | 预留 |

瞬时或暂时多播地址是为某些特殊的暂时目的而建立的。这与 TCP 在临时会话时使用未分配的端口的方法类似。暂时多播地址的组 ID 在自己的作用域之外是没有任何意义的。也就是说，当 T 标志位设置为 1 时，在不同作用域内，有相等组 ID 的两个组，完全没有任何关系。相对地，组 ID（T 位设置为 0）被分配给所有的路由器或所有的 DHCP 服务器这样的实体。结合作用域，这允许使用多播地址定义在本地链接上的所有路由器或者全球 Internet 上的所有 DHCP 服务器。

虽然多播地址的最后 112 位分配给了组 ID，但是前 80 位设置为全 0，以备当前定义所有多播地址或者将来使用。剩下的（最右边）32 位地址空间包含组 ID 的所有非零部分。可以用 4 亿个可能的组 ID，对所有有效的目的进行分配。

# 11.3　IPv6 数据包格式

IPv6 数据包由固定的、格式不变的 40B 的题头，可扩展题头，以及所有封装在数据链路层帧的有效负载（数据）组成。

## 11.3.1　IPv6 基本题头

IPv6 题头用来减少在目标地址的处理时间和涉及的路由器。IPv6 题头格式与 IPv4 数据包结构在以下方面有所不同。

（1）删除了 IPv4 的 6 个题头字段：Internet 题头长度、服务类型、标识、标志、碎片偏移量和题头校验和。

（2）重命名或修改了 IPv4 的三个字段：总长度、协议和生存时间。

（3）添加了两个新的字段：优先级和流标签。

图 11-14 所示为新的 IPv6 的基本题头格式。

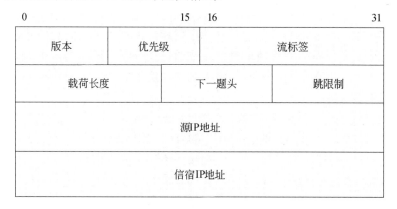

🔲 **图11-14** **IPv6 题头格式**

IPv6 数据报的格式如图 11-15 所示。该数据报由定长的 40B 强制性题头（称为基本题头）和最多 65 535B 的有效负载组成，有效负载可能包括一个或多个可选扩展题头和包含上层协议数据的数据包。对于 IPv6 来说，选项不会影响基本题头的长度，因为是利用放在 40B 基本题头后面的扩展题头来处理选项的。

🔲 **图11-15** **IPv6 数据报的格式**

选项需要以 64 位作为边界进行分割，如果需要的话，使用填充保持结构。这加快了扩展题头和数据包的解析。对以 100Mb/s、1Gb/s 或更快速率运行的网络，这种技术很大程序上提高了吞吐量，因为它们使在硬件或固定中对解析逻辑的编码变得很简单。

IPv6 题头中不再需要 Internet 题头长度字段，也不再需要它在数据包各部分之间建立边界。新的有效负载长度字段给出了遵从 IPv6 题头本身的所有长度。也就是，有效负载域也包含了存在的任何选项或扩展题头的长度。

IPv6 不再允许数据包在传输过程中进行碎片分割。如果数据包对下一跳的 PMTU 来说太大了，这个数据包就被放弃。最初的发送方必须检查到目标地址的 PMTU，并在发送数据包前对数据进行碎片分割，以适应匹配。碎片题头接管了在 IPv4 题头中由碎片域处理的剩余支持功能。

如图 11-14 所示为 IPv6 题头格式，下面分别介绍每个字段的具体含义。

### 1. 版本字段

版本字段是一个 4 位字段，定义了 IP 的版本。对于 IPv6，其值是 6。

### 2. 优先级字段

优先级字段是一个 4 位字段，它定义数据报相对于来自于相同源的其他通信量的传输优先级。优先级字段有时称为通信量字段或通信量等级字段。当由于出现通信拥塞而必须丢弃两个连续数据报中的一个时，将用到优先级字段。在出现这种情况时，具有低先级的数据报将被丢弃。

IPv6 将数据通信量分成两个标明一般类别的数字 a 范围。0~7 的优先级值标明源将提供有拥塞的通信量，如在响应拥塞时让步的 TCP 通信量。8~15 的优先级值标明称为无拥塞控制的通信量优先级，这是在响应拥塞时不让步的通信量。对于无拥塞控制的通信量，数据报将以恒定的速度实时发送；有拥塞控制的通信量是使自己适应通信速度降低的数据。对于有拥塞控制的通信量，数据包可能会延迟或无序地到达目的地，或者因丢失而永远到达不了目的地。0~7 之间的优先级代码分配给所有具有拥塞控制数据，表 11-3 列出了这些优先级代码。最低优先级是 0（000），最高优先级是 7（0111）。无拥塞控制的通信量是期望有最小传输延迟的通信量，这时特别不希望丢弃无拥塞控制的通信量，因为重新发送数据报通常是不可能的。无拥塞控制的通信量的示例是实时音频和实时视频。分配给无拥塞控制的通信量的优先级是 8~15，其中 8 用于具有最大冗余的数据报，如高质量音频或视频。8 这个优先级应当用于发送端在严重拥塞情况下最想丢弃的数据报；15 这个优先级应当用于具有最小冗余的数据报（即发送端最不想丢弃的数据报），如低质量的音频或视频。

**表 11-3　具有拥塞控制的通信量的优先级**

| 优先级 | 含义 | 优先级 | 含义 |
| --- | --- | --- | --- |
| 0 | 无特定通信量 | 4 | 特殊照顾的块数据通信量 |
| 1 | 背景数据 | 5 | 保留 |
| 2 | 非特殊照顾的数据通信理 | 6 | 交互式通信量 |
| 3 | 保留 | 7 | 控制通信量 |

### 3. 流标签字段

流标签字段是一个 3B 的可选字段，它可以由源标记它想请求 IPv6 路由器进行特殊处理的数据报。设计流指令的目的在于要求特定的数据流从特定的源发送到特定的目的地，如非默认的或实时的服务质量。如果没有使用流标签字段，它将由 20 个逻辑 0 填充。

流标签由流的源分配给流。必须从 00000001~FFFFFFFF 之间的十六进制值中伪随机地一致地选择新流标签。随机分配的原因是为了使流标签字段中的任何一组位都适合于路由器在寻找与流有关的状态时使用。流标签可以用来减小路由器中的处理延迟。当路由器收到一个数据报时，它将不搜索它的路由表，然后运用路由算法确定下一跳的地址，而是仅仅通过查看流标签来确定下一跳。来自相同源的所有数据报都必须利用相同的源

IP 地址、相同的目的址和相同的非零流标签发送。

### 4. 载荷长度字段

载荷长度字段是一个 2B 的字段，它定义除基本题头以外的 IPv6 数据报的总长度。载荷长度的最大值是 65 535。对于 IPv6 来说，不需要题头长度字段，因为题头具有 40B 的固定长度，而扩展题头则包括在载荷长度中。

### 5. 下一题头字段

下一题头字段是一个 8 位段，它定义紧跟在数据报中基本题头后面的题头，这个题头要么是 IP 使用的可选扩展题头之一，要么是最高层协议题头，如 UDP 或 TCP。下一题头字段还可以用来标明后面 ICMP 题头和消息。表 11-4 列出了用于 IPv6 的下一题头代码。

**表11-4　IPv6 下一题头代码**

| 代码 | 表示的下一题头 | 代码 | 表示的下一题头 |
|---|---|---|---|
| 0 | 逐跳选项 | 45 | 域间路由协议（IDRP） |
| 1 | ICMP（IPv4） | 51 | 身份验证 |
| 2 | IGMP(IPv4) | 52 | 加密的安全有效负载 |
| 3 | 网关到网关的协议 | 58 | ICMPv6 |
| 4 | IP 中的 IP（封装在 IPv6 中的 IPv4） | 59 | 空（无附加题头） |
| 5 | 数据流 | 60 | 目的选项 |
| 6 | TCP | 80 | ISO CLNP |
| 17 | UDP | 88 | IGRP |
| 29 | ISO TP4 | 89 | OSPF |
| 43 | 源路由 | 255 | 保留 |
| 44 | 分段 | | |

### 6. 跳限制字段

跳限制字段是一个 8 位字段，其作用与用于 IPv4 的生存时间（TTL）字段相同。跳限制字段包含一个 8 位的无符号整数，它由每个转发数据报的路由器减去 1。

### 7. 源地址字段

源地址字段是一个 16 字节字段，它包含发送数据取的设备的 128 位 IP 地址。

### 8. 目的地址字段

目的地址字段是唯一可以出现在多个位置的可选题头。它是一个 16B 字段，传送准备接收数据报的设备的 128 位 IP 地址，如果使用了可选路由题头，那么这台设备可能不是最终目的地。

## 11.3.2　IPv6 扩展题头

用于 IPv6 的 40B 基本题头包括传送正常的未分段数据报所需的所有这段。虽然包含在 IPv4 题头中的几个字段对许多数据报的传输是没有用的，但是 IPv6 仍在可选的扩展题头中提供了它们的功能，不过这仅仅在需要时。扩展题头还可以用来传输选项。在数据报的传输路径中，路由器只检查或处理一个 IP 扩展题头。

IPv6 不允许中间路由器对数据报分段，IPv6 数据报必须由发送源分段。但是和 IPv4 一样，IPv6 规定了在分段的数据报到达其目的地之前，将不处理其余的扩展题头，对于包含选项的数据报来说，这大大提高了路由器的性能。

除 IPv6 基本题头以外，在基本题头之后最多可以有 6 个连成一串的附加扩展题头。扩展题头必须在 64 位边界上对齐，并且必须紧跟在 IPv6 数据报中的基本题头之后。图 11-16 给出了使用扩展题头的 IPv6 的格式。在 IPv6 数据报中可以有多个扩展题头，每个扩展题头都包含一个标识题头结束的题头长度字段和一个下一题头字段，这个字段说明是否有附加题头，如果有的话，它将说明是哪一个题头。

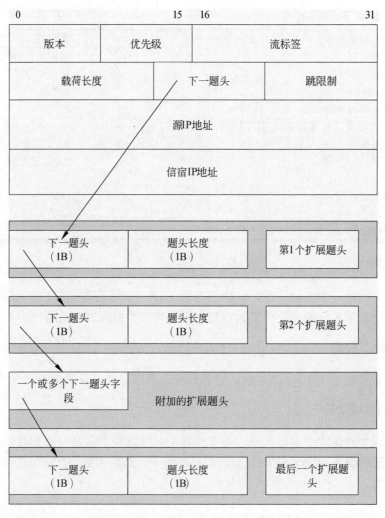

图 11-16　基本题头具有扩展题头的 IPv6 的格式

目前可用于 IPv6 的 6 个扩展题头分别如下。

（1）逐跳选项题头；

（2）源路由题头；

（3）分段题头；

（4）身份验证题头；

（5）封装安全有效负载题头；

（6）目的选项题头。

IPv6 题头后面可以跟 TCP、UDP、其他协议或者一个或多个扩展题头。当前定义的扩展题头通过在基本 IPv6 题头和扩展题头本身使用下一题头字段，在基本 IPv6 题头后"连接"。例如，如图 11-17 所示为在基本 IPv6 题头后面跟有几个扩展题头的数据包结构。

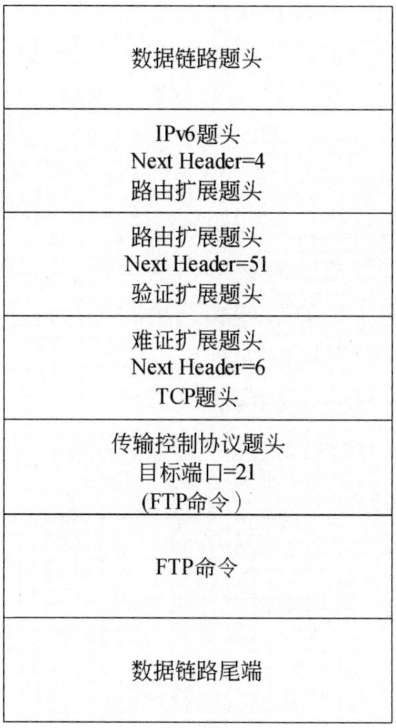

图 11-17　IPv6 题头链

IPv6 规范为扩展题头定义了如下的推荐次序：

（1）数据链路题头（如以太网）；

（2）IPv6 基本题头；

（3）逐跳题头；

（4）目的选项题头；

（5）分段题头；

（6）身份验证题头；

（7）封装安全有效负载（ESP）题头；

（8）目的选项题头；

（9）传输层协议题头（如 TCP、UDP 和 ICMP）；

（10）应用层协议题头（如 FTP、Telnet 等）；

（11）应用层有效负载；

（12）数据链路题尾。

目的选项题头是唯一能在多个位置出现的题头，它可以出现在任意一个或两个（或不出现）显示的位置上。当它出现在前一个位置，是在中间目标上使用。当它出现在 ESP 题头后面，就只能在最终目标上被检查。

### 11.3.3　逐跳选项扩展题头

逐跳选项扩展题头允许题头定义和功能具有最大的灵活性，因为它允许 IP 数据报的发送源把信息传送到这个数据报访问的所有路由器，并用来承载影响路径中路由器的信息。例如，如果多播传输需要在互联网络上提供一些特殊的路由选择指令，那么这些指令可以通过逐跳选项扩展题头承载。还有如果原始数据报超过了 65 535 字节，路由器就需要知道这些信息。如图 11-18 所示为逐跳选项扩展题头的格式，它只包含三个字段。第一个字段是下一跳字段，它标识是否有附加题头，如果有的话，它还将标识是哪一个题头。第二个题头是题头长度字段，它说明题头中的字节数量，其中包括下一题头字段和题头长度字段，因为它们对于所有扩展和选项题头都是必须有的。这个扩展题头的其余部分是逐跳信息字段，它包含选项题头及其相应的选项信息。目前，为 IPv6 规定的选项只有三个：Pad1、PadN 和巨型有效负载。

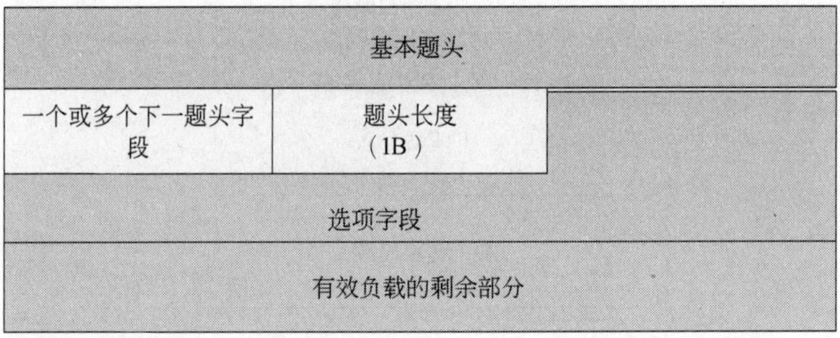

| 基本题头 | | |
|---|---|---|
| 一个或多个下一题头字段 | 题头长度（1B） | |
| 选项字段 | | |
| 有效负载的剩余部分 | | |

图11-18　逐跳选项题头格式

如图 11-19 所示为包含在逐跳选项题头中的选项格式。逐跳选项题头中的代码字段包含三个字段：动作子字段、改变子字段和类型子字段。

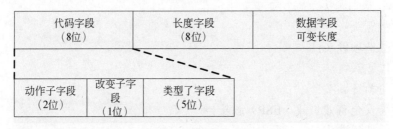

图11-19　包含在逐跳选项题头中的选项格式

认识 IPv6 协议

### 1. 动作子字段

动作字段的长度为两位，它标明在不能识别选项时应该采取的动作。该子字段包含 4 个动作。其中，00 表示跳过此选项；01 表示丢弃数据报，不需要附加的动作；10 表示丢弃数据报并发送出错消息；11 表示除目的地址不是多播地址外，等同于 10。

### 2. 改变子字段

改变字段只包含 1 位：其中，0 表示在传输过程中不改变，1 表示在传输过程中可以改变。

### 3. 类型子字段

类型字段的长度是 5 位，它标明包含在可变长度的数据字段中的选项类型。其中，00000 表示 Pad1，00001 表示 PadN，00010 表示巨型有效负载。

> **提示**
>
> Pad1 选项是一个 1B 选项，它可以出现在逐跳选项题头中的任何地方。Pad1 选项的目的是对齐其他必须在 32 位边界内特定位置开始的选项。Pad1 选项没有长度字段或可选的数据字段，它由 8 个 0 组成。PadN 选项和 Pad1 选项相似，只不过 PadN 选项用于在 32 位边界上对齐另一个选项需要两个或多个字节时，如图 12-20 所示。PadN 选项由 1B 的代码字段和 1B 的长度字段组成。长度字段标明填充字节（00000000）的数量。巨型有效负载选项是一个 6B 选项，它定义包含的字节数超过 65 535 的 IP 数据报（即巨型数据报）的长度。巨型有效负载选项的代码字段是 194（11000010）。

| 代码字段<br>00000001<br>（1B） | 长度字段<br><br>（1B） | 数据字段<br>全为0<br>可变长度 |
|---|---|---|

**图11-20** PadN 选项格式

## 11.3.4 源路由扩展题头

源路由选项实质上是两个 IPv4 选项（源路由选项和宽松路由选项）的组合。如图 11-21 所示，源路由扩展题头至少由 7 个字段组成。下一题头和题头长度字段和逐跳选项扩展题头相同。类型字段表明这个选项定义严格还是宽松（严格 1，宽松 0），至今，只定义了宽松路由。剩余地址字段标明到达目的前剩余的跳或段。严格/宽松掩码字段标明路由数据报时应当通过的路径。严格路由必须准确地遵循源指定的路由。对于宽松路由，除了访问指定的路由器以外，还可以访问另外的路由器。目的地址字段在每个被访问的路由器中都要被更新，以表明要访问的下一个路由器的地址。

图 11-22 中给出了一个源路由的示例。源设备为 A，最终目的设备是 B。指定的路由是从设备 A 到路由器 R1、路由器 R2、路由器 R3，最后到达设备 B。

| 0 | | 15 | 16 | | 31 |
|---|---|---|---|---|---|
| 基本题头 | | | | | |
| 下一题头 | | 题头长度 | 类型 | | 留下的地址 |
| 预留 | | 严格/宽松掩码 | | | |
| 第一个地址 | | | | | |
| 第一个地址 | | | | | |
| 第一个地址 | | | | | |
| 第一个地址 | | | | | |
| 有效负载的剩余部分 | | | | | |

**图11-21** 源路由扩展题头格式

注意，基本题头中的目的地址最初包含第一个路由器 R1 的地址。但是，当数据经过路由器时，目的地址将不断地被更新，每个路由器都用下一个路由器的地址替换自己的地址。

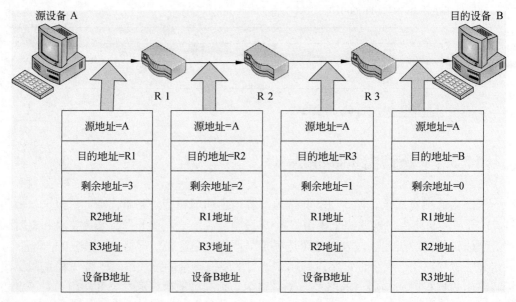

**图11-22** 源路由的示例

同时还要注意，当数据报从一个路由到达另一个路由器时，扩展题头的地址也将改变。当数据报到第一个路由器 R1 时，这个路由器将检查这个数据包，找到它的题头。如果所有信息都是正确的，这个路由器将从表中取出下一个路由器的地址，放在基本题头的目的地址字段中，然后用自己的地址替换下一个路由器的地址。这个过程在每个后续的路由器中将重复进行，直至数据报到达最终目的地。路由表最多可以包含 255 个路由器的地址。

### 11.3.5 分段扩展题头

对于 IPv6，就数据报的长度不能超过传输数据报的网络的 MTU（最大传输单元）而言，分段的概念和 IPv4 相同。但是，IPv6 对 Internet 链路规定的新的最小 MTU 是 1280B。IPv6 不支持转发路由器进行分段。因此，对于 IPv6 来说，发送源是唯一可对数据报进行分段的设备。发送设备可以使用路径 MTU 发现过程在数据报的路径中确定网络支持的最小 MTU。然后利用最小 MTU 把数据报分成不大于网络长度的段。

如果一个 IPv6 数据报（或段）长于下一跳的 MTU，这个数据报将被丢弃。如果发送源选择不使用路径发现过程，它应当把数据报分成 576B 或更小的段。因为这通常是与 Internet 连接的网络的最小的 MTU 长度。

图 11-23 给出了分段扩展题头的格式。下一题头和题头长度字段与其他扩展题头都相同。使用的分段偏移值字段和 IPv4 相同，它以 8B 的倍数标明段尺寸。M 位是"更多段"位，它也和 IPv4 相同，除最后一个段以外，所有段中的 M 都等于 1。"不可分段"位对于 IPv6 来说是不需要的，RS 位留作将来使用。分段标识字段包含一个 32 位的唯一标识号，目的设备使用它重组来自相同数据报的段。

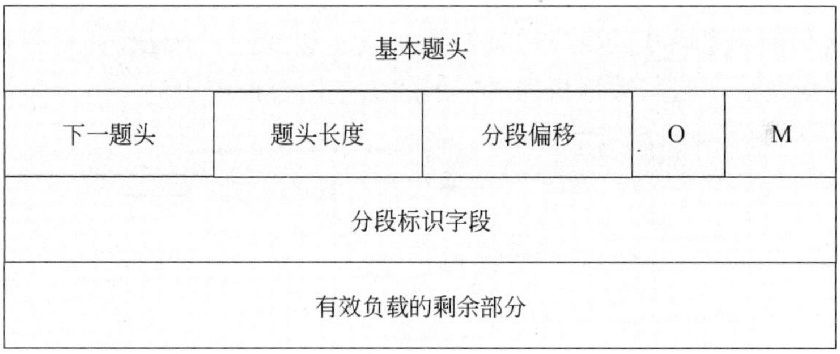

| 基本题头 | | | | |
|---|---|---|---|---|
| 下一题头 | 题头长度 | 分段偏移 | O | M |
| 分段标识字段 | | | | |
| 有效负载的剩余部分 | | | | |

**图11-23** 分段扩展题头格式

### 11.3.6 身份验证扩展题头

身份验证扩展题头有两个目的：验证数据报的发送端，以及通过防止地址试探和连接窃取来确保数据报中携带的实际数据的完整性。消息的接收端必须能够确定所有的发送端是合法的，而不是假冒的。接收端还必须确定数据在传输过程中没有被更改。

如图 12-24 所示为身份验证扩展题头的格式，它由 6 个字段组成：一个 8 位的下一题头字段、一个 8 位的有效负载长度字段、一个 16 位的预留字段、一个 32 位的 SPI（安全参数索引）字段、一个 32 位的序号字段和一个变长的身份验证数据字段。下一题头字段指向下一个题头，有效负载长度字段标明安全参数索引字段之后的 4 字节字的数量。

保留字段包含 16 个逻辑 0，安全参数索引字段标识用于身份验证的算法，同时还确保目的设备可以识别网络上的旧数据报。身份验证数据字段包含算法产生的实际数据，这包括有效负载数据的密码校验和、一些扩展题头字段以及由经过验证的设备共享的其他特权数据。

| 基本题头 | | |
|---|---|---|
| 下一题头 | 有效负载长度 | 预留 |
| 安全参数索引（SPI）字段 | | |
| 序号字段 | | |
| 身份验证数据字段 | | |

**图11-24** 身份验证扩展题头的格式

图 11-25 中给出了如何确定身份验证数据字段的内容。数据报的发送端利用身份验证算法发送一个后跟 IP 数据报的 128 位安全密钥，然后再把这个 128 位安全密钥重复发送一次。可以使用的身份验证算法有几种。这个数据报中所有包含的信息将在通过 Internet 传输期间发生改变的字段都会由全逻辑 0 进行填充。这个数据报包括身份验证扩展题头以及填充有全逻辑 0 的身份验证数据字段。身份验证算法确定身份验证数据，在发送这个数据报之前，这些数据将插入扩展题头中，替换逻辑 0。

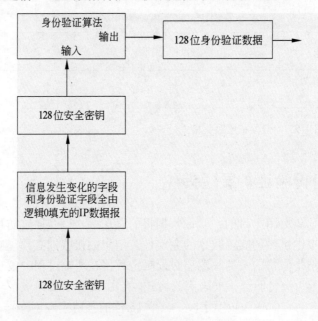

**图11-25** 身份验证数据计算过程

目的设备在接收到这个密钥和数据报以后，将用逻辑 0 替换数据报中在传输期间已经改变的字段，然后把这个密钥和数据报传送给身份验证算法。如果身份验证算法的输出和身份验证数据字段的内容匹配，则认为这个数据报是可信的，否则将丢弃这个数据报。

### 11.3.7　封装安全有效负载题头

通过加密数据从而防止入侵者窃听，ESP（加密的安全有效负载）扩展题头为数据报提供了机密性。这个题头必须始终是 IP 题头链的最后一个题头，因为它表示加密数据的开始。图 11-26 给出了封装的安全有效负载题头的格式，它由 32 位的安全参数索引组成。安全参数索引标明数据报中使用的加密和解密的类型。变长的加密数据字段包含将要加密的原始数据以及加密算法需要的其他参数。加密方法的模式有两种：传输模式和隧道模式。

基本题头

安全参数索引

加密数据

**图 11-26**　封装的安全有效负载扩展题头格式

#### 1．传输模式

传输模式是加密传输协议（如 TCP 段或 UDP 数据报），然后将其封装在 IPv6 数据中的加密方案。传输模式加密主要用于在两台主机之间加密数据。

#### 2．隧道模式

隧道模式是加密包括基本题头和扩展题头在内的整个 IP 数据报，然后使用 ESP 扩展题头将其封装在 IPv6 数据报中的加密方案。对于这种模式来说，实际上将传输两个基本题头：原始题头和加密的题头。隧道模式主要用于网关加密数据。

### 11.3.8　目的选项题头

目的选项由源设备用来将信息传送到目的地，同时不允许中间路由器访问这些信息。除类型号不同以外，目的选项的格式与逐跳选项相同。逐跳选项和目的选项将应当在每一跳（路由器）上检查的选项集与应当只由最终目的设备解释的选项分隔开。如果一开始就把目的地选项放在数据报中，那么中间路由器将检查它，如果它出现在 ESP 题头之后，那么就只能在最终目的处检查它。

# 11.4　ICMPv6

IP 结点需要一个特殊的协议来交换消息以了解与 IP 相关的情况。ICMP 正好适合于这种需求。在 IPv4 升级到 IPv6 的过程中，ICMP 也经历了一定的修改。ICMPv6 由 IPv6 主机和路由器在处理数据报时用来报告遇到的逻辑错误，并执行其他几个 Internet 层的功能。ICMPv6 在 RFC 1885 中定义。IPv4 中的几个独立运行的协议也包括在 ICMPv6 中，如 ICMP、ARP 和 IGMP。RARP 已经从 IPv6 中删除，因为 BOOTP 可以执行相同的功能。ICMP 报文可以用来报告错误和信息状态，以及类似于包的 Internet 探询(Ping)和跟踪路由的功能，如故障诊断和多播成员报告等。

## 11.4.1　ICMPv6 消息处理规则

在处理 ICMPv6 消息时，ICMPv6 的实现必须遵守下列规则。

（1）如果一台设备接收到未知类型的 ICMPv6 错误报告消息，那么这台设备必须将这个消息转发到上层协议。

（2）如果一台设备接收到未知类型的 ICMPv6 信息消息，那么这台设备必须不引人注意地丢弃这个消息。

（3）每个 ICMPv6 错误报告消息（类型 127 或更低）必须尽可能多地包括出错的 IPv6 数据报，同时不能使错误消息超过 IPv6 MTU。

（4）当需要 Internet 层协议将 ICMPv6 错误消息传送到上层进程时，要从原始 IP 题头中提取上层协议类型（它包含在 ICMP 数据字段中），并使用它选择合适的上层进程来处理错误。如果原始数据报具有非常多的扩展题头，那么上层协议类型可能就不会出现在 ICMPv6 消息中，因为为了满足 IPv6 MTU 限制，将截短原始数据报。在这些情况下，错误消息将在任何 IPv6 层处理完成后不引人注意地丢弃。

（5）永远不能因为接收到下列消息或数据报而发送 ICMPv6 错误报告消息：

① ICMP 错误报告消息；

② 发往 IPv6 多播地址的数据报，除非错误消息是数据报过大或参数问题；

③ 作为低链路多播发送的数据报；

④ 作为链路层广播发送的数据报；

⑤ 源地址不唯一标识单台设备的数据报，如 IPv6 未指定地址、多播地址，或者被 ICMP 消息发送端认为是 IPv6 任播地址的地址。

（6）为了限制带宽和转发成本，IPv6 设备必须限制其发送 ICMPv6 消息的速度。这适用于当源设备发送错误数据报流，并且不观察由此得到的 ICMPv6 错误消息之时。实现速度限制功能的方法有如下几种。

① 基于定时器的方法：该方法将向特定源设备或任何源设备发送错误消息速度限制在最多每 $n$ 毫秒一次，其中 $n$ 是任意选择的时间长度，其通用值为 100。

② 基于带宽的方法：该方法将从特定接口发送错误消息的速度限制在相连链路带宽的某个分数 $m$，其中 $m$ 通常是 2%。

### 11.4.2 ICMPv6 题头

所有的 ICMPv6 消息都开始于一个 IPv6 题头，也许还有一个或多个 IPv6 扩展题头。所有的 ICMPv6 消息都开始于一个 8B 的题头，其中前 4B 对于所有的消息都是相同的，如图 11-27 所示。第一个字段是一个 8 位类型字段，它定义发送的 ICMP 消息的类型，并概括描述 ICMP 消息其余部分的格式。高阶位中的逻辑 0 唯一标识错误报告消息。因此，错误报告消息的类型值范围是 0~127。所有查询消息的高阶位中都有一个逻辑 1。因此，查询消息的类型值范围是 128~255。表 11-5 列出了 ICMPv6 的推荐消息类型。和 ICMPv4 一样，ICMPv6 将消息分成两大类：查询消息和错误报告消息。

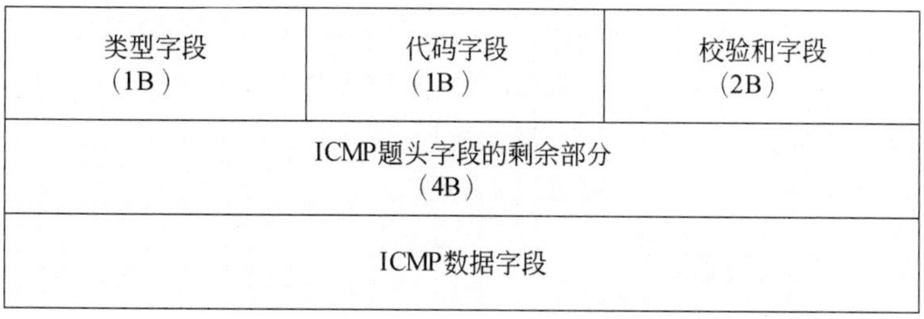

| 类型字段<br>（1B） | 代码字段<br>（1B） | 校验和字段<br>（2B） |
| --- | --- | --- |
| ICMP题头字段的剩余部分<br>（4B） | | |
| ICMP数据字段 | | |

**图11-27** **ICMPv6** 消息的格式

**表11-5** **ICMPv6** 消息类型

**查询消息**

| 类型 | 代码 | 名称 |
| --- | --- | --- |
| 128 | 0 | 回波请求 |
| 129 | 0 | 回波应答 |
| 130 | 0 | 多播侦听查询 |
| 131 | 0 | 多播侦听报告 |
| 132 | 0 | 多播侦听完成 |
| 133 | 0 | 路由器通告 |
| 135 | 0 | 邻居请求 |
| 136 | 0 | 邻居通告 |
| 137 | 0 | 重定向消息 |
| 138 | 0、1 和 255 | 路由器重新编号 |
| 139 | 0 | ICMP 结点消息查询 |
| 140 | 0 | ICMP 结点信息响应 |
| 141 | 0 | 反向邻居发现请求消息 |
| 142 | 0 | 反向邻居发现通告消息 |

**错误报告消息**

| 类型 | 代码 | 名称 |
| --- | --- | --- |
| 1 | 0~4 | 目的地不可达 |
| 2 | 0 | 数据包过大 |
| 3 | 0~1 | 超时 |
| 4 | 0~2 | 参数问题 |

ICMP 题头的第二字段是一个 8 位代码字段，它定义消息类型的特定目的。第三个字段是 16 位的校验和字段，它对于所有的 ICMPv6 消息题头都是通用的。

### 11.4.3　ICMPv6 查询消息

和 ICMPv4 一样，利用查询消息，ICMPv6 消息还可以用来诊断网络问题。ICMPv6 有如下查询消息：

（1）回波请求和回波应答；

（2）路由器请求和路由器通告；

（3）邻居请求和邻居通告；

（4）分组成员资格。

在 ICMPv6 中删除了两对 ICMPv4 消息：时间戳请求和时间戳应答以及地址掩码请求和地址掩码应答。之所以删除时间戳消息，是因为将在其他协议（如 TCP）中实现它们。删除地址掩码请求和地址掩码应答消息的原因在于 IPv6 地址中的子网字段允许订户使用多达 232-1 个子网，从而不再需要这些消息。

#### 1．回波请求与回波应答

回波请求和回波应答消息用于诊断目的，如验证连续性。发送一个回波请求，就将返回一个回波应答。如图 11-28 所示为 ICMPv6 回波请求和回波应答消息的格式。可以看出这个格式和 ICMPv4 基本相同。前三个字段对于所有 ICMPv6 消息都是标准的。第 4 个和第 5 个字段是标识号和序号，它们的目的和 ICMPv4 相同。

| 类型字段<br>请求128<br>应答129 | 代码字段 | 校验和字段 |
|---|---|---|
| 标识符 | | 序号 |
| 可选的变长数据字段<br>（在请求中发送并在应答中返回） | | |

图11-28　回波请求和回波应答消息的格式

#### 2．路由器请求和路由器通告

路由器请求和路由器通告消息执行的功能实质上和 ICMPv4 的相同，它们的格式如图 11-29（a）和（b）所示。在路由器请求格式中除了添加了一个允许主机宣布其物理地址的选项（选项代码 1）以外，这个格式和 ICMPv4 相同。但是，ICMPv6 路由器通告的格式与 ICMPv4 不同，因为路由器可以只通告它自己，而不通告其他任何路由器。而在路由器通告中包括三个选项：两个规定的和一个提议的。其中选项代码 1 宣布路由器的物理地址，选项代码 5 允许路由器宣布 MTU 尺寸，提议的第 3 个选项允许路由器定义有效和最佳的生存期。

| 类型 133 | 代码 0 | 校验和字段 |
|---|---|---|
| 未使用（全部为逻辑 0） | | |
| 选项代码 1 | 选项长度 | |
| 主机物理地址 | | |

(a) 路由器请求消息的格式

| 类型 134 | | 代码 0 | | 校验和字段 |
|---|---|---|---|---|
| 最大跳 | M | O | 未使用 000000 | 路由器生存期 |
| 可达到的生存期 | | | | |
| 可达性传输间隔 | | | | |
| 选项代码 1 | | 选项长度 | | |
| 主机物理地址 | | | | |
| 选项代码 4 | | 选项长度 | | |
| MTU长度 | | | | |

(b) 路由器通告消息的格式

图 11-29　路由器请求和路由器通告消息的格式

### 3. 邻居请求和邻居通告

地址解析协议（ARP）已经从 IPv6 中删除，取而代之以 ICMPv6 消息对：邻居请求和邻居通告消息。除修改了消息的格式以外，其基本思想和 ARP 是相同的。图 11-30 中给出了邻居请求和邻居通告消息的格式。除代码不同以外，这两个格式是相同的。这两个格式都有一个包含要解析的 IPv6 地址的字段。选项只有一个，目的设备将使用这个选项宣布它的物理地址。

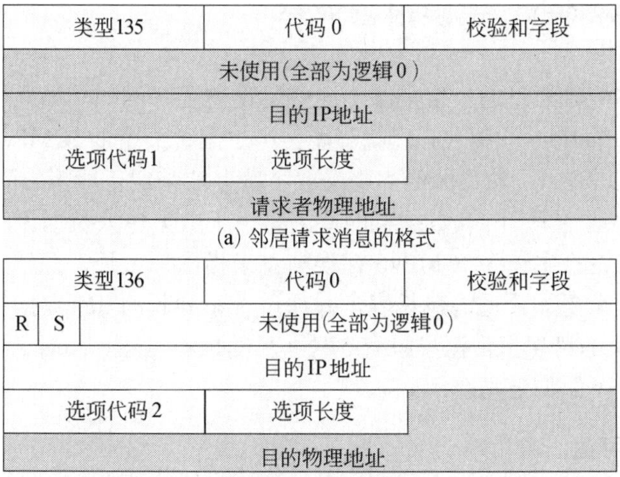

| 类型135 | 代码 0 | 校验和字段 |
|---|---|---|
| 未使用（全部为逻辑 0） | | |
| 目的IP地址 | | |
| 选项代码1 | 选项长度 | |
| 请求者物理地址 | | |

(a) 邻居请求消息的格式

| 类型136 | | 代码 0 | 校验和字段 |
|---|---|---|---|
| R | S | 未使用（全部为逻辑 0） | |
| 目的IP地址 | | | |
| 选项代码 2 | | 选项长度 | |
| 目的物理地址 | | | |

(b) 邻居通告消息的格式

图 11-30　邻居请求和邻居通告消息的格式

#### 4．分组成员资格

IGMP（Internet 分组管理协议）已经从 IPv6 中删除，取而代之以 ICMPv6 分组成员资格消息。对于 ICMPv6 来说，有三种分组成员资格消息：查询、报告和终止，如图 11-31 所示。报告和终止消息将从主机发送到路由器，而查询消息将从路由器发送到主机。

| 类型130 | 代码 0 | 校验和字段 |
| 最大响应延迟 | | 预留 |
| IP多播地址 | | |

（a）分组成员资格查询消息的格式

| 类型131 | 代码 0 | 校验和字段 |
| 预留 | | |
| 多播IP地址 | | |

（b）分组成员资格报告消息的格式

| 类型132 | 代码 0 | 校验和字段 |
| 最大响应延迟 | | 预留 |
| 预留 | | |
| IP多播地址 | | |

（c）分组成员资格终止消息的格式

**图11-31　分组成员资格消息的格式**

## 11.4.4　ICMPv6 错误报告消息

ICMPv6 错误报告消息的产生来源于一些错误情况。例如，如果一个路由器由于某些原因不能处理一个 IPv6 数据包，它就可能会产生某种类型的 ICMPv6 错误消息，并直接回送到数据包的源结点，然后源结点将采取一些办法来纠正所报告的错误状态。例如，如果路由器无法处理一个 IPv4 数据包的原因是由于数据包太长而无法将其发送到网络链路上，则路由器将产生一个 ICMPv6 错误消息来指出包太长，源结点在收到该消息后可以用它来确定一个更加合适的包长度，并通过一系列新的 IP 数据包来重新发送该数据。目前 IPv6 定义的错误报告消息只有 5 种（目的地不可达、超时、参数问题、重定向和数据报过大），下面将分别介绍。

#### 1．目的地不可达

目的地不可达消息是由路由器或源主机在由于除业务流拥塞之外的原因而无法转发一个包的时候产生的。这种错误消息有 5 个代码，分别如下。

1）代码 0

代码 0 表示没有到达目的地的路由。这个消息在路由器没有定义 IP 数据包的目的地路由时产生，路由器将采用默认路由来发送无法利用路由器的路由表进行转发的包。

2）代码 1

代码 1 表示与目的地的通信被管理员禁止。当被禁止的某类业务流欲到达防火墙内部的一个主机时，包过滤防火墙将产生该报文。

3）代码 2

代码 2 表示路由题头中的下一个目的地址不是处理路由器的邻居。当使用 IPv6 选路扩展头并严格限定路由时，将使用这个代码。当列表中的下一个目的地与当前正执行转发的结点不能共享一个网络链路时，将会产生该报文。

4）代码 3

代码 3 表示目的地址不可达。这个代码指出在把高层地址解析到链路层(网络)地址时遇到了一些问题，或者在目的地网络的链路层上去往其目的地时遇到了问题。

5）代码 4

代码 4 表示目的端口不可达。这种情况发生在高层协议(如 DP)没有侦听包目的端口的业务量，且传输层协议又没有其他办法把这个问题通知源结点时。

## 2. 超时

当路由器收到一个跳极限为 1 的数据包时，它必须在转发该包之前减小这个数值。如果在路由器减小该数值后，跳极限字段的值变为 0（或者是路由器收到一个跳限制字段为 0 的数据包），那么路由器必须丢弃该数据包，并向源结点发送 ICMPv6 超时报文。源结点在收到该报文后，可以认为最初的跳限制设置得太小(数据包的真实路由比源结点想象的要长)，也可以认为有一个选路循环导致包无法交付。

在"跟踪路由"功能中这个消息非常有用。这个功能使得一个结点可以标识一个包在从源结点到目的结点的路径上的所有路由器。它的工作方式如下：首先，一个去往目的地的数据包的跳极限被设置为 1。它所到达的第一个路由器将跳极限减少，并回送一个超时报文，这样一来源结点就标识了路径上的第一个路由器。然后如果该包必须经过第二个路由器的话，源结点会再发送一个跳极限为 2 的包，该路由器将把跳极限减小到 0，并产生另一个超时消息。这将持续到包最终到达其目的地为止。同时源结点也获得了从每个中间路由器发来的超时消息。

## 3. 参数问题

当 IPv6 头或扩展头中的某些部分有问题时，路由器由于无法处理该包而会将其丢弃。路由器的实现中应该可以产生一个 ICMP 参数错误报文来指出问题的类型（如错误的头字段、无法识别的下一个头类型或无法识别的 IPv6 选项），并通过一个指针值指出在第几个字节遇到这种错误情况。

用于 ICMPv6 参数问题的代码值有以下三个。

（1）代码 0 表明一个题头字段中有错误或者有歧义的问题。在使用代码 0 时，偏移指针字段中的值将指向有问题的字节。例如，如果偏移指针是 2，就说明第 2 个字节不是有效字段。

（2）代码 1 表明下一题头字段的内容不可识别。

（3）代码 2 表明存在不可识别的选项。

#### 4．数据包过大

数据包过大消息是包括在 IPv6 中的新消息，当接收某包的路由器由于包长度大于将要转发到的链路的 MTU，而无法对其进行转发时，将会产生包太长消息，并丢弃数据包。该 ICMPv6 错误报文中有一个字段指出导致该问题的链路的 MTU 值。

数据包过大消息是在响应具有 IPv6 多播目的地址、链路层多播地址或链层广播地址的数据包时发送的唯一错误消息。

#### 5．重定向

路由器公告机制确保了一个结点始终管理一个或多个结点，路由器能够通过这些结点连接到本地链路外面的设备。然而，在一个结点管理多个路由器的情况下，发送数据时选择的默认路由器不可能始终是所有提出消息的最合适的路由器。在这种情况下，ICMPv6 允许一个特定的目标重定向到一个更加有效的路径。

类型 137 重定向消息格式实质上和 ICMPv4 相同，只不过为了适应较长的 IP 地址，对它进行了修改，并且还添加了一个包含目标路由器物理地址的额外的选项。

## 11.5　IPv6 新增特性

IPv6 包含几个新增特性和改进特性，支持主机的自动配置、增强安全、提供可选级别的服务以及支持移动用户的特殊需求。下面将分别进行介绍。

### 11.5.1　自动配置

IPv6 最有用的方面是在不使用全状态配置协议（例如用于 IPv6 的动态主机配置协议(DHCPv6)）的情况下能够对自己进行自动配置。默认情况下，IPv6 主机可以为每个接口配置一个链路本地地址。通过使用路由器发现，主机也可以确定路由器的地址、附加地址和其他配置参数。包括在路由器公告消息中是为了指出是否应该使用全状态地址配置协议。

自动配置允许主机寻找它需要的信息，以通过查询其他结点建立它自己的 IP 网络参数。DHCP 是今天使用在 Internet 许多的普通自动配置工具。以下三个事物的组合使自动配置对 Internet 尤为重要。

第一个是需要配置结点的总数。如果必须手动配置每个结点，网络管理员将会手动对结点的总数进行定义。第二个修改的速率和重编号的频率。修改 ISP 可以意味着对许多网络主机进行编号。不用为匹配实际网络拓扑和路由选择性能损失而进行重编号。自动配置工具越好，对网络管理员来说完美地接受重编号越容易。第三个，也许是要求自动配置最强制性的原因——用户的移动性。能从网络的一部分移动到另一部分的移动结点不仅有移动笔记本电脑、还有蜂窝电话、PDA 和其他的个人设备。允许这些设备从任何位置无缝地连接到 Internet 的潜在优点是巨大的。

自动配置有两种基本的方法。

### 1．无状态方法

无状态的地址的配置基于"路由器公告"消息的接收。这些消息包括无状态地址前缀，并要求主机不使用全状态地址配置协议。无状态自动配置只是简单地向所有到来者展示需要的配置信息。

### 2．有状态方法

监控状态的配置基于全状态地址配置协议的使用（例如 DHCPv6，之所以 DHCP 被认为是有监控的，是因为 DHCP 服务器必须知道它的可用地址的状态、允许的客户在网络上的存在或消失，还有各种其他的参数）来获取地址和其他配置选项。当主机收到不包括地址前缀的"路由器公告"消息，并要求主机使用全状态地址配置协议时，将使用全状态地址配置。当本地链路上没有路由器存在时，主机也使用全状态地址配置协议。

## 11.5.2　无状态自动配置

RFC 1971(IPv6 无状态地址自动配置)中描述了 IPv6 的无状态自动配置。该 RFC 还在更新，大多数修改是对原规范的澄清或细化，例如对潜在的路由器否认服务攻击的处理方法等。无状态自动配置过程要求结点采用如下步骤。

（1）进行自动配置的结点必须确定自己的链路本地地址(如 IEEE EUI-64 地址)；

（2）必须验证该链路本地地址在链路上的唯一性；

（3）结点必须确定需要配置的信息。该信息可能是结点的 IP 地址，或者是其他配置信息，或者两者皆有。如果需要 IP 地址，结点必须确定是使用无状态自动配置过程还是使用状态自动配置过程来获得。

无状态自动配置要求本地链路支持组播，而且网络接口能够发送和接收组播。完成自动配置的结点首先将其链路本地地址(如 IEEE EUI-64 地址)追加到链路本地前缀之后。这样，结点就可以开始工作：它可以使用 IPv6 与同一网络链路上的其他结点通信，只要同一链路没有其他结点使用与之相同的 EUI-64 地址，该结点的 IPv6 地址就是可用的。

但是，在使用该地址之前，结点必须先证实起始地址在本地链路是唯一的，即结点必须确定同一链路上没有其他结点使用与之相同的 EUI-64 地址。大多数情况下不会出现这个问题，大多数使用网络接口卡（如以太网适配器或令牌环适配器）的结点都有唯一的 48 位 MAC 地址；而对于通过点到点链路连接的结点，链路上只有一个端结点。但是，其他网络媒体可能没有唯一的 MAC 地址，某些网络接口卡也可能错误地使用了它们无权使用的 MAC 地址。此时，结点必须向它打算使用的链路本地地址发送邻居请求报文。如果得到响应，试图自动配置的结点就得知该地址已为其他结点所使用，它必须以其他方式来配置。

如果没有路由器为网络上的结点服务，即如果本地网络孤立于其他网络，则结点必须寻找配置服务器来完成其配置，否则，结点必须侦听路由器通告消息。这些报文周期性地发往所有主机的组播地址，以指明诸如网络地址和子网地址等配置信息。结点可以等待路由器的通告，也可以通过发送组播请求给所有路由器的组播地址来请求路由器发送通告。一旦收到路由器的响应，结点就可以使用响应的信息来完成自动配置。

为预防欺骗性攻击，当遭遇任何试图将有效生存时间设置为少于 2h 的 RA 时，结点使用有效生存时间的默认值——2h。当 RA 使用 IPv6 验证题头时，会发生例外。当 RA 经过验证，结点修改它们地址的有效性生存时间为定向的。

当执行复制地址检查时，结点也可以发送 PS 提示任意附加路由器发送它们的 RA。IPv6 主机知道对于这个请求会有多个响应，并且它们做好了从多重附加服务器缓存和修改结果的准备。如果本地连接上没有路由器，结点会使用状态自动配置方法，如动态主机配置协议版本 6（DHCPv6）。

无状态自动配置可以单独使用或者和 DHCPv6 这样的状态配置方法一起使用。例如，本地连接上的路由器可以配置为由 DHCPv6 服务器提供指针。虽然自动配置主要是针对主机而不是路由器，连接上的所有接口，包括任何附加路由器中的接口，必须在初始化的时候至少执行一个复制地址检查。

### 11.5.3 DHCPv6

在基本任务方面，DHCPv6 和 IPv4 下的 DHCPv4 很像。它们都是配置主机的状态方法，都信赖于承载有关主机和它们的 IP 及其他配置参数等信息的数据库的专用服务器。主机与作为客户机的 DHCP 服务器连接，并将它们需要的信息下载，将自己配置为适合 IP，或其他可能的协议，如 NetBIOS 等。

除了地址本身长度和格式方面明显的不同，DHCPv6 与以前版本还有许多显著的区别。最主要的区别也许是，IPv6 下的结点在没有 DHCP 帮助的情况下，可以获得至少一个能在本地正常工作的地址。实际上，这就是说所有的 DHCPv6 客户机都是能正常工作的主机并可以主动寻找使用多播请求的服务器。例如，DHCPv6 客户机可以发现它们的 DHCPv6 服务器是否在本地连接上。另外，它们可以本地段使用分程传递服务器，以接收来自脱机服务器的配置信息。

DHCPv6 也与 IPv6 下的无状态配置共享某些主要特征。所有自动配置地址被租用并为名字租用更新使用相同的"双重生存时间"范例。所有 IPv6 下的接口固有地支持多重地址。为支持动态编号，使用任一类型自动配置的 IPv6 结点必须侦听对它们地址的修改。对使用无状态自动配置的结点来说，也就是侦听 RA。对用 DHCPv6 配置的结点来说，意味着它们必须对自己的 UDP 端口侦听新的重配置信息。

因为所有的 IPv6 结点必须支持验证（使用 IPv6 验证题头），所以 DHCPv6 服务器和路由器都可以配置为验证形式发送自己的通告。这就使结点对重配置信息的有效性有更大的信心。

新的 DHCPv6 能支持各种新特性，例如，通过设置 DHCPv6 为动态修改 DNS 记录，可以反映网络当前状态。这是维持有效路由选择的关键部分。还有地址非难，即地址分配即将失效的状态，该机制可用于对网络进行动态重新编号，并且重编号很快会在 DNS

中得到反映，因此从整个重编号思想中取消（或至少迁移）了对通信中断延长时间的威胁。

### 11.5.4　IPSec

为实现 IP 网络上的安全，IETF 建立了一个 Internet 安全协议工作组负责 IP 安全协议和密钥管理机制的制定。经过几年的努力，该工作组提出一系列的协议，构成一个安全体系，总称为 IP Security Protocol，简称为 IPSec。

IPSec 在 IP 层或更高层提供各种安全如下。

#### 1．访问控制

访问控制的意思是限制那些对特定资源的查看或使用，包括访问带宽或计算机及其信息。验证是访问控制的关键。IPSec 提供了各种形式的验证。另外，标准为安全系统本身的特定部分委托特定形式的访问控制。

#### 2．非连接完整性

非连接完整性在两部分中定义。完整性是指通信没有改变。非连接是指这个完整性检查没有扩展到连接本身（例如，通过检测没有按次到达的数据包）。相反，提供非连接完整性的功能分别检查每个数据包的完整性。IPSec 的验证功能支持这一目标。

#### 3．数据来源验证

数据来源验证是验证接收到的数据确定来自命名源的能力。IPSec 的验证功能支持这一目标。

#### 4．避免重放的保护

攻击者获取合法通信，如来自用户登录的一序列数据包，并伪装为可信赖的通信伙伴，再次发送通信。避免重放的措施（避免重放的保护）包括在每个通信中放入唯一的和经常改变的令牌，这样在自称新的通信中看到以前使用的令牌，就验证它是重放从而使它无效。IPSec 提供了一部分次序完整性的形式。

#### 5．机密性阻止未授权的人查看通信

IPSec 支持各种加密工具的使用。以提供机密性。

#### 6．有限通信量流机密性

通过支持某种类型的通道。IPSec 可以在某程度上隐藏两个通信伙伴间的真实路径，被称为有限通信量流机密性。这样阻止了敌手知道谁在和我交谈，或者在什么时候交谈。

要实现以上安全目标，IPSec 依赖于一整套应用程序和安全协议。IPSec 主要包括三个安全协议 AH（Authentication Header）网络认证协议和 ESP（Encapsulating Security Payload）封装安全载荷协议及密钥管理协议 IKE（Internet Key Exchange）。AH 提供无

连接的完整性、数据发起验证和重放保护。ESP 还可另外提供加密。密钥管理协议 IKE 提供安全可靠的算法和密钥协商。这些机制均独立于算法，这种模块化的设计允许只改变不同的算法而不影响实现的其他部分。协议的应用与具体加密算法的使用取决于用户和应用程序的安全性要求。

IPSec 可在以下三个不同的安全领域使用：虚拟专用网络(VPN)、应用级安全以及路由安全。目前，IPSec 主要用于 VPN。在应用级安全或路由安全中使用时，IPSec 还不是一个完全的解决方案，它必须与其他安全措施配合才能更具效率，从而妨碍了它在这些领域的部署。

### 1. IPSec 操作

IPSec 有以下两种操作模式：传送模式和隧道模式。如果以传送模式操作，源主机和目的地主机必须直接执行所有密码操作。加密数据是通过使用 L2TP（第二层隧道协议）而生成的单一隧道来发送的。数据（密码文件）则是由源主机生成并由目的地主机检索的。这种操作模式可以实现端对端安全。

如果以隧道模式操作，除了源主机和目的地主机之外，特殊的网关也将执行密码操作。在这种模式里，许多隧道在网关之间是以系列的形式生成的，从而可以实现网关对网关安全。不管使用何种模式，重要的是：一是使网关能够确认包是真实的；二是使网关能够从两端对该包进行判断，这样能够抛弃无效包。

在 IPSec 里需要两种类型的数据包编码（DPE），它们就是验证标题（AH）和封装安全净负荷（ESP）。这些编码可以为数据提供网络级安全。AH 可以提供包的真实性和整体性。验证是通过键标散列函数，即人们所熟知的 MACs（信息验证码）而实现的。这个标题也禁止非法修改，并具有提供防回复安全的选项。AH 可以在多个主机、多个网关或多个主机与网关，以及所有实现 AH 之间实现安全。ESP 标题可以提供加密、数据封装以及数据保密。数据保密是通过对称密钥加密而实现的。

包在经过各种不同的隧道和网关的过程当中，还要添加其他标题。每经过一个网关，数据报都要进行状态包检测新的标题，包含在这一标题里的是安全参数索引（SPI）。SPI 可以确定用上一个系统查看该包时所使用的算法和密钥。净负荷在此系统中也受到保护，因为数据中的任何变化或错误都会被检测到，从而导致接收方放弃该包。标题在每一个隧道的开始处应用，并在每个隧道的末端进行确认和删除。这种方法可以防止形成没必要的包占用总开销。

IPSec 的一个重要部分就是安全关联（SA）。SA 使用 SPI 编号，AH 和 ESP 携带该编号来显示包使用的是哪一个 SA。IP 目的地地址也包含在内，用来显示端点。这可能是防火墙、路由器或终端用户。安全关联数据库（SAD）可用来存储所有用过的 SA。SAD 将使用安全政策来显示路由器应该对包做些什么。三个范例包括同时放弃包、只放弃 SA、替换不同的 SA。使用中的所有安全政策都存储在安全政策数据库之内。

### 2. IPSec 存在的问题

在某些情况下，直接的端对端通信（即传送模式）是不可能的。IPSec 的一个最大缺陷就是其复杂性。一方面，IPSec 的灵活性对其流行做出了贡献；另一方面，它也造成了混乱，并导致安全专家宣称"IPSec 包含了太多的选项和太多的灵活性。" IPSec 的许多灵活性和复杂性归源于如下事实：IPSec 是通过委员会程序开发出来的。由于委员会的"政治"特性的缘故，其他的性能、选项和灵活性常常被添加到标准之中，以满足标准化机构不同部门的需要。这一过程与在制订高级加密标准（AES）的过程中所使用的标准化过程形成了十足的对比，高级加密标准（AES）取代了 1998 年失效的数据加密标准。

把这种方法与 NIST（国家标准与技术学会）用来制订 AES 的方法进行对比是很有指导意义的。NIST 组织了有效竞争的方法来取代委员会。几个小组提出了各自的建议，并从其中的建议当中选择一项建议。在编写建议的时候，有一个淘汰阶段，5 个留下的候选者当中的任何一个所制订的标准都比任何委员会曾经制订出来的标准要好得多。

另外，供 IPSec 使用的许多文档都非常复杂和混乱。没有提供任何概述或介绍，也无法识别 IPSec 的目标在何处。用户必须把这些碎片组合起来，并尽力使那些被认为非常难读懂的文档看起来更有意义。如果想弄清楚用户都会遇到些什么麻烦，大家可以想想 ISAKMP 技术规范。这些技术规范丢失了很多关键性的解释，包含了太多的错误，而且在很多地方互相矛盾。

尽管如此，IPSec 并不是完美的，与以前可用的安全协议相比，它只是一种巨大的改进。作为例子，大家可以想想流行的安全系统安全套接层(SSL)。SSL 已广泛地部署于各种不同的应用之中，它不可避免地局限于如下事实：它只能在传送/应用层使用，从而要求对希望具备使用 SSL 能力的任何应用进行修改。由于 IPSec 是在第三层使用的，因此，它只要求对操作系统而不是使用 IPSec 的应用进行修改。

339

### 11.5.5　服务质量（QoS）

和 IPv4 相比，IPv6 在 QoS 方面提供了更多的措施，以期改善甚至彻底解决网络的服务质量问题。最初的想法是，根据当时 IP QoS 的研究进展，引入 Flow Label 机制，帮助处理 QoS。由于受到当时网络技术发展水平的限制，第一个比较成熟的成果在 1994 年前后才推出，即所谓的 Int-Serv 模型。该模型在信息传递之前，使用资源预留协议（RSVP）建立一个可以保证 QoS 各有关指标的一个通道。这种想法似乎是可行的，因为和它相类似的 ATM 技术在 QoS 上获得了较大的成功，或者说后者的一个主要特点就是解决了 QoS 问题（当然，各有关技术还在不断发展之中）。

但是，Int-Serv 并没有获得广泛的应用。今天再来分析其原因，可以发现，ATM 网络支持的电路/流的数量，基本上是以千条（thousands）为单位实施扩展的。而 IP 网络，特别是 Internet 这样的全球网络，其业务流基本上是以百万条（millions）为基本单位的，这对于网络中的路由器设备来说，很难支持如此大量的软状态。

同时，也存在跨多个运营商进行资源预留管理等问题。后来进一步发展了 Diff-Serv 模型，它基于对网络业务的分类来简化处理的类别，从而解决了可扩展性问题，为 IP 网络的 QoS 提供了一个可行的解决方案。但是，Diff-Serv 模型并不能提供一个端到端的解决方案，其对 IP QoS 的实现，需要通过与 PHB（Per-Hop-Behavior）、网络流量规划或者流量工程（Traffic Engineering，TE）等措施联合提供。

IP QoS 的实现，需要网络中所有相关元素的全面支持，包括应用、终端和网络设备等。在基本的 IP 协议层面，提供一些字段的定义，用于支持 QoS 的实现。IPv6 同样如此。

IPv6 QoS 的实现可以在不同层面进行。例如网络应用，可以通过流量类别字段或流标签字段提出 QoS 要求，也可以在用户接入的服务提供商（SP）网络边缘结点对用户业务进行标识。当然，这里涉及服务提供商和用户之间的 QoS/SLA 协商，以及据此制定的服务策略。最关键之处还在于网络设备，必须可以根据这些业务要求完成相应的处理并保证 QoS。需要说明的是，在 IPv6 QoS 信令实现比较成熟的情况下，网络应用还可以通过信令和网络进行协商，实现动态的 QoS 处理。

目前，IPv4 QoS 已经获得比较好的发展，因此在 IPv6 大规模部署之前，可以先借助 IPv4 QoS 的成果，进一步研究 Flow Label 机制的使用。从目前的情况看，可以通过 Diff-Serv 实现 QoS，以后随着技术的发展和标准的成熟，可以逐渐引入其他更有效的方法。而终结目标是，伴随着 ITU-T 的 QoS 架构和实现方法的成熟，最终解决 IPv6 QoS。

### 11.5.6　移动 IPv6

IPv4 在设计之初并没有考虑到终端设备的移动性，所以连网设备移动时需要从互联网上断开，而在另外一个地方重新连接时，还需要重新配置系统的新的 IP 地址、正确的子网掩码和新的默认路由器（网关）才能继续通信。

为了支持互联网上的移动设备，IETF 推出了移动 IP 的标准来使用户保留不变的永久 IP 地址，而不管它们是否连接在网上。移动 IP 有两种：一种是基于 IPv4 的移动 IPv4，一种是基于 IPv6 的移动 IPv6。

#### 1．移动 IPv4 存在的问题

1）三角路由问题

在移动 IPv4 中，所有发送到移动结点的数据包都通过其家乡代理来路由，结果导致家乡网络负载增加，时延也更长。

2）部署问题

移动 IPv4 要求每个可能的外区网络都有外区代理（FA），如果没有外区代理，那么每个移动结点将需要从外区网络上获得一个全球可路由的 IPv4 地址，由于 IPv4 地址的匮乏，这一点几乎不可能做到。

3）入口过滤（Ingress-Filtering）问题

ISP 的边际路由器可能会将包含的源 IP 地址拓扑不正确的数据包抛弃掉，因此，在移动 IPv4 中，移动结点离开家乡网络到外区的 ISP 那里，使用自己的家乡地址作为源 IP 地址发送数据包，入口过滤可能会将这些数据包抛弃掉。

4）认证和授权

IPSec 在 IPv4 中是可选部分，却是 IPv6 的有机组成部分，移动 IPv4 中只利用这一机制进行移动 IPv4 登记的认证。

### 2．移动 IPv6 优势

移动 IPv6 使得 IPv6 主机在离开其家乡子网时仍能保持所有当前的连接并始终能够连接到互联网上，这是由于无论移动结点当前在互联网上的连接点如何，移动 IPv6 都通过静态的家乡地址来识别每个结点，移动结点离开家乡子网时向其家乡链路上的家乡代理发送其当前位置的信息，家乡代理截获发送到该移动结点地址的数据包并用隧道将数据发送到移动结点当前的位置。

这一机制对于 IP 以上的所有网络层(如 TCP、UDP 以及所有的应用)都是完全透明的，因此移动结点的 DNS 记录指向的是结点的家乡地址，当移动结点改变其互联网的接入点时不需要更改其 DNS 记录，实际上移动 IPv6 只是影响了数据包的选路，而独立于路由协议本身（如 RIP、OSPF 等）。

移动 IPv6 还创造了转交地址，当某个结点改变了其网络的接入点时，该结点的转交地址有两种生成方式：一种是通过接收路由器的通告获取（无状态地址自动配置），或者由 DHCP 服务器分配（状态地址自动配置）。

从技术上看，移动 IPv6 的优势主要体现在以下几点。

（1）移动 IPv6 为每个移动结点分配了全球的 IP 地址，无论它们在何处连接到互联网上，为移动结点服务的链路要预留足够多的 IP 地址来给移动结点分配一套（至少一个）转交地址，在 IPv4 地址短缺的情况下，要预留足够多的全球 IPv4 地址是不太可能的。

（2）使用 IPv6 的任播地址使得某个结点能够发送数据包给有该任播地址的几个系统中的某一个，移动 IPv6 有效利用这一原理实现动态家乡代理发现机制，通过发送绑定更新给家乡代理的任播地址来从几个家乡代理中获得最合适一个的响应，IPv4 无法提供类似的方法。

（3）使用无状态地址自动配置和邻居发现机制之后，移动 IPv6 既不需要 DHCP 也不需要外区链路上的外区代理来配置移动结点的转交地址。

（4）移动 IPv6 可以为所有安全的要求使用 IPSec，如授权、数据完整性保护和重发保护。

（5）为了避免由于三角路由造成的带宽的浪费，移动 IPv6 指定了路由优化的机制，路由优化是移动 IPv4 的一个附加功能，却是移动 IPv6 的完整组成部分之一。

（6）在互联网中有个别路由器是对它们转发的数据包实行入口过滤的，它们检查该源地址来的数据包是否应该送到接收该数据包的接口处，移动 IPv6 能够与这种入口过滤方式毫无问题地并存，一个在外区链路上的移动结点使用其转交地址作为数据包的源地址，并将其家乡地址包含在其家乡地址目标选项中，由于在外区链路中转交的地址是一个有效地址，所以数据包将顺利通过入口过滤。

### 3．IPv6 为移动分组网络带来的益处

IPv6 为移动分组网带来了很多优点，从而使用户、运营商以及设备商获得全新的体验和商机，主要有以下 6 个方面。

（1）分组交换的 IPv6 网络能够进行自动的自我配置，因此每个路由器都能知道自己所在的网络拓扑。

（2）IPv6 中，网络结点或者网络结点之间连接的故障位置信息将会通报给临近结点，在一段很短的时间之后网络就能够使分数重新选路而绕过故障点，尽管 IPv4 也可以通过路由协议实现基本的重新选路功能，但是 IPv6 增加了自动配置和学习新的网络结点的能力，移动 IPv6 的功能更加强大。

（3）在全球网络范围内使用移动 IPv6 将为基于 IPv6 的网络增加安全性，例如，如果某个ISP 的网络停止工作或者网络拥塞且速度缓慢，移动 IPv6 终端可以通过其他的 ISP 来将绑定更新发送给其家乡代理，使得移动终端使用另一个可替代的路由器来为之服务，这样一来移动终端始终能获得较好的网络性能。

（4）对于最终用户来说，移动 IPv6 将会带来全新的即时信息业务(IMS)，用户将获得更高性能、更加经济的网络性能。

（5）对于运营商来说，移动 IPv6 意味着可以降低资本开支(CAPEX)和运行开支(OPEX)，运营商可以建立由简单的 IPv6 路由器构成的网络，不再需要 IPv4 网络结构中所需要的特定的应用层网关和网络地址翻译器，通过简化网络来提高网络部署的速度。IPv6 节约了时间，降低了成本，由于 IPv6 是未来的网络技术，因此运营商可以通过部署IPv6 来优化其长远投资。另外，IPv6 支持互联网的永远连接，全球 IPv6 网络的部署为运营商提供了一个开发即时的个人到个人通信业务的崭新世界。

（6）对于设备商来说，由于移动 IPv6 在全球的部署，使得各种各样的设备都可以连接到网上，全新的网络领域将充满超越想象的创新业务、设备和商机。

## 11.6　IPv4 到 IPv6 的过渡

虽然从技术上讲，IPv6 优于当今的 IP 版本(IPv4 )，但在全球范围内实现 IPv6 存在潜在的问题。不可能在某一天简单地从旧的 IP 版本切换到更新的版本。因此，过渡必须在一段时间内提供两个版本的兼容性。因为在全球范围内建立 IPv6 仍需几年时间。因此，二者的过渡就是一个非常重要的问题。

从 IPv4 向 IPv6 的过渡会出现的问题是：IPv4 嵌入到 TCP/IP 组件的许多层和许多应用程序中。如果实现到 IPv6 的切换，那么使用 IP 的各个应用、驱动程序和 TCP 栈不得不进行改变。这会涉及到成百上千的变化，牵扯到数以百万行代码的改动。这么多的生产商，不可能都在一个特定的时间范围内改变它们的代码。这也意味着 IPv4 和 IPv6 必定会共存相当长的一段时间。

所有现在的机器(主机、路由器、网桥等)使用 IPv4。当机器转向运行 IPv6（通过软件或硬件更新）时，所有的机器将会需要两组 IP 软件，一组用于旧的版本，一组用于新的版本。在一些情况下，这样实现会由于存储或性能问题而变得很困难，所以一些设备不得不只有一个 IP 版本(或使用功能更强大的设备)。

必须为不能或不会更新至 IPv6 的应用开发转换软件。例如，一些使用 IPv4 进行通信的设备和应用，仍需要和 IPv6 系统进行通信时，会需要一个转化或翻译应用程序，在两部分之间进行翻译。这会增加系统的开销、降低性能，但这可能是唯一的解决合法软件和硬件的方法。

IPv4 和 IPv6 之间的过渡看起来不像是个大问题，但它确实会带来问题。基本问题是头翻译,这个过程中发生的一个极小的问题就会导致数据丢失。IPv6 是以 IPv4 为基础的,但二者的题头非常不同。IPv6 题头中的任何不被 IPv4 支持的信息(如优先级分类)会在转化过程中被丢弃。相反的,由 IPv4 主机生成的消息转化为 IPv6 消息时将会丢失大量信息,其中有一些可能是重要信息。

地址映射(IPv4 地址转换为 IPv6 地址,或相反)需要一些特殊处理。如果用户有一台主机,此主机具有多个 IPv6 地址而只有一个 IPv4 地址,那么转换器、路由器或其他的转发设备必须具有一个大的地址映射来完成一个版本到另一个版本的转换。在大型的组织内这将是不现实的,并且当从 IPv4 向 IPv6 转化时可能会导致不正确的目的地。一个 IPv4 地址可以嵌入到 IPv6 头中,但这会给基于 IPv6 的系统带来路由问题。

一些 TCP/IP 服务到 IPv6 的转变需要很长的时间。例如 DNS,保存了通用名字到 IP 地址的映射。当 IPv6 出现时,DN 将不得不处理两个 IP 版本,并且要为每个主机解析多个 IP 地址。用户的计算机在 IPv6 下可以有 10 个 IP 地址(例如,在机器上不同的服务有不同的 IP 地址),DNS 必须能够正确地路由消息。

IPv4 的广播是一个问题,因为经常性地会出现局域网范围或广域网范围的用 IPv4 发出的广播消息(ARP 最常见)。IPv6 使用组播来减少广播,这个特性允许广播报文在局域网或广域网上只经过一次。在转化期间涉及到两个广播系统也会成为问题。

当把整个的网络结构从 IPv4 转变到 IPv6 时,会涉及到更多的问题。当公司和网络从一个版本的 IP 转向另一个版本的 IP 时会有许多技术问题需要解决,以提供最大化的灵活性。这个过程不会很容易,并且需要许多年。但最终的结构应该是网络完全以 IPv6 为基础(虽然看起来许多旧的设备将不能升级到 IPv6,因此需要某种形式的转译器),对绝大多数人而言,从 IPv4 到 IPv6 的变化将是透明的。网络管理员会小心地为用户做好转换工作。但是对于负责网络管理的人员而言,从 IPv4 到 IPv6 的转化需要经验。

343

# 思考与练习

## 一、填空题

1. IPv6 地址长度为_____位。IPv6 地址可以看作是唯一标识全球 Internet 上单独网络接口的字符串。(128)

2. IPv6 有三种类型地址:单点传送(单播)地址、多点传送(多播)地址和_____。(任意点传送(任播)地址)

3. IPv6 将数据通信量分成两个标明一般类别的数字 a 范围。0~7 的优先级值标明源将提供有拥塞的通信量;_____的优先级值标明称为无拥塞控制的通信量优先级,这是在响应拥塞时不让步的通信量。(8~15)

4. _____扩展题头允许题头定义和功

能具有最大的灵活性,因为它允许 IP 数据报的发送源把信息传送到这个数据报访问的所有路由器,并用来承载影响路径中路由器的信息。(逐跳选项)

5. 身份验证扩展题头有两个目的:_____,以及通过防止地址试探和连接窃取来确保数据报中携带的实际数据的完整性。(验证数据报的发送端)

## 二、选择题

1. 一个 IPv6 地址有多少位?_____(C)

   A. 32

   B. 64

C. 128

D. 256

2. 对于 IPv6 地址中的符号∷的正确解释是＿＿＿＿＿。（A）

A. 代替构造一个完整的地址需要的 0

B. 代替 8 个 0

C. 代替 16 个 0

D. 代替 32 个 0

3. 用于转换 IPv6 地址的基本书写数字符号是＿＿＿＿＿。（C）

A. 二进制

B. 十进制

C. 十六进制

D. 以上都不是

4. 下列哪一种特殊的 IPv6 地址不能做目标地址＿＿＿＿＿。（C）

A. 多播地址

B. 任意播地址

C. ∷1（回送地址）

D. ∷（全 0 地址）

5. 多播地址的第二个字节传递什么信息？＿＿＿＿＿。（B）

A. 首先是作用域，然后是标志域

B. 首先是标志域，然后是作用域

C. 接口、站点、组织团体和全局作用域设置

D. 暂时地址与众所周知的地址相对

6. 下列哪个类型的设备定义了任意播地址的"最近的"实例＿＿＿＿＿。（C）

A. 客户机

B. 任意播服务器

C. 本地路由器

D. 边缘或边界路由器

**三、简答题**

1. 列出 IPv4 的缺点。

2. 解析 IPv6 的地址格式，及其表示方法。

3. 列出并描述包含在 IPv6 基本题头中的字段，及其推荐顺序。

4. 列出 IPv6 有哪些扩展题头，并进行描述。

5. 列出并描述 ICMPv6 题头中的必备字段。

6. 描述 ICMPv6 信息消息和 ICMPv4 查询消息。

7. IPv6 数据报的最大长度是多少？

# 第 12 章　管理 TCP 环境

管理 TCP 环境就是通过一些方法手段来保护 TCP/IP 环境的安全。在 TCP/IP 最初设计的时代，联网技术还是非常罕见的技术，并且只有少数人使用它。支持这个环境的基础协议通常完全没有安全特性和功能。但是随着 Internet 的不断发展，网络安全逐渐成为网络中的重点，是首要解决的问题。

本章将介绍 TCP/IP 网络相关的安全问题、并提供防止安全漏洞或安全问题发生的相关解决方法。

**本章要点：**

❑　了解网络安全及其涉及的方面
❑　网络安全性概述
❑　了解常见的攻击方式
❑　维护 IP 安全问题
❑　保护 IP 安全的措施

## 12.1　网络安全概述

以 Internet 为代表的全球性信息化浪潮日益高涨，计算机以及信息网络技术的应用正日益普及和广泛，应用层次正在深入，应用领域从传统的、小型业务系统逐渐向大型、关键业务系统扩展，典型的有政府部门业务系统、金融业务系统、企业商务系统等。伴随网络的普及，网络安全日益成为影响网络效能的重要问题，而由于网络自身所具有的开放性和自由性等特点，在增加应用自由度的同时，对安全提出了更高的要求。如何使网络信息系统不受黑客和工业间谍的入侵，已成为企业信息化健康发展所要考虑的重要事情之一。

在计算机和 Internet 快速发展的同时，数据信息已经是网络中最宝贵的资源，网上失密、泄密、窃密及传播有害信息的事件屡有发生。一旦网络中传输的用户信息被有意窃取、篡改，则对于用户和企业本身造成的损失都是不可估量的。无论是对于那些庞大的服务提供商的网络，还是小到一个企业的某一个业务部门的局域网，数据安全的实施均迫在眉睫。

信息安全的概念也从早期只关注信息保密的通信保密（Commnication Security，COMSEC）内涵发展到关注信息及信息系统的保密性、完整性和可用性的信息安全（Information Security，INFOSEC）时代，再到今天的信息保障（Information Assurance，IA），信息安全已经包含了 5 个主要内容，即信息及信息系统的保密性、完整性、可用性、可控性和不可否认性，单纯的保密和静态的保护已经不能适应时代的需要，而针对信息及信息系统的安全预警、保护、检测、反应、恢复（WPDRR）5 个动态反馈环节构成了信息保障模型概念的基础。

随着计算机技术的迅速发展，在计算机上处理的业务也由基于单机的数学运算、文件处理，基于简单连接的内部网络的内部业务处理、办公自动化等发展到基于复杂的内部网（Intranet）、企业外部网（Extranet）、全球互联网（Internet）的企业级计算机处理系统和世界范围内的信息共享和业务处理。在系统处理能力提高的同时，系统的连接能力也在不断地提高。但在连接能力信息、流通能力提高的同时，基于网络连接的安全问题也日益突出，整体的网络安全主要表现在以下几个方面：网络的物理安全、网络拓扑结构安全、网络系统安全、应用系统安全和网络管理的安全等。下面将分别进行介绍。

网络的物理安全是整个网络系统安全的前提。在校园网工程建设中，由于网络系统属于弱电工程，耐压值很低。因此，在网络工程的设计和施工中，必须优先考虑保护人和网络设备不受电、火灾和雷击的侵害；考虑布线系统与照明电线、动力电线、通信线路、暖气管道及冷热空气管道之间的距离；考虑布线系统和绝缘线、裸体线以及接地与焊接的安全；必须建设防雷系统，防雷系统不仅考虑建筑物防雷，还必须考虑计算机及其他弱电耐压设备的防雷。总体来说物理安全的风险主要有地震、水灾、火灾等环境事故，电源故障，人为操作失误或错误，设备被盗、被毁，电磁干扰，线路截获，高可用性的硬件，双机多冗余的设计，机房环境及报警系统、安全意识等，因此要尽量避免网络的物理安全风险。

网络拓扑结构设计也直接影响到网络系统的安全性。假如在外部和内部网络进行通信时，内部网络的机器安全就会受到威胁，同时也影响在同一网络上的许多其他系统。透过网络传播，还会影响到连上 Internet/Intranet 的其他网络，影响还可能涉及法律、金融等安全敏感领域。因此，在设计时有必要将公开服务器（Web、DNS、EMAIL 等）和外网及内部其他业务网络进行必要的隔离，避免网络结构信息外泄；同时还要对外网的服务请求加以过滤，只允许正常通信的数据包到达相应主机，其他的请求服务在到达主机之前就应该遭到拒绝。

所谓系统的安全是指整个网络操作系统和网络硬件平台是否可靠且值得信任。目前恐怕没有绝对安全的操作系统可以选择，无论是 Microsfot 的 Windows NT 或者其他任何商用 UNIX 操作系统，其开发厂商必然有其 Back-Door。因此，可以得出如下结论：没有完全安全的操作系统。不同的用户应从不同的方面对其网络作详尽的分析，选择安全性尽可能高的操作系统。因此不但要选用尽可能可靠的操作系统和硬件平台，并对操作系统进行安全配置。而且，必须加强登录过程的认证（特别是在到达服务器主机之前的认证），确保用户的合法性；其次应该严格限制登录者的操作权限，将其完成的操作限制在最小的范围内。

应用系统的安全与具体的应用有关，它涉及面广。应用系统的安全是动态的、不断变化的。应用的安全性也涉及到信息的安全性，它包括很多方面。

（1）应用系统的安全是动态的、不断变化的。

应用的安全涉及很多方面，以目前 Internet 上应用最为广泛的 E-mail 系统来说，其解决方案有 Sendmail、Netscape Messaging Server、Software.Com Post.Office、Lotus Notes、Exchange Server、SUN CIMS 等，其安全手段涉及 LDAP、DES、RSA 等各种方式。应用系统是不断发展且应用类型是不断增加的。在应用系统的安全性上，主要考虑尽可能建立安全的系统平台，而且通过专业的安全工具不断发现漏洞、修补漏洞、提高系统的安全性。

（2）应用的安全性涉及到信息、数据的安全性。

信息的安全性涉及到机密信息泄露、未经授权的访问、破坏信息完整性、假冒、破坏系统的可用性等。在某些网络系统中，涉及到很多机密信息，如果一些重要信息遭到窃取或破坏，它的经济、社会影响和政治影响将是很严重的。因此，对用户使用计算机必须进行身份认证，对于重要信息的通信必须授权，传输必须加密。采用多层次的访问控制与权限控制手段，实现对数据的安全保护；采用加密技术，保证网上传输的信息（包括管理员口令与账户、上传信息等）的机密性与完整性。

管理是网络安全中最最重要的部分。责权不明、安全管理制度不健全及缺乏可操作性等都可能引起管理安全的风险。当网络出现攻击行为或网络受到其他一些安全威胁时（如内部人员的违规操作等），无法进行实时的检测、监控、报告与预警。同时，当事故发生后，也无法提供黑客攻击行为的追踪线索及破案依据，即缺乏对网络的可控性与可审查性。这就要求我们必须对站点的访问活动进行多层次的记录，及时发现非法入侵行为。

建立全新网络安全机制，必须深刻理解网络并能提供直接的解决方案，因此，最可行的做法是制定健全的管理制度和严格管理相结合。保障网络的安全运行，使其成为一个具有良好的安全性、可扩充性和易管理性的信息网络便成为了首要任务。一旦上述的安全隐患成为事实，所造成的对整个网络的损失都是难以估计的。因此，网络的安全建设是校园网建设过程中重要的一环。

## 12.2 网络安全性

每一个基于 IP 的服务都可能和一个或多个众所周知的用以侦听服请求的端口地址有关，这些地址代表了 TCP 或 UDP 端口，为响应连接企图而开始真实请求的响应而设计。遗憾的是，处理有效请求的同一端口可能成为攻击点，即在向用户提供服务的同时黑客也许会通过该窗口进行某些破坏。下面首先介绍一下典型的 IP 攻击、利用和闯入。

（1）攻击是指未授权用户试图获取访问信息，以破坏或毁掉这些信息或以其他方式泄露系统安全资料，并在事情发生前不会被人发现的行为。攻击者通过攻击访问系统并可以为所欲为。

（2）利用是指将任何成功的攻击编制成文档，通常是在开始的文本中编制，或者使用记录攻击所用的软件。利用可以在公布开发时发现它们，并开始制定出防御、废弃或防止出现再次利用方法。这说明了在网络和系统安全中跟踪当前事件很重要，所以在新的开发中应该持续报告攻击事件。

（3）闯入是指成功地解密系统安全措施，它可以像访问未授权用户禁止访问的目录，接管对系统的控制，所以有可能会产生严重的后果。

## 12.2.1 常见 IP 攻击方法

虽然根据具体不同而对 IP 协议和服务进行攻击的细节有所不同，但这些攻击大体可以分成 4 类。

### 1. Dos 攻击

在 Dos 攻击中，会出现泛滥成灾的服务请求，来请求一种服务，或出现有故障的服务请求导致服务器停止服务。在两者中的任何一种情况下，都会因为线路太忙或不能使用而拒绝合法用户对服务器的访问。虽然 Dos 攻击不会导致数据毁坏或系统或网络安全的不正确解码，但它们却会拒绝用户访问任何在攻击时以其他方式利用的服务。遗憾的是，Dos 攻击容易登录、很难阻止，相当一部分 IP 服务对这些攻击会束手无策，因此，即使 Dos 攻击伪装得较不具有安全性威胁，但是它们出现时真的很麻烦。

### 2. IP 服务攻击

很多 IP 服务常遭受到攻击（IP 服务攻击），通常是通过它们的已知端口（但有时也通过其他端口），用暴露基础系统以检查或操纵的方法来攻击，尤其是在访问基础文件系统时。例如 FTP 和 HTTP（Web）等服务允许匿名登录，当匿名的用户访问根与驱动盘或逻辑磁盘分区的文件系统根巧合时，这种匿名就会成为臭名昭著的文件系统渗透方式。

### 3. IP 服务实现漏洞

有时黑客在特定平台上会在 IP 服务的特殊实现中发现漏洞，这个平台可以在使用这些服务的机器上为允许常见的非法操作而开发，例如 Windows NT，开发者在代码中留下调试开关时遭受过几次基于调试器的攻击，这个代码通过一个基于 TCP/IP 的网络会话插入为匿名或无效用户（它通常在一个安全性很好的系统中不起作用）的系统级访问而被开发。

### 4. 保护 IP 协议和服务的安全

一些协议，例如 FTP 和 Telnet，可能在允许访问它们的服务时要求提供用户账户名和密码。但这些协议不会加密数据，如果入侵者在看到这些信息时在发送者和接收者之间发现 IP 数据包，他们可以截取有效的账户名和密码以闯入系统，对此你会别无他法，只有限制公众对很容易解密的系统进行访问。否则在使用时，一定要求用户换此类服务更安全的实现版本。另外，可以迫使用户在使用安全协议或服务时使用 Virtual Private Network(VPN)连接（它在发送者和接收者之间加密所有的传输信息）。

## 12.2.2　IP 服务的漏洞问题

远程登录服务是一种易受攻击的 IP 服务，它包括已知的 Telnet 远程终端仿真服务，还有称为 Berkeley 的远程实用工具 a.k.a.r-utils，这个工具内有各种命令，它们可用于执行远程命令（rexec）、发送远程 UNIX DOS 内部命令（rsh）、远程打印（rpr）命令等。在20世纪80年代的 UNIX 的 Berkeley Software Distribution(BSD)版本中包括这些r_utils，就是要给定这些实用工具的名称，而且正是它们在网络的其他机器上执行远程命令或会话的能力使得这些命令成为潜在的安全威胁。

按这种理解，远程控制程序，例如 PcAnywhere、Carbon Copy、Timbuktu、ReachOut 等，也能成为安全威胁。例如，Symantec 程序 PcAnywhere 的较早版本默认在网络上把自己暴露在其他 paAnywhere 客户机面前，它没有要求访问口令。当我们将 Windows 系统连接到本地电缆的调制解调器基础设施时，程序员很快会知道，要求并且加密一个账户名称和密码来访问 pcAnywhere 是使其他用户不能成功访问那台机器的基本措施。虽然我们准备应对这种局面，但我们还是注意到有许多其他 Windows 用户在我们的局域网段上，把自己暴露在访问同一软件的任何人面前。

其他漏洞的服务是那些允许匿名访问的服务，这使匿名 Web 和 FTP 成为引人注目的目标。这解释了为什么我们强烈建议无论在何处，都要备份向 Internet 提供的任何服务和数据，最好放在不能被公共访问的数例地方，也解释了为什么很多组织选择把他们的公众 Web 服务器定为一个 ISP，或使用商业的 Web 主控的服务。在那种情况下，对允许公众访问的系统的攻击不能成为一次对内部网络的攻击。大部分组织也在不向公众开放的个人网络上保留一个或两个任何公众服务器的备份复本。他们可以在短通知中用专用副本重建公众版本，这个公众版本会成为攻击的解码或破坏对象。

几乎所有的 IP 服务都可能成为潜在的攻击点。服务传输的信息越敏感，或者授权的服务范围越广（例如 SNMP，它在服务器、路由器、交换机和其他网络设施上设置和收集系统配置和管理数据），越有可能提供潜在的非法进入系统或网络的攻击点。总之，在 IP 服务的广大领域里没有什么可以完全不被破解。

## 12.2.3　漏洞、后门

漏洞、后门和其他非法闯入点既适用于操作系统，也适用于上面运行的 IP 服务，二者都可能成为攻击对象。

### 1. 漏洞

漏洞指在普通的操作系统、应用程序或服务上的可能受到攻击的薄弱点或为人所知的地方。在 UNIX 中，外来者可使用无数技巧来攻击超级用户账户，取得对机器的引导级访问权。同样，Windows NT、Windows 2000 和 Windows 2003 也常遭受到一些处心积虑的挖掘，这些挖掘可以破解管理账户，并且给予侵入者对系统没有限制的访问权。

漏洞会影响到很大范围的软硬件设备，包括系统本身及其支撑软件，网络客户和服务器软件、网络路由器和安全防火墙等。换而言之，在这些不同的软硬件设备中都可能存在不同的安全漏洞问题。所以，在不同种类的软、硬件设备，同种设备的不同版本之间，由不同设备构成的不同系统之间，以及同种系统在不同的设置条件下，都会存在各自不同的安全漏洞问题。

漏洞问题是与时间紧密相关的。一个系统从发布的那一天起，随着用户的深入使用，系统中存在的漏洞会被不断暴露出来，这些早先被发现的漏洞也会不断被系统供应商发布的补丁软件修补，或在以后发布的新版系统中得以纠正。而在新版系统纠正了旧版本中具有漏洞的同时，也会引入一些新的漏洞和错误。因而随着时间的推移，旧的漏洞会不断消失，新的漏洞会不断出现。漏洞问题也会长期存在。

### 2. 后门

后门是指未进行文档编制的可向一个操作系统非法进入的点或应用程序，它们由系统级程序员添加到旁路常规安全检查程序中。虽然 UNIX 和 Windows NT/2000/2003 都不提供这些东西，但是他们还是有很多方法获取机器的物理访问权，以达到同一目的或通过欺骗或隐藏的方法访问加密文件。例如，因此可能被攻击的 Windows NT 4.0 被称为 GetAdmin，在操作系统内核程序里打开的不小心留下的调试标识将使任何除 Guest 之外的用户账户添加到当地管理器组。虽然严格地说它不能只是简单地被称为后门，因为它可使任何用户达到管理员级访问，所以必须严格执行并迅速修改它。

### 3. 薄弱点

薄弱点是指已知的易受攻击的协议、服务或系统设施。一些此类攻击是善意的玩笑，并且要求创建者具有较深的知识或编程技巧。然而，一旦编入文档，访问特殊的薄弱点的任何人都可以开发它，这还是一件让系统和网络管理员苦恼的事情。

虽然阻止远程对本地系统进行未授权的访问是合法而且重要的考虑，特别是当系统可访问 Internet 时，但是我们不得不感觉到有再次申明对此类系统维护物理安全措施的重要性。这是因为，即使是物理安全措施对 TCP/IP 来说也不是单一的，如果允许未受监督和不受限制地访问此类系统驻留的计算机，任何使用适当工具配件的有专业知识的用户都可以在 15 分钟或更短的时间内闯入任何系统。因此，无论用户的 IP 环境有多少安全措施，都不能把系统的所有方面都考虑在安全计划内。

重要的数据同样需要物理保护应用措施，例如紧急硬盘修复、注册表复制、备份数据等。这是因为这些文件包含所有密码的散列版本。密码散列算法已为太多的人熟知，所以取得这些内容的任何人都能破解这些密码，使用恶意的密码攻击，黑客能试列出所有可能的字母组合、数字和符号。他们会发现密码文件中使用的散列算法（或注册表、紧急修复硬盘或备份数据）。如果密码足够长，且字母、数字和符号组合适当，那么攻击可能会花费很长的时间且成功的可能性较少，这就是为什么要定期变换密码的原因。

然而，对攻击者来说有一个捷径，称为字典攻击，它由特殊的术语词典中的词所采用的生成的散列值组成，然后在密码文件中将这些值和散列值进行比较。因为精心的用户经常会在英语词典中选择密码，他或她会无意中将破解密码的时间从数周减少到数秒。

最终发现对应的密码后，软件会报告相关账户，明码密码文本版本就可以用于非法使用。因为这些已知的原因，这种残酷的可能性也解释了为什么对大多数 Windows 和 UNIX 系统使用保险的密码，也就是在密码中包含了字母、数字和符号的组合，且有所要求的最小长度。

## 12.2.4 IP 安全原理

考虑到很多潜在的漏洞和很多不道德行为者能利用这些与 IP 安全措施有关的未通知优势试着进行攻击的方法，所以建议对系统采用以下推荐措施。

### 1．避免不必要的暴露

在服务器上安装未用的或不需要的基于 IP 的协议或服务。每个进入点也就是一个潜在的漏洞。

### 2．锁定所有不同的端口

一个相对简单的被称为端口扫描仪的软件程序能通过所有的有效 TCP 和 UDP 端口地址在循环中试图和任何基于 IP 的系统通信，应在防火墙和服务器上使用端口扫描仪，来确定攻击者，关闭所有的未用的端口，因为每一个端口都有可能遭受到攻击。

### 3．防止内部地址"电子欺骗"

有攻击者闯入一个网络时，他或她常从网络外面发送一个数据包，这个数据包会伪装成来自内部子网络的内部通信。这种技巧依靠公式化的数据包，这种数据包表现得像是随意的合法形式，但它不像所表现的那样采取合法的形式进行检查，所以术语称为电子欺骗。

### 4．过滤不想要的地址

通过向 Internet 和 E-mail 监测服务网站（例如 mail.com）订购并得到不想要的或有疑问的 Internet 地址清单，可以通过拒绝来自一定域名和 IP 地址的数据包，预防潜在的攻击。显然，无论实际攻击何时出现，都可以从其潜在处锁定它的地址。

### 5．排除默认访问

包括异常访问，默认排除用户对资源的访问，然后作为对一般排除原则的例外情况添加用户对这些资源的访问需要。这阻止了用户对不需要资源的随意访问。

### 6．限制对"可妥协"主机的外来访问

在向公众暴露信息、资源或服务的时候，应该预想到会受攻击和在服务或数据没有完全丢失的情况下能够修复破坏部分。这就是为什么只能暴露对系统不能引起损害的能够妥善处理的主机，和为什么维护安全的专用的公共数据副本很重要的原因。

### 7．在别人做之前自己先做

在本地系统和网络上试行常规攻击来确保自己已经关闭了所有明显的攻击点，寻找所有的现有漏洞，保护所有的安全数据库。要把这类活动作为常规维护，并为以后的断点新闻和信息监测与安全有关的邮件单和新闻组。如果真想使本地系统足够安全，那么考虑聘请外面的安全公司来测试攻击自己的系统。

总的来说，如果充足准备对付可预见的安全威胁，并且已经采取了合理的预防措施，那么系统就可能不会被闯入，但对于大多数站点来说最好关闭系统。所以建立不了一个绝对安全的站点，只有采取一些措施让自己的站点足够安全。

## 12.3 常见的攻击方式

根据其性能，TCP/IP 是一个受人信任的协议堆栈。这些年来设计者、实现者和产品开发者试图保证这个协议的安全，并且尽可能地在实质上堵住已知的漏洞或薄弱点。下面将介绍关于常见攻击的内容。

### 12.3.1 常见恶意程序

恶意程序是分裂操作或破坏数据的恶意代码。病毒、蠕虫（常引用为移动代码）和特洛伊木马就是这些恶意代码中最常见的三种。

#### 1．病毒

计算机中的病毒是一个程序，一段可执行代码。就像生物病毒一样，计算机病毒有独特的复制能力。计算机病毒可以很快地蔓延，又常常难以根除。它们能把自身附着在各种类型的文件上。当文件被复制或从一个用户传送到另一个用户时，它们就随同文件一起蔓延开来。

除复制能力外，某些计算机病毒还有其他一些共同特性：一个被污染的程序能够传送病毒载体。当你看到病毒载体似乎仅仅表现在文字和图像上时，它们可能也已毁坏了文件、再格式化了硬盘驱动或引发了其他类型的灾害。若是病毒并不寄生于一个污染程序，它仍然能通过占据存储空间给你带来麻烦，并降低计算机的全部性能。

可以从不同角度给出计算机病毒的定义。一种定义是通过磁盘、磁带和网络等作为媒介传播扩散，即能"传染"其他程序的程序。另一种是能够实现自身复制且借助一定的载体存在的具有潜伏性、传染性和破坏性的程序。还有的定义是一种人为制造的程序，它通过不同的途径潜伏或寄生在存储媒体（如磁盘、内存）或程序里。当某种条件或时机成熟时，它会自生复制并传播，使计算机的资源受到不同程序的破坏等。这些说法在某种意义上借用了生物学病毒的概念，计算机病毒同生物病毒的相似之处是能够侵入计算机系统和网络，危害正常工作的"病原体"（是指计算机中存放的数据或系统本身）。它能够对计算机系统进行各种破坏，同时能够自我复制，具有传染性。

所以，计算机病毒就是能够通过某种途径潜伏在计算机存储介质（或程序）里，当达到某种条件时即被激活的对计算机资源具有破坏作用的一组程序或指令集合。

### 2. 病毒的种类

从计算机病毒的破坏性质来分，可以分为良性病毒和恶性病毒。恶性病毒又称逻辑炸弹或定时炸弹，一旦发作就会破坏计算机系统内的信息。良性病毒一般不破坏信息，但由于其不断复制、传染，逐渐占据大量存储空间，而病毒程序的执行也增加了系统时间的开销，降低了系统的有效运行速度。无论是良性病毒还是恶性病毒，都将对计算机系统造成危害。

从计算机病毒的基本类型来分，可以分为系统引导型病毒、可执行文件型病毒、宏病毒、混合型病毒、特洛伊木马型病毒和 Internet 语言病毒。

1）系统引导型病毒

系统引导型病毒在系统启动时，先于正常系统的引导将病毒程序自身装入到操作系统中，在完成病毒自身程序的安装后，该病毒程序成为系统的一个驻留内存的程序，然后再将系统的控制权转给真正的系统引导程序，完成系统的安装。

2）可执行文件型病毒

可执行文件型病毒依附在可执行文件或覆盖文件中，当病毒程序感染一个可执行文件时，病毒修改原文件的一些参数，并将病毒自身程序添加到原文件中。在被感染病毒的文件被执行时，由于病毒修改了原文件的一些参数，所以首先执行病毒程序的一段代码，这段病毒程序的代码的主要功能是将病毒程序驻留在内存，以取得系统的控制权，从而可以完成病毒的复制和一些破坏操作，然后再执行原文件的程序代码，实现原来的程序功能，以迷惑用户。

可执行文件型病毒主要感染系统可执行文件（如 DOS 或 Windows 系统的 COM 或 EXE 文件）或覆盖文件（如 OVL 文件）中，极少感染数据文件。

3）宏病毒

宏病毒是利用宏语言编制的病毒，宏病毒充分利用宏命令的强大系统调用功能，实现某些涉及系统底层操作的破坏。宏病毒仅感染 Windows 系统下用 Word、Excel、Access、PowerPoint 等办公自动化程序编制的文档以及 Outlook Express 邮件等，不会感染给可执行文件。

4）混合型病毒

混合型病毒是以上几种的混合。混合型病毒的目的是为了综合利用以上三种病毒的传染渠道进行破坏。混合型病毒不仅传染可执行文件而且还传染硬盘主引导扇区，被这种病毒传染的病毒用 FORMAT 命令格式化硬盘也不能消除病毒。

混合型病毒的引导方式具有系统引导型病毒和可执行文件型病毒的特点。一般混合型病毒的原始状态依附在可执行文件上，通过这个文件作为载体而传播开来的。

5）特洛伊木马型病毒

特洛伊木马型病毒也叫"黑客程序"或后门病毒，属于文件型病毒的一种，但有其自身的特点。这种病毒分成服务器端和客户端两部分，服务器端病毒程序通过文件的复制、网络中文件的下载和电子邮件的附件等途径传送到要破坏的计算机系统中，一旦用户执行了这类病毒程序，病毒就会在每次系统启动时偷偷地在后台运行。当计算机系统连上

Internet 时，黑客就可以通过客户端病毒在网络上寻找运行了服务器端病毒程序的计算机，当客户端病毒找到这种计算机后，就能在用户不知晓的情况下使用客户端病毒指挥服务器端病毒进行合法用户能进行的各种操作，从而达到控制计算机的目的。

6）Internet 语言病毒

Internet 语言病毒是利用 Java、VB 和 ActiveX 的特性来撰写的病毒，这种病毒虽不能破坏硬盘上的资料，但是如果用户使用浏览器来浏览含有这些病毒的网页，就会在不知不觉中，让病毒进入计算机进行复制，并通过网络窃取宝贵的个人秘密信息或使计算机系统资源利用率下降，造成死机等现象。

### 3. 蠕虫

蠕虫是计算机病毒的一种，称为蠕虫病毒。它的传染机理是利用网络进行复制和传播，传染途径是通过网络和电子邮件。

例如近几年危害很大的"尼姆达"病毒就是蠕虫病毒的一种。这一病毒利用了微软视窗操作系统的漏洞，计算机感染这一病毒后，会不断自动拨号上网，并利用文件中的地址信息或者网络共享进行传播，最终破坏用户的大部分重要数据。

蠕虫病毒和一般的病毒有着很大的区别。对于蠕虫，现在还没有一个成套的理论体系。一般认为：蠕虫是一种通过网络传播的恶性病毒，它具有病毒的一些共性，如传播性、隐蔽性、破坏性等，同时具有自己的一些特征，如不利用文件寄生（有的只存在于内存中）、对网络造成拒绝服务，以及和黑客技术相结合等。在产生的破坏性上，蠕虫病毒也不是普通病毒所能比拟的，网络的发展使得蠕虫可以在很短的时间内蔓延整个网络，造成网络瘫痪！根据使用者情况将蠕虫病毒分为以下两类。

（1）一种是面向企业用户和局域网而言，这种病毒利用系统漏洞，主动进行攻击，可以对整个互联网造成瘫痪性的后果。以"红色代码"、"尼姆达"以及最新的"SQL蠕虫王"为代表。

（2）另外一种是针对个人用户的，通过网络（主要是电子邮件、恶意网页形式）迅速传播，以爱虫病毒、求职信病毒为代表。

在这两类蠕虫中，第一类具有很大的主动攻击性，而且爆发也有一定的突然性，但相对来说，查杀这种病毒并不是很难。第二种病毒的传播方式比较复杂和多样，少数利用了微软的应用程序漏洞，更多的是利用社会工程学对用户进行欺骗和诱使，这样的病毒造成的损失是非常大的，同时也是很难根除的，例如求职信病毒，在 2001 年就已经被各大杀毒厂商发现，但直到 2002 年底依然排在病毒危害排行榜的首位就是证明。

蠕虫一般不采取利用 pe 格式插入文件的方法，而是复制自身在互联网环境下进行传播，病毒的传染能力主要是针对计算机内的文件系统而言，而蠕虫病毒的传染目标是互联网内的所有计算机。局域网条件下的共享文件夹、电子邮件、网络中的恶意网页、大量存在着漏洞的服务器等，都成为蠕虫传播的良好途径。网络的发展也使得蠕虫病毒可以在几个小时内蔓延全球，而且蠕虫的主动攻击性和突然爆发性将使得人们手足无措。

### 4. 特洛伊木马

特洛伊木马是一种恶意程序，它们悄悄地在宿主机器上运行，就在用户毫无察觉的情况下，让攻击者获得了远程访问和控制系统的权限。一般而言，大多数特洛伊木马都模仿一些正规的远程控制软件的功能，如 Symantec 的 pcAnywhere，但特洛伊木马也有一些明显的特点，例如它的安装和操作都是在隐蔽之中完成的。攻击者经常把特洛伊木马隐藏在一些游戏或小软件之中，诱使粗心的用户在自己的机器上运行。最常见的情况是，上当的用户要么从不正规的网站下载和运行了带恶意代码的软件，要么不小心点击了带恶意代码的邮件附件。

大多数特洛伊木马包括客户端和服务器端两个部分。攻击者利用一种称为绑定程序的工具将服务器部分绑定到某个合法软件上，诱使用户运行合法软件。用户只要运行软件，特洛伊木马的服务器部分就在用户毫无知觉的情况下完成了安装过程。通常，特洛伊木马的服务器部分都是可以定制的，攻击者可以定制的项目一般包括服务器运行的 IP 端口号、程序启动时机、如何发出调用、如何隐身、是否加密。另外，攻击者还可以设置登录服务器的密码、确定通信方式。

服务器向攻击者通知的方式可能是发送一个 E-mail，宣告自己当前已成功接管的机器；或者可能是联系某个隐藏的 Internet 交流通道，广播被侵占机器的 IP 地址；另外，当特洛伊木马的服务器部分启动之后，它还可以直接与攻击者机器上运行的客户程序通过预先定义的端口进行通信。不管特洛伊木马的服务器和客户程序如何建立联系，有一点是不变的，攻击者总是利用客户程序向服务器程序发送命令，达到操控用户机器的目的。

特洛伊木马攻击者既可以随心所欲地查看已被入侵的机器，也可以用广播方式发布命令，指示所有在他控制之下的特洛伊木马一起行动，或者向更广泛的范围传播，或者做其他危险的事情。实际上，只要用一个预先定义好的关键词，就可以让所有被入侵的机器格式化自己的硬盘，或者向另一台主机发起攻击。攻击者经常会用特洛伊木马侵占大量的机器，然后针对某一要害主机发起分布式拒绝服务攻击（Denial of Service, DoS），当受害者觉察到网络要被异乎寻常的通信量淹没，试图找出攻击者时，他只能追踪到大批懵然不知、同样也是受害者的 DSL 或线缆调制解调器用户，真正的攻击者早就溜之大吉。

## 12.3.2　拒绝服务攻击

拒绝服务攻击即攻击者想办法让目标机器停止提供服务或资源访问。这些资源包括磁盘空间、内存、进程甚至网络带宽，从而阻止正常用户的访问。其实对网络带宽进行的消耗性攻击只是拒绝服务攻击的一小部分，只要能够给目标造成麻烦，使某些服务被暂停甚至主机死机，都属于拒绝服务攻击。拒绝服务攻击问题也一直得不到合理的解决，究其原因是由于网络协议本身的安全缺陷造成的，从而拒绝服务攻击也成为了攻击者的终极手法。

攻击者进行拒绝服务攻击，实际上让服务器实现两种效果：一是迫使服务器的缓冲区满，不接收新的请求；二是使用 IP 欺骗，迫使服务器把合法用户的连接复位，影响合法用户的连接。

接下来了解几种常见的拒绝服务攻击的原理。

### 1. SYN Foold

SYN Flood 是当前最流行的 DoS(拒绝服务攻击)与 DDoS(Distributed Denial Of Service，分布式拒绝服务攻击)的方式之一，这是一种利用 TCP 协议的缺陷，发送大量伪造的 TCP 连接请求，使被攻击方资源耗尽(CPU 满负荷或内存不足)的攻击方式。

SYN Flood 攻击的过程在 TCP 协议中被称为三次握手(Three-way Handshake)，而 SYN Flood 拒绝服务攻击就是通过三次握手实现的。

（1）攻击者向被攻击服务器发送一个包含 SYN 标志的 TCP 报文，SYN(Synchronize)即同步报文。同步报文会指明客户端使用的端口以及 TCP 连接的初始序号。这时同被攻击服务器建立了第一次握手。

（2）受害服务器在收到攻击者的 SYN 报文后，将返回一个 SYN+ACK 的报文，表示攻击者的请求被接受，同时 TCP 序号被加一，ACK(Acknowledgement)即确认，这样就同被攻击服务器建立了第二次握手。

（3）攻击者也返回一个确认报文 ACK 给受害服务器，同样 TCP 序列号被加一，到此一个 TCP 连接完成，三次握手完成。

具体原理是：TCP 连接的三次握手中，假设一个用户向服务器发送了 SYN 报文后突然死机或掉线，那么服务器在发出 SYN+ACK 应答报文后是无法收到客户端的 ACK 报文的(第三次握手无法完成)，这种情况下服务器端一般会重试(再次发送 SYN+ACK 给客户端)并等待一段时间后丢弃这个未完成的连接。这段时间的长度称为 SYN Timeout，一般来说这个时间是分钟的数量级(大约为 30s~2min；一个用户出现异常导致服务器的一个线程等待 1min 并不是什么很大的问题,但如果有一个恶意的攻击者大量模拟这种情况(伪造 IP 地址)，服务器端将为了维护一个非常大的半连接列表而消耗非常多的资源。即使是简单的保存并遍历也会消耗非常多的 CPU 时间和内存，何况还要不断对这个列表中的 IP 进行 SYN+ACK 的重试。实际上如果服务器的 TCP/IP 栈不够强大，最后的结果往往是堆栈溢出崩溃——即使服务器端的系统足够强大，服务器端也将忙于处理攻击者伪造的 TCP 连接请求而无暇理睬客户的正常请求(毕竟客户端的正常请求比率非常之小)，此时从正常客户的角度看来，服务器失去响应，这种情况就称作服务器端受到了 SYN Flood 攻击(SYN 洪水攻击)。

### 2. IP 欺骗 DOS 攻击

这种攻击利用 RST 位来实现。假设现在有一个合法用户(61.61.61.61)已经同服务器建立了正常的连接，攻击者构造攻击的 TCP 数据，伪装自己的 IP 为 61.61.61.61，并向服务器发送一个带有 RST 位的 TCP 数据段。服务器接收到这样的数据后，认为从 61.61.61.61 发送的连接有错误，就会清空缓冲区中建立好的连接。这时，如果合法用户 61.61.61.61 再发送合法数据，服务器就已经没有这样的连接了，该用户就必须重新开始建立连接。攻击时，攻击者会伪造大量的 IP 地址，向目标发送 RST 数据，使服务器不对合法用户服务，从而实现了对受害服务器的拒绝服务攻击。

### 3. UDP 洪水攻击

攻击者利用简单的 TCP/IP 服务，如 Chargen 和 Echo 来传送毫无用处的占满带宽的数据。通过伪造与某一主机的 Chargen 服务之间的一次 UDP 连接，回复地址指向开着 Echo 服务的一台主机，这样就生成在两台主机之间存在的很多的无用数据流，这些无用数据流就会导致带宽的服务攻击。

### 4. Ping 洪流攻击

由于在早期的阶段，路由器对包的最大尺寸都有限制。许多操作系统对 TCP/IP 栈的实现在 ICMP 包上都是规定 64KB，并且在对包的标题头进行读取之后，要根据该标题头里包含的信息来为有效载荷生成缓冲区。当产生畸形的，声称自己的尺寸超过 ICMP 上限的包也就是加载的尺寸超过 64KB 上限时，就会出现内存分配错误，导致 TCP/IP 堆栈崩溃，致使接受方死机。

### 5. 泪滴攻击

泪滴攻击是利用在 TCP/IP 堆栈中实现信任 IP 碎片中的包的标题头所包含的信息来实现自己的攻击。IP 分段含有指明该分段所包含的是原包的哪一段的信息，某些 TCP/IP(包括 servicepack 4 以前的 NT)在收到含有重叠偏移的伪造分段时将崩溃。

### 6. Land 攻击

Land 攻击原理是：用一个特别打造的 SYN 包，它的源地址和目标地址都被设置成某一个服务器地址。此举将导致接收服务器向它自己的地址发送 SYN-ACK 消息，结果这个地址又发回 ACK 消息并创建一个空连接。被攻击的服务器每接收一个这样的连接都将保留，直到超时，对 Land 攻击反应不同，许多 UNIX 实现将崩溃，NT 变得极其缓慢(大约持续 5 分钟)。

### 7. Smurf 攻击

一个简单的 Smurf 攻击是通过使用将回复地址设置成受害网络的广播地址的 ICMP 应答请求(ping)数据包来淹没受害主机的方式进行。最终导致该网络的所有主机都对此 ICMP 应答请求做出答复，导致网络阻塞。它比 ping of death 洪水的流量高出 1 或 2 个数量级。更加复杂的 Smurf 将源地址改为第三方的受害者，最终导致第三方崩溃。

### 8. Fraggle 攻击

Fraggle 攻击实际上就是对 Smurf 攻击做了简单的修改，使用的是 UDP 应答消息而非 ICMP。

## 12.3.3 分布式服务拒绝攻击

分布式拒绝服务攻击（DDoS）是目前黑客经常采用而难以防范的攻击手段。DoS

的攻击方式有很多种，最基本的 DoS 攻击就是利用合理的服务请求来占用过多的服务资源，从而使合法用户无法得到服务的响应。

DDoS 攻击手段是在传统的 DoS 攻击基础之上产生的一类攻击方式。单一的 DoS 攻击一般是采用一对一方式的，当攻击目标 CPU、内存或者网络带宽等各项性能指标不高时，它的效果是很明显的。随着计算机与网络技术的发展，计算机的处理能力迅速增长、内存大大增加，同时也出现了千兆级别的网络，这使得 DoS 攻击的困难程度加大了——目标对恶意攻击包的"消化能力"加强了不少，例如攻击软件每秒钟可以发送 3000 个攻击包，但如果被攻击主机与网络带宽每秒钟可以处理 10000 个攻击包，这样一来攻击就不会产生什么效果。

这时候分布式的拒绝服务攻击手段（DDoS）就应运而生了。如果理解了 DoS 攻击的话，它的原理就很简单。如果说计算机与网络的处理能力加大了 10 倍，用一台攻击机来攻击不再起作用的话，攻击者使用 10 台攻击机同时攻击呢？用 100 台呢？DDoS 就是利用更多的傀儡机来发起进攻，以比从前更大的规模来进攻受害者。

高速广泛连接的网络给大家带来了方便，也为 DDoS 攻击创造了极为有利的条件。在低速网络时代时，黑客占领攻击用的傀儡机时，总是会优先考虑离目标网络距离近的计算机，因为经过路由器的跳数少、效果好。而现在电信骨干结点之间的连接都是以 GB 为单位的，大城市之间更可以达到 2.5GB 的连接，这使得攻击可以从更远的地方或者其他城市发起，攻击者的傀儡机位置可以在分布在更大的范围，选择起来更灵活了。

被 DDoS 攻击时的现象：

（1）被攻击主机上有大量等待的 TCP 连接；

（2）网络中充斥着大量的无用的数据包，源地址为假；

（3）制造高流量无用数据，造成网络拥塞，使受害主机无法正常和外界通信；

（4）利用受害主机提供的服务或传输协议上的缺陷，反复高速地发出特定的服务请求，使受害主机无法及时处理所有正常请求；

（5）严重时会造成系统死机。

那么黑客是如何组织一次 DDoS 攻击的呢？这里用"组织"这个词，是因为 DDoS 并不像入侵一台主机那样简单。一般来说，黑客进行 DDoS 攻击时会经过以下步骤。

### 1. 搜集了解目标的情况

下列是黑客非常关心的情报：

（1）被攻击目标主机数目、地址情况；

（2）目标主机的配置、性能；

（3）目标的带宽。

对于 DDoS 攻击者来说，攻击互联网上的某个站点，如 http://www.mytarget.com，有一个重点就是确定到底有多少台主机在支持这个站点，一个大的网站可能有很多台主机利用负载均衡技术提供同一个网站的 www 服务。以 http://www.mytarget.com 为例，假设有下列地址为 http://www.mytarget.com 提供服务：

88.218.71.87

88.218.71.88

88.218.71.89

88.218.71.80

88.218.71.81

88.218.71.83

88.218.71.84

88.218.71.86

如果要进行 DDoS 攻击的话，应该攻击哪一个地址呢？使 88.218.71.87 这台机器瘫掉，但其他的主机还是能向外提供 www 服务，所以想让别人访问不到 http://www.mytarget.com 的话，要所有这些 IP 地址的机器都瘫掉才行。在实际的应用中，一个 IP 地址往往还代表着数台机器：网站维护者使用了四层或七层交换机来做负载均衡，把对一个 IP 地址的访问以特定的算法分配到下属的每个主机上去。这时对于 DDoS 攻击者来说情况就更复杂了，他面对的任务可能是让几十台主机的服务都不正常。

所以说事先搜集情报对 DDoS 攻击者来说是非常重要的，这关系到使用多少台傀儡机才能达到效果的问题。简单地考虑一下，在相同的条件下，攻击同一站点的 2 台主机需要 2 台傀儡机的话，攻击 5 台主机可能就需要 5 台以上的傀儡机。有人说做攻击的傀儡机越多越好，不管有多少台主机都用尽量多的傀儡机来攻就是了，反正傀儡机的数量超过主机的时候效果更好。

但在实际过程中，有很多黑客并不进行情报的搜集而直接进行 DDoS 的攻击，这时候攻击的盲目性就很大了，效果如何也要靠运气。其实做黑客也像网管员一样，是不能偷懒的。一件事做得好与坏，态度最重要，水平还在其次。

### 2．占领傀儡机

黑客最感兴趣的是有下列情况的主机：

（1）链路状态好的主机；

（2）性能好的主机；

（3）安全管理水平差的主机。

这一部分实际上是使用了另一大类的攻击手段：利用形攻击。这是和 DDoS 并列的攻击方式。简单地说，就是占领和控制被攻击的主机。取得最高的管理权限，或者至少得到一个有权限完成 DDoS 攻击任务的账号。对于一个 DDoS 攻击者来说，准备好一定数量的傀儡机是一个必要的条件，下面详细介绍黑客是如何攻击并占领它们的。

首先，黑客做的工作一般是扫描，随机地或者是有针对性地利用扫描器去发现互联网上那些有漏洞的机器，像程序的溢出漏洞、Cgi、Unicode、FTP、数据库漏洞等，都是黑客希望看到的扫描结果。随后就是尝试入侵了，具体的手段就不在这里多说了，感兴趣的读者可查阅相关内容的文章。

总之黑客现在占领了一台傀儡机了！然后他做什么呢？除了上面说过留后门擦脚印这些基本工作之外，他会把 DDoS 攻击用的程序上载过去，一般是利用 FTP。在攻击机上，会有一个 DDoS 的发包程序，黑客就是利用它来向受害目标发送恶意攻击包的。

### 3．实际攻击

经过前两个阶段的精心准备之后，黑客就开始瞄准目标准备发射了。前面的准备做得好的话，实际攻击过程反而是比较简单的。黑客登录到作为控制台的傀儡机，向所有的攻击机发出攻击指令。这时候埋伏在攻击机中的 DDoS 攻击程序就会响应控制台的命令，一起向受害主机以高速度发送大量的数据包，导致它死机或是无法响应正常的请求。黑客一般会以远远超出受害方处理能力的速度进行攻击。

有经验的攻击者一边攻击，还会用各种手段来监视攻击的效果，在需要的时候进行一些调整。简单些就是开个窗口不断地 ping 目标主机，在能接到回应的时候就再加大一些流量或是再命令更多的傀儡机来加入攻击。

### 12.3.4 缓存溢出

缓存溢出是最常见的攻击方式，但严格来讲，它们和 TCP/IP 无关。相反，它们发现了想要接收固定长度的输入信息的许多程序中的漏洞。通过发送比预期更多的数据，攻击者可以"过度运行"程序的输入缓存。一些情况下，在计算机上使用同一特权作为程序可使用额外数据报告命令。这就是为什么在一个账户下运行 IIS 等进程而不是在系统账户下运行很重要的原因。例如，Microsoft Internet Explorer v4.0 MK Buffer Overrun 攻击。

CERT 确认了这个问题："当一个恶意 Web 站点包含一定种类的多于浏览器所支持的字符的 URL 时 Internet Explorer 可能会瘫痪，过多的字符可能造成在计算机上的恶意执行情况"。这类问题的唯一解决方法是取得和应用为消除漏洞而设计的开发商补定和修复程序。还有，当这些条件出现时，它们确实会令人苦恼地定期出现，在相同的特权等级下在攻击时作为进程，恶意代码可能通过缓存溢出而介入。在系统、管理员或域名管理员账户级别运行任何基于 IP 的公共服务都不是个好办法。因为系统解码可能允许其解码器接管整个系统或域名。

### 12.3.5 欺骗

欺骗是一个借用识别信息的进程，例如 IP 地址、域名、NetBIOS 名称或 TCP、UDP 端口号。在攻击活动中，攻击者会隐藏或转移其意图，有几种攻击都基于这种欺骗技术。例如，有一些 NetBIOS 攻击，攻击者会向受攻击机发送欺骗的 NetBIOS Name Release 或 NetBIOS Name Conflict 消息。这可以迫使受害机从其名称表中删除自己的有效名，且不响应其他有效的 NetBIOS 请求。现在，受害机不能和其他人的 NetBIOS 通信，这些 NetBIOS 通信包括：

（1）NetBIOS Name Service，UDP/TCP 端口 137；

（2）NetBIOS Datagram Service，UDP/TCP 端口 138；

（3）NetBIOS Session Service，UDP/TCP 端口 139。

数据链路层帧也可以被假的源 MAC 地址欺骗，但最常见的欺骗是假造源 IP 地址。虽然 IP 欺骗阻止任何有用的回复数据传输，它还是不失为一个防止检测的有效方法，因为只有极少数方法可在 IP 题头中（包括实际源地址域）发现数据包源。最常见的欺骗地址来自 RFC 918 "专用"地址空间，例如 10.0.0.0/8 或 192.168.0.0/16。这样做使其看起来像来自局域网络。偶然攻击者会将另一台主机的有效 IP 地址放入源地址域，就如在 Smurf 攻击中，这会对其他主机直接造成影响。它也可以在一个猎雁活动中发送给调查者，使受骗的 IP 地址主人看起来是攻击者。

避免成为欺骗攻击牺牲者的最好方法是使用出入信息过滤器。进入过滤是对进入网络的传输信息进行约束的过程。离开过滤是对离开网络的传输信息应用限制规则的过程。例如。如果内部网使用 10.0.0.0 地址防止欺骗，离开规则是：允许传输信息从 10.0.0.0 离开，并拒绝所有其他的外来传输；进入的规则是：不允许传输信息从 10.0.0.0 进入，允许所有的其他进入传输。这样如果数据包试图从本地网络用一个源地址进入网络，这个企图会被拒绝进入，并且日志将记录这数据包被欺骗了，或者记录遇到了非常严重的路由问题。显然，这是一个非常基础的例子，只用于解释这个概念。在真实情况中，用户允许哪些传输信息进出网络与这个例子有很大区别的。

### 12.3.6 TCP 会话截击

TCP 会话截击是更复杂和困难的攻击。这种攻击的目的不是拒绝服务，而是为了可以访问系统去假装成已授权用户。因此，攻击者不会只使网络不能运行来拒绝服务，因为那样攻击者也将不能访问系统。而是攻击者必须成功地和服务器及客户进行通信，同时阻止他们之间互相通信。在理论上，这是困难的，因为攻击者必须觉察到受攻击机器和服务器的连接。然后等到 TCP 会话建立，例如 Telnet 会话。一旦建立会话，攻击者必须预测出 TCP 序列号（TCP 协议使用序列号来确认从其对应端口收到的数据，并让对应端口知道它在发送多少数据）并且欺骗到用户和服务器的数据包上的源地址，这样对客户机来说它就能看起来像真正的服务器和副本一样。

一旦会话被截击，攻击者可以向服务器发送数据包来执行命令、改变密码或造成更坏的后果。此攻击的其他详细说明请查阅相关书籍。

认识有关 TCP 会话截击这个重要事情是常见的安全机理，例如用户名和密码，并且即使是强力的授权，例如使用 SecureID 记号的 RADIUS，也是被完全绕过的，因为攻击者会等到会话建立之后并且受害机被授权拦截连接。另外即便攻击的细节很复杂，但有几个程序，例如 Juggernaut 和 Hunt，它们允许对网络连接进行物理访问的任何人发动这些攻击，所以不再需要 TCP 协议的详细知识。

### 12.3.7 网络窥视

被动网缉私攻击的一种方法是以网络窥视或偷听为基础，在网络上使用协议分析器或其他的窃听软件。至今已有许多网络分析器在网络上用于偷听，其中包括 tcpdump(UNIX)、 Ethereal(Linux/Windows)、 Network Monitor(Windows)、 AiroPeek Wireless(Windows)，还有 Windows 上的 EtherPeek。

在网络上也有一些反偷听软件数据包可用来检测和提醒用户网络上有偷听数据包。根据 Security Software Technologies 开发的 Antisniff（前身为 LPpht 组）是最流行的在线反偷听软件。这些数据包实际上是攻击本身扭曲网络规则的产物，它们实际上是以混杂模式检测 NIC 运行。

混杂模式是指 NIC 将它收到的每一个帧传输到下一层，而普通的 NIC 仅仅处理在 Ethernet Echo Destination Address 域（还有 NIC 注册表的广播和多播）中有其 MAC 地址的帧。为了在网络中看到所有传输信息，协议分析器的 NIC 必须是在混杂模式下，否则它只侦听从其自己的或对象的到其自己的传输信息，这是无用的。

基本上，反偷听软件向 IP 广播地址发送 ICMP Echo 数据包 255.255.255.255。通常，这个数据包也会在 Ethernet 广播中发送，对象地址域为 FF.FF.FF.FF.FF。然而，反偷听软件会发送 IP 广播域地址，但它使用伪造的单播 MAC 地址，结果是网络上的每一个主机发现 Ethernet 帧没有寻址到它们，没有将它们纳入数据包。然而，以混杂模式运行的任何主机会将此数据包上传到要处理的 IP 层。IP 层然后会用 Reply 数据包响应 ICMP Ccho。因此，如果反偷听软件收到任何 ICMP Echo Replies，那么它就会知道有人在偷听并能检测到入侵者的 IP 地址。

对反窥视软件最后要注意，它不会在"映像"或"跨距"端口探测到网络分析器，或者使用无源带的分析器，因为这些端口只能接收---它们不能在网络中传输数据，包括 ICMP Echo Reply。因为大部分入侵者也以混杂模式探测系统操作，所以这就很重要。对一个处心积虑的攻击者来说，使用反窥视数据包探测别人的入侵检测系统是可行的。ISD 技术允许攻击者特别注意避免检测。

## 12.4　维护 IP 安全问题

为了监视安全信息，使网络和系统处于安全状态，应当执行定期安全检查，测试自己的网络和系统，开发新的服务、工具和技术。定期的安全维护操作对全面维护良好的安全环境，特别是好的 IP 安全环境很关键。

### 12.4.1　补丁和修复程

计算机的补丁按应用属性来说大致可分为 5 种：系统补丁、软件补丁、游戏补丁、汉化补丁和硬件补丁。下面分别进行介绍：

#### 1．系统补丁

系统补丁顾名思义就是操作系统的不定期错误漏洞修复程序，有微软的，有 UNIX 的，有 Linux 的，也有 Solaris 的，体积也大小不一。

操作系统运行的稳定性，关系到运行于系统里的软件程序是否容易中途出现非法操作，系统是否会在运行过程中产生死机现象。一旦死机将导致辛辛苦苦的工作因没有保存而丢失，特别是当你输入了成千上万的文字时，遇到这种情况真是欲哭无泪。

#### 2．软件补丁

软件补丁常常是因为发现了软件的小错误，为了修复个别小错误而推出的，或者为了增强个别的小功能而发布的。也有的是为了增强文件抵抗计算机病毒感染而发布的补丁，如微软的 Office 为了抵抗宏病毒而打补丁。

在日常的计算机使用过程中，我们最多的就是直接跟软件打交道，有时可能会发现软件有 Bug。如果不及时为软件打上补丁，可能会导致数据丢失，那就得不偿失了。

### 3．游戏补丁

计算机游戏有时会因为操作系统的版本问题而使游戏不能正常运行，如 Windows 98 时代开发的游戏，可能不能在 Windows 2000 或者 Windows XP 环境下运行；有时会因为安装了其他的软件而产生冲突，于是游戏程序也罢工了，这样不得不重新安装游戏或者把有冲突的软件删除。游戏开发商会因此而发布一些游戏补丁，打了补丁之后，游戏程序又可以恢复活力了！

另外，游戏常常会有语言版本之分，玩家为了满足自己的需要，会制作一些补丁向外界发布，自由下载。例如经典游戏红色警戒，有些玩家就自己制作的地图提供下载。又例如足球游戏 FIFA，从 FIFA 98 开始，每一个版本都会有玩家编制的中国足球联赛或者中国国家队队员修正补丁。

### 4．汉化补丁

许多软件都是英文版本的,国人的英语水平普遍不高，包括笔者。因为这个，影响了不少人学习计算机的兴趣。

为了占领市场，软件开发商提供了中文版本；为了大家学习方便，爱好汉化工作的国人制作了汉化包。汉化补丁的出现，让我们学习软件更加容易上手！

### 5．硬件补丁

计算机是由一块块的硬件组装起来的，没有了硬件的支持也就没有计算机的使用，所以硬件是最基本的。但如果没有了软件，硬件也只能是一堆毫无用处的废铁。因为硬件的驱动是由软件来完成的。所以，硬件打补丁实质上就是软件打补丁，就是硬件驱动的补丁。

打好硬件补丁，可以增强系统的稳定性，可以增强硬件支持的效果，可以增强对操作系统的支持。如主板 BIOS，旧版本不支持 ACPI(高级能源管理)，这样的主板安装在 Windows 2000 及 Windows XP 时会有问题，或者安装不了，或者安装了不能自动关掉主机电源。

这里，网络安全中主要涉及到系统补丁、软件补丁和硬件补丁。其实很多攻击利用了操作系统的缺点和漏洞,例如 2000 年 11 月，Microsoft 承认 Windows NT 4.0、Windows Me 等系统对 DoS 攻击有漏洞。通过向攻击者发送一个特殊的故障 "TCP/IP 数据包数据流"，攻击者可以暂时破坏网络服务或使受攻击者的机器死机。这个漏洞用 Microsoft Security Bullet in MS00-091 中的 Incomplete TCP/IP Packer or Vulnerability 补丁程序进行了解决。

总的来说，可以定期访问系统或软件的技术支持网站，下载补丁和修复程序来维护解决系统及程序安全问题，从而保证数据信息的安全。

## 12.4.2  识别攻击签名

大部分攻击都有一些识别通信模式或识别签名，可以通过它们来辨别攻击行为。这些签名可以用于实现入侵检查系统（IDS）设备程序，并且也可以作为网络分析过滤器来配置。表 12-1 列出了可用于攻击系统的部分特洛伊木马端口号码清单。这些值是由 Von Braun Consultants 和 Simoites Consulting 维护和定义的。

表12-1  特洛伊木马名称及端口号码

| 端口号码 | 特洛伊木马名称 |
| --- | --- |
| 1（UDP） | Sockets des Troie |
| 2 | Death |
| 20 | Senna Spy Ftp server |
| 21 | Back Construction,Blade Runner,Cattivik FTP Server,Cc Invader,Dark Ftp,Doly Trojan,Fore,Invisible FTP,Juggernaut 42,Larva,Motlv FTP,Net Adminstrator,Ramen, Senna Spy FTP Server,The Flu,Traitor 21,WebEx,WinCreash |
| 22 | Shaft |
| 23 | Fire Hacer,Tiny Telnet Server-TTS,Truva Atl |
| 25 | Ajan,antiger Barok,Email Password Sender-EPS,EPS Ⅱ,Gip,Gris,Happy99,Hpteam mail,Hybris,I love you,Kuang2,Magic Horse,MBT(Mail Bombing Trojan),Moscow Email Trojan,Naebi,NewApt,worm,ProMail Trojan,Shtirlitz,Stealth,Tapiras, Terminator, WinPC,winSpy |
| 30 | Agent 40421 |
| 31 | Agent 31,Hackers Paradise,Masters Paradise |
| 41 | Deep Throat,Foreplay |
| 48,50 | DRAT |
| 58,59 | DMSetup |
| 79 | CDK,Firehotcker |
| 80 | 711 torjan(Seven Eleven),AckCmd,Back End,Back orifice 2000 Plug-Ins,Cafeini,CGI Backdoor,Executor,God Message,God Message Creator,Hooker,IISworm, MTX,NCX, Reverse WWW Tunnel Backdoor,RingZero,Seeker,WAN Remote,Web Server CT, WebDownloader |
| 81 | RemoConChubo |
| 99 | Hidden Port,NCX |
| 110 | ProMail Trojan |
| 113 | Invisible Indentd Deamon,Kazimas |
| 119 | Happy99 |
| 121 | Attack Bot,God Message,JammerKIllah |
| 123 | Net Controller |
| 133 | Farnaz |
| 137 | Chode |
| 137(UDP) | Msinit |
| 138 | Chode |
| 139 | Chode,God Message worm,Msinit,Netlog,Network,Qaz |
| 142 | NetTaxi |
| 146 | Infector |

| 端口号码 | 特洛伊木马名称 |
| --- | --- |
| 146(UDP) | Infector |
| 170 | A-trojan |
| 334,441 | Backage |
| 420 | Breach,Incognito |
| 421 | TCP Wrappers Trojan |
| 455 | Fatal Connection |
| 456 | Hackers Paradise |
| 513 | Grlogin |
| 514 | RPC Backdoor |
| 531 | Net666,Rasmin |
| 555 | 711 trojan(Seven Eleven),Ini-Killer,Net Administrator,Phase Zero,Phase-O,Stealth Spy |
| 605 | Secret Service |
| 666 | Attack FTP,Back Construction,BLA Trojan,Cain&Abel,NokNok,Satans Back,Door-SBD,SerU,Shaddow Phyre,th3r1pp3rz(=Therippers) |
| 667 | SniperNet |
| 669 | DP Trojan |
| 777 | AimSpy,Undetected |
| 808 | WinHole |
| 911 | Dark Shadow |
| 999 | Deep Throat,Foreplay,WinSatan |
| 1000 | Der Spaher/Der Spacher,Direct Connection |
| 1001 | Der Spaher/Der Spaeher,Le Guardien,Silencer,WebEX |
| 1010,1011,1012 | Doly Trojan |
| 1020 | Vapire |
| 1024 | Jade,Latinus,NetSpy |

表 12-1 中列出的并不是使用这些端口号码的特洛伊木马的全部程序清单。要想得到更详细的程序清单，请查阅相关的资料。

## 12.5 IP 安全措施

IP Security Protocol Working Group(IPSEC)组织将 IP Security（IPSec）定义为提供使用密码的安全服务来支持显式和强验证、完整性和访问控制及 IP 数据报的机密性。

IPSec 标准定义了一套 IP Authentication Header(AD)和 IP Encapsulating Security Payload(ESP)方法，以使主机到主机的安全防护措施能对网络窥视者加密数据和保护信息。在实际应用中，EPS 法应用最广泛，AH 法应用很少。

很多用户利用关键设备和服务帮助在网络及系统与外界之间维持安全边界。下面将向读者介绍防火墙、代理服务器、堡垒主机、解除管制区、入侵检测系统和边界路由器等设施的概念。

### 12.5.1　防火墙及代理服务器

防火墙是指特别"加固"的软件设施或软件/硬件产品，它安装屏障来检查和控制网络之间（通常在内外边界网络之间）的数据传输流。防火墙在 TCP/IP 网络模式的 Internet（第 3 层）、Transport(第 4 层)、Application（第 5~7 层）上运行。因此，防火墙可以检查 IP 数据包的负荷量，跟踪这些数据包的顺序，还检查域名、IP 和端口地址和其他第 3 层的信息，以判定是否有较高水平的攻击。防火墙包括代理服务器软件和入侵检测系统两部分，以致使所有的边界检查设施能集成在一个单独的加固设施上。

**1．防火墙的功能**

1）防火墙是网络安全的屏障

一个防火墙（作为阻塞点、控制点）能极大地提高一个内部网络的安全性，并通过过滤不安全的服务而降低风险。由于只有经过精心选择的应用协议才能通过防火墙，所以网络环境会变得更安全。如防火墙可以禁止诸如众所周知的不安全的 NFS 协议进出受保护网络，这样外部的攻击者就不可能利用这些脆弱的协议来攻击内部网络。防火墙同时可以保护网络免受基于路由的攻击，如 IP 选项中的源路由攻击和 ICMP 重定向中的重定向路径。防火墙应该可以拒绝所有以上类型攻击的报文并通知防火墙管理员。

2）防火墙可以强化网络安全策略

通过以防火墙为中心的安全方案配置，能将所有安全软件（如口令、加密、身份认证、审计等）配置在防火墙上。与将网络安全问题分散到各个主机上相比，防火墙的集中安全管理更经济。例如在网络访问时，一次一密口令系统和其他的身份认证系统完全可以不必分散在各个主机上，而集中在防火墙身上。

3）对网络存取和访问进行监控审计

如果所有的访问都经过防火墙，那么，防火墙就能记录下这些访问并做出日志记录，同时也能提供网络使用情况的统计数据。当发生可疑动作时，防火墙能进行适当的报警，并提供网络是否受到监测和攻击的详细信息。另外，收集一个网络的使用和误用情况也是非常重要的。首先的理由是可以清楚防火墙是否能够抵挡攻击者的探测和攻击，并且清楚防火墙的控制是否充足。而网络使用统计对网络需求分析和威胁分析等而言也是非常重要的。

4）防止内部信息的外泄

通过利用防火墙对内部网络的划分，可实现内部网重点网段的隔离，从而限制了局部重点或敏感网络安全问题对全局网络造成的影响。再者，隐私是内部网络非常关心的问题，一个内部网络中不引人注意的细节可能包含了有关安全的线索而引起外部攻击者的兴趣，甚至因此而暴露了内部网络的某些安全漏洞。使用防火墙就可以隐蔽那些透漏内部细节如 Finger、DNS 等服务。Finger 显示了主机的所有用户的注册名、真名，最后登录时间和使用 shell 类型等。但是 Finger 显示的信息非常容易被攻击者所获悉。攻击者可以知道一个系统使用的频繁程度、这个系统是否有用户正在连线上网、这个系统是否在被攻击时引起注意等等。防火墙同样可以阻塞有关内部网络中的 DNS 信息，这样一台主机的域名和 IP 地址就不会被外界所了解。

除了安全作用，防火墙还支持具有 Internet 服务特性的企业内部网络技术体系 VPN（虚拟专用网）。

### 2．防火墙的分类

根据网络体系结构来进行分类，可以有以下几种类型的防火墙。

1）网络级防火墙

一般是基于源地址和目的地址、应用或协议以及每个 IP 包的端口来做出通过与否的判断。一个路由器便是一个"传统"的网络级防火墙，大多数的路由器都能通过检查这些信息来决定是否将所收到的包转发，但它不能判断出一个 IP 包来自何方、去向何处。

先进的网络级防火墙可以判断这一点，它可以提供内部信息以说明所通过的连接状态和一些数据流的内容，把判断的信息同规则表进行比较，在规则表中定义了各种规则来表明同意或拒绝包的通过。包过滤防火墙检查每一条规则直至发现包中的信息与某规则相符。如果没有一条规则能符合，防火墙就会使用默认规则，一般情况下，默认规则就是要求防火墙丢弃该包。其次，通过定义基于 TCP 或 UDP 数据包的端口号，防火墙能够判断是否允许建立特定的连接，如 Telnet、FTP 连接。

下面是某一网络级防火墙的访问控制规则：

（1）允许网络 210.34.0.0 使用 FTP（端口 21）访问主机 192.168.1.1；

（2）允许 IP 地址为 210.34.0.207 的用户 Telnet（端口 23）到主机 192.168.1.2 上；

（3）允许任何地址的 E-mail（端口 25）进入主机 192.168.1.5；

（4）允许任何 WWW 数据（端口 80）通过；

（5）不允许其他数据包进入。

网络级防火墙简洁、速度快、费用低，并且对用户透明，但是对网络的保护很有限，因为它只检查地址和端口，对网络更高协议层的信息无理解能力。很难准确地设置包过滤器，缺乏用户级的授权；包过滤判别的条件位于数据包的头部，由于 IPv4 的不安全性，很可能被假冒或窃取；并且它是基于网络层的安全技术，不能检测通过高层协议而实施的攻击。Linux 上的 ipchains 就是这种类型的软件。

2）应用级网关

应用级网关就是我们常常说的"代理服务器"，它能够检查进出的数据包，通过网关复制传递数据，防止在受信任的服务器和客户机与不受信任的主机间直接建立联系。应用级网关能够理解应用层上的协议，能够做复杂一些的访问控制，并做精细的注册和稽核。但每一种协议需要相应的代理软件，使用时工作量大，效率不如网络级防火墙。

常用的应用级防火墙已有了相应的代理服务器，例如 HTTP、NNTP、FTP、Telnet、rlogin、X-windows 等，但是，对于新开发的应用，尚没有相应的代理服务，它们将通过网络级防火墙和一般的代理服务。

应用级网关有较好的访问控制，是目前最安全的防火墙技术，但实现困难，而且有的应用级网关缺乏"透明度"。在实际使用中，用户在受信任的网络上通过防火墙访问 Internet 时，经常会发现存在延迟并且必须进行多次登录（Login）才能访问 Internet 或 Intranet。它和包过滤型防火墙有一个共同的特点，就是它们仅依靠特定的逻辑来判断是否允许数据包通过，一旦符合条件，则防火墙内外的计算机系统建立直接联系，防火墙外部网络能直接了解内部网络结构和运行状态，这大大增加了实施非法访问攻击的机会。SQUID 就是这样的软件。

3）电路级网关

电路级网关用来监控受信任的客户或服务器与不受信任的主机间的 TCP 握手信息，这样来决定该会话（Session）是否合法，电路级网关是在 OSI 模型中会话层上来过滤数据包的，这样比包过滤防火墙要高二层。

实际上电路级网关并非作为一个独立的产品存在，它与其他的应用级网关结合在一起。另外，电路级网关还提供一个重要的安全功能——代理服务器（ProxyServer），代理服务器是个防火墙，在其上运行一个叫做"地址转移"的进程，来将所有用户公司内部的 IP 地址映射到一个"安全"的 IP 地址，这个地址是由防火墙使用的。但是，作为电路级网关也存在着一些缺陷，因为该网关是在会话层上工作的，它就无法检查应用层级的数据包。它起着一定的代理服务作用，监视两主机建立连接时的握手信息，判断该会话请求是否合法。一旦会话连接有效后，该网关仅复制、传递数据。它在 IP 层代理各种高层会话，具有隐藏内部网络信息的能力，且透明性高。但由于其对会话建立后所传输的具体内容不再作进一步的分析，因此安全性低。Socks 属于这种类型的防火墙。

4）规则检查防火墙

该防火墙结合了包过滤防火墙、电路级网关和应用级网关的特点。它同包过滤防火墙一样，规则检查防火墙能够在 OSI 网络层上通过 IP 地址和端口号，过滤进出的数据包。它也像电路级网关一样，能够检查 SYN 和 ACK 标记和序列数字是否逻辑有序。当然它也像应用级网关一样，可以在 OSI 应用层上检查数据包的内容，查看这些内容是否能符合公司网络的安全规则。

规则检查防火墙虽然集成前三者的特点，但是不同于应用级网关的是，它并不打破客户机/服务机模式来分析应用层的数据，它允许受信任的客户机和不受信任的主机建立直接连接。规则检查防火墙不依靠与应用层有关的代理，而是依靠某种算法来识别进出的应用层数据，这些算法通过已知合法数据包的模式来比较进出数据包，这样从理论上就能比应用级代理在过滤数据包上更有效。它将动态记录、维护各个连接的协议状态，并在网络层对通信的各个层次进行分析、检测，以决定是否允许通过防火墙。因此它兼备了较高的效率和安全性，可以支持多种网络协议和应用，且可以方便地扩展实现对各种非标准服务的支持。

### 3. 代理服务器

代理服务器是指一套特殊的软件服务，它置于用户和服务器之间，以使用户能连接到目标服务的代理服务连接，而不是许可用于没有中介直接连接到服务的方式。这给了代理软件一个堵塞不想要的访问或连接的机会，并能监督用户的可疑行为。代理服务器软件常在防火墙上运行，因为在大多数网络上它们限制了内外边界。

虽然在解释代理服务器时，为网络内部的用户访问外部的服务器和服务而进行的代理服务引起了很多关注，但服务代理的其他功能也是很重要的。这是因为，就如它在代理服务器本身驻留一样，代理服务器有时可以执行被称为"逆向代理"的功能，它向外部网络用户暴露内部服务，就如它本身驻留在代理服务器一样。

因此，代理服务器在进出服务请求之间，这解释了一台代理服务器如何在公共
Internet 上屏蔽地址，以及如何阻止外部用户直接访问内部资源。这就是很多公司在域名
和 IP 地址过滤基础阻止雇员访问有可疑内容的网站的方法。事实上，代理服务可以在应
用层操作。并且也可以在新闻读取器中锁定特有的新闻组。

还有一个重要的代理行为称为缓存。当用户请求远程资源时（例如特殊的 Web 页），
一台代理服务器可以在请求后一定时间内存储这些网页。如果在消除缓存前再次请求这
些网页，这些请求可以在当地被答复，而不是请求另一个 HTTP 得到操作，从源服务器
中重读同一网页。在用户主动访问和多用户访问相同资料的站点，缓存可以提高性能，
也可以在公共 Internet 上降低带宽消耗。这就是我们所称的"双赢"局面。

然而，对系统攻击来说缓存也是一个潜在的有攻击价值的地方（因为它使其他用户
可以轻易看到网页）。因为这个原因，网络管理员应注意与缓存有关的利用攻击，并利
用所有的缓存集合和管理软件补丁和修复程序。

### 4．实现防火墙和代理服务器

当实现边界控制时，通过隐含决策来连接本地网络和 Internet 上的用户，这是很重
要的，虽然可能将内部网络与 Internet 连接，而不用管理二者之间的部分，但这样做是
不负责任的。只有没有值得保护的信息资产的网络可以考虑利用这样一种决策，这相当
于是"没有安全"的策略。另一方面，最安全的网络是根本就不连接 Internet，并且如果
他们的用户请求这样的访问，通常会运营一个分开的非机密的网络。极端的做法是保证
用户不能从网络向不安全网络传输文件（包括在安全网络计算上禁用软驱和其他可移动
载体）。因为大多数安全策略在"一切通行"和"无连接"两个极端之间进行操作，所
以在网络上计划和实现防火墙和代理服务器时可以使用下列有用的措施。

1）计划

在真正认识防火墙之前，用户必须全面理解它们，并且研究自己的特殊需要。计划
阶段由总结可利用的资源、选择候选方案、获取信息和分析你所掌握的知识等工作组成。

2）建立请求

在能使用防火墙前，用户必须知道要做什么，以及如何使用它。要建立请求，用户
必须将网络环境特征编制文档，决定自己要允许传输什么信息，不允许传输什么信息，
并应用自己的安全措施以确保所有部分能无缝地配合运行。

3）安装

取得防火墙后，用户必须安装相关软件和硬件并投入使用。首先使其避免攻击，换
句话说，当用户首次启动防火墙时，它不会马上进入管理边界的角色。在一个可控制的
环境中运行它，要超出公共视点之外，直到它准备进入稍后的"实现"步骤。

4）配置

一旦安装了物理单元和伴随的软件，真正有意思的事情就开始了，用户必须研究和
分析防火墙的配置特点，并知道怎样改变它以满足自己的特殊要求。要尽可能少地去假
定，并确定明确行为的每一个可能的方面。还要和商家联系，以保证具有最新的软件版
本和所有相关补丁及修复程序，确保产品能尽可能地更新。因为产品有时在交到购买者

369

手中之前会搁置数月，并且这种技术仍然领先，这会在实现防火墙时保护用户不被潜在利用。

5）测试

如果完成了配置，这会是正式的一步，但它常揭示了我们假设的各种情况。用户要做是检查为防火墙（和其他相关软件）所做的配置，来看看它们符合自己要求的程度。这时可能会发现那些需要排除的偶然失误和与用户的要求相矛盾的偶然假设，同样用户会发现需要改变或纠正的预料不到的负面影响。

6）攻击

这个阶段用户需要在网络上运行端口扫描器，安全监视器或分析器和其他的可能的攻击，目的是要攻击自己的配置，来看看它的性能和表现。显然，用户要试一下防火墙尽可能多的功能，来看看在攻击下它会如何反应。

7）调整

为了响应测试和攻击阶段，要改善当初的配置，尽力在软硬件允许的条件下满足对外界的安全要求。尽可能多地重复测试—攻击—调整循环活动，直到各个循环周期没有需要改变的方面。

8）实现

这个阶段已经确定了默认值，改正了假设，关闭了潜在的攻击之门，可以准备将防火墙（和相关软件）投入使用。此时已经检查了能检查的每件事情，确保已经建立尽可能安全的实现，所以可以放心投入使用了。

9）监测和维护

宣告实现就是真正的工作开始的时候。这个阶段必须监测事件日志、传输信息统计和来自防火墙的报错消息，但也应监测安全新闻组和针对新开发的邮寄单（尤其是那些可能与自己的环境有关的部分），通过监测到的情况，准备处理需要的调整。

需要时要重复测试—攻击—调整循环活动，以便在出现情况时对付新的利用和攻击，因为要运行一个系统 90%的费用是与维护有关的，所以维护是管理防火墙最重要的部分。

### 5. 有关测试—攻击—调整周期活动的其他信息

当进入防火墙的使用阶段时，记录很关键。首先，要尽可能完整地将配置编制成文档，将记录保存到安全的地方。接着，如果要使用端口映射器或一些相关的攻击软件（例如 nmap 或 legion），则找出在当前防火墙上正打开着的是哪个 TCP 和 UDP 端口，一定要将由此发现的非预期的打开端口编制成文档，并检查要使用的应用程序和服务，以保证不存在用户希望在运行中使用，但却不能使用的功能。

如果发现非预期的打开端口，必须分析它们的风险性。我们重复说明最安全的方法是关闭所有不使用的端口，因为它们是潜在的攻击点，实际使用中要注意建立端口和服务策略的例外情况，打开防火墙进行远程控制可以很方便，但明白它们可能打开的这种暴露和潜在的攻击点很重要。

最后，要选择一些来攻击当前防火墙的攻击工具。例如 Network Associates CyberCop Asap、GNU NetTools、Internet Security System 及端口映射器 legion 等。

### 6．入侵检测系统的其他信息

入侵检查系统（IDS）简化了自动辨识认识进程和回应潜在的攻击和网络通行的其他可疑形式的工作。与要求人们监测的系统和用于网络通信和使用模式的模式识别技巧模式不同，IDS 可以积极辨别和响应实时入侵，其中大部分不连接行为可疑的用户，并且运行逆向 DNS 检查程序来辨别用户的真实 IP 地址和方位（尽可能远）。一些 IDS 甚至可以向中间 ISP 发送邮件，让他们知道他们的站点正在成为攻击基地。大部分 IDS 可以自动收集可疑行为记录，为以后的执行建立一个"虚拟试验"。

使用旧式手动系统的问题是想要捕获黑客就要求网管随时注意攻击行为。IDS 还必须更好地执行持续的通信统计和专用账户特征分析。因此，他们可以检测"慢闯入"（可以隐藏长时间反复的密码猜测活动，以避免检测）和用户账户上的异常模式，阻止 DoS 攻击和处理许多事后才看到的问题。

防火墙逐步地包括了允许和 IDS 交互作用的挂钩，或者包括它们自己的嵌入式 IDS 软件。我们相信随着 Internet 访问和相关的安全问题变得更普遍，这个功能会逐步自动执行。

## 12.5.2　网络地址转换（NAT）

NAT（网络地址转换）被认为是一种 IP 伪装技术，它提供内部 IP 地址与正式分配的外部地址之间的一种映射方法。它在 RFC 3022 中进行了描述。

### 1．NAT 概述

NAT 的思想是基于这样一个事实：专用网络中只有少量的主机同时与外部网络进行通信。只有在一个主机需要进行外部通信时，才为它从正式的 IP 地址池中分配一个 IP 地址，这样就只需少量的正式 IP 地址。

对于那些拥有专用地址范围或非正式而希望与 Internet 上的主机进行通信的网络，NAT 提供了一种解决方案。事实上，这通常可以通过设置一个防火墙来实现。这样，与 Internet 进行通信的客户使用代理或 SOCKS 服务，而不会将其地址暴露在 Internet 上，所有的地址也不需要进行任何转换。但是有很多时候可能并不存在代理和 SOCKS，或者说代理和 SOCKS 不能满足特定的需要，这时可以使用 NAT 来管理内部网络和外部网络之间的流量，同时不会将内部的主机地址公告出去。

对于一个基于专用 IP 地址空间的内部网络，用户需要采纳一种应用协议，而应用网关恰好没有这种协议，这时唯一的选择是建立内部网络的主机与外部网络的主机之间 IP 级的连接。因为 Internet 上的路由器并不知道如何将一个 IP 消息路由回专用 IP 地址，所以发送一个专用 IP 地址的 IP 消息通过 Internet 上的路由就没有什么意义。

NAT 有三种类型：静态 NAT（Static NAT）、动态地址 NAT（Pooled NAT）、网络地址端口转换 NAPT（Port－Level NAT）。

其中静态 NAT 是设置起来最为简单和最容易实现的一种，内部网络中的每个主机都被永久映射成外部网络中的某个合法的地址。而动态地址 NAT 则是在外部网络中定义了一系列的合法地址，采用动态分配的方法映射到内部网络。NAPT 则是把内部地址映射到外部网络的一个 IP 地址的不同端口上。根据不同的需要，三种 NAT 方案各有利弊。

　　动态地址 NAT 只是转换 IP 地址，它为每一个内部的 IP 地址分配一个临时的外部 IP 地址，主要应用于拨号，对于频繁的远程连接也可以采用动态 NAT。当远程用户连接上之后，动态地址 NAT 就会分配给他一个 IP 地址，用户断开时，这个 IP 地址就会被释放而留待以后使用。

　　网络地址端口转换 NAPT（Network Address Port Translation）是人们比较熟悉的一种转换方式。NAPT 普遍应用于接入设备中，它可以将中小型的网络隐藏在一个合法的 IP 地址后面。NAPT 与 动态地址 NAT 不同，它将内部连接映射到外部网络中的一个单独的 IP 地址上，同时在该地址上加上一个由 NAT 设备选定的 TCP 端口号。

　　在 Internet 中使用 NAPT 时，所有不同的信息流看起来好像来源于同一个 IP 地址。这个优点在小型办公室内非常实用，通过从 ISP 处申请的一个 IP 地址，将多个连接通过 NAPT 接入 Internet。实际上，许多 SOHO 远程访问设备支持基于 PPP 的动态 IP 地址。这样，ISP 甚至不需要支持 NAPT，就可以做到多个内部 IP 地址共用一个外部 IP 地址连接 Internet，虽然这样会导致信道的一定拥塞，但考虑到节省的 ISP 上网费用和易管理的特点，用 NAPT 还是很值得的。

### 2. 转换机制

　　对于每一个发出的 IP 消息，NAT 配置相应规则检测其源地址。如果有一条规则匹配源地址，该地址就被转换成地址池中的一个全局地址。预定义的地址池中包含了 NAT 可以用来进行转换的 IP 地址。对每一个进入的消息，对其目的地址进行检测，以判断它是否为 NAT 所使用。如果该目的地址为 NAT 所使用时，则将该地址转换成原来的内部地址。

　　如果 NAT 为某个 IP 消息进行了地址转换，则其校验和也需要进行相应的调整。对于 FTP 消息，该任务更加困难一些，因为消息中可能包含地址。例如，FTP PORT 命令就包含一个 ASCII 形式 IP 地址。这些地址也需要进行正确的转换，同时校验和的更新，以及 TCP 序列和应答的更新都必须相应地进行。

　　使用 NAT 系统如同使用一台普通的 IP 路由器。为了使路由表能够正常工作，在通过路由器连接两个或更多的 IP 网络或子网时，IP 网络的设计应该选择地址。NAT 的 IP 地址要求来自分离的网络或子网，而且这些地址对非安全网络上的其他网络或子网而言应该是确知的。如果非安全网络为 Internet，则 NAT 的 IP 地址需要来自于公共网络或子网，换句话说，NAT 地址需要由 IANA 进行分配。

　　所分配的地址要预留在池中，以便需要的时候随时取出。如果连接由来自安全网络的主机建立，则 NAT 只需要从 NAT 池中拿出下一个未用的公共地址，并将其分配给请求连接的安全主机即可。NAT 在任何时候都记录着内部 IP 地址与外部地址之间的映射关系，以便收到来自外部网络的回应时，能将回应消息的目的 IP 地址再映射回相应的安全 IP 地址。

　　在 NAT 根据需要分配 IP 地址时，它需要知道什么时候将外部 IP 地址退回到可用 IP 地址池中。在 IP 层并没有连接建立或连接关闭的过程，所以对于 IP 协议族本身并没有什么能够被 NAT 用来判断一个安全的 IP 地址和一个 NAT 的非安全 IP 地址之间的映射在什么时候不再需要了。由于 TCP 是一种面向连接的协议，所以可以从 TCP 消息头中获取连接状态信息（连接是否终止），而 UDP 却不包含这样的信息。这样，NAT 应该配置一个超时值，以指示在将外部 IP 地址退回到预留的 NAT 池前，保持这种关联性要多长的时间。通常，该参数的默认值为 15min。

网络管理员应该告诉 NAT 是否所有的安全机能使用 NAT。这可以通过执行相应的配置命令来实现。如果位于非安全网络上的主机需要建立到安全网络上主机的连接，则 NAT 应该进行一些高级配置，以允许非安全 NAT 地址匹配安全的 IP 地址。这时，需要定义静态映射，以允许来自非安全网络的连接请求可以达到内部网络的特定主机。例如，外部的名称服务器可能就有一个表项，该表项指明安全网络中运行邮件网关的计算机。外部的名称服务器将内部邮件网关的公共主机名解析成静态映射的 IP 地址（外部地址），而远程邮件服务器将一个连接请求发送给该 IP 地址。当这个请求达到 NAT 的非安全接口时，NAT 查看自己的映射规则，并检查是否有指定的非安全公共 IP 地址和安全 IP 地址的静态映射。如果有，则将 IP 地址进行转换，并将 IP 消息转发到安全网络中的内部邮件网关。这里需要注意是，静态映射成安全 IP 地址的非安全 NAT 地址不应与 NAT 预留的指定属于非安全地址池的地址重叠。

### 3．NAT 的局限性

NAT 适合于对 IP 消息头中的 IP 地址进行转换。一些应用协议在 IP 消息的应用数据部分交换 IP 地址信息，而 NAT 通常不能处理应用协议中的 IP 地址转换。当前，许多的 NAT 实现可以处理 FTP 协议。需要指出的是，对于应用数据中含有 IP 信息的特定应用进行 NAT 转换比标准的 NAT 转换要复杂得多。

NAT 另外一个重要的局限性是 NAT 改变了 IP 消息中的某些地址信息。当使用端到端 IPSec 认证时，地址被修改的消息将总是不能通过 AH 协议下的完整性检测，因为对数据报的任何位进行修改都将导致由源产生的完整性校验值无效。由于 IPSec 协议为以前由 NAT 处理的地址问题提供了一些解决方案，所以当组成一个给定虚拟专用网络的所有主机都使用全局唯一（公共）的 IP 地址时，就不再需要 NAT 了。

## 12.5.3  其他设施和服务

除了防火墙和代理服务器外，还有其他的一些帮助保护网络周界的重要设施和服务。下对它们进行简要介绍。

### 1．堡垒主机

堡垒主机是一种被强化的可以防御进攻的计算机，被暴露于 Internet 之上，作为进入内部网络的一个检查点，以达到把整个网络的安全问题集中在某个主机上解决，从而省时省力，不用考虑其他主机的安全的目的。从堡垒主机的定义我们可以看到，堡垒主机是网络中最容易受到侵害的主机。所以堡垒主机也必须是自身保护最完善的主机。你可以使用单宿主堡垒主机。多数情况下，一个堡垒主机使用两块网卡，每个网卡连接不同的网络。一块网卡连接公司的内部网络用来管理、控制和保护；而另一块连接另一个网络，通常是公网，也就是 Internet。堡垒主机经常配置网关服务。网关服务是一个进程来提供对从公网到私有网络的特殊协议路由，反之亦然。在一个应用级的网关里，想使用的每一个应用程协议都需要一个进程。因此，如果想通过一台堡垒主机来路由 E-mail、Web 和 FTP 服务时，就必须为每一个服务都提供一个守护进程。防火墙设施、代理服务器和入侵检测系统通常位于一些堡垒驻机上。

### 2. 边界路由器

很明显边界路由器是处于网络边缘，用于不同网络路由器的连接；而中间结点路由器则处于网络的中间，通常用于连接不同网络，起到一个数据转发的桥梁作用。由于各自所处的网络位置有所不同，其主要性能也就有相应的侧重，如中间结点路由器因为要面对各种各样的网络。如何识别这些网络中的各结点呢？靠的就是这些中间结点路由器的 MAC 地址记忆功能。基于上述原因，选择中间结点路由器时就需要在 MAC 地址记忆功能更加注重，也就是要求选择缓存更大，MAC 地址记忆能力较强的路由器。但是边界路由器由于它可能要同时接受来自许多不同网络路由器发来的数据，所以这就要求这种边界路由器的背板带宽要足够宽，当然这也要与边界路由器所处的网络环境而定。

因为边界路由器常堵塞基于 IP 地址、域名或套接字地址的访问，这些设施有时称作屏蔽路由器。在保护得最好的网络上，外攻击者在开始攻击防火墙前首先必须渗入到屏蔽路由器，通常在这样的网络上，会在屏蔽路由器和有外部访问资源也可驻留的防火墙之间定义 DMZ。

### 3. 隔离区（DMZ）

DMZ 是英文 Demilitarized Zone 的缩写，中文名称为"隔离区"，也称"非军事化区"。它是为了解决安装防火墙后外部网络不能访问内部网络服务器的问题，而设立的一个非安全系统与安全系统之间的缓冲区，这个缓冲区位于企业内部网络和外部网络之间的小网络区域内，在这个小网络区域内可以放置一些必须公开的服务器设施，如企业 Web 服务器、FTP 服务器和论坛等。另一方面，通过这样一个 DMZ 区域，更加有效地保护了内部网络，因为这种网络部署，比起一般的防火墙方案，对攻击者来说又多了一道关卡。网络设备开发商利用这一技术开发出了相应的防火墙解决方案，称为"非军事区结构模式"。DMZ 通常是一个过滤的子网，DMZ 在内部网络和外部网络之间构造了一个安全地带。

DMZ 防火墙方案为要保护的内部网络增加了一道安全防线，通常认为是非常安全的。同时它提供了一个区域放置公共服务器，从而又能有效地避免一些互联应用需要公开，而与内部安全策略相矛盾的情况发生。在 DMZ 区域中通常包括堡垒主机、Modem 池，以及所有的公共服务器，但要注意的是电子商务服务器只能用作用户连接，真正的电子商务后台数据需要放在内部网络中。

在这个防火墙方案中，包括两个防火墙，外部防火墙抵挡外部网络的攻击，并管理所有内部网络对 DMZ 的访问。内部防火墙管理 DMZ 对于内部网络的访问。内部防火墙是内部网络的第三道安全防线(前面有了外部防火墙和堡垒主机)，当外部防火墙失效的时候，它还可以起到保护内部网络的功能。而局域网内部，对于 Internet 的访问由内部防火墙和位于 DMZ 的堡垒主机控制。在这样的结构里，一个黑客必须通过三个独立的区域（外部防火墙、内部防火墙和堡垒主机）才能够到达局域网。攻击难度大大加强，相应内部网络的安全性也就大大加强，但投资成本也是最高的。

### 4．屏蔽主机

当来自网络外的用户连接到网络内的服务器上时，它们实际上连接到了在专用端建立的一个代理会话的防火墙上。因此，防火墙会作为屏蔽主机，在这里可以驻留所有的外来访问服务，即使通常不是这种情况。

# 思考与练习

### 一、填空题

1．信息安全已经包含了 5 个主要内容，即信息及信息系统的保密性、完整性、可用性、_____和不可否认性。（可控性）

2．网络安全主要表现在_____、网络拓扑结构安全、网络系统安全、应用系统安全_____和网络管理的安全等方面。（网络的物理安全）

3．_____是指在普通的操作系统、应用程序或服务上的可能受到攻击的薄弱点或为人所知的地方。（漏洞）

4．_____是指未进行文档编制的可向一个操作系统非法进入的点或应用程序，它们由系统级程序员添加到旁路常规安全检查程序中。（后门）

5．从计算机病毒的基本类型来分，可以分为系统引导型病毒、可执行文件型病毒、_____、混合型病毒、特洛伊木马型病毒和Internet 语言病毒。（宏病毒）

6．计算机的补丁按应用属性来说大致可分为 5 种：_____、软件补丁、游戏补丁、汉化补丁和硬件补丁。（系统补丁）

7．防火墙包括代理服务器软件和_____作为其整体配部分，以致使所有的边界检查设施能集成在一个单独的加固设施上。（入侵检测系统）

8．_____被认为是一种 IP 伪装技术，它提供内部 IP 地址与正式分配的外部地址之间的一种映射方法。它在 RFC 3022 中进行了描述。（NAT 网络地址转换）

### 二、选择题

1．下列哪一个不是系统或网络数据丢失的罪魁祸首？（D）

A．病毒

B．内部安全破坏

C．外部安全破坏

D．电量耗尽

2．下列哪一个文档类型是攻击者在闯入网络或系统时最可能使用的？（D）

A．攻击漏洞

B．开发

C．安全政策

D．密码散列

3．当攻击者向系统地域试用所有的可能想象到的账户密码时，这种攻击被称为_____。（D）

A．强力攻击

B．会话截取

C．数据包嗅闻

D．强力密码攻击

4．下列哪类攻击引起的破坏或数据丢失损害性最小？（C）

A. IP 服务攻击

B. 中间人攻击

C. DoS 或 DDoS 攻击

D. 病毒

5．下列哪个常见属性使 FTP 和 HTTP（Web）IP 服务有漏洞？（C）

A. TCP 传输

B. 长时间超时的变量

C. 匿名登录

D. 自动重试算法

6．攻击者可以使用什么技巧藏匿攻击行为或活动？（B）

A. 用户拟人化

B. 欺骗

C. 中间人攻击

D. 检测

7．下列哪种特洛伊木马使用端口 25 进行攻击？（C）

A. Magic Horse

B. Back Orifice 2000

C. MBT

D. ProMail Trojan

E. Doly trojan

8．用哪类计算机构造防火墙或代理服务器软件？（B）

A. 安全主机

B. 堡垒主机

C. 屏蔽主机

D. 屏蔽路由器

### 三、简答题

1．简述你对网络安全的理解并结合实际谈谈你的理解。

2．简述影响网络安全的方面。

3．有哪几种常见的 IP 攻击方法，它们分别有什么特点？

4．根据实际谈谈你对漏洞和后门的理解。

5．谈谈你对计算机病毒的理解，它可分为哪几种，各有什么特点？

6．谈谈你对防火墙及代理服务器的理解。